表　ラプラス変換表(その2)

	$f(t)$	$F(s)$	
21	$e^{-\alpha t}\cosh\beta t$	$\dfrac{s+\alpha}{(s+\alpha)^2-\beta^2}$	
22	$\dfrac{1}{\alpha\beta}+\dfrac{\beta e^{-\alpha t}-\alpha e^{-\beta t}}{\alpha\beta(\alpha-\beta)}$	$\dfrac{1}{s(s+\alpha)(s+\beta)}$	
23	$\dfrac{a}{\alpha\beta}+\dfrac{a-\alpha}{\alpha(\alpha-\beta)}e^{-\alpha t}-\dfrac{a-\beta}{\beta(\alpha-\beta)}e^{-\beta t}$	$\dfrac{s+a}{s(s+\alpha)(s+\beta)}$	
24	$\dfrac{e^{-\alpha t}}{(\beta-\alpha)(\gamma-\alpha)}+\dfrac{e^{-\beta t}}{(\alpha-\beta)(\gamma-\beta)}+\dfrac{e^{-\gamma t}}{(\alpha-\gamma)(\beta-\gamma)}$	$\dfrac{1}{(s+\alpha)(s+\beta)(s+\gamma)}$	
25	$\dfrac{(a-\alpha)e^{-\alpha t}}{(\beta-\alpha)(\gamma-\alpha)}+\dfrac{(a-\beta)e^{-\beta t}}{(\alpha-\beta)(\gamma-\beta)}+\dfrac{(a-\gamma)e^{-\gamma t}}{(\alpha-\gamma)(\beta-\gamma)}$	$\dfrac{s+a}{(s+\alpha)(s+\beta)(s+\gamma)}$	
26	$\dfrac{1}{\alpha^2}(1-\cos\alpha t)$	$\dfrac{1}{s(s^2+\alpha^2)}$	
27	$\dfrac{a}{\alpha^2}-\dfrac{(a^2+\alpha^2)^{1/2}}{\alpha^2}\cos(\alpha t+\varphi)$	$\dfrac{s+a}{s(s^2+\alpha^2)}$	$\varphi\equiv\tan^{-1}\dfrac{\alpha}{a}$
28	$\dfrac{t}{\alpha}-\dfrac{1}{\alpha^2}(1-e^{-\alpha t})$	$\dfrac{1}{s^2(s+\alpha)}$	
29	$\dfrac{a-\alpha}{\alpha^2}e^{-\alpha t}+\dfrac{a}{\alpha}t-\dfrac{\alpha-a}{\alpha^2}$	$\dfrac{s+a}{s^2(s+\alpha)}$	
30	$\dfrac{1-(1+\alpha t)e^{-\alpha t}}{\alpha^2}$	$\dfrac{1}{s(s+\alpha)^2}$	
31	$\dfrac{a}{\alpha^2}\left\{1-\left[1+(1-\dfrac{\alpha}{a})\alpha t\right]e^{-\alpha t}\right\}$	$\dfrac{s+a}{s(s+\alpha)^2}$	
32	$\omega_o^2>\alpha^2$ $\dfrac{1}{\omega_o^2}\left[1-\dfrac{\omega_o}{\omega}e^{-\alpha t}\sin(\omega t+\varphi)\right]$ $\omega_o^2=\alpha^2$ $\dfrac{1}{\omega_o^2}\left[1-e^{-\alpha t}(1+\alpha t)\right]$ $\omega_o^2<\alpha^2$ $\dfrac{1}{\omega_o^2}\left[1-\dfrac{\omega_o^2}{n-m}(\dfrac{e^{-mt}}{m}-\dfrac{e^{-nt}}{n})\right]$	$\dfrac{1}{s(s^2+2\alpha s+\omega_o^2)}$	$\varphi\equiv\tan^{-1}\dfrac{\omega}{\alpha}$ $\omega^2=\omega_o^2-\alpha^2$ m と n は， $s^2+2\alpha s+\omega_o^2$ の根

JSMEテキストシリーズ

制御工学

Control Engineering

日本機械学会

序

「JSME テキストシリーズ」は，大学学部学生のための機械工学への入門から必須科目の修得までに焦点を当て，機械工学の標準的内容をもち，かつ技術者認定制度に対応する教科書の発行を目的に企画されました．

日本機械学会が直接編集する直営出版の形での教科書の発行は，1988 年の出版事業部会の規程改正により出版が可能になってからも，機械工学の各分野を横断した体系的なものとしての出版には至りませんでした．これは多数の類書が存在することや，本会発行のものとしては機械工学便覧，機械実用便覧などが機械系学科において教科書・副読本として代用されていることが原因であったと思われます．しかし，社会のグローバル化にともなう技術者認証システムの重要性が指摘され，そのための国際標準への対応，あるいは大学学部生への専門教育への動機付けの必要性など，学部教育を取り巻く環境の急速な変化に対応して各大学における教育内容の改革が実施され，そのための教科書が求められるようになってきました．

そのような背景の下に，本シリーズは以下の事項を考慮して企画されました．

① 日本機械学会として大学における機械工学教育の標準を示すための教科書とする．

② 機械工学教育のための導入部から機械工学における必須科目まで連続的に学べるように配慮し，大学学部学生の基礎学力の向上に資する．

③ 国際標準の技術者教育認定制度〔日本技術者教育認定機構(JABEE)〕，技術者認証制度〔米国の工学基礎能力検定試験(FE)，技術士一次試験など〕への対応を考慮するとともに，技術英語を各テキストに導入する．

さらに，編集・執筆にあたっては，

① 比較的多くの執筆者の合議制による企画・執筆の採用，

② 各分野の総力を結集した，可能な限り良質で低価格の出版，

③ ページの片側への図・表の配置および 2 色刷りの採用による見やすさの向上，

④ アメリカの FE 試験（工学基礎能力検定試験(Fundamentals of Engineering Examination)）問題集を参考に英語による問題を採用，

⑤ 分野別のテキストとともに内容理解を深めるための演習書の出版，

により，上記事項を実現するようにしました．

本出版分科会として特に注意したことは，編集・校正には万全を尽くし，学会ならではの良質の出版物になるように心がけたことです．具体的には，各分野別出版分科会および執筆者グループを全て集団体制とし，複数人による合議・チェックを実施し，さらにその分野における経験豊富な総合校閲者による最終チェックを行っています．

本シリーズの発行は，関係者一同の献身的な努力によって実現されました． 出版を検討いただいた出版

事業部会・編修理事の方々，出版分科会を構成されました委員の方々，分野別の出版の企画・進行および最終版下作成にあたられた分野別出版分科会委員の方々，とりわけ教科書としての性格上短時間で詳細な形式に合わせた原稿の作成までご協力をお願いいただきました執筆者の方々に改めて深甚なる謝意を表します．また，熱心に出版業務を担当された本会出版グループの関係者各位にお礼申し上げます．

本シリーズが機械系学生の基礎学力向上に役立ち，また多くの大学での講義に採用され技術者教育に貢献できれば，関係者一同の喜びとするところであります．

2002 年 6 月

日本機械学会

JSME ﾃｷｽﾄｼﾘｰｽﾞ 出版分科会

主　査　宇　高　義　郎

制御工学　刊行に当たって

日本の学生の間に勉強嫌いが蔓延しているといった不満を，あちこちの工学系キャンパスの先生方から耳にします．確かにそうした学生が増えているのかもしれません．しかし解決のためには，学生を責めるだけでなく，教員の教え方も直視しなければならないと思います．

その場合，教える中身が解り易く，懇切丁寧かどうかは無論大事です．しかしもっと大事なことは，自分のクラスの平均的学力の学生の視線に立っているかどうかを問うことです．この視線がないと，どのように解り易く，懇切丁寧を心がけても，一方的な親切で終わるかもしれません．いわば，教員の自我を最小限に抑えながら，いかに学生の学問的自我を拡大させるかが課題です．

制御工学が多くの学生から忌避されているとすれば，二つ理由があるように思えます．第一が，この学問の目的が，結果を作り出すような原因・方法を見つけ出すことであるために，答えへの見通しが立ちにくいことです．第二が，記述が数学に偏りがちだということです．そこで，こうした学生の困難を解消する手助けとして使われることを，本書の目標としました．しかし評価はこれからです．

執筆者の先生方の熱心なご協力によってこの本ができました．編集過程では，私が一方的に叱咤激励して，焦らしてしまったことをここでお詫び申し上げます．そして最後に，研究室の学生諸君が，原稿の編集作業を助け，読者の立場から誤記や不明瞭な記述を指摘してくれたことを感謝します．

2002 年 11 月 23 日

JSME テキスト出版分科会

制御工学テキスト

主査　喜多村　直

制御工学　執筆者・出版分科会委員

執筆者・委員	喜多村直	(九州工業大学)	第 1 章，索引
執筆者	林英治	(九州工業大学)	第 2 章，第 3 章
執筆者	早川義一	(名古屋大学)	第 4 章，第 6 章
執筆者	岡田昌史	(東京大学)	第 5 章，第 7 章
執筆者・委員	加藤典彦	(三重大学)	第 8 章，第 9 章，第 10 章
執筆者・委員	松野文俊	(東京工業大学)	第 11 章，第 12 章

総合校閲者　Harry H. Asada　(Massachusetts Institute of Technology)

目次

注：*のついた項は適宜飛ばしてもかまわない.

第 1 章

制御の基礎概念

Fundamental Concepts of Control

1・1　制御とは何か？ (what is control?)

1・1・1　荷車を運ぶ

「機械を制御する」とは，簡単にいえば「ユーザの目的通りに機械を動かすこと」である．そこで，図 1.1 に示すように，人が重たい荷物を台車に乗

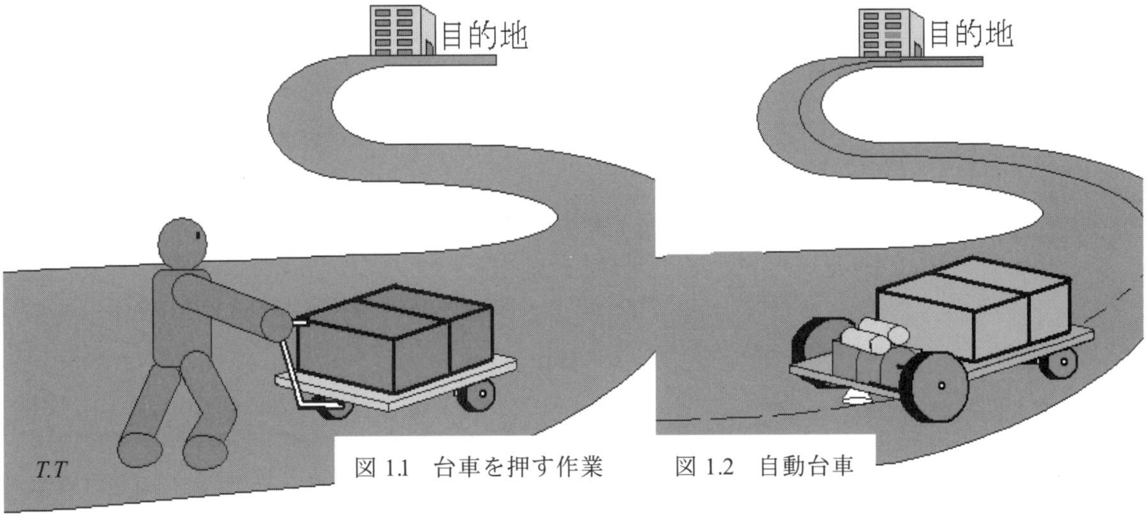

図 1.1　台車を押す作業　　図 1.2　自動台車

せて目的地まで移動する作業を例にとり，これを図 1.2 のように機械だけで実現することを考えよう．そうすることによって，機械は何をしなければならないか，つまり「機械の制御」とは何かを詳しく理解しよう．

図 1.1 で，人はまず台車を押すことから始める．動かし始めは押す力を加減して，台車を望みの速度に持ってゆく．そして目的地付近に来たら速度を落とすために，台車を進行方向とは逆向きに引っぱりながら力を加減して台車を止めなくてはならない．特に動かし始めと目的地付近で停止させる時には，台車へ作用する力を絶えず自分で感じながら注意深く力を加減しなければならない．

また移動中に，台車が道から外れないように目で進路を絶えず確認し，台車が進路から外れそうになれば，外れない方向に手でハンドルを切る．しかも移動中は強風が吹いても，また地面がデコボコしていても望みの速度を保とうとしなければならない．そこでまず，ハンドル操作の作業の流れを細かく書くと次のようになる．

台車を押す　→　目で台車の方向を知る　→　手でハンドルを操作する　→　台車を押す　→　以上を繰り返す

【例1.1】　上のハンドル操作に習って，動かし始めから目的の速度に達するまでの作業の流れを書いてみよ．

【解 1.1】

台車を押す　→　台車が目的の速度に達したか確認する　→　台車を押す　→　以上を繰り返す

同じように，台車を目的の位置に止める場合の作業の流れは次のようになる．

目で停止位置を知る　→　台車にブレーキをかける　→　台車の現在位置を知る　→　台車にブレーキをかける　→　以上を繰り返す

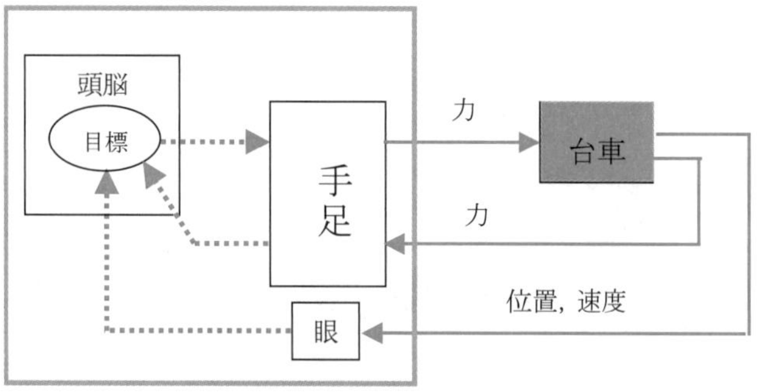

図 13　台車移動作業の流れ

これら３つの作業に共通しているのは，台車の現在の状態（位置，速度，方向）を知り，その状態と目的の状態を比べて，必要に応じて手足を使って台車に働きかけることを繰り返すことである．

以上の分析に基づいて，この一連の作業を抽象的に図 1.3 に図式化した．ここで，**脳の指令→手足の動作→台車の移動→台車の反力や位置・速度を知る→脳の指令**というこの一連の作業は，一巡する作業であることに注目していただきたい．この一巡作業をフィードバック(feedback)という．台車の制御には以上のようなフィードバックが機械に必要である．次項では，フィードバックを機械で実現するために，どのような技術が必要かを考えてみよう．

1・1・2　制御に必要な技術(technologies necessary for control)

まず始めに必要なことは，台車を押したり引いたりしたときの台車の動き，つまり制御対象(controlled object)としての台車の動特性をできるだけ正確に把握し数式化することである．この過程をモデリング(modeling)とよび，また得られた数式を制御対象の数学モデル(mathematical model)という．

次にこの数学モデルを使って，目的どおりに台車を動かすには，どのような力で台車を押したり引いたりすればよいかを決めなければならない．この台車を押す力を操作量(controlling variable，または manipulating variable)と呼ぶ．

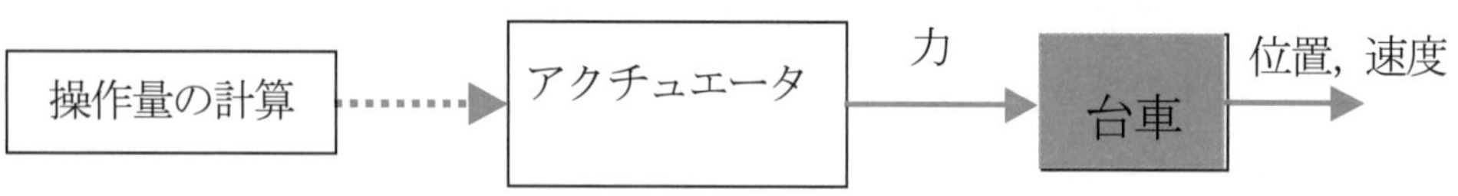

図 1.4　フィードバックの無い台車制御

この計算によって，目標の位置や速度を実現するために必要な力が正確に前もって得られるので，図 1.4 に示すように，その力を出す装置，つまりアクチュエータ(actuator)によって力を制御対象に加えればよい．このような制御のしかたをフィードフォワード制御（feedforward control），あるいは開ループ制御(open-loop control)と呼ぶ．

しかし実際には，道の傾斜やくぼみに車輪がとられるなど思わぬ事態（これを外乱=disturbance とよぶ)が起きるので，人の作業の流れで示したように，絶えず目標位置を確認しながら，押したり引いたりする力を自動的に加減する必要がある．この押したり引いたりしながら絶えず力を加減することをフィードバック制御(feedback control)，あるいは閉ループ制御(closed-loop control)とよぶ．フィードバック制御を一言でいうと，結果（台車の位置や速度）を原因（台車を押す力）に戻すことである．フィードバック制御は，位置や速度の目標からのずれに応じて制御を加えるので，フィードフォワード制御より外乱に対してはるかに優れているのである．

そこで，フィードバック制御による台車制御の流れを，図 1.5 に簡潔に示す．まずセンサ(sensor)が物体の位置，速度，力を常に測定し，制御装置(controller)は，そ

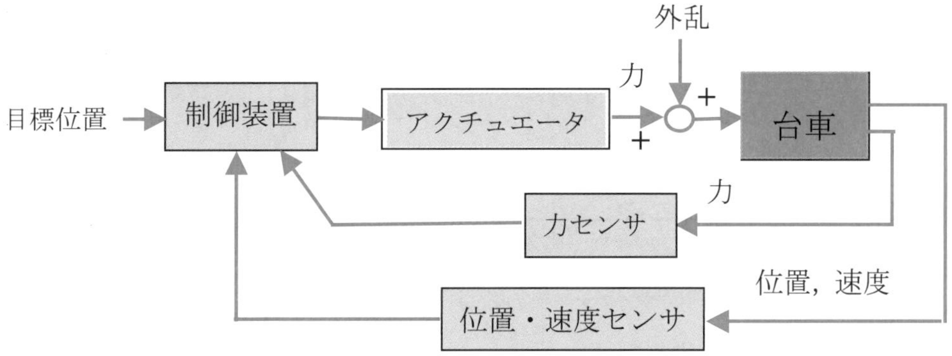

図 1.5　台車移動のフィードバック制御

の測定値と目標としている位置や速度との誤差を割り出し，その誤差をゼロにするにはどのような大きさの力を出せばよいかを算出する．次にアクチュエータは，この算出結果に基づいて実際に力を出して台車を押す（あるいは,ブレーキをかける）．以上の仕組みは，図 1.3 の人の作業に対応させるなら，頭脳が制御装置，手足がアクチュエータ，手足の触覚や目がセンサということになる．

こうして，台車の移動を自動化するのに必要な技術は，制御対象の特性を数式化する技術（モデリング技術=modeling technique），制御対象の数学モデルに基づいて力の加減を計算して割り出す技術（制御理論=control theory），台車の位置や速度を測定する技術（センサ技術=sensing technology），台車を動かす技術（アクチュエータ技術=actuator technology），そして台車の仕組みを作る技術（機構の技術=mechanism technology）である．これら 5 つの技術を合わせて制御技術(control technique)と呼ぶ．この他に，人間が簡単に台車に操作命令を与えることができる技術（マン・マシンインタフェース=man-machine interface）が必要だが，本書の範囲ではない．

制御に必要な技術

(1) 数学モデルを作る技術
(2) 制御理論
(3) センサ技術
(4) アクチュエータ技術
(5) 機構の技術
(6) ヒューマンインタフェース技術

さて，これら 5 つの要素技術からなる制御技術は，台車に限らず他のさまざまな機械の制御にも必要な技術である．一般にこの 1 番目（モデリング）と 2 番目（制御理論）の技術を制御工学(control engineering)と呼ぶことが多く，本書の目的は主にこれを解説することである．

1・2　ブロック線図 (block diagram)

前節の図 1.5 はブロック線図(block diagram)と呼ばれ，制御システムを構成している要素の間の機能的・構造的関係を解りやすく示すのに用いられる．図 1.6 には，より一般的なフィードバック制御システムのブロック線図を示す．それぞれの箱はブロック(block)と呼ばれ，中に要素の機能や名前を入れる．

各要素のブロックに入る矢印は入力信号（input），出てゆく矢印は出力信号（output または応答=response）と呼ばれる．入力はその要素が動作する原因を，出

力は動作の結果を意味し，決して逆向きの信号伝達は表わさないことに注意してほしい．矢印を伝わる信号の速度は光速かそれに準じる速度と考えてよい．しかし，入力に対してどれくらいの速さで応答が生じるか，あるいはブロックの中での信号処理にどれくらいの時間を要するかは，ブロック内の要素の物理的性質による．

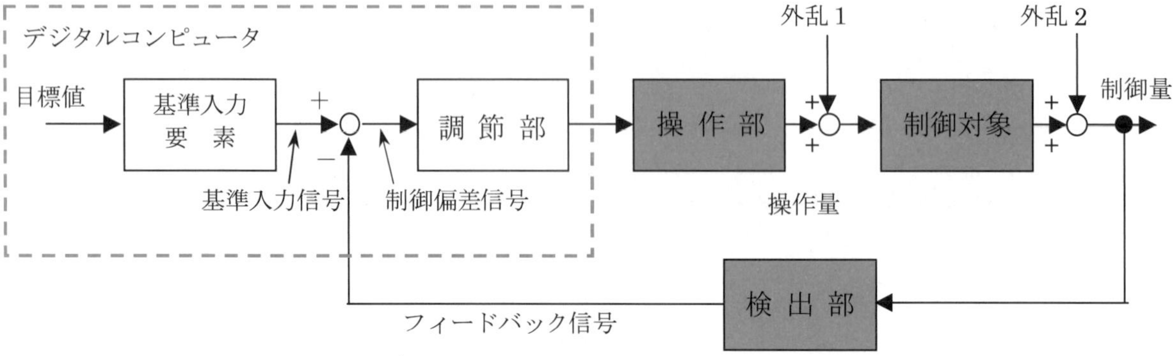

図1.6　フィードバックシステムのブロック線図

台車の場合，操作量はアクチュエータの駆動電流値を決める信号である．また制御したい量は位置や速度であり，この量を制御量(controlled variable)とよぶ．操作量を計算する要素である制御装置は一般に調節部(controller)と呼ばれる．操作部(manipulator)は台車の例ではアクチュエータである．検出部(sensing unit)は計測装置を意味する．基準入力要素(input signal generator)とは，人間の与える目標値（desired value）を実際のフィードバック制御系の基準入力(referential input あるいは set point)の物理量（例えば電圧）に変換する要素である．

現在ではこの要素も調節部と共にすべてディジタルコンピュータで構成されているといってよい．その場合，制御偏差信号（control error，制御誤差信号とも呼ばれる）に基づいて操作量を算出するのはアルゴリズム(algorithm)であり，このアルゴリズムを制御則(control law)と呼ぶ．

図 1.6 の外乱１はシステムに対して制御量を目標からずらすように働くので，これに対して制御装置をうまく設計しなければならない．台車の場合は路上の傾斜や風圧である．また外乱２は制御量の測定値を乱す雑音(noise)として働く．なお両方の外乱を共に雑音と書くこともある．なお、矢印と矢印が出会う点（例えば，フィードバック信号=feedback signal と制御動作信号=operating signal）を加え合わせ点(summing point)という．

ブロック内の物理現象を支配する方程式が未知なとき，そのブロックをブラックボックス（black box）とよぶ．また図 1.6 のフィードバックシステム全体も入力と出力を持つ大きな一つの要素と見なすことができる．

本書で取り扱う制御システムは線形時不変システムと呼ばれる（1.5 節で詳しく学ぶ）クラスに属し，実用的で理論的に扱いやすい．このクラスのシステムだと，ブロック線図を通じて簡単にシステムの工学的性質を見通すことができる．これについては，3.5 節で詳細なブロック線図の性質を学ぶ．

1・3　制御システムの例 (examples of control system)

台車の制御の類に属するものには，列車の制御や工場内の搬送車の制御がある．この他にも，フィードバック制御を用いた機械は数多く存在し，どれも図 1.6 に示したブロック線図の構造を持っている．ここでは，フィードバック制御の機能をよく理解するために，仕組みの単純な古典的な例を説明する．コンピュータや半導体センサが存在していなかった時代には，制御則やセンサは機構そのものの中に組み込まれるように設計されていたことに注意しよう．

図 1.7 に示すのは水位の制御システムで，起源はギリシャにあり，灯油ランプの灯油やワイン容器の液面制御に応用された．現在でも簡単なものが，水洗便所の水タンクの液面制御に用いられている．水位（出力）が下がると浮きが下がり，管路断面積が増え上からの水の供給量が増える．すると今度は液面が上がるので，水路は小さくなり水の供給が減る．この一連の動作は次の例題に示すとおり，図 1.6 と同様のブロック線図に読み替えることができる．

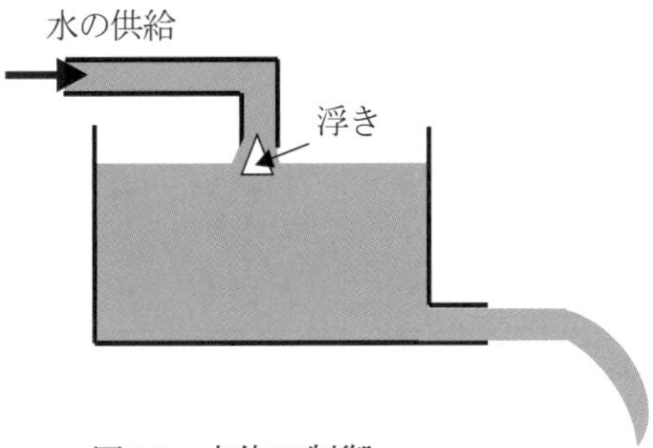

図1.7　水位の制御

ここで注意を要するのは，水位（出力）は浮きの特性に依存するので，下から絶えず流出が続くような場合は，目標水位をユーザがかってに決めることはむずかしいことである．ただし，下からの流出が止まるような用途（水洗トイレ）では，浮きで水路を完全に閉じることを利用する．この場合は，目標水位は垂直部分の管路下端位置で決まる．

【例1.2】　図 1.7 の水位制御システムのブロック線図を描け．

【解 1.2】 図 1 .8 を見よ．このシステムでは，制御対象が下部水槽，浮きが制御

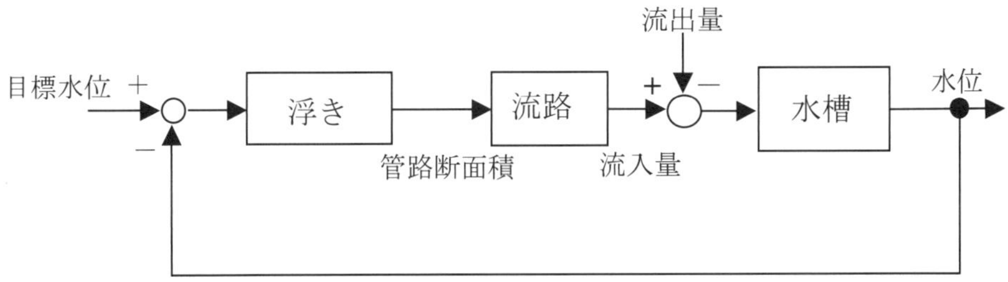

図1.8　水位制御のブロック線図

装置，浮き周囲の流路がアクチュエータということになる．なおブロック線図内の「流路」ブロックとは，浮き前後の圧力差に相当する一定値を意味する．また，水位検出センサは浮きそのものである．

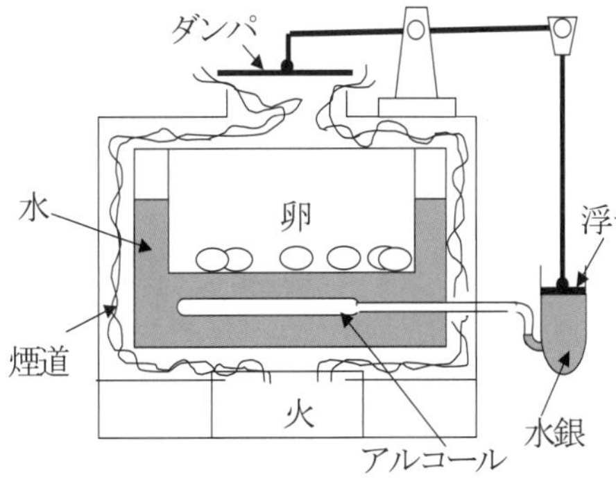

図1.9　自動ふ化器

図 1.9 には 17 世紀初頭に発明された自動ふ化器を示す．基本的仕組みは，卵を入れた箱を水槽に浮かべ，図のように水槽を下から火で熱し湯せんすることである．アルコールを入れたガラス容器を温度センサとして用いる．水温が上がるとアルコールが膨張し，そのガラス容器の一端に取り付けられた水銀レベルが上昇する．すると，ダンパが下がり煙突の出口を狭めるため火力が弱まり，今度は水温が下がるという具合である．水温が下がり過ぎると，ダンパが上に上がり煙突出口が広がり，火力が上昇する．

このメカニズムで，設計者は機構のどの部分で設定温度を決めることができるか考えてみよ．この問いと併せて，この仕組みのブロック線図の作成は演習書（別売）にゆずる．

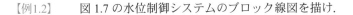

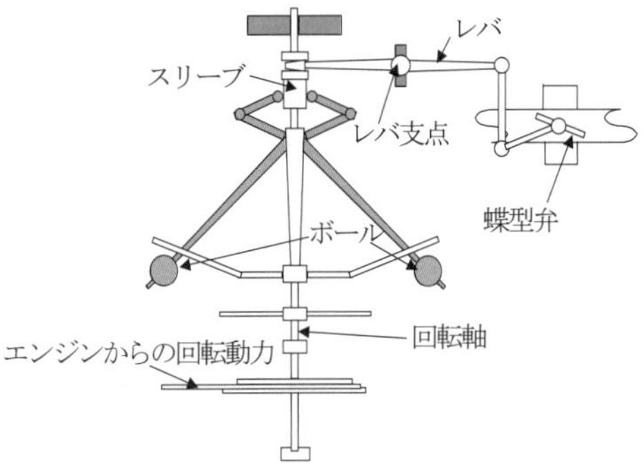

図1.10　遠心調速機

イギリスが産業革命に入った 18 世紀末には，ワット(Watt. J)による本格的な機構の制御装置が現れた．これは図 1.10 に示す遠心調速機（英語ではもっと分かりや

すく，fly-ball governor という）である．ワットはこの装置を紡績機などに使う水蒸気エンジン(steam engine)の速度制御に用いた．エンジンの回転が滑車を通じて，調速機の回転軸に伝わる．回転速度が上昇すると 2 つのボールの遠心力が増大し，スリーブとレバの機構を通して, 水蒸気流路にある蝶型弁が閉じる方向に回転する仕組みである. これによって, エンジンの回転速度を制御する仕組みが可能になる. この制御の仕組みを調速機の機構にそって説明することは演習書に残しておく. なお，この同じ仕組みが石臼用の風車の制御にも用いられたという話である．

上の 3 つの例ですでに気づかれた読者もいるだろうが, 制御量が目標値の前後を行き来して落ち着かないことが起きる可能性がある. あるいは目標値に正確に落ち着かないかもしれない．仮に落ち着いたとしても，落ち着くまでに時間がかかり過ぎるかもしれない．このことからして，左の表に示すように，フィードバック制御できわめて大事なことは，制御量の動作が目標値の前後で振動しないこと，つまり安定性(stability)，正確に目標値に到達させること,つまり精度(accuracy)，目標値をすばやく達成させること，つまり速応性(speed of response)の三点である．これらは第 5 章で述べるように，フィードバックシステムの重要な設計目標である．

フィードバック制御系の設計目標
安定性：制御量が限りなく大きくならないだけでなく，いつまでもふらつくようなことがない
精度：　目標値に正確に落ち着く
速応性：目標値にすばやく収束する

1・4　メカトロニクスの制御 (control of mechatronics)

フィードバック制御システムの中でも, 特に機械工学系の学生にとってなじみやすくかつ重要なものは，サーボ機構(servo mechanism)と呼ばれるものである．これはモータを使って位置や速度を制御するフィードバックシステムのことである. サーボ機構をもち，アクチュエータ，センサ，機構からなる制御システムを総称してメカトロニクスシステム(mechatronics system)と呼ぶ. この章の最初に紹介した「台車」はそのよい例である．

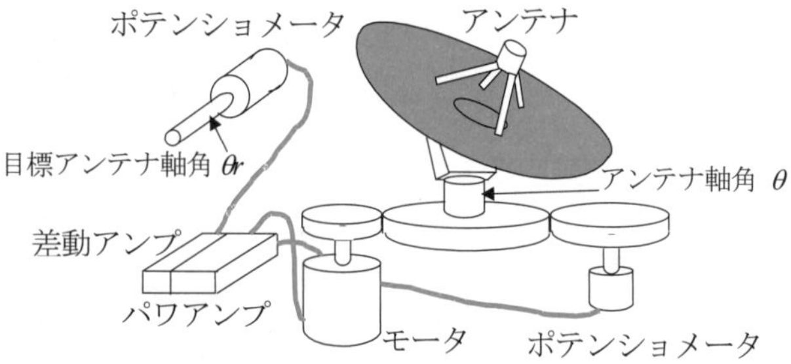

図 1.11　アンテナの制御

図 1.11 に典型的なメカトロニクスシステムであるレーダ制御システムを示す．この仕組みは，目標値として与えられた方位角にすみやかにアンテナの位置制御を行うシステムである. 制御はアンテナの主軸と上下方向の 2 軸の制御で, ポテンショメータを用いて角度を検出する.

一般に, メカトロニクスのアクチュエータはモータであると考えてよい．直流モータは，このテキストでたびたび出てくるので, そのブロック線図を図 1.12 に示し，またその数学モデルは 1.5 節に示すが，その詳しいモデル化は第 2 章で学ぶ.

現在は，サーボ機構の制御にはコンピュータが用いられ，コンピュータが計算した

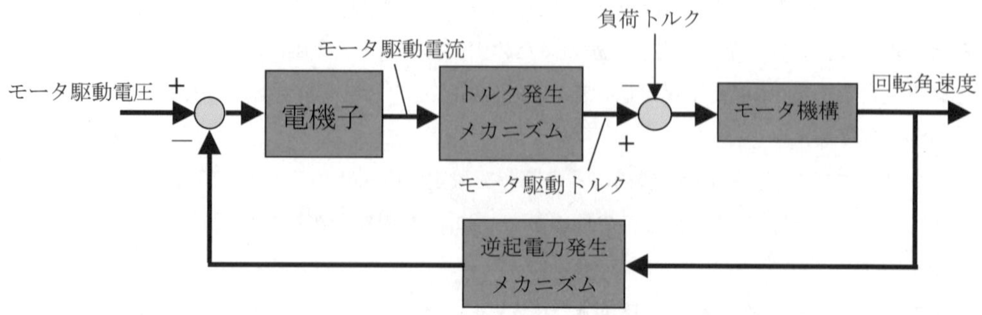

図 1.12　直流モータのブロック線図

制御則をアクチュエータによって実行させる．このとき，コンピュータ出力はDAコンバータ(digital-to-analog converter)によってディジタル信号(digital signal)からアナログ信号(analog signal)に変換され，その信号は増幅器(amplifier)によって増幅され，アクチュエータを駆動できる大きな電流となる．またセンサ信号はADコンバータ(analog-to-digital converter)によってアナログ信号をディジタル信号に変換され，コンピュータに取りこまれる．以上を情報処理の流れとしてみると図1.13のようになる．

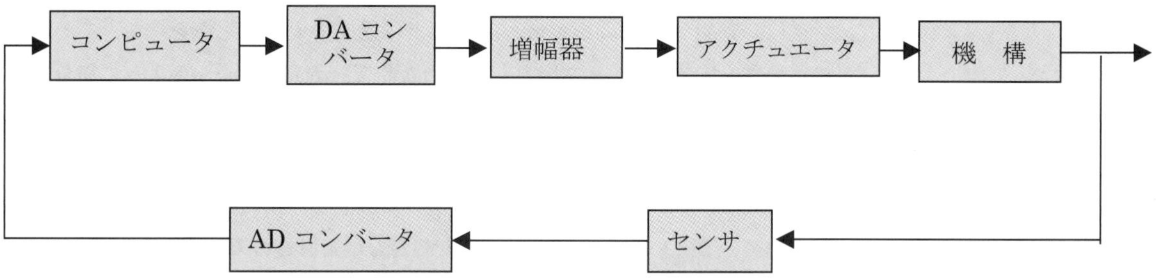

図1.13　メカトロニクスにおける情報処理の流れ

サーボ機構の環境への適応能力を高めるために，サーボ機構自体を上位のコンピュータで制御するような構成にする場合がたびたびある．こうしたシステムの中で工業的によく用いられる方法はシークエンス制御(sequence control)と呼ばれ，その典型はエレベータ制御である．エレベータの下位メカトロ系はワイヤーの巻き上げ機械であり，上位のシークエンス制御系は，多数のユーザがほぼ同時に入力しても，入力の順番に応じて止まる階の順番を適切に決める．

さらにもっと高度なメカトロニクスシステムは，ロボットの行動制御や工場生産ラインの多数の工作機械やロボットをスケジュール通りに制御するシステムである．これらはいずれも本書の範囲を超えるのでこれ以上述べない．

1・5　制御システムの入出力関係(input-output relationship of control system)

1･2節で述べたように，フィードバック制御はシステムがどのような制御要素から構成されているにせよ，その仕事の流れから見た構造は図1.6のブロック線図で表わされる．この節では，本書で取り扱う制御システムの構成要素の入力と出力の間の関係，あるいは入出力関係(input-output relationship) について基本的性質を学び，これ以降の章の準備をしておくことにする．

本書で対象とするシステムやその要素はいずれも，時不変線形システム(time-invariant linear system)と呼ばれるもので，すべての要素が線形で，しかもその性質は時間がたっても変化しないようなシステムである．まず，時不変線形システムとは何かをもっと詳しく知るために，システムの「記憶」(memory)について学ぼう．

1・5・1　動的システム(dynamic system)

動的システムを理解するために，まず正反対の静的システム(static system)について学ぼう．出力の現在の値が入力の現在の値しか反映しないシステムを記憶の無いシステム(memoryless system)，あるいは静的システム(static system)という．逆に出力の現在の値が入力の現在の値にも過去の値にも依存するシステムを記憶の有るシステム(system with memory)という．

静的システムの典型は，電気抵抗 R のみの簡単なシステムでは，図 1.14-a に示すように，出力である電圧 $e(t)=Ri(t)$は入力電流 $i(t)$の現在の値にのみ依存する．また同図 b のテコの仕組み（出力を作用点の変位 y，入力を力点の変位 u とする）でも，$y = (L_2/L_1)u$ となるので記憶がない．ただし，L_1，L_2はそれぞれ力点側および作用点側のテコの腕の長さである．

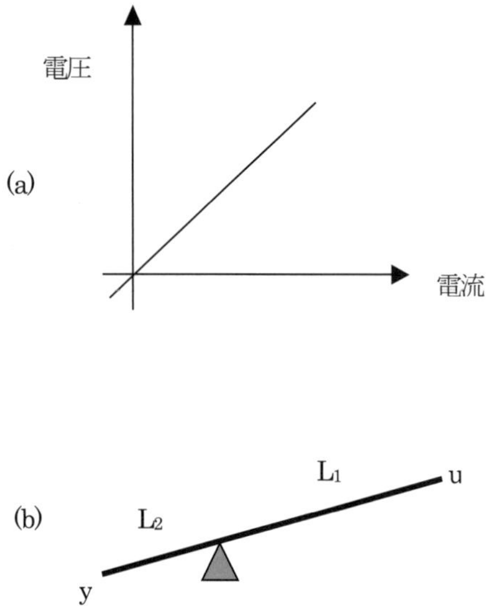

図1.14　静的システムの例

逆に，動的システム(dynamic system)とは過去の入力の記憶を持つ，あるいは別の言い方をするなら，xを出力 u を入力として，$dx/dt = f(x,t,u)$のように微分方程式で記述できるシステムである．簡単な例は図 1.15 に示すコンデンサ（容量 C）である．出力をコンデンサ両端子の電位差 e，入力をコンデンサを流れる電流 i とすると $de/dt=i/C$ となる．これを次式のように表すと，出力電圧が過去の入力の影響を受けているという意味で，出力の中に入力が記憶されていることが分かる．

$$e(t) = e(0) + \frac{1}{C}\int_0^t i(t)dt$$

本書が広く対象とするのは動的システムで，常微分方程式で書くことができる．簡単な例は，$dx/dt = ax + bu$ である．ただし u は入力，x は出力である．この解は，

$$x(t) = e^{at}x_0 + \int_0^t e^{a(t-\tau)}bu(\tau)d\tau \qquad (1.1)$$

で与えられる．

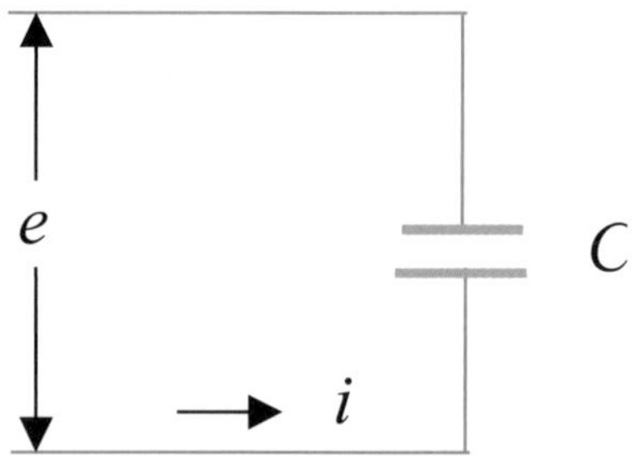

図1.15　コンデンサの入力と出力

直流モータは典型的な動的システムである．それは次の２つの微分方程式を連立して数学モデルを記述できることを次章で学ぶ．

$$\begin{aligned} J\frac{d\omega}{dt} &= -c\omega - T_L + Ki \\ L\frac{di}{dt} &= -Ri - K\omega + v \end{aligned} \qquad (1.2)$$

ただし，ω：モータ回転角速度（出力），v：駆動電圧（入力），i：駆動電流であり，また J：モータ回転部の慣性モーメント，c：回転抵抗，K：トルク定数，L：電機子インダクタンス，R：電機子抵抗，T_L：負荷トルクである．通常，モータ回転角速度を出力，駆動電圧を入力とする．

1・5・2　時不変システム (time-invariant system)

前節の最後で，動的システムであるモータの R や C などのすべての係数は通常時間と共に変化しないと仮定する．このように係数が時間と共に変化しないと見なせる場合，時不変システム(time-invariant system)と呼ぶ．これは，今与えた入力に対する出力は，例えば１時間後に同じシステムに同じ入力を与えた場合に同じ出力が得られるシステムのことである．

逆にもし，システムの係数の少なくとも一つが時間と共に変化する場合，時変システム(time-variant system)という． 時変システムは，たとえ入力が入らなくても，システムの性質が時間と共に変化してしまうので，今以前と同じ入力をシステムに加えても応答は以前のものと違うことに注意しなければならない．

【例1.3】　電気抵抗が $R(t)=0.1t\ \Omega$のように時間と共に増加しているとする．こ

のとき，端子電圧 e を出力，電流 $1A$ を入力として，このシステムが時変システムであることを確認せよ．

【解 1.3】　今 $1A$ の電流を t_1 分ながすと電圧降下は図 1.16-a のようになる．そして t_2 に $1A$ の電流を流したとすれば，同図のような端子電圧 e が得られる．これらの応答が，抵抗が一定の場合（同図 b）と異なるのが分かる．

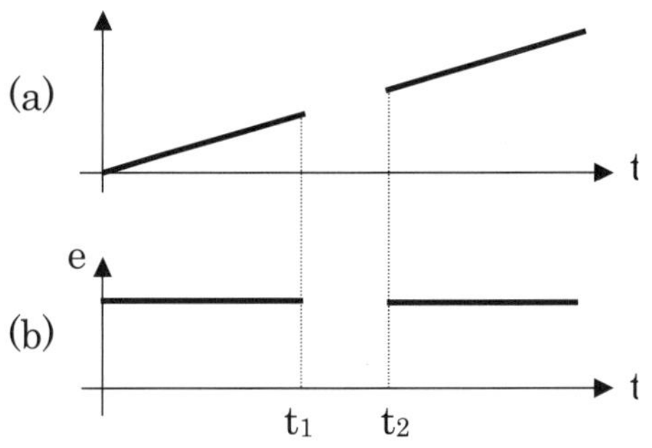

図1.16　電気抵抗と時変システム

1・5・3　線形システム (linear system)

「システムが線形(linear)である」とは「重ね合わせの原理(principle of superposition)が成り立つ」とも言う．線形要素の簡単な例はバネである．入力である変位と出力であるバネ反力の関係は線形である．

また，線形でない（非線形な=nonlinear）システムの例は，図 1.7 の流路断面積（入力）と流入量（出力）の関係である．これを図 1.17 に示す．なぜ非線形かというと，浮き前後の圧力差と流量の関係は水力学から，およそ圧力差∝（流量^2）/（流路断面積^k）によって与えられ，浮き前後の圧力差を一定とみなすと，流量管路断面積$^{k/2}$ となるからである．

では「線形」の正確な定義に入ろう．2 種類の入力 $u_1(t)$と $u_2(t)$が，それぞれ制御システムに独立に加わったときの出力をそれぞれ $y_1(t)$と $y_2(t)$としよう．このとき線形システムでは次の 2 つの条件が成り立つ．

C-1；　入力 $\alpha u_1(t)$（ただし，αは実数）に対する出力は $\alpha y_1(t)$となる．

C-2：　２つの入力の和 $u(t) = u_1(t) + u_2(t)$に対する出力は $y_1(t) + y_2(t)$になる．

これはごく当たり前のことのようにみえるが，実はそうではないことが $y = u^2$ という簡単な時不変静的システムの例からすぐにわかる．このように線形でないシステムを非線形システム(nonlinear system)と呼ぶ．

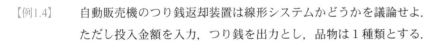

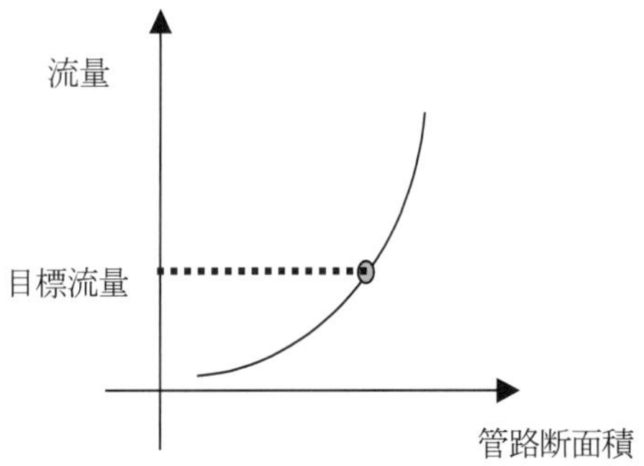

図1.17　浮き流路の特性

【例1.4】　自動販売機のつり銭返却装置は線形システムかどうかを議論せよ．ただし投入金額を入力，つり銭を出力とし，品物は 1 種類とする．

【解 1.4】　品物＝a 円とする．投入金額を u 円，つり銭を y 円とすると，

$$y = \begin{cases} u - a, & u \geq a \text{ のとき} \\ 0, & u < a \text{ のとき} \end{cases}$$

これは非線形システムであることは，次の反例から明らかである．いま $a=50$ 円，$u_1=100$ 円，$u_2=150$ 円とすると，$y_1=50$, $y_2=100$ である．しかし $u_3= u_1+u_2= 100+150 =250$ に対するつり銭は，$y_3=200$ となり，これは $y_1+y_2=150$ に等しくない．これは条件 C-2 に違反するので線形でない．

【例 1.5】　次のシステムは線形か？ただし，y を出力，u を入力とする．

$$y(t) = \int_0^t (\sin\omega\tau)u(\tau)d\tau$$

【解 1.5】 まず C-1 を満たすことは以下から分かる．

$$\int_0^t (\sin\omega\tau)\alpha u(\tau)d\tau = \alpha\int_0^t (\sin\omega\tau)u(\tau)d\tau = \alpha y(t)$$

また次より，C-2 も満たされているので，このシステムは線形である．

$$\int_0^t (\sin\omega\tau)u_1(\tau)d\tau + \int_0^t (\sin\omega\tau)u_2(\tau)d\tau$$
$$= y_1 + y_2 = \int_0^t (\sin\omega\tau)\{u_1(\tau)+u_2(\tau)\}d\tau$$

【例 1.6】 Show that a linear system outputs zero to a zero input by using the linearity conditions C1 and C2.

【解 1.6】 Let two inputs to a linear system be $u_1(t)=u(t)$ and $u_2(t)=-u(t)$ and the corresponding outputs be $y_1(t)$ and $y_2(t)$. From C1, $y_1(t)=-y_2(t)$. From this and C2, the output to $u_1(t)+u_2(t)$ that is equal to zero is also zero because $y_1(t)+y_2(t)=0$. Or using C1 for $\alpha=0$ simply proves that a zero input produces a zero output.

【例 1.7】 Using the result of the above example, show that the system $dx/dt = ax + bu$ is linear in terms of the input-output relationship.

【解 1.7】 In order for this differential equation to be a linear system, we have to set the initial conditions at $x_1(0)=x_2(0)=0$. Otherwise, this system would produce non-zero outputs to zero inputs, $u_1(0)=u_2(0)=0$. Using C1 and C2 for (1.1) with $x_0=0$ in the same fashion as Example 1.5 proves linearity of the system.

第 2 章以降で扱う要素や制御システムのほとんどが，動的線形システムである．したがって，制御システムやその要素が「動的であること」および「線形であること」は，ここで十分に頭に入れておいていただきたい．

1・6　本書の読み方(how to read this volume)

本書の前半（第 2 章から第 7 章）にはいわゆる古典制御理論が，後半（第 8 章から第 12 章）には現代制御理論(modern control theory)が書かれている．今述べたように，本書で取り扱うシステムのほとんどは線形時不変の動的なシステムで，主に 1 入力 1 出力のシステムである．特に 1 入力 1 出力のシステムに対しては，分かりやすいシステムの記述を得るためにラプラス変換(Laplace transformation)などを含む複素関数論を形式的に使うが，このやり方ではシステムの時間挙動が表に出てこない難点がある．そこで，現代制御理論ではシステムの時間挙動がそのまま見える微分方程式による記述を使う．

複素関数論それ自体を理解しようとすれば，数学的には結構ややこしいし，また線形時不変の微分法的式記述は線形代数を頻繁に使うという意味で，公式的記憶力が必要になるかもしれない．しかし，どの章も学部 2 年生までに履修した数学，物理学および機械工学の知識に基づいて理解できるように記述されている．つまり数学は形式的道具として理解していただければ，何の参考図書もなしに第 1 章から余り苦労せずに理解できるはずである．

しかし，初学者だけでなく我々教員ですら，すでに学んだ公式について失念していることがたびたびあるから，必要と思われる公式を巻末に付録としてつけた．なお，若干の数学的証明を除いて，ほとんどの理論や公式の証明は本書を理解する上で不要と考えたので省いた．

第 2 章で，要素のモデル化の方法を，そして第 3 章と第 4 章ではそれぞれ要素の全体的理解を助ける伝達関数と周波数応答法を学習する．第 5 章と第 6 章では，それぞれ制御工学の要の概念であるフィードバック制御の意味とフィードバックシステムの時間的挙動を学ぶ．第 7 章では，フィードバックシステムのやや古い経験的な設計理論を学ぶ．この学習によって，第 8 章以降で述べる現代制御理論に基づく設計理論の意義がよくわかるはずである．

第 8 章では，現代制御理論におけるシステム理解の基礎概念を学び，第 9 章および第 10 章では，時間領域における制御システムの構造理解を深める．第 11 章，第 12 章では現代制御理論による制御システムの設計理論を学ぶ．

また，ある程度高度と思われる項には，4･2･2*のように項番号に＊印をつけたので，それを飛ばしても差し支えないように構成してある．もし，＊印のついていない箇所をよく理解できないとすれば，その責任の多くは著者らの教育能力が不足していることにあると考えられる．その場合にはご批判をお願いしたい．

第 2 章

線形モデルを作る

Linear System Models

制御対象は，前章で見たセンサ，アクチュエータ，機構などからなるメカトロニクス系，あるいは，熱や流体を扱うプロセス系など幅広い産業技術分野にわたる．例えば，航空機の制御はメカトロニクス系とプロセス系の両方にわたるものである．制御工学では，それぞれの分野におけるモデル化技術を修得することがまず重要となる．本章では，制御対象を系統的に機械系，流体系，電気･電子系に分類し，それらの基本的な線形数学モデルとその構築の仕方について学ぶ．

2・1　線形化と線形性 (linearization and linearlity)

2・1・1　振り子の線形化(linearization of pendulum)

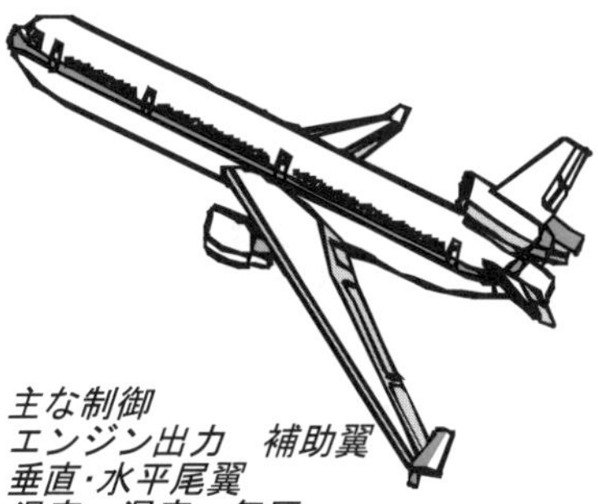

機械系，流体系，電気・電子系などのシステムは，多くの場合なんらかの非線形現象(nonlinear phenomena)を示す．通常その現象の非線形な特性を線形化して，単純に扱うことが重要となる．ところで，一般的に知られるバネの変位と荷重の関係は，直線的な関係を有し，したがってこの関係は線形である．しかし，このバネの特性は通常使用する実用範囲で線形性を有するに過ぎず，その範囲を越えた領域では非線形な特性となることに注意しなければならない．したがって，制御工学においては，非線形特性をもつシステムの線形化を行い，線形モデルを得るのである．

例えば，図 2.1 に示す振り子の運動について考えてみる．振り子の入力は回転中心の支点の位置，あるいは，錘に加わる変位強制や力強制など考えられるが，錘の横方向変位をその出力とした場合には，変位は $L\sin\theta$ で表され θ に関して非線形となる．今，振り子に取り付けられた質点の質量を m とし，振り子の偏角は $\theta=0$ で，振り子が自然に静止した位置であるように定義する．そして，振り子の長さは変わることがないものとし，その長さを L として一定とする．このときの運動方程式は，

$$mL\frac{d^2\theta}{dt^2}=-mg\sin\theta \tag{2.1}$$

となる．さらに，式(2.1)の両辺から m を消すと，

$$\frac{d^2\theta}{dt^2}=-\frac{g}{L}\sin\theta \tag{2.2}$$

となるので，振り子の運動は質量 m に関係しないことが明らかとなる．

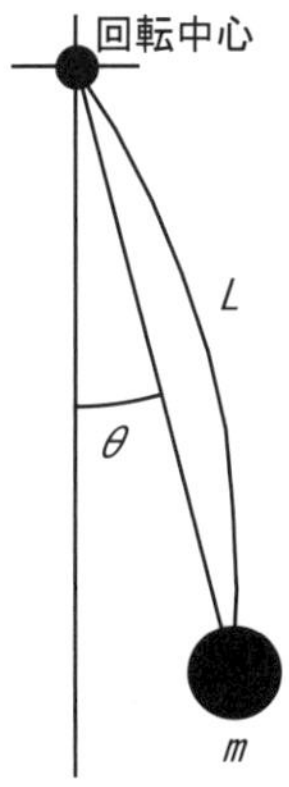

図 2.1　振り子

振り子の運動に関わるものは，振り子の長さ L を変えるか，あるいは，重力 g を変えることによって，その運動を変化させることができる．そして，式(2.2)より，g/L の比が振り子の運動を支配していることに気づく．このように，定性的な性質は方程式を解かなくとも理解することができるのである．

一方，式(2.2)の方程式は非線形微分方程式であるから，振り子の運動は非線形な性質を有し，このような振り子を非線形振り子と呼ぶ．この非線形振り子の復元力 $-mg\sin\theta$ は，θ に対し非線形に依存している．このような非線形微分方程式を解く問題は，一般に線形問題を解くよりも難しいので，非線形部分に線形化をほどこし線形問題として解析することが好ましい．この場合の線形化は，

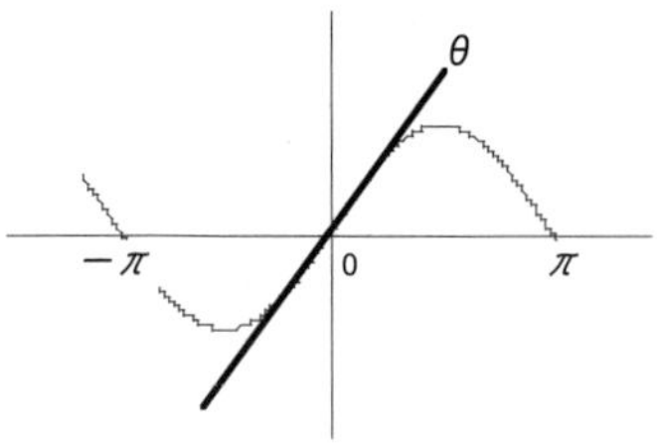

図2.2　$\sin\theta$ の直線近似

$$\sin\theta \approx \theta \tag{2.3}$$

となる．図2.2に見られるように，θ が原点の近傍であるときは $\sin\theta$ とほぼ一致し，このとき，この微分方程式は線形微分方程式に置き換えることができ，それは，

$$\frac{d^2\theta}{dt^2} = -\frac{g}{L}\theta \tag{2.4}$$

となるのである．

非線形微分方程式を線形化するときは，上述したように小さい変位（角）を想定し，平衡点(equilibrium)および動作点(operating point)を決定する必要がある．平衡点とは，時間的に変化しないで自然に静止した状態で留まることができることを言い，一般に平衡点は複数存在する．また，この平衡点は静止した状態で留まるのであるから，言いかえれば，物体の速度はゼロで，力が存在しない状態であると言える．非線形振り子では，振り子がある位置で静止しているとき，振り子はその位置に留まり続けるという点が平衡点であり，振り子が垂直下方に静止している $\theta=0$ や，垂直上方に立っている $\theta=\pi$ の位置が平衡点となる．

差が生じたとき新たな釣合い位置で静止する．その釣合い位置から動作させたときの運動方程式は？

動作点は，任意にその動作点を選ぶことができる．例えば，振り子の場合，平衡点を $\theta=0$ とし，動作点を $\sin\theta \approx \theta$ が成り立つ範囲で設定することができる．一般的な物体の運動では動作点と平衡点は常に一致したものとして扱うが，制御工学ではフィードバック制御に代表される位置制御等を用いる場合は，任意にその動作点を選ぶことになる．上述した非線形振り子の場合，その平衡点はその非線形振り子が時間的に変化しないで自然に静止した位置 $\theta=0$ となり，動作点もまた $\theta=0$ となる．なお，制御工学では，常に平衡点や動作点からの変化分に着目し，それらの点からの変化範囲を動作点近傍(neighborhood of operating point)と呼ぶ．線形振り子では図2.2に示した $\sin\theta$ と θ の直線がほぼ一致している範囲である．

2・1・2　振り子の安定性

そこで，$\sin\theta$ と θ が一致する θ の範囲内で，振り子の挙動が安定しているかどうかを見極めることは，振り子を制御する上で大事なことである．つまり、線形化した微分方程式に関して，平衡点の安定性 (stability)，つまり安定平衡解か不安定平衡解であるのかについて考慮する必要がある．基本的には，時間に依存した方程式の解が平衡点に近い全ての初期条件に対して，平衡点の近くにあるとき安定であるということができる．

非線形振り子での平衡点に関して考えると，先に述べたように平衡点では，速度がゼロで，力がゼロであるから，平衡点の位置を x_o とすると，

$$f(x_o, 0) = 0 \tag{2.5}$$

となる．ただし，運動方程式は以下のように表すものとする．

$$\frac{d^2x}{dt^2} = f(x, \frac{dx}{dt}) \tag{2.6}$$

$x = x_o$ をこの運動方程式の 1 つの独立時間平衡解とみなす．今 x が初期の状態で x_o に非常に近い位置にあり，微小な速度があるとして，$f(x, dx/dt)$ の 2 変数関数のテイラー級数 (Taylor Series)に展開すると，

$$f(x, \frac{dx}{dt}) = f(x_o, 0) + (x - x_o)\left.\frac{\partial f}{\partial x}\right|_{x_o, 0} + \frac{dx}{dt}\left.\frac{\partial f}{\partial(\frac{dx}{dt})}\right|_{x_o, 0} + \cdots \tag{2.7}$$

なる．式(2.5)より，上式は，

$$f(x, \frac{dx}{dt}) = (x - x_o)\left.\frac{\partial f}{\partial x}\right|_{x_o, 0} + \frac{dx}{dt}\left.\frac{\partial f}{\partial(\frac{dx}{dt})}\right|_{x_o, 0} + \cdots \tag{2.8}$$

となる．ここで，x は x_o に近い位置にあり，dx/dt もまた微小な速度であるため，高次の項は無視する．さらに，平衡点からの変位 δx とすると，

$$\delta x = x - x_o \tag{2.9}$$

となり，式(2.9)を用いて，式(2.6)を整理すると，以下のようになる．

$$\frac{d^2\delta x}{dt^2} = -k\delta x - c\frac{d\delta x}{dt}$$

$$\therefore \quad \frac{d^2\delta x}{dt^2} + c\frac{d\delta x}{dt} + k\delta x = 0 \tag{2.10}$$

ここで，

$$-k = \left.\frac{\partial f}{\partial x}\right|_{x_o, 0} \tag{2.11}$$

$$-c = \left.\frac{\partial f}{\partial(\frac{dx}{dt})}\right|_{x_o, 0} \tag{2.12}$$

である．ただし，k，c は必ずしも正である必要はないことに注意されたい．方程式(2.10)は 2 階斉次常微分方程式であることに注意して，5・2 節で学ぶような安定性に関する理論を先取りして用いよう．式(2.10)の特性方程式は，

$$s^2 + cs + k = 0 \tag{2.13}$$

となる．この方程式の根は，

$$s = \frac{-c \pm \sqrt{c^2 - 4k}}{2} \tag{2.14}$$

となり，平衡解の挙動を表すことになる．表 2.1 に，(2.14)の $c^2 - 4k$ に応じて平衡解の挙動を表しておく．さらに詳しい安定性の判別ついては第 5 章と第 11 章で改めて学ぶが，上記の安定性の判別はリアプノフの第 1 の方法 (Lyapunov's first method)と呼ばれ，平衡点に十分に近い点の場合の線形化を

膝の関節を支点に考えたとき，膝下の運動はどうなるか？どこを動作点とし，どこまでを動作点近傍として考えれば線形性を保てるのか？

表 2.1　平衡解の挙動

(1) $c^2 - 4k > 0$	$c \le 0$　不安定 $c > 0$ かつ $k < 0$　不安定 $c > 0$ かつ $k \ge 0$　安定
(2) $c^2 - 4k = 0$	$c > 0$　安定 $c \le 0$　不安定
(3) $c^2 - 4k < 0$	$c < 0$　不安定 $c \ge 0$　安定

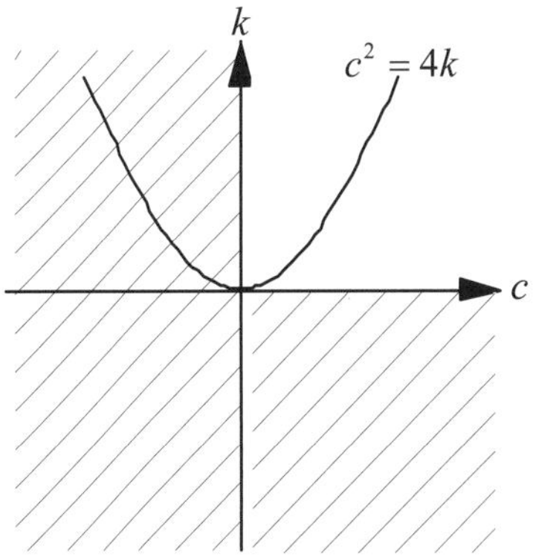

図 2.3　安定領域
(斜線部分は不安定領域)

想定している．

【例 2.1】

非線形微分方程式の平衡点

式(2.2)を用いて，非線形振り子の平衡点を求め，その平衡点の安定性を調べよ．

【解 2.1】

平衡点は$\theta=\theta_E$とすると，$\theta=\theta_E$は非線形微分方程式(2.2)を満たさなければならない．したがって，式(2.2)の非線形振り子の微分方程式を用いると，θ_Eは定数であるから，

$$\frac{d\theta_E}{dt}=\frac{d^2\theta_E}{dt^2}=0 \tag{2.15}$$

となり，さらに，

$$\sin\theta_E=0 \tag{2.16}$$

となることがわかる．したがって，上式を満たすθ_Eは，

$$\therefore\ \theta_E=0,\pi \tag{2.17}$$

となり，2点の平衡点が求まる．

そこで，この2点の平衡点の安定性について調べる．式(2.2).

$$\frac{d^2\theta}{dt^2}=-\frac{g}{L}\sin\theta \tag{2.18}$$

の右辺を，$f(\theta,d\theta/dt)$とおき，これを以下のように各平衡点において偏微分しよう．

$\theta_E=0$:

$$\frac{\partial f}{\partial\theta}=-\frac{g}{L}\cos\theta,\quad \left.\frac{\partial f}{\partial\theta}\right|_{0,0}=-\frac{g}{L}=-k$$

$$\frac{\partial f}{\partial(d\theta/dt)}=0,\quad \left.\frac{\partial f}{\partial(d\theta/dt)}\right|_{0,0}=0=-c \tag{2.19}$$

$\theta_E=\pi$:

$$\frac{\partial f}{\partial\theta}=-\frac{g}{L}\cos\theta,\quad \left.\frac{\partial f}{\partial\theta}\right|_{\pi,0}=\frac{g}{L}=-k$$

$$\frac{\partial f}{\partial(d\theta/dt)}=0,\quad \left.\frac{\partial f}{\partial(d\theta/dt)}\right|_{\pi,0}=0=-c \tag{2.20}$$

表 2.1 にそれぞれの係数k，cを代入すると，$\theta_E=0$のときは，表 2.1(3)より安定平衡点，$\theta_E=\pi$のときは，表 2.1(1)より不安定平衡点であることがわかる．

2・1・3　一般的な線形化

前節では，非線形な制御対象の平衡点や動作点を決定し，その後に線形化を行い，その現象の線形性を見出すことを学んだ．しかしながら，制御工学では，平衡点にとらわれないで非線形な現象を扱う場面も多々ある．以下では，平衡点にとらわれず，一般の非線形関数を線形関数に変換することにつ

いてみることにしよう．

$x - f(x)$ 座標系上の非線形な関数を想定し，この関数を点 $A(x_o, f(x_o))$ の近傍で動作させるものとし，点 A の近傍で線形化を試みる．まず，点 A を原点とする $\delta x - \delta f(x)$ 座標系を新たに設定し，点 A 近傍の曲線に適当な傾きの直線を与え，そのときの傾きが K であるとする．いま，点 A からの入力変位 δx は小さいものとすると，その出力 $\delta f(x)$ は傾き K の直線に近づけることができる．したがって，非線形な曲線と直線の関係は，点 A の近傍では，

$$[f(x) - f(x_o)] \approx K(x - x_o) \tag{2.21}$$

となる．さらに，δx と $\delta f(x)$ を用いて表すと，

$$\delta f(x) \approx K\delta x \tag{2.22}$$

となり，以下のような関係が成り立つ．

$$f(x) \approx f(x_o) + K(x - x_o) \approx f(x_o) + K\delta x \tag{2.23}$$

上述した関係を図で表すと，図 2.4 のようになる．

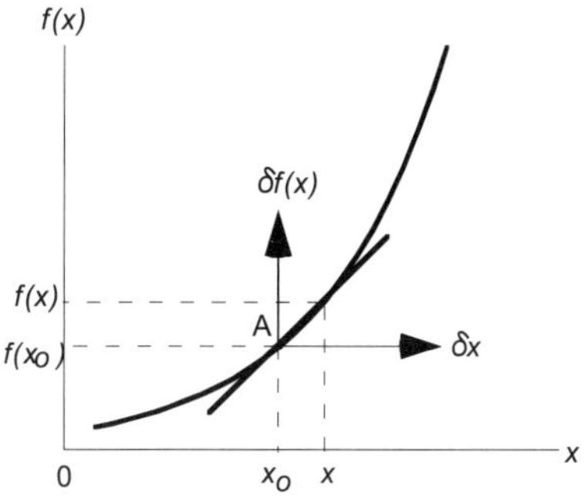

図 2.4　関数の線形化

【例 2.2】

非線形関数の線形化

式(2.24)の関数について，x=π/2 の近傍における線形な関数を求めよ．

$$f(x) = 3\cos x \tag{2.24}$$

【解 2.2】

まず，最初に，$f(x)$ の導関数を求めると，

$$df/dx = -3\sin x \tag{2.25}$$

になる．いま，x=π/2 を式に代入し，

$$\left. df/dx \right|_{x=\frac{\pi}{2}} = -3 \tag{2.26}$$

を得る．そしてまた，

$$f(x_o) = f(\pi/2) = 3\cos(\pi/2) \tag{2.27}$$

となる．このとき，式（2.24）より，x=π/2 の近傍の関数は，以下のように表すことができる．

$$f(x) = -3\delta x \tag{2.28}$$

上記の関係は図 2.5 に示すようになり，x=π/2 を動作点とし，その近傍の動作点では，－3 の傾きの直線で近似できることがわかる．

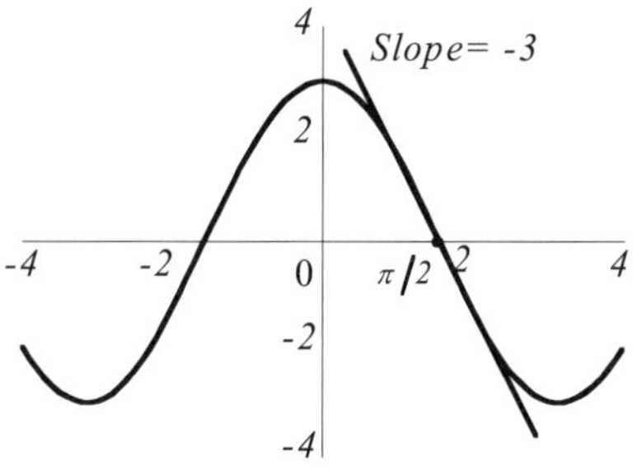

図 2.5　任意動作点での線形化

【例 2.3】

非線形微分方程式の線形化

式（2.29）の非線形微分方程式に関し，x=π/4 の近傍における線形微分方程式を求めよ．

$$\frac{d^2x}{dt^2} + 2\frac{dx}{dt} + \cos x = 0 \tag{2.29}$$

【解 2.3】

上式では， x=π/4 の近傍で cosθ を線形化する必要があるので，

$$x = \delta x + \frac{\pi}{4} \tag{2.30}$$

を用いる．ここで， δx は x=π/4 の近傍で，その動作範囲が小さいものとする．そして，式（2.29）に式（2.30）を代入し，

$$\frac{d^2(\delta x + \frac{\pi}{4})}{dt^2} + 2\frac{d(\delta x + \frac{\pi}{4})}{dt} + \cos(\delta x + \frac{\pi}{4}) = 0 \tag{2.31}$$

となるが, 左辺の第 1 項, 第 2 項はそれぞれ以下のように表すことができる．

$$\frac{d^2(\delta x + \frac{\pi}{4})}{dt^2} = \frac{d^2 \delta x}{dt^2} \tag{2.32}$$

$$\frac{d(\delta x + \frac{\pi}{4})}{dt} = \frac{d\delta x}{dt} \tag{2.33}$$

こうして結局， $\cos(\delta x + \pi/4)$ のみを対象とし， cos 項をテイラー展開(Taylor expansion)し, その高次の項を無視することによって線形化すればよいことになる．

いま，次のテイラー展開ができると仮定する．

$$f(x) = f(x_o) + \left.\frac{df}{dx}\right|_{x=x_o} \frac{(x - x_o)}{1!} + \left.\frac{d^2 f}{dx^2}\right|_{x=x_o} \frac{(x - x_o)^2}{2!} + \cdots \tag{2.34}$$

$f(x)$=cos $(\delta x+\pi/4)$， $f(x_o)$=f $(\pi/4) = \cos(\pi/4)$， $(x - x_o) = \delta x$ とすると，関数 $f(x)$ は $x = x_o$ まわりで，式（2.34）のテイラー級数の最初の 2 項を用いて近似することとし，

$$\cos(\delta x + \frac{\pi}{4}) - \cos(\frac{\pi}{4}) = \left.\frac{d \cos x}{dx}\right|_{x=\frac{\pi}{4}} \delta x = -\sin(\frac{\pi}{4})\delta x \tag{2.35}$$

が与えられる．そして，上式を整理して，以下の式を得る．

$$\cos(\delta x + \frac{\pi}{4}) = \cos(\frac{\pi}{4}) - \sin(\frac{\pi}{4})\delta x = \frac{\sqrt{2}}{2} - \frac{\sqrt{2}}{2}\delta x \tag{2.36}$$

これまでに得られた式（2.32)，（2.33)，（2.36）を式（2.31）に代入すると，以下のような線形化微分方程式を得ることができる．

$$\frac{d^2\delta x}{dt^2} + 2\frac{d\delta x}{dt} - \frac{\sqrt{2}}{2}\delta x = -\frac{\sqrt{2}}{2} \tag{2.37}$$

2・2　機械系・流体系・電気電子系 (mechanical systems, fluidic systems, electrical and electronics system)

この節では，制御工学の基礎的な分野である機械系，流体系，そして，電気電子系における数学モデルを例題を通して見ていくことにする．

【例 2.4】DC モータの線形微分方程式(1)

DC モータは，電気的な入力（電圧や電流）によって，機械的な出力，つまり，回転角や回転速度を得るものである．この DC モータの動特性を解析するためには，図 2.6 に示すような等価回路に置き換えて考えるのが一般的である．この回路で，R_a はモータの電機子抵抗，L_a はモータのインダクタンス，C はコンデンサであり，モータのロータ（後述）の慣性モーメントに関わる慣性部分を表す．また，$i(t)$ は電機子電流，$T(t)$ は発生トルクを示し，K_T をモータのトルク定数とする．

いま，入力を電圧 $e(t)$，出力をロータの回転角 $\theta(t)$ としたとき，DC モータの線形微分方程式を求めよ．

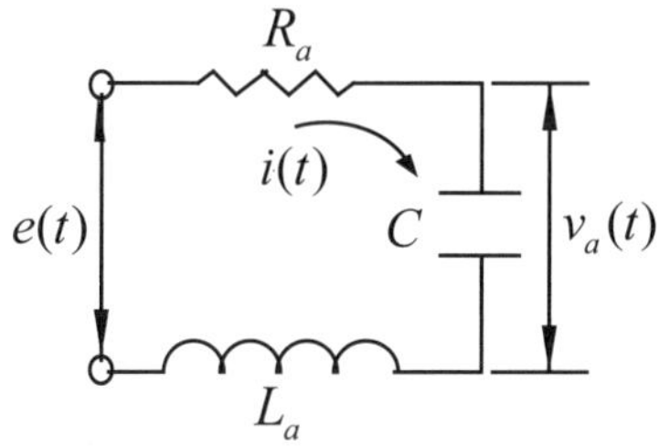

図 2.6　DC モータの等価回路

【解 2.4】

まず，この等価回路の微分方程式を求めると，

$$L_a \frac{di}{dt} + R_a i(t) + \frac{1}{C}\int_0^t i(t)dt = e(t) \tag{2.38}$$

となる．いま，コンデンサの両端電圧が $v_a(t)$ であるから，$v_a(t)$ を代入すると，以下のように表すことができる．

$$L_a \frac{di}{dt} + R_a i(t) + v_a(t) = e(t) \tag{2.39}$$

次に，DC モータに関する動的な特性について考える．

DC モータの逆起電力 $v_a(t)$ と DC モータの回転速度は比例するものとすると，

$$v_a(t) = K_E \frac{d\theta}{dt} \tag{2.40}$$

となる．ここで，K_E は逆起電力定数といい，単位系が SI 単位である場合には，$K_T \equiv K_E$ の関係がある．さらに，発生トルク $T(t)$，電機子電流 $i(t)$，および，トルク定数 K_T の間には，

$$T(t) = K_T i(t) \tag{2.41}$$

となり，以下のような関係を得る．

$$i(t) = \frac{1}{K_T} T(t) \tag{2.42}$$

以上の式(2.40)，(2.42)を式(2.39)に代入すると，

$$L_a \frac{di}{dt} + R_a \frac{1}{K_T} T(t) + K_E \frac{d\theta}{dt} = e(t) \tag{2.43}$$

となる．ここで，DC モータの構造上からの物理的な負荷を図 2.7 に示す．J は DC モータの回転軸や電機子を含むロータの慣性モーメントを示し，D はロータの機械的な摩擦，ジュール熱損などで発生する粘性抵抗である．したがって，モータは歯車やその他の機構を回転させるとき，必ずモータ自身の慣性モーメントや粘性抵抗を考慮する必要が生じるのである．ただし，ロータの慣性モーメントや粘性抵抗は他の機構部品と比べて小さいとき，無視し得る場合もある．話しを戻して，この J，D に関しては，図 2.7 に示したよ

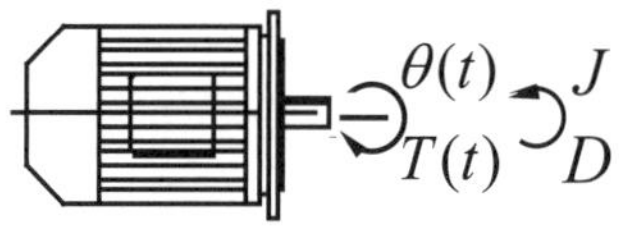

図 2.7　物理的な負荷状態

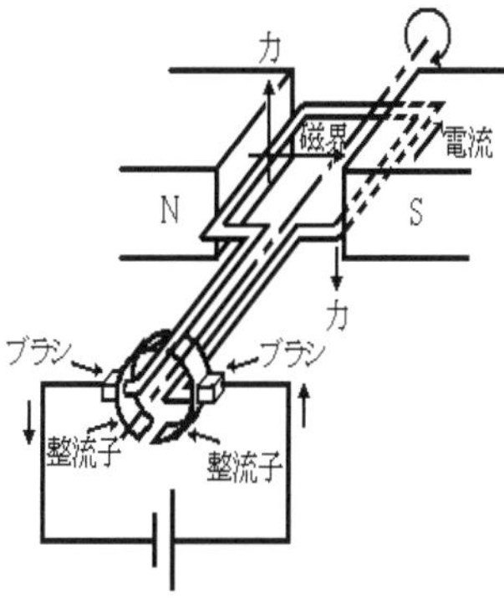

モータの構造・原理

磁界中に導線が置かれ，導線に電流が流れると導線には力が働く．直流モータの回転力はこの導線に働く力によって発生し，フレミングの左手の法則に従う．

回転する部分をロータ(rotor)，回転力を発生するための導線を電機子(armature)とよび，図ではロータと電機子は一体となっている．電源から電流を電機子に注入する部分をブラシ(brush)とよび，一般に黒鉛などが用いられる．整流子(commutator)は電機子の一部で，正極のブラシから負極のブラシへ電流を流す部分で，整流子とブラシは常に摺動接触している．

うに発生トルク T とは反対の向きに働き，以下のような関係がある．

$$T(t)=K_T i(t)=J\frac{d^2\theta}{dt^2}+D\frac{d\theta}{dt} \tag{2.44}$$

さらに，この式(2.44)を用いて，di/dt を導くと，

$$\frac{di(t)}{dt}=\frac{1}{K_T}(J\frac{d^3\theta}{dt^3}+D\frac{d^2\theta}{dt^2}) \tag{2.45}$$

となる．これら式(2.44)，(2.45)を式(2.43)に代入することによって，DC モータの線形微分方程式を得る．

$$L_a\frac{1}{K_T}(J\frac{d^3\theta}{dt^3}+D\frac{d^2\theta}{dt^2})+R_a\frac{1}{K_T}(J\frac{d^2\theta}{dt^2}+D\frac{d\theta}{dt})+K_E\frac{d\theta}{dt}=e(t) \tag{2.46}$$

この上式を同じ項でくくると，

$$\frac{L_aJ}{K_T}\frac{d^3\theta}{dt^3}+(\frac{L_aD}{K_T}+\frac{R_aJ}{K_T})\frac{d^2\theta}{dt^2}+(\frac{R_aD}{K_T}+K_E)\frac{d\theta}{dt}=e(t) \tag{2.47}$$

となり，入力 $e(t)$ と出力 $\theta(t)$ の関係は 3 次の微分方程式になることがわかる．

【例 2.5】DC モータの線形微分方程式(2)

例 2.4 の例題に関して，入力を電圧 $e(t)$，出力を角速度 $\omega(t)$ としたときの，線形微分方程式を求めよ．

【解 2.5】

入力 $e(t)$ と出力 $\omega(t)$ の微分方程式を求めるには，式(2.47)を用いる．角速度 $\omega(t)$ と回転角 $\theta(t)$ の関係は，

$$\omega(t)=\frac{d\theta}{dt} \tag{2.48}$$

となり，この式(2.48)を式(2.47)に代入すると，

$$\frac{L_aJ}{K_T}\frac{d^2\omega}{dt^2}+(\frac{L_aD}{K_T}+\frac{R_aJ}{K_T})\frac{d\omega}{dt}+(\frac{R_aD}{K_T}+K_E)\omega(t)=e(t) \tag{2.49}$$

となり，入力 $e(t)$ と出力 $\omega(t)$ の微分方程式を得ることができ，2 次の微分方程式になることがわかる．

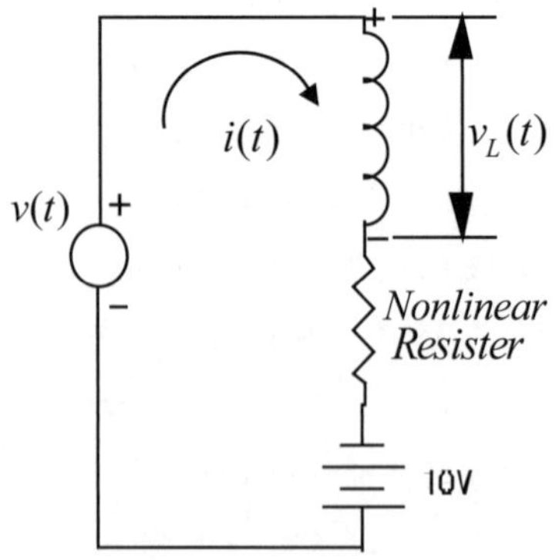

図 2.8　非線形電気回路

【例 2.6】　電気・電子系

図 2.8 に示すような非線形電気回路は，信号発生源，インダクタンス $L=1H$，図 2.9 に示すような非線形な特性を有する抵抗，および，10V のバッテリによって構成されている．入力を信号発生源 $v(t)$，出力をインダクタンスの端子間電圧 $v_L(t)$ としたときの線形化した微分方程式を求める．

【解 2.6】

この回路では，電圧-電流の関係に非線形特性をもつ非線形抵抗があり，非線形抵抗の電流－電圧の関係は，

$$v_r=2e^{i_r}-2 \qquad (i_r\geq 0) \tag{2.50}$$

$$v_r = -2e^{-i_r} + 2 \qquad (i_r < 0) \tag{2.51}$$

で与えられているとする．ただし，i_rは電流，v_rは電圧を表す．

上述の関係を用いて，キルヒホッフの法則を適用し，$i_r = i$として，非線形微分方程式を求めると，以下のようになる．

$$L\frac{di}{dt} + (2e^{i} - 2) - 10 = v(t) \qquad (i_r \geq 0) \tag{2.52}$$

$$L\frac{di}{dt} + (-2e^{-i} + 2) - 10 = v(t) \qquad (i_r < 0) \tag{2.53}$$

次に，平衡点近傍の解を求める．この回路の平衡点は，入力$v(t) = 0$のとき，$v_L(t) = L\dfrac{di}{dt}$，$di/dt = 0$，インダクタンスの両端電圧はゼロとなる点であるが，このときの平衡点は複数存在することになる．ここで，非線形抵抗の特性である式（2.50），（2.51）を電圧－電流の関係式に変換すると，

$$i_r = \ln\frac{1}{2}(v_r + 2) \qquad (i_r \geq 0) \tag{2.54}$$

$$i_r = -\ln\frac{1}{2}(-v_r + 2) \qquad (i_r < 0) \tag{2.55}$$

となる．しかしながら，非線形抵抗の電圧v_rは10Vとなるので，電流i_rが正の領域での線形化を行うことになる．式（2.54）に，10Vを代入すると，

$$i_r = i = 1.79 \quad [A] \tag{2.56}$$

を得る．この求まった電流値は平衡点での初期電流値となり，その値をi_oとおくと，

$$i = i_o + \delta i \tag{2.57}$$

となる．式（2.57）を式（2.52）に代入すると，

$$L\frac{d(i_o + \delta i)}{dt} + (2e^{i_o + \delta i} - 2) - 10 = v(t) \tag{2.58}$$

となり，非線形微分方程式を得る．そこで，$e^{i_o + \delta i}$を線形化するために式(2.34)を適用して，以下の式を得る．

$$e^{i_o + \delta i} - e^{i_o} = \left.\frac{d(e^{i})}{di}\right|_{i=i_o} \delta i = e^{i}\big|_{i=i_o} \delta i = e^{i_o}\delta i \tag{2.59}$$

あるいは，

$$e^{i_o + \delta i} = e^{i_o} + e^{i_o}\delta i \tag{2.60}$$

上式を式（2.58）に代入すると，線形化した方程式は，

$$L\frac{d(i_o + \delta i)}{dt} + \{2(e^{i_o} + e^{i_o}\delta i) - 2\} - 10 = v(t) \tag{2.61}$$

となる．上式に$L = 1$，$i_o = 1.79$を代入すると，求める線形モデルをえることができる．

$$\frac{d(\delta i)}{dt} + 6\delta i = v(t) \tag{2.62}$$

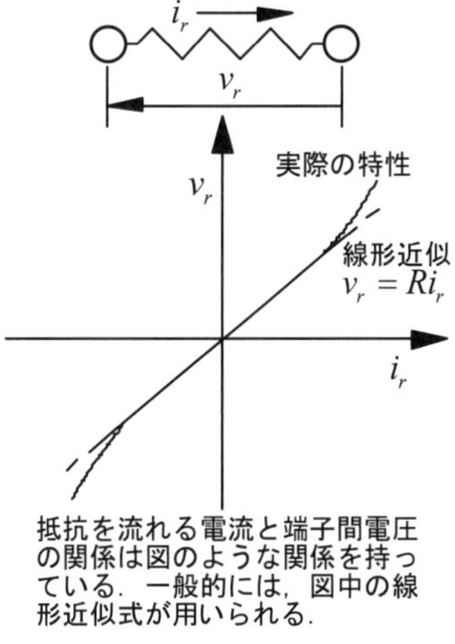

図2.9　抵抗の非線形特性

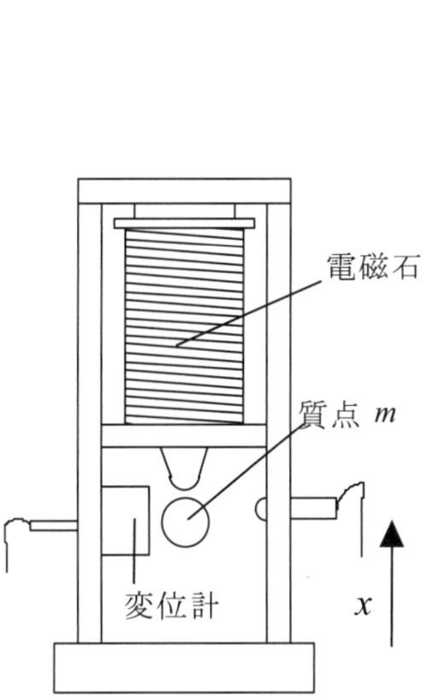

図2.10　電磁ベアリング

【例 2.7】Fig.2.10 shows an electromagnetic suspension system. The equation of motion is given by

$$m\ddot{x} = f_m(x,i) - mg \tag{2.63}$$

where m is mass, i is current, x is position, and f_m is electromagnetic force depending on current and position. Then build a linear system model by linearizing f_m about the equilibrium point.

【解 2.7】 Expanding f about the equilibrium point where $x=x_0$ and $i=i_0$ gives

$$f_m(x_0+\delta x, i_0+\delta i) \cong f_m(x_0, i_0) + K_x\delta x + K_i\delta i \tag{2.64}$$

Let δx and δi be deviations from the equilibrium point x_0 and i_0. Noting that $f_m(x_0, i_0)=mg$, the linear equation of motion is

$$m\delta\ddot{x} = K_x\delta x + K_i\delta i \tag{2.65}$$

【例 2.8】　機械系

人間のアーム（手首から肘まで）に関する微分方程式を求めよ．二の腕の筋肉で発生する力が肘関節への入力トルクとし，そのときのアームの回転角を出力する．このときの単純化したモデルを図 2.11 に示す．

このモデルは，肘関節に供給される筋肉のトルクを $T_m(t)$，粘性抵抗 D，慣性モーメント J とする．アームの全質量 M，重力加速度 g とし，アームの運動は回転角に応じて非線形なトルクを引き起こすものとする．また，アームの密度は均一とし，その重心位置は $L/2$ にあると仮定する．

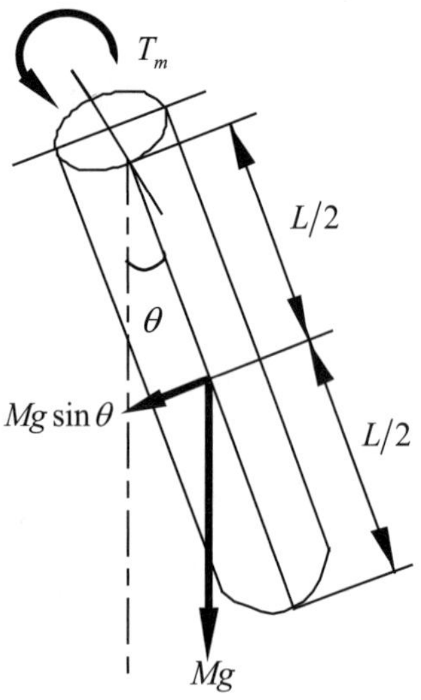

図 2.11　アームの力学モデル

【解 2.8】

まず，重量によるトルクを求める．全重量はアームが垂直に静止しているときは Mg となる．ただし，垂直に静止した位置から肘関節を中心に θ だけ回転すると，その重量はトルクに対して反対の向きに $Mg\sin\theta$ だけ回転を抑えるように作用する．したがって，回転動作を行っているときのトルク $T_a(t)$ は，

$$T_a(t) = Mg\frac{L}{2}\sin\theta \tag{2.66}$$

となる．肘関節で発生するトルク $T_m(t)$，重量によって発生するトルク $T_a(t)$，そして，慣性モーメント J および粘性抵抗 D を考慮すると，以下のような非線形微分方程式を導くことができる．

$$J\frac{d^2\theta}{dt^2} + D\frac{d\theta}{dt} + Mg\frac{L}{2}\sin\theta = T_m(t) \tag{2.67}$$

この非線形微分方程式を線形化するために，入力 $T_m(t)=0$ のとき，アームが垂直にあるときのアームの平衡点 $\theta(t)=0$，$d\theta/dt=0$ として扱う．そして，式（2.23）を用いると，

$$\begin{aligned}&\sin\theta - \sin 0 = (\cos 0)\delta\theta\\&\because \sin\theta = \delta\theta \quad (|\delta\theta| \ll 1)\end{aligned} \tag{2.68}$$

を得る．そしてまた，$J\dfrac{d^2\theta}{dt^2} = J\dfrac{d^2\delta\theta}{dt^2}$，$D\dfrac{d\theta}{dt} = D\dfrac{d\delta\theta}{dt}$ であるから，式(2.67)にそれぞれ対応する項に代入することによって，線形化微分方程式は以下のようになる．

$$J\frac{d^2\delta\theta}{dt^2}+D\frac{d\delta\theta}{dt}+Mg\frac{L}{2}\delta\theta=T_m(t) \tag{2.69}$$

安定性については，前述した方法で各自で確認されたい．

【例 2.9】　流体系(1)

図 2.12 に示すような円筒状のタンクは，一定流量が流入し，同時に流入量と同量の流出をしており，タンク内の液面の高さを一定に保っている．このときのタンクの断面積を $A\ m^2$，タンクへの流入量を q_1，タンクからの流出量を q_2，タンクの液面を $h(t)$ とし，入力を流入量 q_1，出力を水槽の液位 h としたときの微分方程式を求めよ．

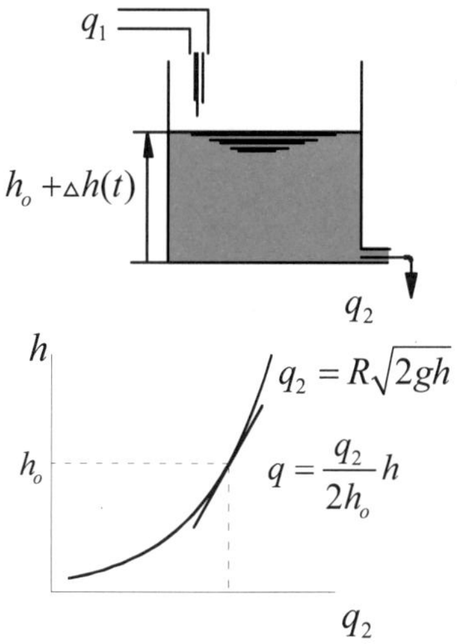

図 2.12　タンク系

【解 2.9】

タンク内の液面の変動量は，

$$A\frac{dh}{dt}=q_1-q_2 \tag{2.70}$$

となる．また，流出量 q_2 の変化と液面変化 h の関係は，水力学の公式より，

$$q_2=ca\sqrt{2gh} \tag{2.71}$$

と表すことができる．ここで，c は流量係数，a は流出口の断面積である．この両式から q_2 を消去することによって，タンク系の入力 q_1 と出力 h との関係を表す非線形微分方程式を以下のように得ることができる．

$$A\frac{dh}{dt}=q_1-ca\sqrt{2gh} \tag{2.72}$$

ここで，このタンク系の平衡点について考えると，ある一定の流入量 $q_1(t)\equiv q_0$ が流入している場合，$h(t)\equiv\frac{{q_0}^2}{2g(ca)^2}=h_0$ であれば，式（2.71）から流出量は $q_2(t)\equiv q_0$ となり，流入量＝流出量でタンク系は平衡状態となる．したがって，入力を $q_1(t)\equiv q_0$ とすると，出力 $h(t)\equiv h_0$ は式(2.72)の解となり，入力 $q_1(t)\equiv q_0$ に対する平衡点は $h(t)\equiv h_0$ となる．

式(2.70)の線形化を行うために，入力である流入量 $q_1(t)$ が平衡状態である一定値 q_0 から僅かに変動した場合，

$$q_1(t)\equiv q_0+\Delta q_1(t)\ （ただし，\left|\Delta q_1(t)\right|\ll 1） \tag{2.73}$$

となり，さらに，液面の水位の平衡状態 h_o からの変化分 Δh，流出量の平衡状態 q_2 からの変化分 Δq とすると，

$$q_2+\Delta q=ca\sqrt{2g(h_o+\Delta h)} \tag{2.74}$$

となる．この右辺を二項定理で展開すると，

$$q_2+\Delta q=ca\sqrt{2gh_o}\{1+\frac{1}{2}\frac{\Delta h}{h_o}-\frac{1}{8}(\frac{\Delta h}{h_o})^2+\cdots\} \tag{2.75}$$

となる．そして，$\Delta h\ll h_o$ であるとすると，右辺の 2 次以上の項を無視することできるので，上式は以下のようになる．

$$q_2 + \triangle q = ca\sqrt{2gh_o}(1+\frac{1}{2}\frac{\triangle h}{h_o}) \tag{2.76}$$

さらに，平衡状態の場合を考慮して，$q_2(t) \equiv q_0$ より，式（2.76）は，

$$\triangle q = \frac{q_o}{2h_o}\triangle h \tag{2.77}$$

となる．したがって，式（2.70）を用いて，式を整理すると，

$$A\frac{d\triangle h}{dt} + \frac{q_o}{2h_o}\triangle h = \triangle q_1 \tag{2.78}$$

となり，以下のような線形化微分方程式を得る．

$$A\frac{d\triangle h}{dt} + \frac{1}{R}\triangle h = \triangle q_1 \tag{2.79}$$

ここで，$R = 2h_o / q_o$ とする．ただし，水位が大きく変化する場合，R は定数ではなくなる．

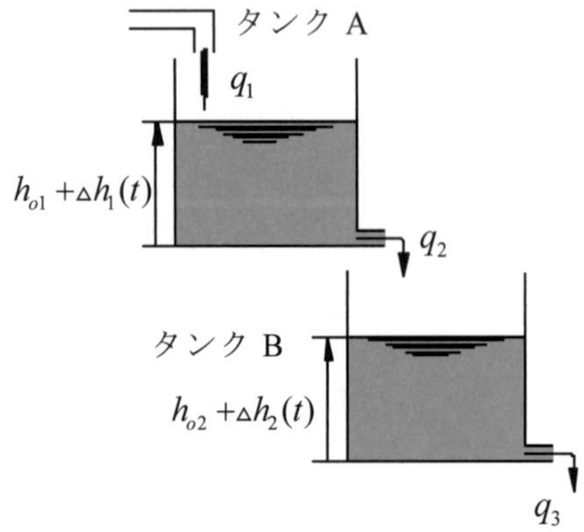

図2.13　2タンク系

【例 2.10】流体系(2)

図 2.13 に示すのは，例 2.9 のタンクを上下一方向に結合した 2 つのタンク A，タンク B である．上下それぞれのタンクの断面積を A_1，A_2，タンク A の流入量を q_1，タンク A の流出量（タンク B の流入量）q_2，タンク B の流出量 q_3 とし，タンク A の液面高さを $h_1(t)$，タンク B の液面高さを $h_2(t)$ とする．入力を q_1，出力を q_3 としたときの微分方程式を求める．ただし，平衡状態でのタンク A の流入量を q_o として，$q_1 \equiv q_o + \Delta q_1$ とする．

【解 2.10】

タンク A，タンク B それぞれについて，例 2.9 の解と同様に考えればよい．したがって，例 2.9 の式(2.70)を用いると，

$$\begin{cases} A_1\dfrac{dh_1}{dt} = q_1 - q_2 \\ A_2\dfrac{dh_2}{dt} = q_2 - q_3 \end{cases} \tag{2.80}$$

となる．そして，式(2.78)の結果を用いると，

$$\begin{cases} A_1\dfrac{d\triangle h_1}{dt} + \dfrac{q_a}{2h_a}\triangle h_1 = \triangle q_1 \\ A_2\dfrac{d\triangle h_2}{dt} + \dfrac{q_b}{2h_b}\triangle h_2 = \dfrac{q_a}{2h_a}\triangle h_1 \end{cases} \tag{2.81}$$

なり，2タンク系の連立微分方程式を得ることができる．

第 3 章

システムの要素

Elements in system

制御システムの特性を理解する上で，システムを構成している要素に加わる入力と出力の関係を見出すことが，極めて重要である．要素の入出力関係は，伝達関数と呼ばれる複素関数（複素数の s-領域で定義される）によって表される，伝達関数は，時間領域の入力および出力をラプラス変換することによって得られる．伝達関数を用いるのは，その関数形が簡単な形になるからである．

本章では，まず，基本的なシステム要素について説明し，それらの伝達関数をラプラス変換によって得る方法を述べる．次いで，要素に加わる典型的な入力とその出力を紹介する. 最後に, 要素からシステムを構成する場合に, システム全体の構造を表現するためのブロック図について解説する．

3･1　基本的要素 (basic elements)

要素の特性は，解析的には物質・エネルギーの収支などを考慮した微分方程式で表現できる．制御工学では，そのように求めた微分方程式を線形化して，要素の時間領域特性を支配する微分方程式を求めるのが一般的である．本節では代表的な要素の時間領域特性について説明する．

(a) 比例要素 (proportional element)

入力を $u(t)$，出力を $x(t)$ とおき，その入力と出力に時間的な遅れがなく，しかも比例関係にあるとき，その入出力特性は，

$$x(t) = Ku(t) \tag{3.1}$$

と表すことができる．ここで，K を一般にゲイン定数あるいは比例ゲインと呼ぶ．このような関係をもつ要素を比例要素といい，最も基本的な要素である．これは図 2.2 などに示したように，動作点近傍でなめらかならばその動作点における接線の傾きを示す．また，比例要素の出力は，動作点近傍においては入力信号にゲイン定数 K を掛けただけで，入力とは相似的な変化をすることになる．

(b) 積分要素 (integral element)

入力を積分したものが出力となる要素であり，これは第 2 章 2･2 節の流体系の例 2.9 で示したようなタンクの問題で流出量がない場合に相当する（図 2.12 参照）．したがって，入力の流入量 q_1 と出力の液面高さ $h(t)$ は，タンクの断面積を A とすると，

$$A\frac{dh}{dt} = q_1 \tag{3.2}$$

となり，このような式で表されるものを積分要素という．

電気回路に関する基本的な線形要素；コンデンサ，抵抗，コイル要素

Capacitor

電圧-電流	$v(t) = \frac{1}{C}\int_0^t i(t)dt$
電圧-電荷	$v(t) = \frac{1}{C}q(t)$

Resistor

電圧-電流	$v(t) = Ri(t)$
電圧-電荷	$v(t) = R\frac{dq(t)}{dt}$

Inductor

電圧-電流	$v(t) = L\frac{di(t)}{dt}$
電圧-電荷	$v(t) = L\frac{d^2q(t)}{dt^2}$

機械系に関する基本的な線形要素；バネ，ダンパ，質量要素

Spring

力-速度	$f(t)=K\int_0^t v(t)dt$
力-変位	$f(t)=Kx(t)$

Viscous Damper

力-速度	$f(t)=f_v v(t)$
力-変位	$f(t)=f_v\dfrac{dx(t)}{dt}$

Mass

力-速度	$f(t)=M\dfrac{dv(t)}{dt}$
力-変位	$f(t)=M\dfrac{d^2x(t)}{dt^2}$

回転機械系に関する基本的な線形要素，バネ，ダンパ，慣性モーメント要素

Spring

トルク-角速度	$T(t)=k\int_0^t \omega(t)dt$
トルク-変位角	$T(t)=K\theta(t)$

Viscous Damper

トルク-角速度	$T(t)=D\omega(t)$
トルク-変位角	$T(t)=D\dfrac{d\theta(t)}{dt}$

Inertia

トルク-角速度	$T(t)=J\dfrac{d\omega(t)}{dt}$
トルク-変位角	$T(t)=J\dfrac{d^2\theta(t)}{dt^2}$

(c) 微分要素 (derivative element)

図 1.5 で触れた速度センサを例として用いると，速度センサの出力電圧を $e(t)$，速度の検出感度定数を K，速度を $v(t)$ とすれば，

$$e(t)=Kv(t) \tag{3.3}$$

となり，速度を変位 $x(t)$ を用いて表すと，

$$e(t)=Kv(t)=K\frac{d}{dt}x(t) \tag{3.4}$$

となる．

(d)一次遅れ要素 (first-order lag element)

入力 $x(t)$ と出力 $y(t)$ の関係が，次式で表される系を一次遅れ要素という．

$$T\frac{dy(t)}{dt}+y(t)=x(t) \tag{3.5}$$

(e) 二次遅れ要素 (second-order lag element)

入力 $x(t)$ と出力 $y(t)$ の関係で，その伝達関数の分母に s の項の 2 乗を含み，以下のような式で表されるものを二次遅れ要素といい，

$$a_2\frac{d^2y(t)}{dt^2}+a_1\frac{dy(t)}{dt}+a_o y(t)=a_o x(t) \tag{3.6}$$

となる．さらに，$\varsigma\equiv a_1/2\sqrt{a_0a_2}$，$\omega_n\equiv\sqrt{a_0/a_2}$ と置いて，以下のように上式を変形すると，

$$\frac{d^2y(t)}{dt^2}+2\varsigma\omega_n\frac{dy(t)}{dt}+\omega_n^{\ 2}y(t)=\omega_n^{\ 2}x(t) \tag{3.7}$$

となる．ここで，ς を減衰係数 (damping coefficient)，ω_n を固有角振動数 (natural frequency)という．

(f) むだ時間要素 (dead time element)

入力 $v_i(t)$ と出力 $v_o(t)$ の関係で，入力に対して $(t-L)$ の時間Lだけ時間遅れを生じるような関係がある場合，むだ時間要素といい，

$$v_o(t)=v_i(t-L) \tag{3.8}$$

となる．

(g) 高次系要素 (high-order element)

式(3.7)の左辺に出力の 3 次以上の微係数を含む要素を高次系要素と呼ぶ．この要素は，その一般的応答を 5･1 節で学ぶように，一次遅れ要素および二次遅れ要素が結合したシステムとして扱うことができる．

3･2　伝達関数とラプラス変換 (transfer function and Laplace transformation)

3・2・1　ラプラス変換

ラプラス変換は，微分方程式を解くために考えられた数学的手法で，これによって，制御工学の多くの伝達関数を導くことができる．前節で説明した基本要素の s -領域の関数(function of complex variable)や伝達関数は，t -領域関数(time domain function)からラプラス変換を利用して導いたものである．その過程を図 3.1 に示す。

制御工学では，1 つのシステム（系）が構成されるとき，様々な要素が結合される．そのシステムの動作を理解するためには，信号の流れが要素を通してどのように変換されるのか，あるいは，どのように伝わっていくのかを明確にすることが必要となるのである．

$t \geq 0$ で定義される時間関数 $f(t)$ に対して，以下のような積分変換によって求まる複素関数 $F(s)$ を，$f(t)$ のラプラス変換(Laplace transform)と呼ぶ．

$$F(s)=\int_0^{\infty} f(t)e^{-st}dt \qquad (3.9)$$

そして，この変換は一般に次のように表す．

$$F(s)=L\left[f(t)\right] \qquad (3.10)$$

ラプラス変換に関する主な公式，および，主な関数のラプラス変換を表 3.1 に，また，ラプラス変換に関する主要な定理を表 3.2 に示しておく．なお，表 3.1 より詳しいラプラス変換表は付録につけた．

表 3.2 の中で，t に関する微分およびたたみ込み積分(convolution integral)については，特に，利用度の高い定理である．t に関する微分は微分方程式を解く上で，線形作用素(linear operator)としての s であり，1 階微分，2 階微分・・・n 階微分に対してそのまま s，s^2・・・s^n と置きかえられることを意味する．

一方，以下のような複素積分によって求められる時間関数 $f(t)$ を，複素関数 $F(s)$ の逆ラプラス変換(inverse Laplace transform)と呼ぶ．

$$f(t)=\frac{1}{2\pi j}\int_{c-j\infty}^{c+j\infty} F(s)e^{st}ds \qquad (3.11)$$

そして，この逆変換は一般に次のように表す．

$$f(t)=L^{1}\left[F(s)\right] \qquad (3.12)$$

ラプラス変換による微分方程式の解法の手順は，一般的に以下のようになる．

(1)　初期値を代入し，微分方程式の両辺をラプラス変換し，代数方程式を得る

(2)　(1)で求めたい変数について解く

(3)　(2)で得られた関数を逆ラプラス変換

制御工学では，(3)で行う逆ラプラス変換は式（3.11）を用いず，ヘビサイドの展開定理を用いて部分分数に展開し，その結果をラプラス変換表（表 3.1 参照）と照らし合わせ，逆変換を直接求めるとよい．

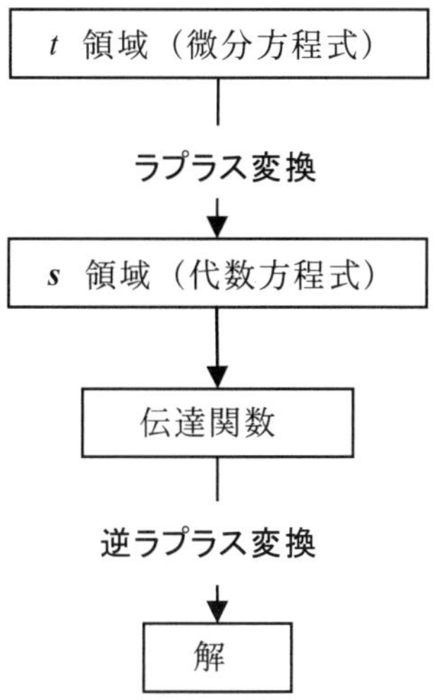

図 3.1　ラプラス変換と解の関係

表 3.1　ラプラス変換表

	$f(t)$	$F(s)$
1	単位ステップ関数 $u(t)=\begin{cases}0, & t<0\\ 1/2, & t=0\\ 1, & t>0\end{cases}$	$\frac{1}{s}$
2	デルタ関数 $\delta(t)=\begin{cases}\infty, & t=0\\ 0, & t\neq 0\end{cases}$	1
3	ステップ関数 $\alpha u(t)$ $u(t)$:単位ステップ関数	$\frac{\alpha}{s}$
4	$\frac{d^n}{dt^n}\delta(t)$ $\delta(t)$:デルタ関数	s^n
5	指数関数 $e^{-\alpha t}$	$\frac{1}{s+\alpha}$
6	$\delta(t)-\alpha e^{-\alpha t}$ $\delta(t)$:デルタ関数	$\frac{s}{s+\alpha}$
7	$\frac{t^n}{n!}$ n:自然数	$\frac{1}{s^{n+1}}$
8	$\frac{e^{-\alpha t}-e^{-\beta t}}{\beta-\alpha}$	$\frac{1}{(s+\alpha)(s+\beta)}$
9	$\frac{(a-\alpha)e^{-\alpha t}-(a-\beta)e^{-\beta t}}{\beta-\alpha}$	$\frac{s+a}{(s+\alpha)(s+\beta)}$
10	$e^{-\alpha t}\sinh\beta t$	$\frac{\beta}{(s+\alpha)^2-\beta^2}$

3・2・2　要素のラプラス変換

以下では，基本的要素の時間領域の関数から，左の定義に従って伝達関数を導く．

伝達関数の定義

$$G(s)=\frac{\text{出力のラプラス変換}}{\text{入力のラプラス変換}}=\frac{L[x(t)]}{L[u(t)]}=\frac{X(s)}{U(s)}$$

入力：$u(t)$，出力：$x(t)$

(a) 比例要素

比例要素の伝達関数は，式(3.1)の両辺をラプラス変換することによって求めることができ，

$$L[x(t)]=X(s) \tag{3.13}$$

$$L[Ku(t)]=KU(s) \tag{3.14}$$

となるので，求める伝達関数は以下のようになる．

$$G(s)=\frac{X(s)}{U(s)}=K \tag{3.15}$$

表 3.2 ラプラス変換に関する重要な定理（基本法則）

(1) 線形法則 $L[\lambda f(t)+\mu g(t)]=\lambda F(s)+\mu G(s)$
(2) 相似法則 $L[f(\lambda t)]=\frac{1}{\lambda}F(\frac{s}{\lambda})$
(3) 初期値および最終値定理 初期値：$\lim_{t\to+0}f(t)=\lim_{s\to\infty}sF(s)$ 最終値：$\lim_{t\to\infty}f(t)=\lim_{s\to 0}sF(s)$
(4) 微分法則 $L\left[\frac{df(t)}{dt}\right]=sF(s)-f(+0)$ 一般に， $L\left[\frac{d^nf(t)}{dt^n}\right]=s^nF(s)-s^{n-1}f(+0)$ $-s^{n-2}f'(+0)-\cdots-f^{(n-1)}(+0)$
(5) 積分法則 $L\left[\int_0^t f(t)dt\right]=\frac{1}{s}F(s)$ 一般に， $L\left[\int_0^t\int_0^t\cdots\int_0^t f(t)dt\right]=\frac{1}{s^n}F(s)$
(6) たたみ込み積分 $L\left[\int_0^t f(t-\tau)g(\tau)d\tau\right]$ $=L\left[\int_0^t g(t-\tau)f(\tau)d\tau\right]=F(s)G(s)$ $f(t)=g(t)=0\ \ (t\le 0)$

＊ $L[f(t)]=F(s)$，$L[g(t)]=G(s)$，λ，μ は定数とする．

(b) 積分要素

積分要素の伝達関数は，式(3.2)の両辺をラプラス変換することによって求めることができ，

$$L\left[A\frac{dh}{dt}\right]=sAH(s) \tag{3.16}$$

$$L[q(t)]=Q(s) \tag{3.17}$$

となり，伝達関数 $G(s)$ は，

$$G(s)=\frac{H(s)}{Q(s)}=\frac{1}{sA}=\frac{1}{sT_I} \tag{3.18}$$

となる．ここで，$T_I\equiv A$ は積分時間［s］である．

(c) 微分要素

微分要素の伝達関数は，式(3.4)で変位を入力として考え，その両辺をラプラス変換することによって求めることができ，

$$L[e(t)]=E(s) \tag{3.19}$$

$$L\left[K\frac{d}{dt}x(t)\right]=sKX(s) \tag{3.20}$$

となり，伝達関数 $G(s)$ は，

$$G(s)=\frac{E(s)}{X(s)}=sK \tag{3.21}$$

となる．ただし，式(3.20)で $x(+0)=0$ とする．ここで，K は微分時間［s］といい，一般的には T_D のような記号を用いる．このように，入力を微分したものが出力となる要素であり，その伝達関数が上記のような式で表されるものを微分要素という．

一般的に，微分要素は制御系の特性の補償や機器・装置に回路として組み込まれる．しかしながら，この要素は純粋に機械的に作ることは難しく，近似回路で用いられる．また，上式のように入出力が微分の関係にある要素はあるが，入力そのものを純粋に微分するものはなく，実際には以下のような式によって近似的に微分要素を実現している．

$$G(s)=\frac{sT_D}{snT_D+1} \tag{3.22}$$

ここで，$n \ll 1$である．

(d) 一次遅れ要素

一次要素の伝達関数は，$y(0)=0$として，式(3.5)の両辺をラプラス変換することによって求めることができ，

$$L\left[T\frac{dy(t)}{dt}\right]=sTY(s) \tag{3.23}$$

$$L[y(t)]=Y(s) \tag{3.24}$$

$$L[x(t)]=X(s) \tag{3.25}$$

となり，伝達関数$G(s)$は，

$$G(s)=\frac{1}{sT+1} \tag{3.26}$$

となる，ここで，Tは時定数(time constant)と呼ばれ，3·4節で示すようにこの要素の時間遅れの目安を表す．また，以下のような場合も，一次遅れ要素として扱うことができ，この場合は，比例要素Kと組み合わされたものとしてみることもできる．

$$G(s)=\frac{K}{sT+1} \tag{3.27}$$

(e) 二次遅れ要素

二次要素の伝達関数は，$y(0)=y'(0)=0$として，式(3.7)の両辺をラプラス変換することによって求めることができ，

$$L\left[\frac{d^2y(t)}{dt^2}\right]=s^2Y(s) \tag{3.28}$$

$$L\left[2\varsigma\omega_n\frac{dy(t)}{dt}\right]=2\varsigma\omega_n sY(s) \tag{3.29}$$

$$L\left[\omega_n{}^2 y(t)\right]=\omega_n{}^2 Y(s) \tag{3.30}$$

$$L\left[\omega_n{}^2 x(t)\right]=\omega_n{}^2 X(s) \tag{3.31}$$

となり，伝達関数$G(s)$は，

$$G(s)=\frac{Y(s)}{X(s)}=\frac{\omega_n{}^2}{s^2+2\varsigma\omega_n s+\omega_n{}^2} \tag{3.32}$$

となる．6·1·3 項に見るように，応答はςの値によって大きく異なる．特に$\zeta \geq 1$のとき，一次遅れ要素が2つ直列結合(series connection)あるいはカスケード結合(cascade connection)した要素も二次遅れ要素として扱うことができ，

$$G(s)=\frac{K/\omega_n{}^2}{(1+T_1 s)(1+T_2 s)} \tag{3.33}$$

となる．ここで，

$$T_1, T_2 \equiv \frac{1}{\omega_n(\zeta \pm \sqrt{1-\zeta^2})} \tag{3.34}$$

である．

(f)高次系要素

最後に，一般の高次系の伝達関数をその微分方程式モデルの関係を通して求めてみることにする．

一般に1入力1出力の線形制御システムの微分方程式は以下のように表すことができる．

$$a_n \frac{d^n y(t)}{dt^n} + a_{n-1} \frac{d^{n-1} y(t)}{dt^{n-1}} + a_{n-2} \frac{d^{n-2} y(t)}{dt^{n-2}} + \cdots\cdots + a_0 y$$

$$= b_m \frac{d^m x(t)}{dt^m} + b_{m-1} \frac{d^{m-1} x(t)}{dt^{m-1}} + b_{m-2} \frac{d^{m-2} x(t)}{dt^{m-2}} + \cdots\cdots + b_0 x(t) \tag{3.35}$$

ここで，$x(t)$，$y(t)$はそれぞれ入力と出力である．この微分方程式を，初期値をすべてゼロとおき，両辺をラプラス変換すると，

$$a_n s^n Y(s) + a_{n-1} s^{n-1} Y(s) + a_{n-2} s^{n-2} Y(s) + \cdots\cdots + a_0 Y(s)$$

$$= b_m s^m X(s) + b_{m-1} s^{m-1} X(s) + b_{m-2} s^{m-2} X(s) + \cdots\cdots + b_0 X(s) \tag{3.36}$$

となる．両辺を$Y(s)$，$X(s)$でまとめると以下のようになる．

$$Y(s)(a_n s^n + a_{n-1} s^{n-1} + a_{n-2} s^{n-2} + \cdots\cdots + a_0)$$

$$= X(s)(b_m s^m + b_{m-1} s^{m-1} + b_{m-2} s^{m-2} + \cdots\cdots + b_0) \tag{3.37}$$

したがって，求める伝達関数$G(s)$は，

$$G(s) = \frac{Y(s)}{X(s)} = \frac{b_m s^m + b_{m-1} s^{m-1} + b_{m-2} s^{m-2} + \cdots\cdots + b_0}{a_n s^n + a_{n-1} s^{n-1} + a_{n-2} s^{n-2} + \cdots\cdots + a_0} \tag{3.38}$$

が得られる．

この式(3.38)は伝達関数の一般形となる．これから系の出力$Y(s)$は入力$X(s)$と伝達関数$G(s)$の積で表されるので，伝達関数を用いると，系の特性を簡単に表すことができることが解る．なお，伝達関数を求めるとき，我々は入出力関係にのみ関心があるので，各微分項のラプラス変換において，変数の初期値をゼロにすることに注意せよ．

3·3　基本的な入力関数 (basic input functions)

この節では，これまでに述べたラプラス変換表を用いて，制御工学で良く使われる基本的な入力関数のラプラス変換を求める．

(a) 単位ステップ関数 (unit step function)

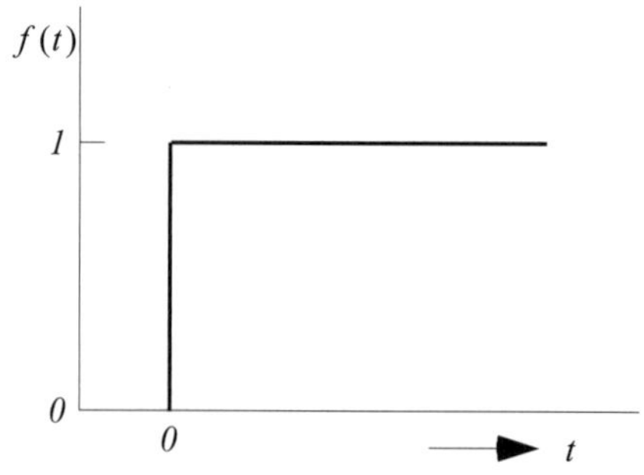

図 3.2　ステップ関数

図 3.2 に示すような関数を単位ステップ関数$u(t)$とよび，ステップ関数の振幅を1とすると，その時間領域での形は以下のように表すことができる．

$$u(t) = \begin{cases} 1 & (t > 0) \\ 0 & (t < 0) \end{cases} \tag{3.39}$$

この関数のラプラス変換後のs-領域の関数は，

$$L[u(t)] = \frac{1}{s} \tag{3.40}$$

となる．例えば，入力をこの$u(t)$，比例要素をK，出力を$v_o(t)$とすれば，

$$v_o(t) = Ku(t) \tag{3.41}$$

となる．一般に，要素の伝達関数を$G(s)$とすれば，

$$V_o(s)=\frac{1}{s}G(s) \tag{3.42}$$

となる．このとき，入力を単位ステップ入力(unit step input)といい，その応答をステップ応答(unit step response)あるいはインディシャル応答(indicial response)という．

(b) 単位インパルス関数 (unit impulse function)

図 3.3 に示す関数を単位インパルス関数と呼び，ハンマで鐘をたたくような継続時間が比較的短い衝撃的な入力（インパルス）を表現するときに用いる．継続時間 ε，大きさ $1/\varepsilon$ としたときの定義は，以下のように表すことができる．

$$\delta(t)=\begin{cases}\dfrac{1}{\varepsilon} & 0\le t\le\varepsilon\\ 0 & t<0\ or\ t>\varepsilon\end{cases} \tag{3.43}$$

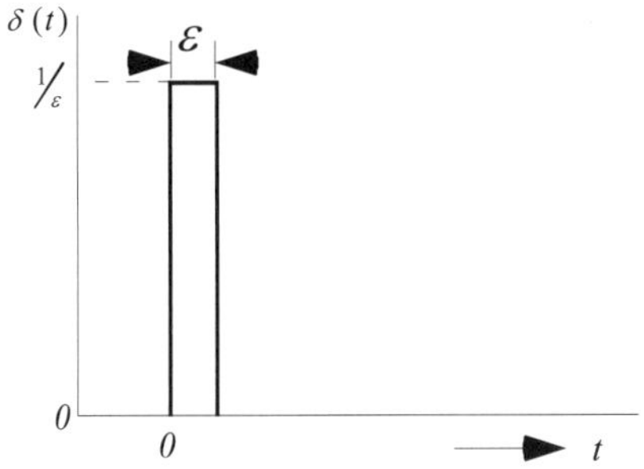

図 3.3 インパルス関数

式 (3.42) のラプラス変換後の s-領域の関数を求めると，以下のようになる．

$$L[\delta(t)]=\frac{1-e^{-s\varepsilon}}{s\varepsilon} \tag{3.44}$$

いま，$\delta(t)$ の面積を 1 とし，その振幅は時間幅 ε に対して極めて大きくするならば，このような関数を δ（デルタ）関数(delta function)という．この δ 関数の定義は，以下のように表される．

$$\delta(t)=\begin{cases}\infty & t=0\\ 0 & t\ne 0\end{cases} \tag{3.45}$$

さらに，δ 関数の伝達関数は，式（3.44）で $\varepsilon\to 0$ としたときに得られ，

$$L[\delta(t)]=\lim_{\varepsilon\to 0}\frac{1-e^{-s\varepsilon}}{s\varepsilon}=\lim_{\varepsilon\to 0}\frac{se^{-s\varepsilon}}{s}=1 \tag{3.46}$$

となる．したがって，ラプラス変換後の s-領域の関数は，

$$L[\delta(t)]=1 \tag{3.47}$$

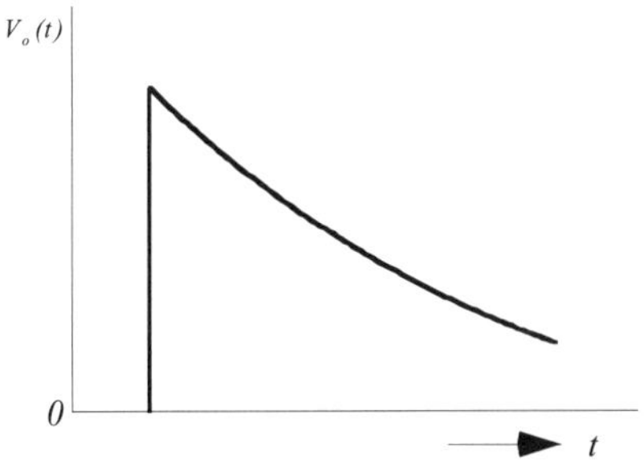

図 3.4 インパルス関数の応答

となる．このような δ 関数を要素 $G(s)$ に入力したとき，入力を $u(t)$，その出力を $v_o(t)$ とすれば，この要素の応答は，

$$V_o(s)=G(s) \tag{3.48}$$

となる．このように，ある要素にインパルス関数を入力として加えたとき，その応答は s-領域では伝達関数そのものになる．このときの入力を単位インパルス入力(unit impulse input)といい，後で示すように，一次遅れ系に対する応答は図 3.4 のようになり，インパルス応答(impulse response)という．

任意の入力 $u(t)$ はインパルス関数によって，図 3.5 に示すように近似することができ，重ね合わせにより説明できる．今，線形要素に対し，(3.43)で与えられるインパルス入力 $\delta(t)$ に対するインパルス応答 $h(t)$ が図 3.6 のようになったとする．最初のインパルス入力は $u(0)\varepsilon\delta(t)$ と表すことができ，その応答は重ね合わせの原理(principle of superposition)によって，$u(0)\varepsilon h(t)$ となり，n 番目の応答は $u(n\varepsilon)\varepsilon h(t-n\varepsilon)$ と近似的に表すことができる．したがって，要素や系が線形で重ね合わせの原理が適用できるならば，入力 $u(t)$ に対する

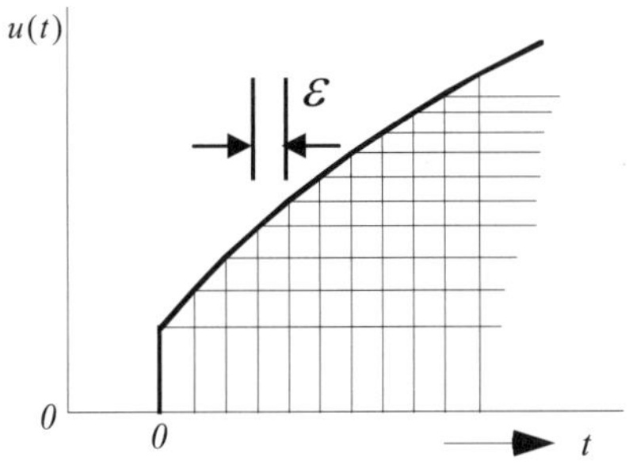

図 3.5 デルタ関数による近似

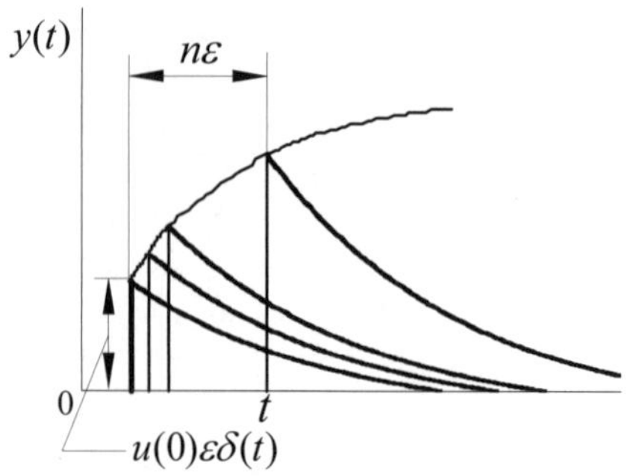

図 3.6　重ね合わせによるインパルス応答

応答 $y(t)$ は，

$$y(t)=\sum_{n=0}^{\infty}u(n\varepsilon)\varepsilon h(t-n\varepsilon) \tag{3.49}$$

となる．ここで，$\varepsilon\to 0$ の極限をとると，以下のような式を得る．

$$y(t)=\int_0^{+\infty}u(\varepsilon)h(t-\varepsilon)d\varepsilon \tag{3.50}$$

ここで，$t<\varepsilon$ で $h(t-\varepsilon)=0$ となるから，

$$y(t)=\int_0^{t}u(\varepsilon)h(t-\varepsilon)d\varepsilon \tag{3.51}$$

あるいは，

$$y(t)=\int_0^{t}u(t-\varepsilon)h(\varepsilon)d\varepsilon \tag{3.52}$$

となり，このように，線形要素の応答は，任意の入力をデルタ関数によって近似し，その出力に重ね合わせの原理を用いて導くことができる．ここで，式（3.51），（3.52）の右辺の積分は，たたみ込み積分であることに注意．このように，要素の単位インパルス応答 $h(t)$が分かれば，たたみこみ積分を用いることによって，任意の入力 $u(t)$に対する出力 $y(t)$を計算できることが理解できる．

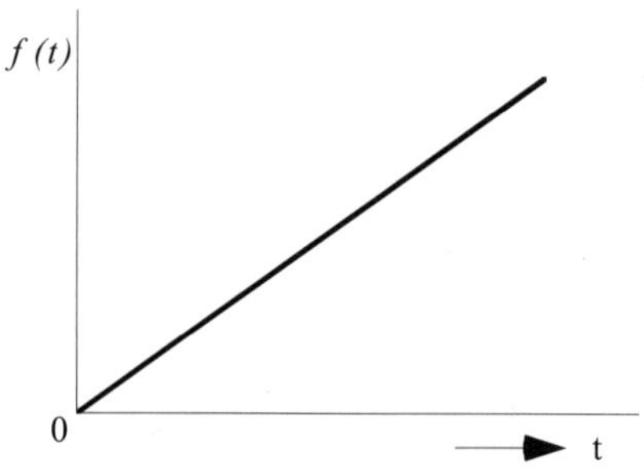

図 3.7　ランプ関数

(c) ランプ関数 (ramp function)

図 3.7 に示す関数をランプ関数 $u(t)$ と呼び，一定の割合で増加していく入力で，以下のように定義することができる．

$$u(t)=\begin{cases}t & (t\geq 0)\\ 0 & (t<0)\end{cases} \tag{3.53}$$

あるいは $K>0$ を定数として，一般に，

$$u(t)=\begin{cases}Kt & (t\geq 0)\\ 0 & (t<0)\end{cases} \tag{3.54}$$

このラプラス変換後の s -領域の関数は，

$$L[u(t)]=K\frac{1}{s^2} \tag{3.55}$$

となる．このような時間とともに一定の割合で増加する関数を要素 $G(s)$ の入力とし，その応答を $v_o(t)$ とすれば，この系の応答は，

$$V_o(s)=K\frac{G(s)}{s^2} \tag{3.56}$$

となる．このとき，入力をランプ入力(ramp input)といい，その応答をランプ応答(ramp response)という．

3·4　要素に対する応答の例

以上では，制御工学で扱う基本的要素の伝達関数と基本的な入力関数を見てきた．以下では，上記の要素に入力関数を用いた場合の応答について，例題を通して見ていくことにする．

【例 3.1】微分要素のステップ応答

図 3.8 に示す CR 回路で，入力電圧の変化 e_i に対する出力電圧の変化の関係を時間領域で求めよ．また，これにステップ関数を加えた場合のステップ応答を求めよ．

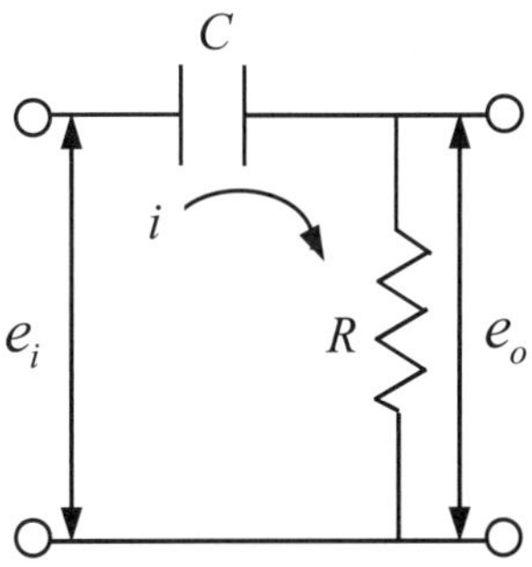

図 3.8　CR 回路

【解 3.1】

今，コンデンサ C の両端電圧を e_c とすると，

$$e_i = e_c + e_o \tag{3.57}$$

となり，また，回路に流れる電流を i とすると，

$$e_o = Ri \tag{3.58}$$

さらに，

$$e_c = \frac{1}{C}\int i dt \tag{3.59}$$

と表すことができる．これらの式より，電流 i を消去すると，

$$\frac{e_o}{CR} = \frac{d(e_i - e_o)}{dt} \tag{3.60}$$

$$\therefore \frac{de_o}{dt} + \frac{e_o}{CR} = \frac{de_i}{dt} \tag{3.61}$$

となる．次に，上式をラプラス変換し，

$$(\frac{1}{CRs} + 1)sE_o(s) = sE_i(s) \tag{3.62}$$

さらに，$CR \equiv T$ とし，伝達関数 $G(s)$ を求めると，以下のようになる．

$$G(s) = \frac{E_o(s)}{E_i(s)} = \frac{Ts}{1+Ts} \tag{3.63}$$

ここで，式(3.63)を式（3.22）と比較すると，この回路は近似微分要素であると言える．題意より入力を図 3.1 に示すようなステップ関数とすると，時間領域における応答は（表 3.1 の 5 参照），

$$e_o(t) = L^{-1}\left[E_o(s)\right] = L^{-1}\left[\frac{1}{s}\frac{Ts}{1+Ts}\right] = e^{-t/T} \tag{3.64}$$

となり，図 3.9 のように指数関数状の減衰応答となる．

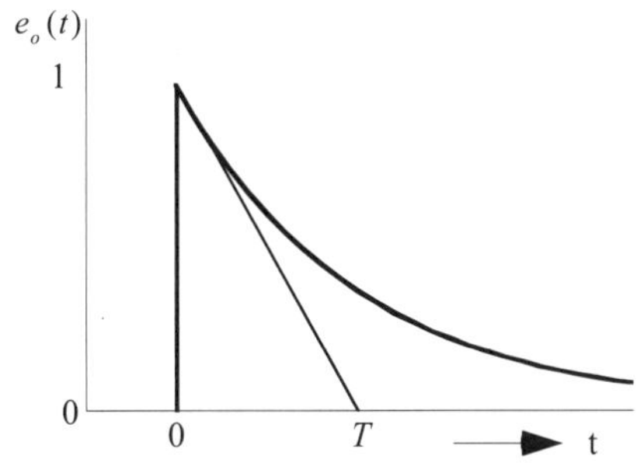

図 3.9　微分回路のステップ応答

【例 3.2】微分要素のインパルス応答

図 3.8 に示す CR 回路で，入力電圧 e_i を δ 関数状に変化させたときの出力電圧 e_o の変化を求めよ．

【解 3.2】

図 3.8 と同様な回路に，入力として，インパルス関数を用いると，式(3.63)，式（3.48）の関係より，その応答のラプラス変換は，

$$E_o(s) = G(s)E_i(s) = \frac{Ts}{1+Ts} \tag{3.65}$$

となる．上式をラプラス変換表を用いて，時間領域における応答を求めると

（表 3.1 の 6 参照），

$$e_o(t) = \delta(t) - \frac{1}{T}e^{-\frac{t}{T}} \tag{3.66}$$

となる．$\delta(t)$ は，デルタ関数であり，式(3.45)の条件を用いると，図 3.10 に示すような応答となる．$t=0$ では，$+\infty$ となり，その後は，以下の計算による．

$$e_o(t) = 0 - \frac{1}{T}e^{-\frac{t}{T}} \tag{3.67}$$

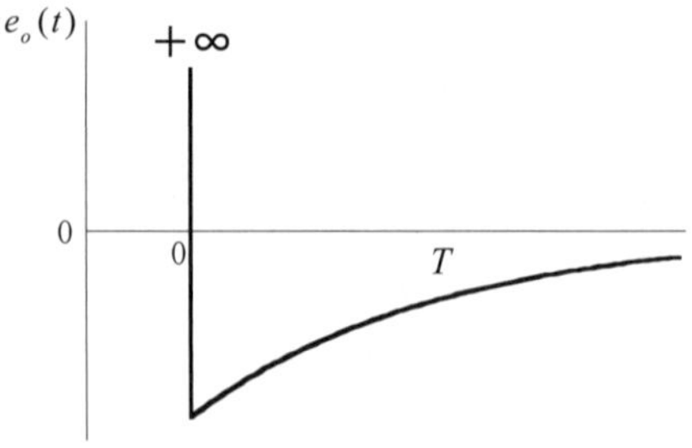

図 3.10　微分回路のインパルス応答

ところで実際の微分回路では，図 3.10 に示したような尖った波形を作ったり，また観測したりすることはできない．なぜなら，インパルス入力波形は，図 3.2 に示した矩形状の入力が，実際には図 3.11 に示すように，カド部の丸みや，立ち上がり，立ち下がり部分で完全な垂直線とはならないためである．同様に，ステップ入力も完全なステップ状の波形を作ることはできない．

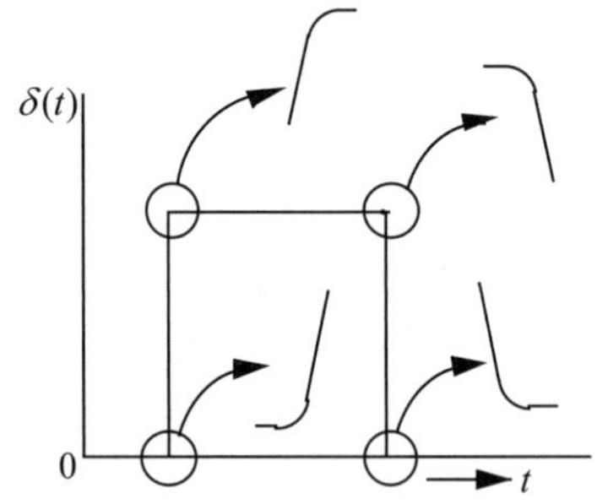

図 3.11　実際の入力波形

【例 3.3】 積分要素のステップ応答

式(3.18)を用いて，積分要素のステップ応答を求めよ．ただし，入力を流入量 $q(t)$，微小水位変化を $h(t)$ とする．

【解 3.3】

式(3.18)の関係より，その応答のラプラス変換は，

$$H(s) = G(s)Q(s) = \frac{R}{sT_I}\frac{1}{s} \tag{3.68}$$

となる．上式をラプラス変換表を用いて，時間領域における応答を求めると（表 3.1 の 7 参照），

$$h(t) = \frac{R}{T_I}t \tag{3.69}$$

となり，図 3.12 に示すように，時間に比例して R/T_I の傾きで水位が増加していくことがわかる．

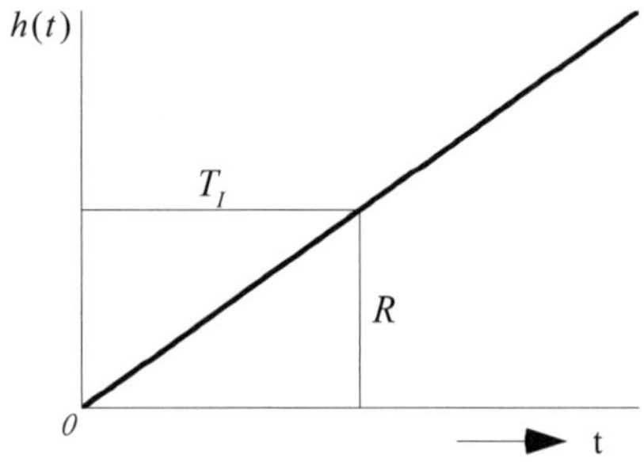

図 3.12　積分要素のステップ応答

【例 3.4】 積分要素のインパルス応答

式(3.18)を用いて，積分要素のインパルス応答を求めよ．ただし，入力を流入量 $q(t)$，微小水位変化を $h(t)$ とする．

【解 3.4】

式(3.18)の関係より，その応答のラプラス変換は，

$$H(s) = G(s)Q(s) = \frac{R}{sT_I} \tag{3.70}$$

となる．上式をラプラス変換表を用いて，時間領域における応答を求めると（表 3.1 の 1 参照），

$$h(t) = \frac{R}{T_I}u(t) \tag{3.71}$$

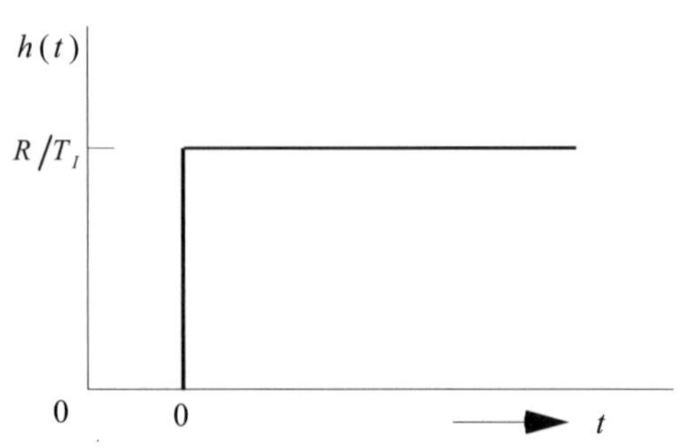

図 3.13　積分要素のインパルス応答

となる．$u(t)$ は，ステップ関数であり，式(3.39)の条件を用いると，図 3.13

に示すようなステップ状の応答となる．

【例 3.5】一次遅れ系のステップ応答

図 3.14 に示す RC 回路で，入力電圧 e_i をステップ関数状に変化させたときの出力電圧 e_o の変化を求めよ．

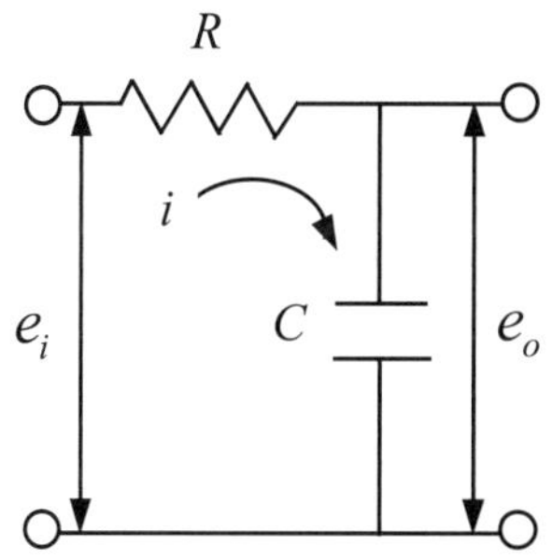

図 3.14　RC 回路

【解 3.5】

今，回路内を流れる電流を i とすると，

$$i=\frac{1}{R}(e_i-e_0) \tag{3.72}$$

となり，さらに，

$$e_o=\frac{1}{C}\int idt \tag{3.73}$$

と表すことができる．この両式より，電流 i を消去すると，

$$CR\frac{de_o}{dt}+e_o=e_i \tag{3.74}$$

となる．次に，上式をラプラス変換し，入出力間の伝達関数 $G(s)$ を求めると，

$$G(s)=\frac{E_o(s)}{E_i(s)}=\frac{1}{1+CRs} \tag{3.75}$$

となる．ここで，$T\equiv CR$ とおくと，上式は次のように表される．

$$G(s)=\frac{E_o(s)}{E_i(s)}=\frac{1}{1+Ts} \tag{3.76}$$

上式は，一次遅れ系の伝達関数の所で説明したときの式と同様であり，$T\equiv CR$ は時定数である．

次に，入力関数として，ステップ関数を用いたとすると，上式は，

$$E_o(s)=\frac{1}{1+Ts}E_i(s)=\frac{1}{1+Ts}\frac{1}{s} \tag{3.77}$$

となる．この式を部分分数に展開し，ラプラス変換表を用いて，時間領域における応答を求めると（表 3.1 の 1 及び 5 参照），

$$L^{-1}\left[E_o(s)\right]=L^{-1}\left[\frac{1}{1+Ts}\frac{1}{s}\right]=L^{-1}\left[\frac{1}{s}-\frac{T}{1+Ts}\right]=1-e^{-t/T} \tag{3.78}$$

となり，図 3.15 に示すような指数関数状の応答となる．ここで，時定数は最終値の 63.2%までに達する時間を表し，時定数が小さいほど，応答は速く，時定数が大きいほど，応答が遅くなることを示している．

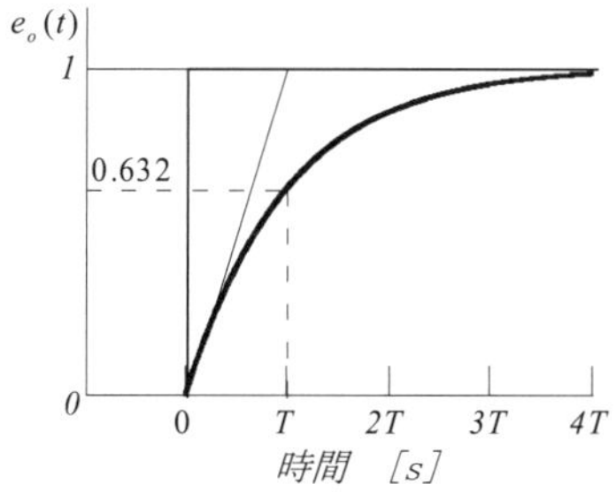

図 3.15　一次遅れ系のステップ応答

【例 3.6】一次遅れ系のランプ応答

図 3.14 に示す RC 回路で入力電圧 e_i をランプ関数状の変化に対する出力電圧 e_o の変化の関係を求めよ．

【解 3.6】

図 3.14 と同様な回路に，入力として，ランプ関数を用いると，式（3.67）は，

$$E_o(s) = \frac{1}{1+Ts} E_i(s) = \frac{1}{1+Ts}\frac{1}{s^2} \tag{3.79}$$

となり，この式を部分分数に展開し，ラプラス変換表を用いて，逆ラプラス変換を行い，時間領域における応答を求めると（表 3.1 の 7，1 及び 5 参照），

$$L^{-1}\left[E_o(s)\right] = L^{-1}\left[\frac{1}{1+Ts}\frac{1}{s^2}\right] = L^{-1}\left[\frac{1}{s^2} - \left(\frac{T}{s} - \frac{T^2}{1+Ts}\right)\right]$$

$$= t - T(1-e^{-t/T}) \tag{3.80}$$

となる．このときの応答を図 3.16 に示す．一次遅れのランプ応答では，入力から十分な時間が経過すると，その出力は図中の時定数 T 時間分だけの遅れをもって収束していく．

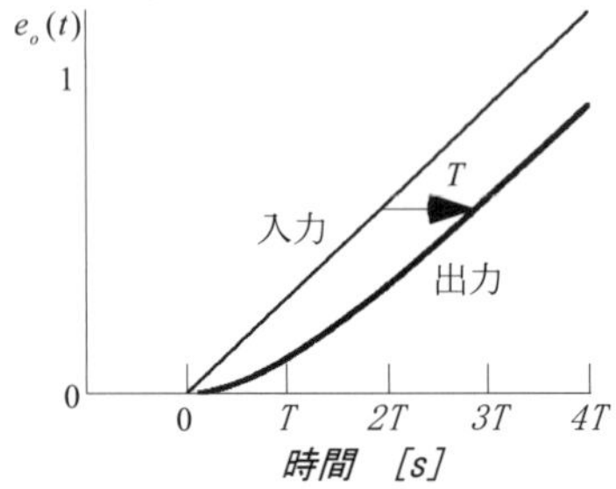

図 3.16　一次遅れ系のランプ応答

【例 3.7】二次遅れ系のステップ応答

二次遅れ系の伝達関数にステップ入力を加えたときの応答を求めよ．

【解 3.7】　式（3.32）に示した二次遅れ系の伝達関数は，ステップ関数を入力としたとき，その応答のラプラス変換は（表 3.1 の 32 参照），

$$Y(s) = \frac{\omega_n^2}{s^2 + 2\varsigma\omega_n s + \omega_n^2} X(s) = \frac{\omega_n^2}{s^2 + 2\varsigma\omega_n s + \omega_n^2}\frac{1}{s} \tag{3.81}$$

となる．この s − 領域における伝達関数をラプラス変換表を用いて，逆ラプラス変換を行い，時間領域における応答を求めることになるが，この二次遅れ系の応答については，減衰係数 ς の大きさによって応答が異なる．そのため，減衰係数の大きさを 3 つの領域に分けて，それぞれの逆ラプラス変換を行う必要がある（詳細については，第 6 章の過渡応答を参照）．その領域は，$0<\varsigma<1$，$\varsigma=1$，$\varsigma>1$ となり，図 3.17 にそれぞれの応答を示す．

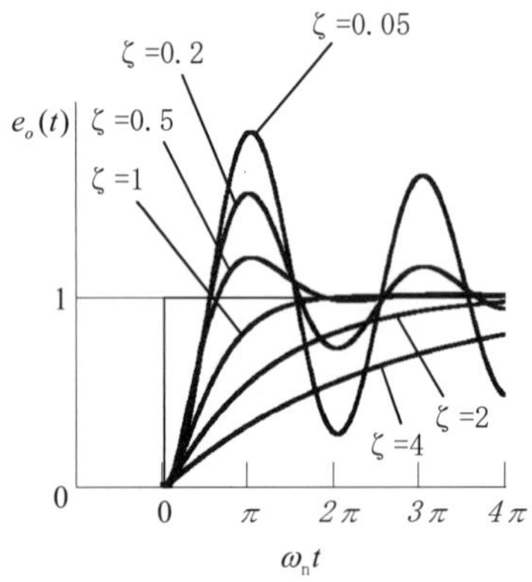

図 3.17　二次遅れ系のステップ応答

3·5　ブロック線図の構造 (Structure of block diagram)

いろいろな要素が組み合わされ，構成されているシステムでは，信号がどのように各部に伝達されていくかを容易に，そして，直感的に理解できることが望ましい．そのような方法として，以前の章で述べたようにブロック線図がある．これは，制御工学では，システムを図式化して表現する方法として最も良く用いられる方法の一つである．ブロック線図では，直列結合，並列結合(parallel connection)，フィードバック結合 (feedback connection)などの結合法則を適用することによって，複雑な系や要素の特性を簡単に表すことができる．このブロック線図は，図 3.18 のように表し，各要素の伝達特性や伝達関数を四角の枠の中に書き込んで表したものである．ブロック線図の等価変換表を付表 3.2 に示しておく．

図 3.18　ブロック線図

(a) 加え合わせ点 (summing point)

図 3.19 のように，2 つ以上の信号が加え合わされるとき，加え合わせ点を用いて表示し，そこに表示される符号にしたがって代数演算を行う．

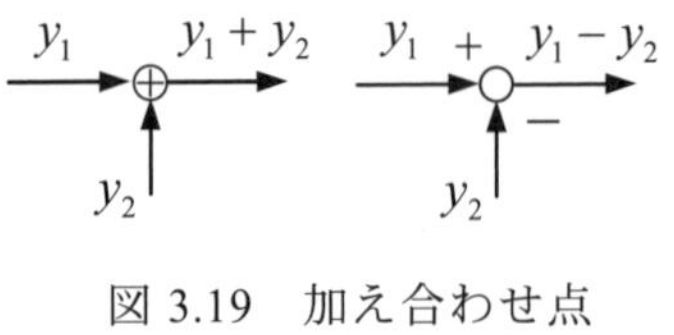

図 3.19　加え合わせ点

(b) 引出し点 (take-off point)

図 3.20 に示すように，1 つの信号が 2 つ以上に分岐するとき，引出し点を描きそこから線を引いて表示する．

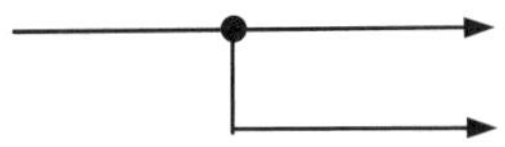

図 3.20　引き出し点

(c) 直列結合

図 3.21 に示すように，2 つの要素 $G_1(s)$，$G_2(s)$ が直列に結合するとき，この結合を直列結合（カスケード結合）といい，その各要素の入出力の関係は，

$$\frac{X_2(s)}{X_1(s)} = G_1(s) \tag{3.82}$$

$$\frac{X_3(s)}{X_2(s)} = G_2(s) \tag{3.83}$$

となり，入力 X_1 に関する出力 X_3 の特性は以下のようになる．

$$G(s) = \frac{X_3(s)}{X_1(s)} = G_1(s)G_2(s) \tag{3.84}$$

したがって，直列結合の伝達関数は各要素の積となる．

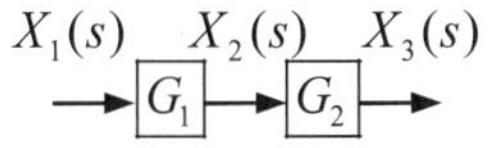

図 3.21　直列結合

(d) 並列結合

図 3.22 のように，2 つの要素 $G_1(s)$，$G_2(s)$ がそれぞれの出力の和（差）をとるように並列に結合されるとき，この結合を並列結合といい，その入出力の関係は，

$$X_2(s) = G_1(s)X_1(s) \pm G_2(s)X_1(s)$$
$$= \{G_1(s) \pm G_2(s)\}X_1(s) \tag{3.85}$$

となり，その伝達関数は両者の和（差）になる．

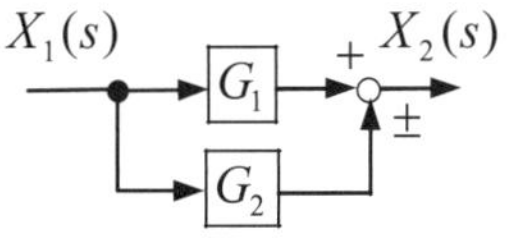

図 3.22　並列結合

(e) フィードバック結合（閉ループ結合）

最も基本的なフィードバック結合は，ブロック線図を用いて表すと図 3.23 に示すようになる．この図より，各要素の入出力の関係を求めると，

$$Z(s) = X_1(s) \pm G_2(s)X_2(s) \tag{3.86}$$

$$X_2(s) = G_1(s)Z(s) \tag{3.87}$$

となる．上式より，$Z(s)$ を消去し，フィードバック結合全体の伝達関数 $G(s)$ を X_1 と X_2 の関係より求めると，

$$G(s) = \frac{G_1(s)}{1 \mp G_1(s)G_2(s)} \tag{3.88}$$

となる．

ここで，$G(s)$ をフィードバック結合の全伝達関数，あるいは閉ループ伝達関数(closed-loop transfer function)と呼ぶ．また，フィードバックループに沿ってすべての要素の伝達関数を乗じた $G_1(s)G_2(s)$ を一巡伝達関数(open-loop transfer function)と呼び，これ以降の章でたびたび用いる．

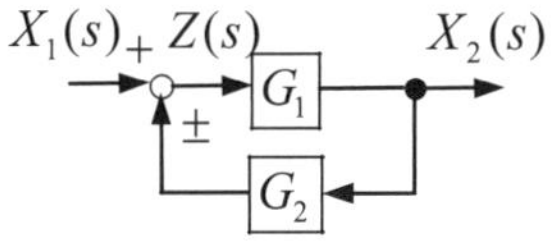

図 3.23　フィードバック結合

次に，伝達関数を使う場合の注意点を例題を通して見ていくことにする．

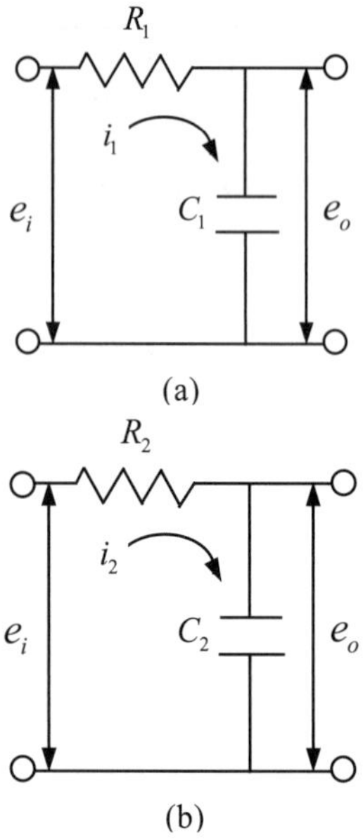

図 3.24-a,b　継続回路の伝達関数

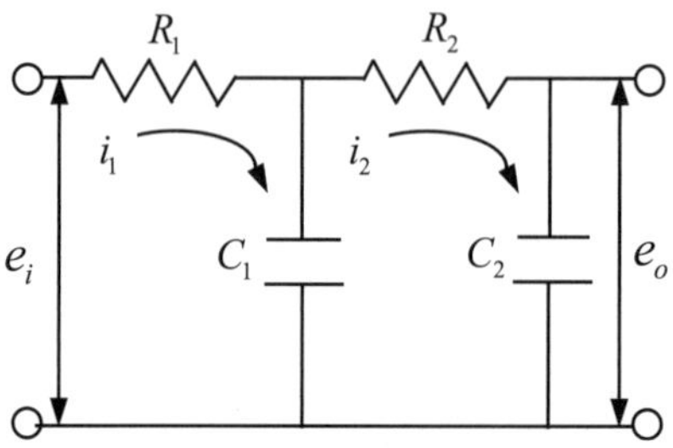

図 3.24-c　継続回路の伝達関数

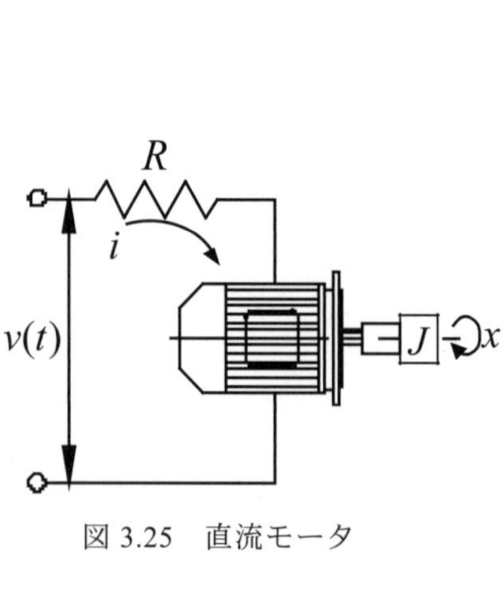

図 3.25　直流モータ

【例 3.8】

図 3.24-a，b，c のそれぞれの回路における伝達関数を求めよ．

【解 3.8】

図 3.24 に示す(a)，(b)の回路の伝達関数はそれぞれ，

$$G_1(s) = \frac{1}{1 + R_1 C_1 s} \tag{3.89}$$

$$G_2(s) = \frac{1}{1 + R_2 C_2 s} \tag{3.90}$$

となる．(a)と(b)を電気回路として接続した回路(c)の伝達関数 $G(s)$ は，電流を考慮していないので，$G_1(s)G_2(s)$ に等しくはならない．つまり，

$$G(s) \neq G_1(s)G_2(s) \tag{3.91}$$

では実際の回路(c)の伝達関数 $G(s)$ を求める．まず，図 3.24(c)中に示すような電流を考えると，以下のような関係式を導くことができる．

(1)　$i = i_1 + i_2$

$$I(s) = I_1(s) + I_2(s) \tag{3.92}$$

(2)　$e_i = iR_1 + i_2 R_2 + \frac{1}{C_2}\int i_2(t)dt$

$$E_i(s) = R_1 I(s) + R_2 I_2(s) + \frac{1}{C_2 s} I_2(s) \tag{3.93}$$

(3)　$i_2 R_2 + \frac{1}{C_2}\int i_2(t)dt = \frac{1}{C_1}\int i_1(t)dt$

$$R_2 I_2(s) + \frac{1}{C_2 s} I_2(s) = \frac{1}{C_1 s} I_1(s) \tag{3.94}$$

(4)　$e_o = \frac{1}{C_2}\int i_2(t)dt$

$$E_o(s) = \frac{1}{C_2 s} I_2(s) \tag{3.95}$$

これらの関係式より，$I(s)$，$I_1(s)$，$I_2(s)$ を消去して，入力と出力の関係に整理すると，

$$G(s) = \frac{E_o(s)}{E_i(s)} = \frac{1}{R_1 R_2 C_1 C_2 s^2 + (C_1 R_1 + C_2 R_2 + C_2 R_1)s + 1} \tag{3.96}$$

を得る．このとき，分母に $C_2 R_1 s$ の項が余分に加わってくることがわかる．これは回路(a)と回路(b)を継続接続したとき，回路(b)の部分を流れる電流が回路(a)の中に流れ，(a)と(b)の回路が独立していたときとは条件が異なったためである．このように回路同士が互いに干渉し合う場合には，それぞれの回路の伝達関数を求めて，全体の伝達関数をそれらの積で求めようとしても，うまくいかないことがあるので十分注意してほしい．

【例 3.9】

図 3.25 に示すような直流モータがある．印加電圧を $v(t)$，軸の回転角を $x(t)$ とする．印加電圧と回転角に関する伝達関数を求めよ．

【解 3.9】

直流モータの発生トルク $\tau(t)$ は磁束と電機子電流 $i(t)$ に比例し，また，直流モータのトルク定数を K_T とすると，

$$\tau(t) = K_T i(t) \tag{3.97}$$

となる．

逆起電力 $\tau_E(t)$ が直流モータの速度に比例するものとし，逆起電力定数を K_E とすると，

$$\tau_E(t) = K_E \dot{x}(t) \tag{3.98}$$

となる．したがって，この回路の方程式は，

$$v(t) = Ri(t) + \tau_E(t) = Ri(t) + k_E \dot{x}(t) \tag{3.99}$$

となる．また，負荷の慣性モーメントを J とすると，運動方程式は，

$$J\ddot{x}(t) = \tau(t) = k_T i(t) \tag{3.100}$$

となる．式(3.99)，(3.100)をそれぞれラプラス変換すると，

$$V(s) = RI(s) + k_E sX(s) \tag{3.101}$$

$$Js^2 X(s) = k_T I(s) \tag{3.102}$$

となり，これらから $I(s)$ を消去すると，求める伝達関数が得られる．

$$G(s) = \frac{X(s)}{V(s)} = \frac{1}{k_E s(1+Ts)} \tag{3.103}$$

となる．ここで，$T \equiv \dfrac{JR}{k_T k_E}$ である．

【例 3.10】

図 3.26(a)に示すようなブロック線図を等価変換して，図 3.26(b)のように表したい．このときの伝達関数 $G(s)$ を求めよ．

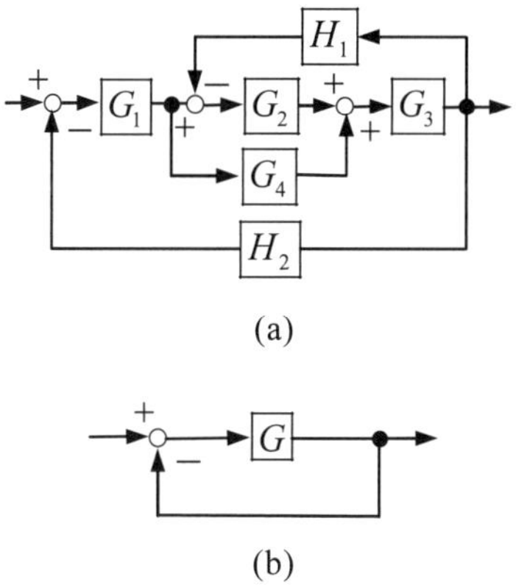

図 3.26　ブロック線図の等価変換

【解 3.10】

まず，G_2，G_3，G_4，H_1 が含まれる部分について考えて，順にブロック線図をまとめていくと，図 3.27(a)～(e)のようになる（これらの変換過程は各自付表 3.2 を参照し，考えること）．図 3.27 中の(d)または(e)に示すように，フィードバック経路を 1 つだけもつものに置きかえることができる．

最後に，図 3.27(e)を図 3.26(b)に変換できたとすると，

$$\frac{G_m(s)}{1+G_m(s)H_2(s)} = \frac{G(s)}{1+G(s)} \tag{3.104}$$

が成り立つ．上式から，$G(s)$ を求めると，

$$G(s) = \frac{G_m(s)}{1+G_m(s)\left[H_2(s)-1\right]} \tag{3.105}$$

となる．なお，図 3.26(b)のように，フィードバック経路の伝達関数=1 となるものを単一（あるいは直結）フィードバック(unity feedback)と呼び，制御工学ではたびたびお目にかかる．

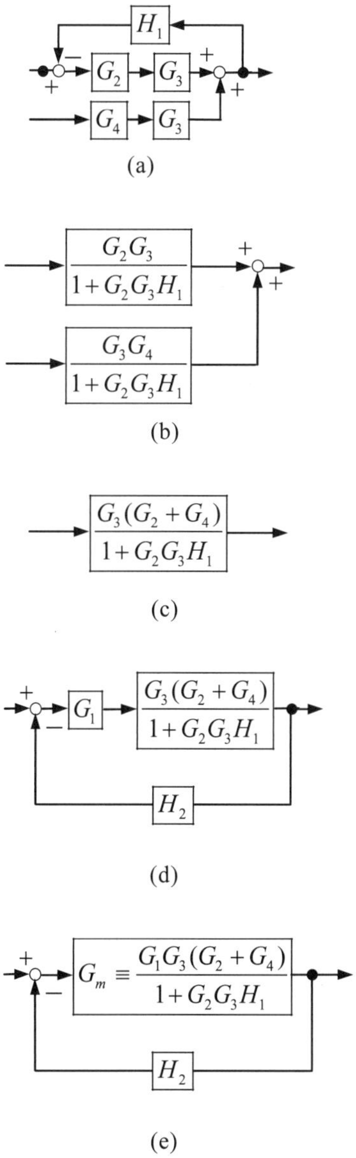

図 3.27　ブロック線図の変換過程

【例 3.11】Find the transfer function of the system shown in Fig. 3.28.

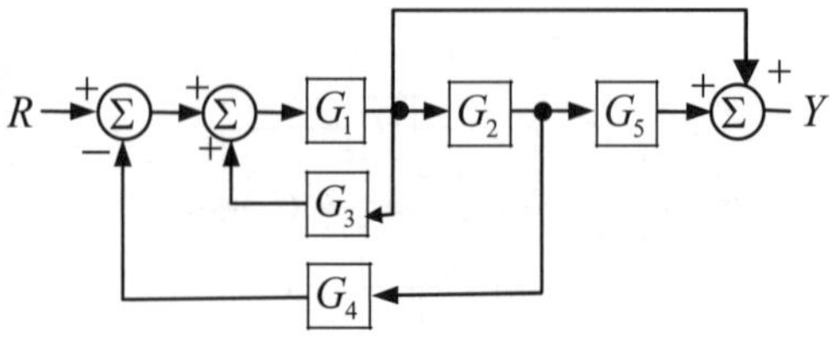

Fig. 3.28(a)

【解 3.11】First, we change the inner feedback loop consisting of G_1 and G_3 into an equivalent transfer function, and then the whole system becomes (b). Next, use 8 in table 3.2, A.2. Then the result is (c). Finally, we obtain the following transfer function by simplifying the negative feedback loop and the feedforward loop in (c).

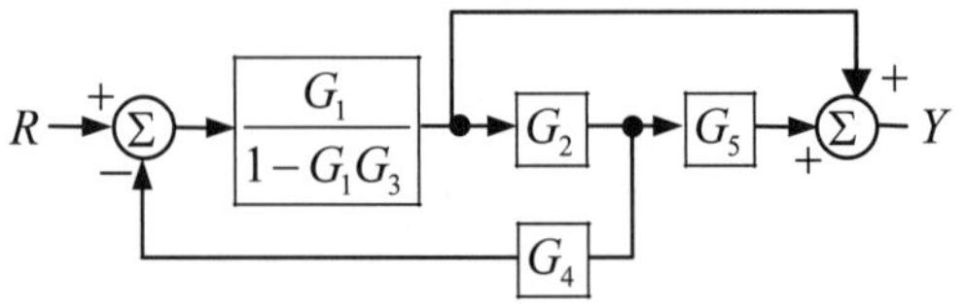

Fig. 3.28(b)

$$\frac{Y(s)}{R(s)} = \frac{\dfrac{G_1G_2}{1-G_1G_3}}{1+\dfrac{G_1G_2G_4}{1-G_1G_3}}\left(G_5 + \frac{1}{G_2}\right) = \frac{G_1G_2G_5 + G_1}{1-G_1G_3 + G_1G_2G_4} \tag{3.106}$$

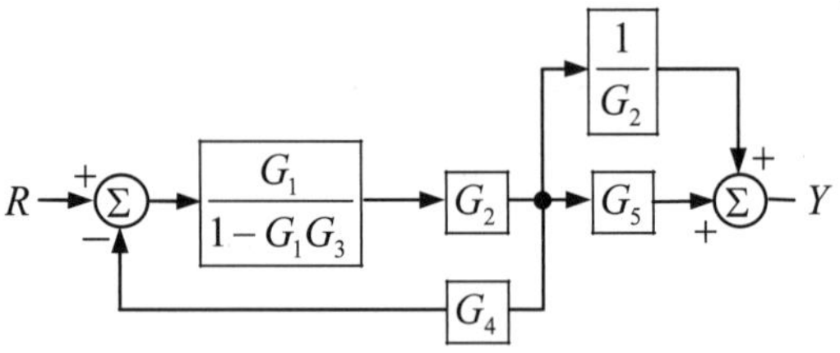

Fig 3.28(c)

以上のように，ブロック線図は等価変換することによって，系をより簡単な形に表すことができ，伝達関数自体を単純化する計算プロセスにも役立つことがわかる．

第 4 章

応答の周波数特性

Responses in Frequency Domain

制御系の時間応答を眺めたとき，その応答を「ゆっくり変化している」とか「高周波成分を多く含んでいる」といった表現をよく使う．応答や制御系を周波数領域でとらえると，時間領域では扱いにくい性質が明確になる．本章では，制御系の周波数応答を学び，制御系の周波数領域における性質を表す周波数伝達関数およびそのグラフ表現であるベクトル線図とボード線図を学ぶ．

4・1　周波数応答 (frequency response)

前章では，要素へのステップ入力，定速度入力といった特定の入力に対する出力の特性を考えた．より一般的な入力に対する出力の挙動を知るにはどのような方法があるだろうか．

フーリエ変換(Fourier transformation)の理論によれば，一般的な信号は複数の角周波数の正弦波信号の和で表現できる．また，伝達関数 $G(s)$ は入出力線形性を有する．入出力線形性とは，第 1 章で述べたように，入力 $u_1(t)$，$u_2(t)$ に対する $G(s)$ の出力をそれぞれ $y_1(t)$，$y_2(t)$ とすれば，入力 $u(t)=a_1u_1(t)+a_2u_2(t)$ に対する出力 $y(t)$ は $y(t)=a_1y_1(t)+a_2y_2(t)$ である．

したがって，角周波数(angular frequency) ω [rad/sec]の正弦波入力(sinusoidal input) $u(t)=\sin\omega t$ を伝達関数 $G(s)$ に印加したときの出力 $y(t)$ を明らかにすれば，一般的な入力に対する出力の挙動を考察できるという考え方が成り立つ（図 4.1）．これが周波数応答法の考え方である．

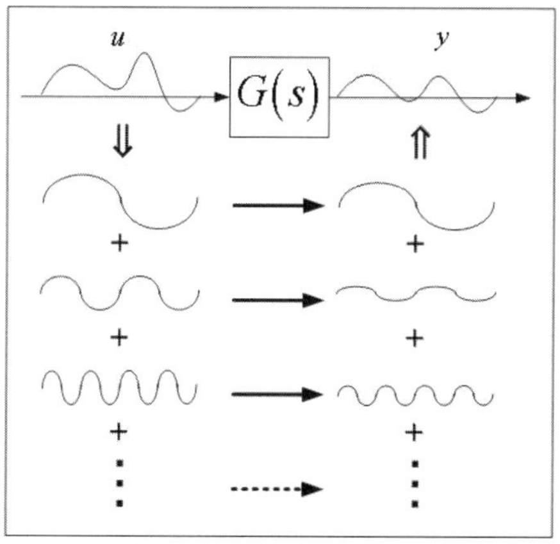

図 4.1 周波数応答法の考え方

安定な伝達関数 $G(s)$ に角周波数 ω [rad/sec]の正弦波入力 $u(t)=\sin\omega t$ を印加したときの出力 $y(t)$ を求めてみよう．ただし，安定な伝達関数とは，正弦波が入力されても出力が発散しない要素のことである．（図 4.2）．

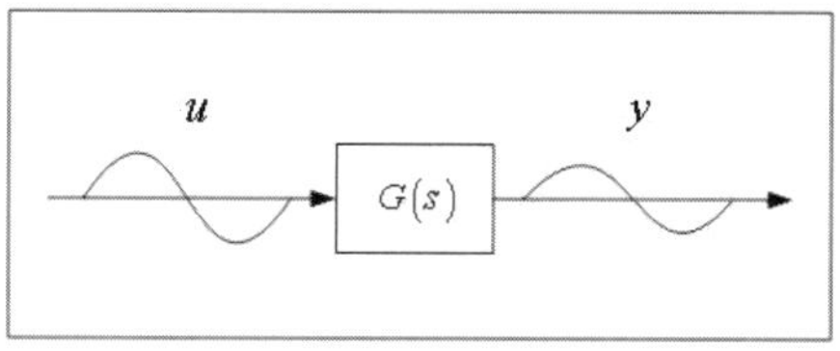

図 4.2　安定な伝達関数の正弦波入出力特性

最初に，簡単な例として $G(s)=1/(s+1)$ を考える．入力 $u(t)=\sin\omega t$ のラプラス変換は $U(s)=\omega/\left(s^2+\omega^2\right)$ なので，出力 $y(t)$ のラプラス変換 $Y(s)$ は

$$Y(s)=G(s)U(s)=\frac{1}{(s+1)}\times\frac{\omega}{s^2+\omega^2}=\frac{B_{01}s+B_{00}}{s^2+\omega^2}+\frac{B_{11}}{(s+1)} \qquad (4.1)$$

と部分分数展開できる．ただし

$$B_{01}=-\frac{\omega}{1+\omega^2},\quad B_{00}=\frac{\omega}{1+\omega^2},\quad B_{11}=\frac{\omega}{1+\omega^2}$$

である．よって，出力 $y(t)$ は

$$y(t)=\frac{1}{\sqrt{1+\omega^2}}\sin\left(\omega t-\tan^{-1}\omega\right)+B_{11}e^{-t} \qquad (4.2)$$

と得られる．右辺第 2 項は時間の経過とともに 0 に収束していく過渡応答であり，結局，十分時間が経過した後の出力である定常出力 $y(t)$ は

$$y(t)=\frac{1}{\sqrt{1+\omega^2}}\sin\left(\omega t-\tan^{-1}\omega\right) \qquad (4.3)$$

と振幅$1/\sqrt{1+\omega^2}$，位相$-\tan^{-1}\omega$の正弦波になる．ここで注意したいことは，次の（1）と（2）が成り立つということである．

（1）　定常出力$y(t)$は正弦波入力$u(t)$と同じ角周波数ω [rad/sec]の正弦波である．

（2）　定常出力の振幅と位相は，伝達関数$G(s)=1/(s+1)$から計算される

$$G(\mathrm{j}\omega)=\frac{1}{\mathrm{j}\omega+1}=\underset{(\text{実部})}{\frac{1}{1+\omega^2}}+\mathrm{j}\underset{(\text{虚部})}{\frac{-\omega}{1+\omega^2}}$$

との間に

$$|G(\mathrm{j}\omega)|=\sqrt{(\mathrm{Re}\,G(\mathrm{j}\omega))^2+(\mathrm{Im}\,G(\mathrm{j}\omega))^2}=\frac{1}{\sqrt{1+\omega^2}}:\text{振幅}$$

$$\angle G(\mathrm{j}\omega)=\tan^{-1}\frac{\mathrm{Im}\,G(\mathrm{j}\omega)}{\mathrm{Re}\,G(\mathrm{j}\omega)}=-\tan^{-1}\omega:\text{位相}$$

の関係にある．ここで，$G(\mathrm{j}\omega)$の実部を$\mathrm{Re}\,G(\mathrm{j}\omega)$，虚部を$\mathrm{Im}\,G(\mathrm{j}\omega)$と記している．

上述の（1）と（2）は一般の伝達関数$G(s)$に対しても成り立つ．実際，一般的な伝達関数

$$G(s)=\frac{B(s)}{\prod_{i=1}^{k}(s+\alpha_i)\prod_{j=1}^{\ell}(s^2+2\zeta_j\omega_j s+\omega_j^{\,2})} \tag{4.4}$$

を考えてみよう[1]．ここで，$\alpha_i,\zeta_j,\omega_j$はすべて実数で，$\alpha_i,\omega_j>0$，$0<\zeta_j<1$とする．また，簡単のために，$\alpha_i$はすべて異なり，$\omega_j$もすべて異なるとする．

入力$u(t)=\sin\omega t$に対する出力$y(t)$のラプラス変換$Y(s)$は

$$Y(s)=G(s)U(s)=\frac{B(s)}{\prod_{i=1}^{k}(s+\alpha_i)\prod_{j=1}^{\ell}(s^2+2\zeta_j\omega_j s+\omega_j^{\,2})}\times\frac{\omega}{s^2+\omega^2}$$

であり，前述の例の式(4.1)と同様に

$$Y(s)=\frac{B_{01}s+B_{00}}{s^2+\omega^2}+\sum_{i=1}^{k}\frac{B_{1i}}{s+\alpha_i}+\sum_{j=1}^{\ell}\frac{B_{2j1}s+B_{2j0}}{s^2+2\zeta_j\omega_j s+\omega_j^{\,2}} \tag{4.5}$$

と部分分数に展開できる．ここで，係数B_{01}，B_{00}については

$$Y(s)\times(s^2+\omega^2)\Big|_{s=\mathrm{j}\omega}=G(\mathrm{j}\omega)\omega=\mathrm{j}\omega B_{01}+B_{00}$$

$$Y(s)\times(s^2+\omega^2)\Big|_{s=-\mathrm{j}\omega}=G(-\mathrm{j}\omega)\omega=-\mathrm{j}\omega B_{01}+B_{00}$$

の関係式より

$$B_{01}=\mathrm{Im}\,G(\mathrm{j}\omega),\qquad B_{00}=\omega\,\mathrm{Re}\,G(\mathrm{j}\omega) \tag{4.6}$$

と計算できる．他の係数B_{1i}，B_{2j1}，B_{2j0}も同様に求められる．したがって，式(4.5)を逆ラプラス変換することによって，出力$y(t)$は

$$y(t)=\{\mathrm{Im}\,G(\mathrm{j}\omega)\}\cos\omega t+\{\mathrm{Re}\,G(\mathrm{j}\omega)\}\sin\omega t+\sum_{i=1}^{k}B_{1i}e^{-a_i t}+\sum_{j=1}^{\ell}B_{2j}e^{-b_j t}\cos(g_j t+d_j)$$

---

[1] $\prod_{i=1}^{k}a_i=a_1\times a_2\times\cdots\times a_k$

（ただし，$\beta_j=\zeta_j\omega_j$，$\gamma_j=\omega_j\sqrt{1-\zeta_j^2}$）と得られる．右辺の Σ の項は時間の経過とともに 0 に収束していく過渡応答であり，結局，十分時間が経過した後の出力である定常出力 $y(t)$ は

$$y(t)=\{\mathrm{Im}\,G(\mathrm{j}\omega)\}\cos\omega t+\{\mathrm{Re}\,G(\mathrm{j}\omega)\}\sin\omega t=|G(\mathrm{j}\omega)|\sin\{\omega t+\angle G(\mathrm{j}\omega)\} \tag{4.7}$$

となる（図 4.3）．ここで，$G(\mathrm{j}\omega)$ は一般に複素数であり，$|G(\mathrm{j}\omega)|$ は絶対値，$\angle G(\mathrm{j}\omega)$ は偏角

$$|G(\mathrm{j}\omega)|=\sqrt{(\mathrm{Re}\,G(\mathrm{j}\omega))^2+(\mathrm{Im}\,G(\mathrm{j}\omega))^2},\quad \tan\{\angle G(\mathrm{j}\omega)\}=\frac{\mathrm{Im}\,G(\mathrm{j}\omega)}{\mathrm{Re}\,G(\mathrm{j}\omega)} \tag{4.8}$$

である．このように，安定な伝達関数 $G(s)$ に角周波数 ω の正弦波入力 $u(t)=\sin\omega t$ を印加したとき，十分時間が経過した後の定常出力は式(4.7)で与えられる．つまり，定常出力 $y(t)$ は正弦波入力 $u(t)$ と同じ角周波数 ω の正弦波であり，振幅は $|G(\mathrm{j}\omega)|$ 倍に，位相は $\angle G(\mathrm{j}\omega)$ だけ変化する．

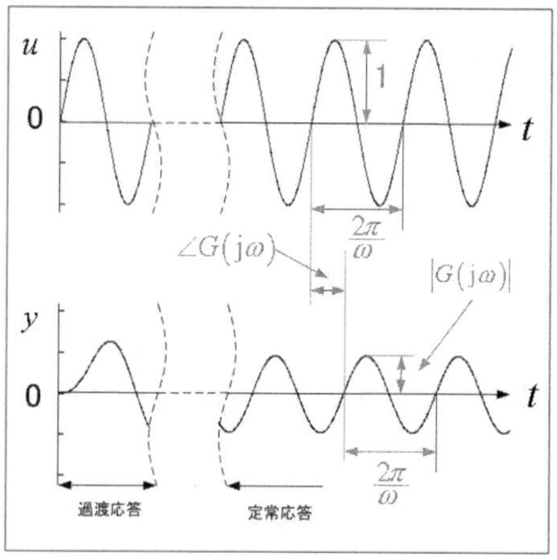

図4.3　正弦波入力に対する定常出力

以上の議論をより一般な入力の場合に拡張しよう．信号 $f(t)$ はフーリエ変換 $F(\mathrm{j}\omega)$ とその逆フーリエ変換は

$$\text{フーリエ変換：}\quad F(\mathrm{j}\omega)=\int_0^\infty f(t)e^{-\mathrm{j}\omega t}dt$$
$$\text{逆フーリエ変換：}\quad f(t)=\frac{1}{2\pi}\int_{-\infty}^\infty F(\mathrm{j}\omega)e^{\mathrm{j}\omega t}d\omega \tag{4.9}$$

で定義される．$e^{\mathrm{j}\omega t}=\cos\omega t+\mathrm{j}\sin\omega t$ が複素正弦波であることに注意すれば，逆フーリエ変換は信号 $f(t)$ が無限個の複素正弦波の和（正確には積分）で表現されていると解釈でき，$f(t)$ に含まれる角周波数 ω の複素正弦波の振幅が $F(\mathrm{j}\omega)$（ただし，$F(\mathrm{j}\omega)$ は一般に複素数）であることを意味している．一方，フーリエ変換を信号 $f(t)$ のラプラス変換 $F(s)$ の定義式と比較すれば，フーリエ変換 $F(\mathrm{j}\omega)$ はラプラス変換 $F(s)$ に $s=\mathrm{j}\omega$ を代入したものであることがわかる．したがって，一般的な入力 $u(t)$ が安定な伝達関数 $G(s)$ に印加されたときの出力 $y(t)$ は

時間領域		周波数領域
$u(t)$	$\Rightarrow$	$U(\mathrm{j}\omega)=\int_0^\infty u(t)e^{-\mathrm{j}\omega t}dt$
		$\Downarrow$
$y(t)=\frac{1}{2\pi}\int_{-\infty}^\infty Y(\mathrm{j}\omega)e^{\mathrm{j}\omega t}d\omega$	$\Leftarrow$	$Y(\mathrm{j}\omega)=G(\mathrm{j}\omega)U(\mathrm{j}\omega)$

(4.10)

より求めることが可能である．ここで，$Y(\mathrm{j}\omega)=G(\mathrm{j}\omega)U(\mathrm{j}\omega)$ は周波数応答法の基本式であり，入力信号 $u(t)$ に角周波数 ω の複素正弦波が含まれていれば，出力 $y(t)$ にも同じ角周波数 ω の複素正弦波が含まれており，その振幅の比が $G(\mathrm{j}\omega)$ で与えられるということを意味している．

4・2　周波数伝達関数 (frequency transfer function)

前節でみたように，周波数応答法では伝達関数 $G(s)$ に $s=\mathrm{j}\omega$ を代入して得られる $G(\mathrm{j}\omega)$ が重要な役割を果たすことになる．$G(\mathrm{j}\omega)$ は周波数伝達関数と呼ばれ，その絶対値 $|G(\mathrm{j}\omega)|$ はゲイン(gain)，偏角 $\angle G(\mathrm{j}\omega)$ は位相(phase)と呼ばれる。ゲインは $|G(\mathrm{j}\omega)|$ を対数 $20\log_{10}|G(\mathrm{j}\omega)|$ に変換し，デシベル[dB]単位で表示することが多い．

伝達関数 $G(s)$ は，一般に

$$G(s)=\frac{B(s)}{A(s)}=\frac{b_{n-1}s^{n-1}+\cdots+b_1 s+b_0}{s^n+a_{n-1}s^{n-1}+\cdots+a_1 s+a_0} \tag{4.11}$$

と表現され，分母多項式 $A(s)$ の係数 a_i および分子多項式 $B(s)$ の係数 b_j は実数である．したがって，$\overline{(\bullet)}$ を共役複素数とすると

$$\overline{A(\mathrm{j}\omega)}=A(-\mathrm{j}\omega),\qquad \overline{B(\mathrm{j}\omega)}=B(-\mathrm{j}\omega)$$

が成り立ち

$$\overline{G(\mathrm{j}\omega)}=\frac{\overline{B(\mathrm{j}\omega)}}{\overline{A(\mathrm{j}\omega)}}=\frac{B(-\mathrm{j}\omega)}{A(-\mathrm{j}\omega)}=G(-\mathrm{j}\omega) \tag{4.12}$$

となる．この関係をゲインと位相で表現するならば

$$|G(-\mathrm{j}\omega)|=|G(\mathrm{j}\omega)|,\qquad \angle G(-\mathrm{j}\omega)=-\angle G(\mathrm{j}\omega) \tag{4.13}$$

であり，ゲイン $|G(\mathrm{j}\omega)|$ は角周波数 ω の偶関数，位相 $\angle G(\mathrm{j}\omega)$ は奇関数であることがわかる（図 4.4）．このことを理解しておけば，周波数伝達関数 $G(\mathrm{j}\omega)$ は $\omega\geq 0$ で考えておけば十分である．

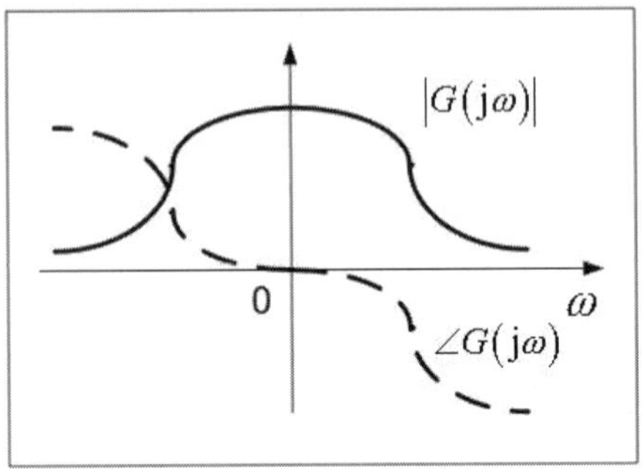

図 4.4 ゲインは偶関数，位相は奇関数

代表的な伝達関数の周波数伝達関数，ゲイン，位相を表 4.1 に示す．

表 4.1 周波数伝達関数，ゲインと位相

伝達関数 $G(s)$	**周波数伝達関数** $G(\mathrm{j}\omega)$	**ゲイン** $\lvert G(\mathrm{j}\omega)\rvert$	$20\log_{10}\lvert G(\mathrm{j}\omega)\rvert$	**位相** $\angle G(\mathrm{j}\omega)$
比例要素　$K(>0)$	K	K	$20\log_{10}K$	0
積分要素　$\frac{1}{s}$	$\frac{1}{\mathrm{j}\omega}$	$\frac{1}{\omega}$	$-20\log_{10}\omega$	$-\frac{\pi}{2}$
一次遅れ系　$\frac{1}{1+Ts}$	$\frac{1}{1+\mathrm{j}\omega T}$	$\frac{1}{\sqrt{1+(\omega T)^2}}$	$-20\log_{10}\sqrt{1+(\omega T)^2}$	$-\tan^{-1}(\omega T)$
二次系　$\frac{\omega_n^2}{s^2+2\zeta\omega_n s+\omega_n^2}$	$\frac{\omega_n^2}{(\omega_n^2-\omega^2+j2\zeta\omega_n\omega}$	$\frac{1}{\sqrt{\left\{1-\left(\frac{\omega}{\omega_n}\right)^2\right\}^2+\left(2\zeta\frac{\omega}{\omega_n}\right)^2}}$	$-20\log_{10}\sqrt{\left\{1-\left(\frac{\omega}{\omega_n}\right)^2\right\}^2+\left(2\zeta\frac{\omega}{\omega_n}\right)^2}$	$\angle\left(1-\left(\frac{\omega}{\omega_n}\right)^2-j2\zeta\left(\frac{\omega}{\omega_n}\right)\right)$

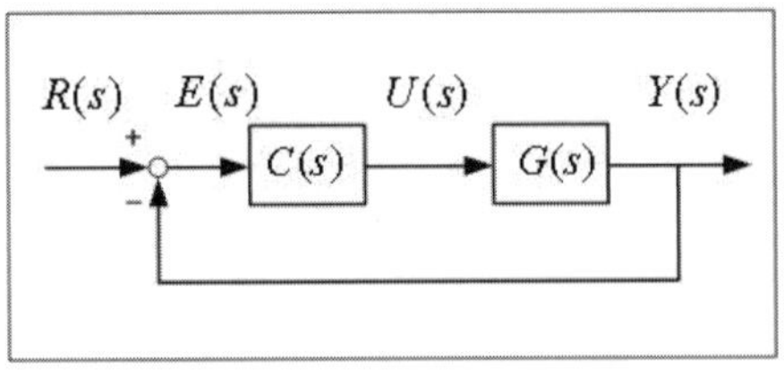

図 4.5 直流サーボモータの位置制御系

【例 4.1】

直流サーボモータの位置制御系を考える（図 4.5）．図において，制御対象 $G(s)$ は直流サーボモータの伝達関数であり，ここでは

$$G(s)=\frac{1}{s(1+0.1s)}$$

とする．制御入力 $u(t)$ は電機子電圧，制御出力 $y(t)$ はモータの回転角である．コントローラ $C(s)=K$ (定数)のときの周波数応答を調べよ．

【解 4.1】

目標値 $R(s)$ から制御出力 $Y(s)$ までの閉ループ伝達関数 $W(s)$ は

$$W(s)=\frac{G(s)C(s)}{1+G(s)C(s)}=\frac{10K}{s^2+10s+10K}$$

と二次系である．特に，$K=10$ に設定すると，$W(s)$ の固有角周波数は $\omega_n=10$，減衰係数は $\zeta=0.5$ である．したがって，表 4.1 より，ゲインと位相は

$$|W(\mathrm{j}\omega)|=\sqrt{\frac{1}{\left(1-\Omega^2\right)^2+\Omega^2}},\qquad \angle W(\mathrm{j}\omega)=\angle(1-\Omega^2-j\Omega)$$

と求められる．ただし，$\Omega=\omega/10$ とおいた．

$\omega=1, 10, 20$ [rad/sec]に対するゲインと位相を求めると

$\omega=\ 1$:　ゲイン ≈ 1.005 (　0.0[dB]),　位相 ≈ -5.77[deg]
$\omega=10$:　ゲイン $=1$　(　0[dB]),　位相 $=-90$[deg]
$\omega=20$:　ゲイン ≈ 0.277 (−11.1[dB]),　位相 ≈ -123.7[deg]

のように計算される．目標値に $r(t)=\sin\omega t$ の正弦波信号（ただし，$\omega=1, 10, 20$）を印加したときのそれぞれの出力 $y(t)$ を図 4.6 に示す．図において，点線は目標値 $r(t)$，実線が $y(t)$ である．図 4.6 から，上で計算したゲインと位相を確認できる．

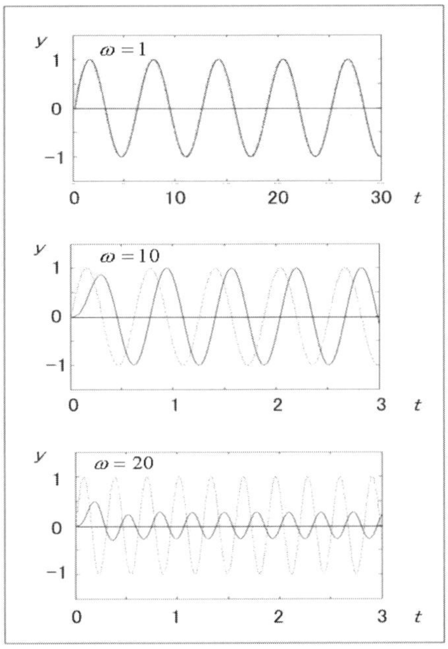

図 4.6 直流サーボモータの周波数応答

4・2・1　ベクトル軌跡

周波数伝達関数 $G(\mathrm{j}\omega)$ をグラフ表現する方法の一つにベクトル軌跡(vector locus)があり，角周波数 ω を 0 から+∞まで変化させたときの複素数 $G(\mathrm{j}\omega)$ を複素数平面上にプロットしたものである．伝達関数の周波数特性であるゲインや位相が一目でわかり，第 5 章で述べるナイキスト安定判別にも利用される．以下では，各種要素のベクトル軌跡を示す．

(a) 比例要素

周波数伝達関数が $G(\mathrm{j}\omega)=K$（定数）であるので，そのベクトル軌跡は実軸上の一点 $(K,0)$ である．

(b) 積分要素

周波数伝達関数は

$$G(\mathrm{j}\omega)=\frac{1}{\mathrm{j}\omega}=-\mathrm{j}\frac{1}{\omega}$$

と変形できるので，そのベクトル軌跡は虚軸上の半直線である（図 4.7）．

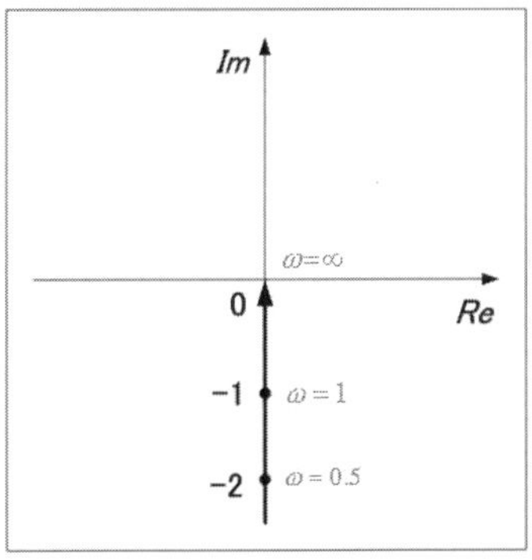

図 4.7 積分要素のベクトル軌跡

(c) 一次遅れ系

周波数伝達関数は

$$G(\mathrm{j}\omega)=\frac{1}{1+\mathrm{j}\omega T}=\frac{1}{1+\left(\omega T\right)^2}-\mathrm{j}\frac{\omega T}{1+\left(\omega T\right)^2}$$

と変形できるので，そのベクトル軌跡は複素数平面の第 4 象限に位置し，実軸上の点 $(1/2,0)$ を中心とした半径 $1/2$ の半円である（図 4.8）．

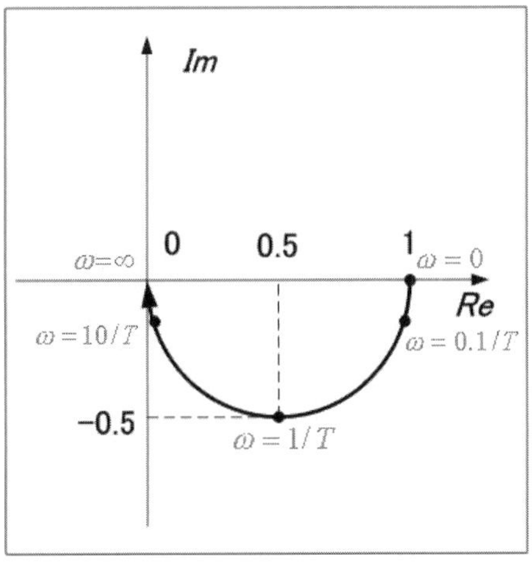

図 4.8 一次遅れ系のベクトル軌跡

(d) 二次系

周波数伝達関数が

$$G(\mathrm{j}\omega)=\frac{\omega_n^{\ 2}}{(\omega_n^{\ 2}-\omega^2)+j2\zeta\omega\omega_n}=\frac{1}{\left\{1-\left(\dfrac{\omega}{\omega_n}\right)^2\right\}+\mathrm{j}2\zeta\left(\dfrac{\omega}{\omega_n}\right)}$$

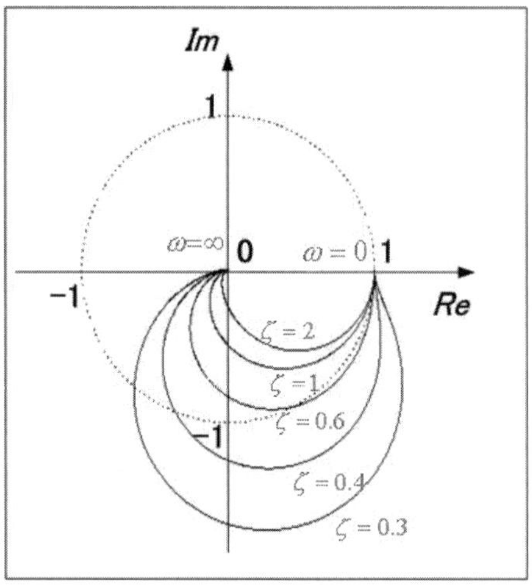

図4.9 二次遅れ系のベクトル軌跡

であるので，そのベクトル軌跡は図4.9のようになる．特徴は実軸上の点(1,0)と原点を両端点とした，第3象限と第4象限に位置する弧状のプロットであり，そのプロットは$\zeta(>0)$が小さいほど原点から離れる．また，$\zeta \geq \sqrt{1/2}$に対するベクトル軌跡は原点を中心とした単位円の内側に位置する．

以上，代表的な伝達関数のベクトル軌跡を示したが，より一般的な伝達関数のベクトル軌跡を得るには計算機の助けを借りる必要がある．最近では制御系解析 設計用の CAD も整備され，簡便にベクトル軌跡を求めることができるようになっている．しかし，CAD で得られたベクトル軌跡の妥当性を評価するためにも，代表的な伝達関数のベクトル軌跡を理解しておくことが重要であり，同様の理由で，次項に示すベクトル軌跡の漸近的性質も重要である．

4 2 2* ベクトル軌跡の漸近的性質

$\omega \to +0$ および $\omega \to +\infty$ におけるベクトル軌跡の漸近的性質(asymptotic property) について調べてみよう．

(a) $\omega \to +0$ の場合

伝達関数$G(s)$に対して

$$G_0 = \lim_{\omega \to +0} G(\mathrm{j}\omega) \tag{4.14}$$

と定義する．$G(s)$が$s=0$に極をもたない場合，$G_0 = G(0)$は有限な実数であり，したがって，$\omega \to +0$としたときのベクトル軌跡は実軸上のある一点に漸近する．しかし，$G(s)$が$s=0$に極を持つ場合にはG_0が無限大となり，$\omega \to +0$としたときのベクトル軌跡が複素数平面のどの方向に沿って無限遠方に伸びていくかが問題となる．

伝達関数$G(s)$が$s=0$に m 個の極を持つ場合を考える．一般性を失うことなく，$G(s)$は

$$G(s) = \frac{b_0 + b_1 s + b_2 s^2 + \cdots}{s^m (1 + a_1 s + a_2 s^2 + \cdots)} \tag{4.15}$$

であるとしてよい．ここで，$b_0 > 0$とする．このとき，$1/\mathrm{j} = e^{-\mathrm{j}\pi/2}$であることに注意すれば，式(4.14)の$G_0$は

$$G_0 = \lim_{\omega \to +0} \frac{b_0}{(j\omega)^m} = \left(\lim_{\omega \to +0} \frac{b_0}{\omega^m} \right) e^{-\frac{\pi}{2}m} \tag{4.16}$$

となる．これは，$\omega \to +0$としたときのベクトル軌跡が，複素数平面上で偏角が$-\frac{\pi}{2}m$の方向に沿って，無限遠方に伸びていくことを示している．

(b) $\omega \to +\infty$ の場合

次式の伝達関数$G(s)$を考える．

$$G(s) = \frac{b_m s^m + b_{m-1} s^{m-1} + \cdots}{s^n + a_{n-1} s^{n-1} + a_{n-1} s^{n-2} + \cdots} \tag{4.17}$$

ただし，$b_m > 0$とする．分母多項式と分子多項式の次数差$r = n - m$を伝達関数$G(s)$の相対次数(relative order)と呼ぶ．多くの伝達関数では$r > 0$が成り立ち，この場合，$G(s)$は厳密にプロパ(strictly proper)と呼ばれる．

式(4.17)の伝達関数 $G(s)$ に対して

$$G_\infty = \lim_{\omega\to+\infty} G(\mathrm{j}\omega) \tag{4.18}$$

を定義する． $r>0$ の場合には $G_\infty=0$ であり， $\omega\to+\infty$ としたときのベクトル軌跡は原点に漸近する．このとき

$$G_\infty = \lim_{\omega\to+\infty} \frac{b_m}{(\mathrm{j}\omega)^r} = \left(\lim_{\omega\to+\infty}\frac{b_m}{\omega^r}\right)e^{-\frac{\pi}{2}r} \tag{4.19}$$

から，偏角が $-\dfrac{\pi}{2}r$ の方向から原点に近付くことがわかる（図 4.10）．

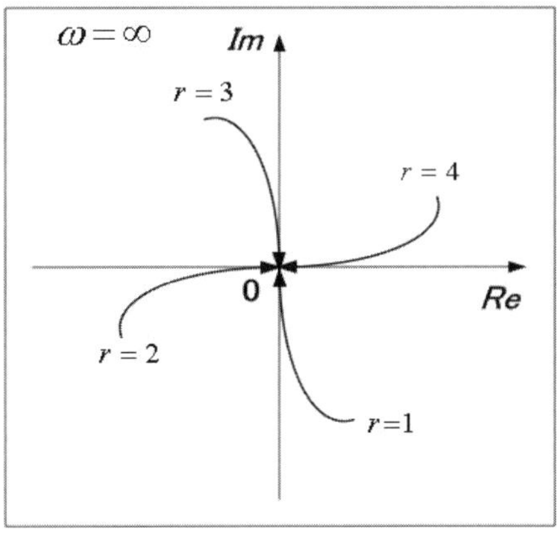

図 4.10 ベクトル軌跡の漸近的性質： $\omega\to+\infty$ の場合

4・2・3　ボード線図

周波数伝達関数 $G(\mathrm{j}\omega)$ をグラフ表現するもう一つの方法がボード線図(Bode diagram)である．ボード線図はゲイン線図(gain diagram)，位相線図(phase diagram)という二つの線図から構成される．

ゲイン線図は横軸に角周波数 ω を，縦軸にゲイン $20\log_{10}|G(\mathrm{j}\omega)|$ をとった線図であり，位相線図は横軸に角周波数 ω を，縦軸に位相 $\angle G(\mathrm{j}\omega)$ をとった線図である．いずれの線図も横軸は対数目盛り $\log_{10}\omega$ をとるので注意したい．たとえば，横軸の $\omega=1$ から $\omega=10$ までの間隔は $\omega=10$ から $\omega=100$ までの間隔と等しい． ω が 10 倍となる横軸の間隔を 1 デカード(decade,[dec])と呼ぶ．

ボード線図はゲイン線図，位相線図と二つに分かれているため，ベクトル軌跡に比べると若干複雑なように感じるが，角周波数 ω とゲイン，位相の関係が陽に示されているので，周波数特性を定量的に評価するのに適している．

以下では各要素のボード線図を調べる．

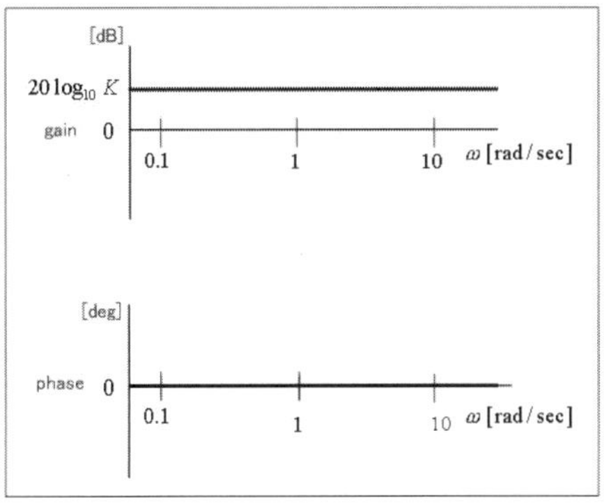

図 4.11 比例要素のボード線図

(a) 比例要素

周波数伝達関数が $G(\mathrm{j}\omega)=K$ （正の定数）であり，そのゲインと位相は表 4.1 に示す通りであるので，ゲイン線図は角周波数 ω に関係せず，一定値 $20\log_{10}K$ [dB]の直線であり，位相線図も ω に関係せず，一定値 0[deg]の直線である（図 4.11）．

(b) 積分要素

周波数伝達関数が $G(\mathrm{j}\omega)=1/(\mathrm{j}\omega)$ であり，そのゲインと位相は表 4.1 に示す通りであるから，ゲイン線図は $\omega=1$ で 0[dB]を通り， ω が 1[dec]増加する毎にゲインは 20[dB]減少する，すなわち，傾きが-20[dB/dec]の直線となる（図 4.12）．位相線図は ω に関係せず，一定値-90[deg]の直線である．

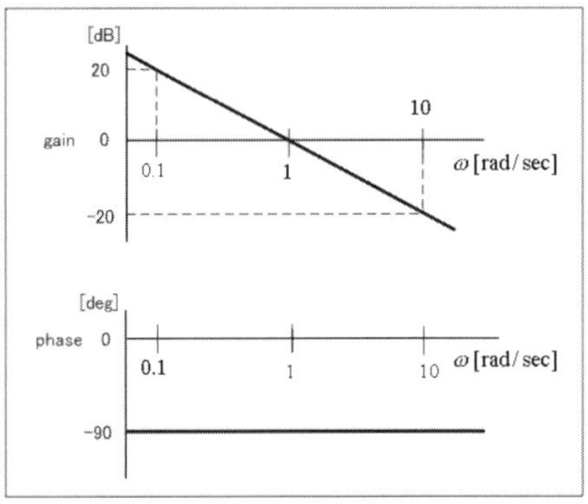

図 4.12 積分要素のボード線図

(c) 一次遅れ系

周波数伝達関数が $G(\mathrm{j}\omega)=1/(1+\mathrm{j}\omega T)$ であり，そのゲインと位相は表 4.1 に与えられた通りである．ゲイン

$$20\log_{10}|G(\mathrm{j}\omega)| = -20\log_{10}\sqrt{1+(\omega T)^2}$$

より，ゲイン線図は図 4.13 の上図のようになる．このゲイン線図を折れ線で近似する場合には， $\omega\le 1/T$ の区間では一定値 0[dB]の直線， $\omega\ge 1/T$ の区間では $\omega=1/T$ で 0[dB]を通る傾き-20[dB/dec]の直線が用いられる．図 4.13 の青線はこの折れ線近似を示している．この折れ線近似の根拠はゲインが

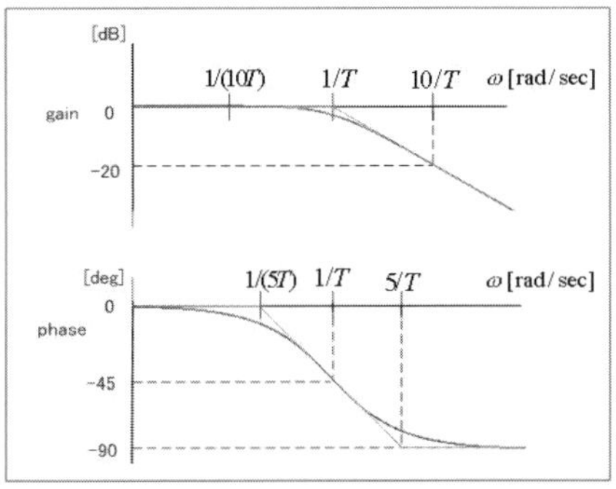

図 4.13 一次遅れ系のボード線図

$$-20\log_{10}\sqrt{1+(\omega T)^2} \approx \begin{cases} 0 & , \ \omega \ll 1/T \\ -20\log_{10}\omega - 20\log_{10}T & , \ \omega \gg 1/T \end{cases}$$

と近似できることによる．角周波数 $\omega = 1/T$ [rad/sec]を折点角周波数(break point frequency)と呼ぶ．折れ線近似の最大誤差は $\omega = 1/T$ のときで，約 3[dB]である．

位相線図は図 4.13 の下図のようになる．角周波数 ω の増加に伴い，0[deg]から-90[deg]まで単調減少し，折点角周波数 $\omega = 1/T$ [rad/sec]で-45[deg]を通るのが特徴である．この位相線図の折れ線近似は，$\omega \le 1/(5T)$ の区間では 0[deg]，$\omega \ge 5/T$ の区間では-90[deg]，$1/(5T) \le \omega \le 5/T$ の区間では 0[deg]と-90[deg]を結ぶ直線が用いられる．位相線図の青線はこの折れ線近似を示している．近似誤差は $\omega = 1/(5T)$，$\omega = 5/T$ のところで最大であり，約 11[deg]である．

(d) 二次遅れ系

周波数伝達関数が

$$G(\mathrm{j}\omega) = \frac{1}{\left\{1-\left(\dfrac{\omega}{\omega_n}\right)^2\right\} + \mathrm{j}2\zeta\left(\dfrac{\omega}{\omega_n}\right)}$$

であり，そのゲインと位相は表 4.1 の通りである．ゲイン

$$20\log_{10}|G(\mathrm{j}\omega)| = -20\log_{10}\sqrt{\left\{1-\left(\dfrac{\omega}{\omega_n}\right)^2\right\}^2 + \left(2\zeta\dfrac{\omega}{\omega_n}\right)^2}$$

より，ゲイン線図は図 4.14 の上図のようになる．横軸が ω/ω_n になっていることに注意したい．ζ の値によってゲイン線図は変化するが，$\zeta < 1/\sqrt{2}$ のときゲイン線図は $\omega/\omega_n = \sqrt{1-2\zeta^2}$ で極大値 $-20\log_{10}\left(2\zeta\sqrt{1-\zeta^2}\right)$ [dB]をもつ．ゲイン線図の $\omega/\omega_n = 1$ 付近の様子は，ζ の値によって，大きく異なる（図 4.14 の拡大図）が，$\omega/\omega_n \le 1$ の区間では一定値 0[dB]の直線で，$\omega/\omega_n \ge 1$ の区間では傾き-40[dB/dec]の直線で近似できる．

位相線図は図 4.14 の下図のように，ω/ω_n の増加に伴って，0[deg]から-180[deg]へと単調減少していく．$\omega/\omega_n = 1$ では-90[deg]である．

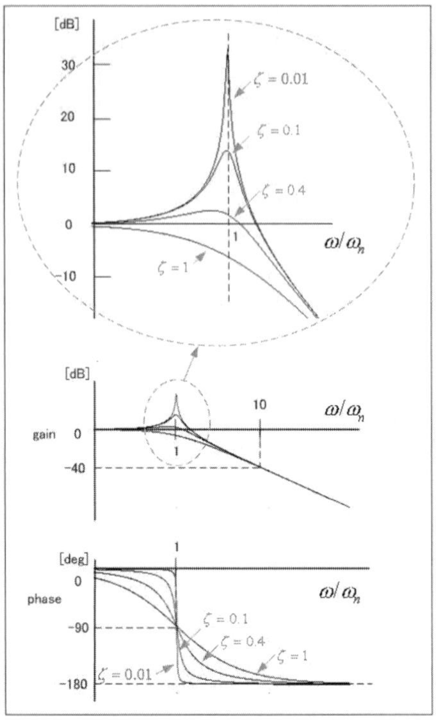

図 4.14 二次遅れ系のボード線図

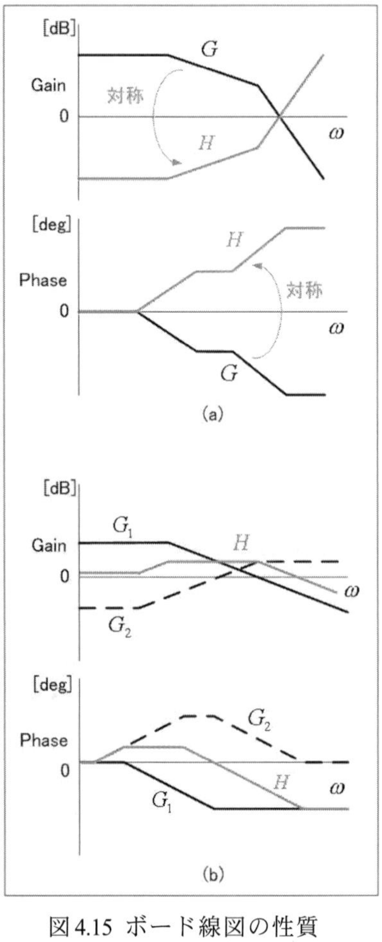

図 4.15 ボード線図の性質

(e) 一般的な伝達関数のボード線図

比例要素，積分要素，一次遅れ要素,そして二次遅れ系のボード線図をみてきたが，ここでは，より一般的な伝達関数のボード線図がどのような性質を持つのかを考えてみよう．

ゲインと位相に関するつぎの性質を用いると，一般的な伝達関数のボード線図も，一次遅れ要素や二次遅れ系のような典型的な伝達関数のボード線図をグラフ上で上下反転させたり，加え合わせることによって，容易に得られることがわかる．

性質(1)：$H(s) = 1/G(s)$ のとき，次式が成り立つ．

$$20\log_{10}|H(\mathrm{j}\omega)| = -20\log_{10}|G(\mathrm{j}\omega)|$$
$$\angle H(\mathrm{j}\omega) = -\angle G(\mathrm{j}\omega)$$

性質(2)：$H(s) = G_1(s)G_2(s)$ のとき，次式が成り立つ．

$$20\log_{10}\left|H(\mathrm{j}\omega)\right| = 20\log_{10}\left|G_1(\mathrm{j}\omega)\right| + 20\log_{10}\left|G_2(\mathrm{j}\omega)\right|$$
$$\angle H(\mathrm{j}\omega) = \angle G_1(\mathrm{j}\omega) + \angle G_2(\mathrm{j}\omega)$$

性質(1)によれば，$H(s)=1/G(s)$ の関係にある伝達関数 $H(s)$ のボード線図は $G(s)$ のボード線図を，ゲイン線図においては 0[dB]で，位相線図においては 0[deg]で，それぞれの線図を上下反転させることによって得られることがわかる（図 4.15(a)）．また，性質(2)は，$H(s)=G_1(s)G_2(s)$ の関係にある伝達関数 $H(s)$ のボード線図が $G_1(s)$ のボード線図と $G_2(s)$ のボード線図をグラフ上で加え合わせたものであることを示している（図 4.15(b)）．

以上，代表的な伝達関数のボード線図と一般的な伝達関数のボード線図の概形を求める方法を示した．もちろん，精密なボード線図を得るには計算機の助けを借りる必要があるが，最近では制御系解析・設計用の CAD も整備され，簡便にボード線図を求めることができるようになっている．しかし，CAD で得られたボード線図の妥当性を評価するためにも，本項で示した内容を十分理解しておく必要がある．

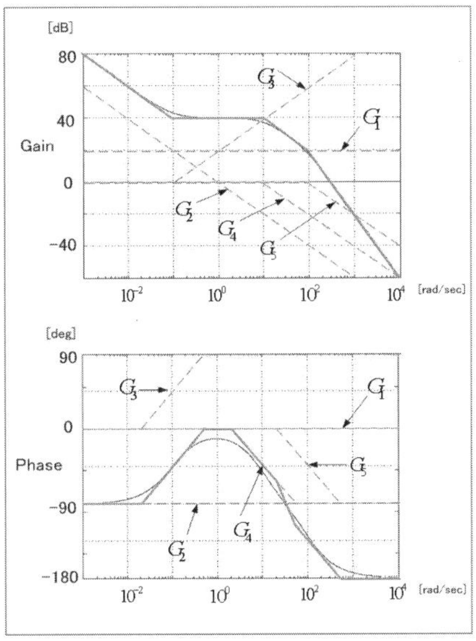

図 4.16 一般的な伝達関数 G(s) のボード線図

【例 4.2】

伝達関数

$$G(s) = \frac{10(1+10s)}{s(1+0.01s)(1+0.1s)}$$

のボード線図の概形を描け．

【解 4.2】

$$G_1(s)=10,\ G_2(s)=\frac{1}{s},\ G_3(s)=1+10s,\ G_4(s)=\frac{1}{1+0.1s},\ G_5(s)=\frac{1}{1+0.01s}$$

と置くと，$G(s)=G_1(s)G_2(s)G_3(s)G_4(s)G_5(s)$ である．$G_3(s)$ のボード線図は一次遅れ要素 $1/(1+10s)$ のボード線図を上下反転して得られる．したがって，$G(s)$ のボード線図は $G_1(s)$ ～ $G_5(s)$ のボード線図の概形（図 4.16 の青破線）を線図上で加え合わせて得られる．図 4.16 に $G(s)$ のボード線図の概形を青線で示す．

工学の日常現場でよく目にする製品の性能，例えばオーディオアンプやスピーカの再生能力などはボード線図で表示される．図 4.17 は可視光レーザ式変位センサ（キーエンス製，LB-1000 シリーズ）のカタログから引用したものである．レーザ式変位センサは，図(a)に示す微小部品の高さ検出のように，非接触で距離を測定する装置である．この装置では応答速度切換スイッチにより，３段階に周波数特性を切り換えることが可能であり，そのうちの２つを図(b)に示す．図(b)はボード線図のゲイン線図そのものである．図から，切換スイッチを MID としたときは約 36Hz まで，LO としたときは約 9Hz までの速さ変動をする距離を正確に測定できることがわかる．

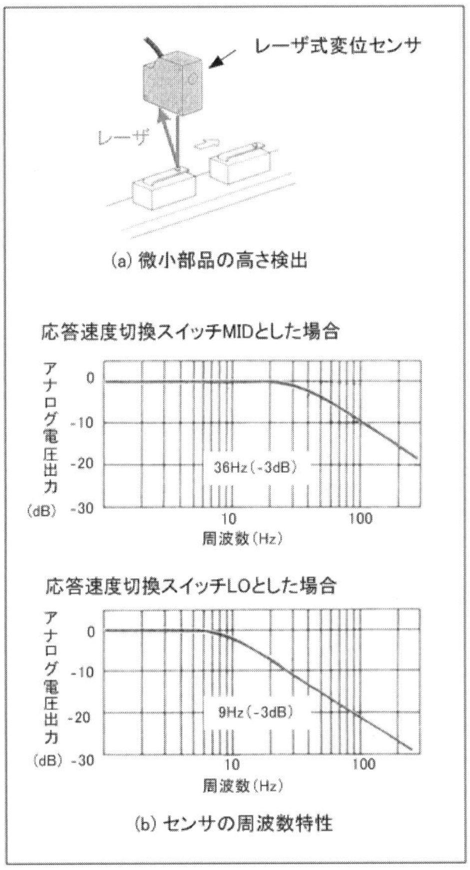

図 4.17 可視光レーザ式変位センサと周波数特性

【例 4.3】

Plot all asymptotes for the Bode diagram for $Ts+1$ *where* $T=0.1$.

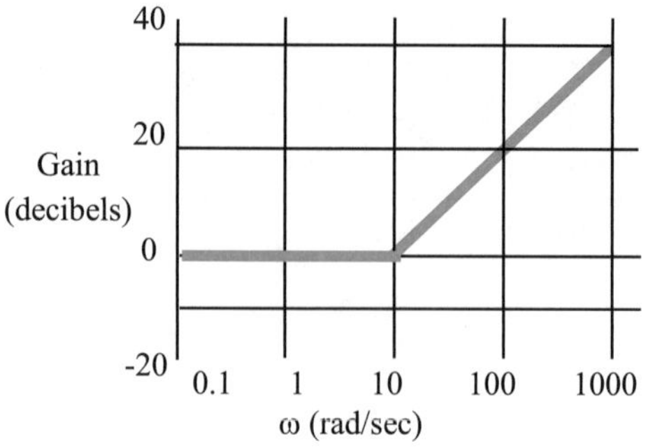

図 4.18　ゲイン線図

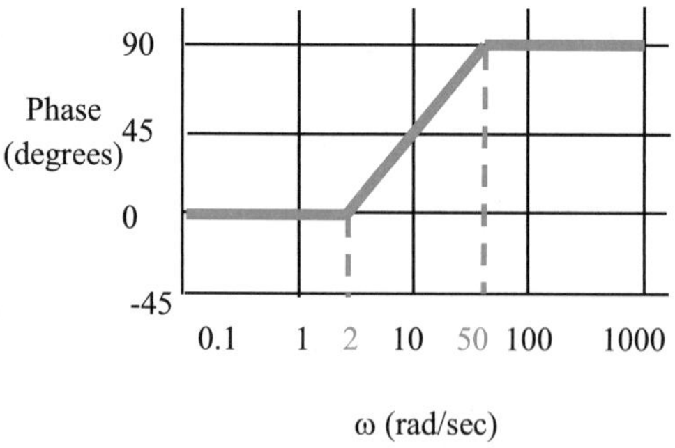

図 4.19　位相線図

【解 4.3】

For the gain plot, $|j\omega T+1| \cong 1$ for $\omega T \ll 1$, and $|j\omega T+1| \cong \omega T$ for $\omega T \gg 1$. These conditions for the asymptotes are plotted in Fig.4.18. For the phase plot, the condition that $\angle[j\omega T+1] \cong 0$ for $\omega T \ll 1$, $\angle[j\omega T+1] \cong 90$ for $\omega T \gg 1$, and $\angle[j\omega T+1] = 45$ for $\omega T = 1$ gives the asymptotes in Fig.4.19.

第 5 章 フィードバック制御 Feedback Control

5・1 フィードバック制御系 (feedback control systems)

5・1・1 フィードバックとフィードフォワード (feedback and feedforward)

図 5.1 に示されるような倒立振子を考えよう．これは，手の上に棒を立てるゲームである．このゲームで我々が何もしなければ当然棒は倒れてしまう．棒が立ったままになるよう維持するために，我々は棒の動きを見て手の位置(あるいは手を動かすための力)を変化させる．我々が棒の回転角 θ を見ながら，手への力(水平方向) u を変化させていると仮定しよう．このとき，倒立振子システムは手からの入力 u によって，振子の回転角 θ が決まるシステムであるととらえると，入出力関係は

$$\theta = Pu \tag{5.1}$$

で表される[1]．これに対し，我々は θ を見ながら，θ の目標値を 0 として，棒が倒れないように u を決める．これは，人間を K と表すことで

$$u = K(0-\theta) = -K\theta \tag{5.2}$$

と表される．マイナス記号が付いているのは，負のフィードバック(negative feedback)を意味するためのものである．このときの信号の流れをブロック線図で表すと，図 5.2 のように表現される．P の出力が K を通して P の入力に戻るような，一周まわる信号の流れが存在し，閉ループ系が構成される．第 1 章でも述べたように，このような系をフィードバック系と呼び，フィードバック系によって制御系を構成することをフィードバック制御と呼ぶ．

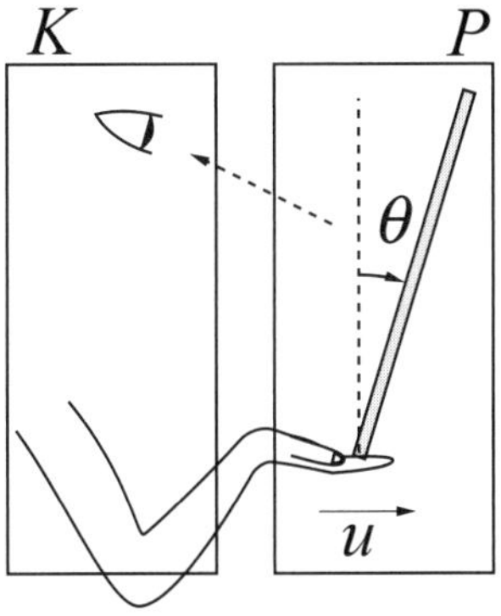

図 5.1 倒立振子システム

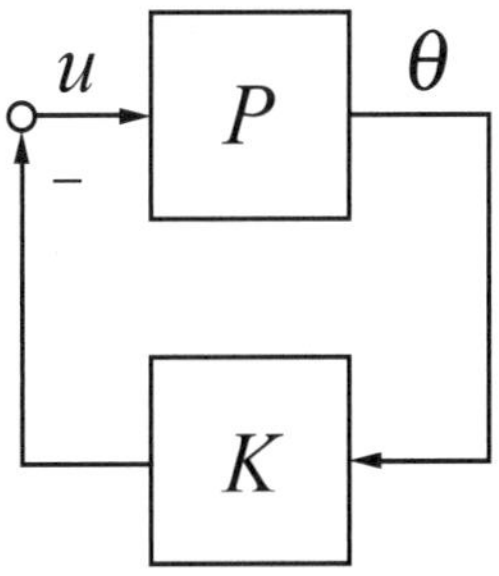

図 5.2 倒立振り子システムのブロック線図

これに対し，図 5.3 に示されるバネ・質量・ダンパシステムを考えよう．これは重り(質量 m)がバネ(バネ定数 k)とダンパ(摩擦係数 d)によって壁につながれており，力 f を加えて重りを動かそうとするものである．いま，重りを平衡位置から X だけ左へ動かそう．これに必要な力 f_x は

$$f_x = kX \tag{5.3}$$

の関係から求めることができる．この力を瞬間的に加えると，重りは $x = X$ の周辺で振動し，時間が十分たった後に X の位置で止まる．また，適切な $f(t)$，($\lim_{t\to\infty} f(t) = f_x$)を加えてやると，振動することなく重りを X の位置に持っていくことができる．$f(t)$ を決めるコントローラ(controller) (=制御アルゴリズム=control algorithm，あるいは制御則=control law) は，目標値 $r(t)$ を用いて

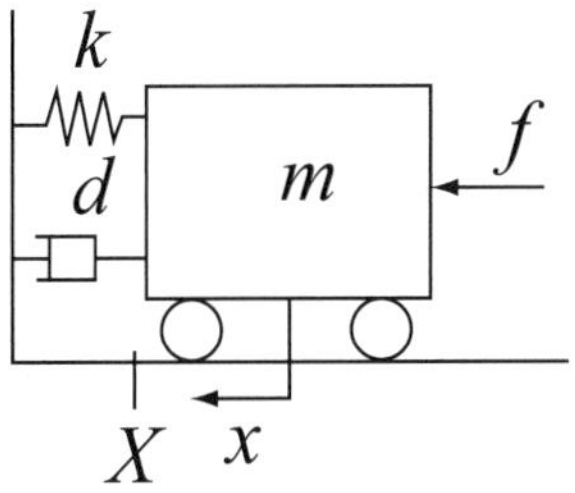

図 5.3 バネ・質量・ダンパシステム

---

[1]実際には P は伝達関数で表されるシステムなので，式(5.1)の表現は厳密には正しくなく，θ と u はラプラス変換された信号として取り扱われるべきである．ここでは簡単化するため，P をオペレータとしての扱いをもって，この表現を用いることにする．

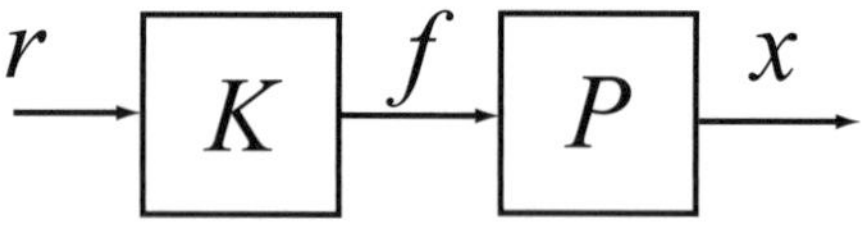

図5.4　バネ・質量・ダンパシステムのブロック線図

$$f(t) = Kr(t) \tag{5.4}$$

のように定義すると，この制御系は図 5.4 によって表される．ここでは信号のループは存在せず，$f(t)$ はモデルの逆システム(inverse system)を考慮して計算される．すなわち，コントローラは制御対象の出力信号は用いず制御対象の動きを予想しこれに合わせた入力を決定している．これをフィードフォワード制御系と呼ぶことを第 1 章で学んだ．

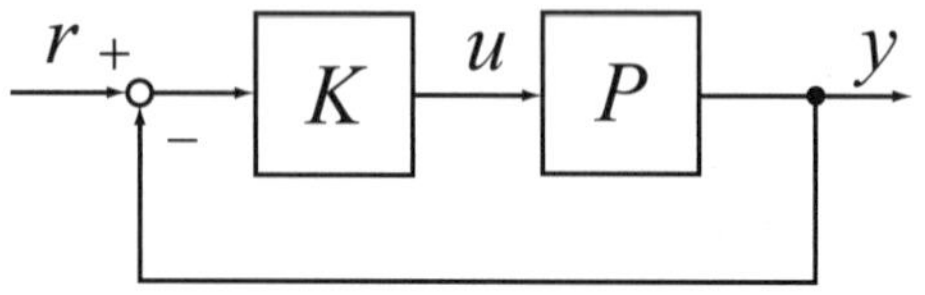

図5.5　フィードバック系

5・1・2　フィードバック系の構成

これに対して図 5.5 のフィードバックを説明する．いま，システム P，K がそれぞれ $P(s)$，$K(s)$ の伝達関数で表されているとしよう．r は目標値，y は $P(s)$ の出力，u は $P(s)$ への入力を表す．このとき，目標値 r から出力 y までの伝達関数は

$$\begin{aligned} y &= G(s)r \\ &= (I + P(s)K(s))^{-1}P(s)K(s)r \end{aligned} \tag{5.5}$$

と表される．特に，P が 1 入力 1 出力の場合には

$$y = \frac{P(s)K(s)}{1 + P(s)K(s)}r \tag{5.6}$$

と書ける．このとき，式(5.6)の分母=0

$$1 + P(s)K(s) = 0 \tag{5.7}$$

を特性方程式と呼び，この方程式の解

$$s = s_1, s_2, \cdots, s_n \tag{5.8}$$

を特性根という．特性根は閉ループ系の安定性，つまり応答が無限大に発散しないかを議論する上で重要な役割を果たすものである．

5・1・3　フィードバック制御とフィードフォワード制御の違い

一般に，システムの入出力信号には雑音が存在する．この雑音の影響がフィードバック制御とフィードフォワード制御に大きな差を生む．いま，制御対象 P に対する入出力関係を

$$y = P(u + v) + w \tag{5.9}$$

とする．y は P の出力，u は P の入力，v，w はそれぞれ P の入力端，出力端に入る雑音である．これはブロック線図で表すと図 5.6 のようになる．雑音としては様々なものが考えられるが，入力端の雑音としてはアクチュエータのパワー不足量や外部からの不測の力，出力端の雑音としてはセンサノイズなどが考えられる．センサの分解能の影響によって生じるアナログ信号とディジタル信号の差[2]，7.2 節で述べる微分信号を差分によって近似した場合の誤差[3]なども挙げられる．

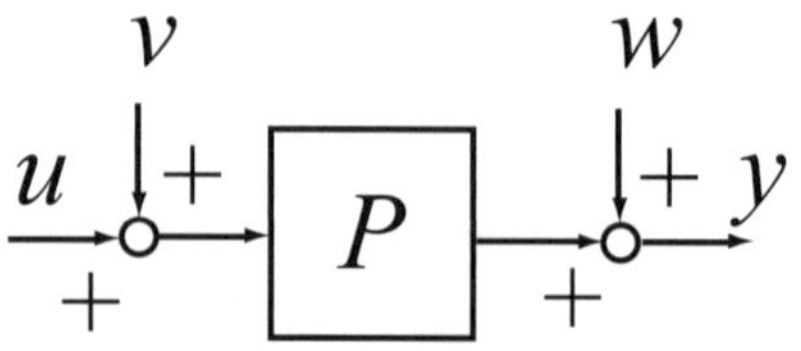

図5.6　雑音を含むシステム

式(5.9)のシステムに対してフィードバック系を構成しよう．図 5.5 と同様

---

[2]一般に，制御理論はアナログ信号を前提にしてコントローラの設計を行うが，エンコーダなどのディジタル計測器では分解能に従ったとびとびの値しかとれない．

[3]一般に速度信号を計測することは難しく，位置信号から差分をとって速度信号とする場合が多い．しかし，サンプリングタイムが長ければ，その近似は大きくずれてくる．

にフィードバック系を構成すると図 5.7 のようになり，このときのフィードバック系における伝達関数は

$$y=\frac{PK}{1+PK}r+\frac{P}{1+PK}v+\frac{1}{1+PK}w \qquad (5.10)$$

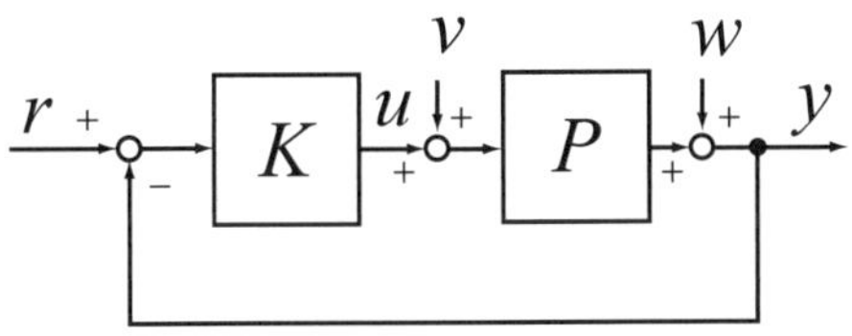

図 5.7　雑音を含むフィードバック系

で表される．一方，図 5.4 の開ループ系では

$$y=PKr+Pv+w \qquad (5.11)$$

となる．これら二つの式において，右辺第二項と第三項が雑音の影響を表している．このとき，式(5.10)の閉ループ系では v，w から y までの伝達関数の中にコントローラ K が含まれている．そのため，K を変えれば雑音の影響も変化し，K は雑音に積極的な働きかけを行っていると言える．一方，式(5.11)の開ループ系ではコントローラ K は v，w に対してなんら働きかけを行わない．これはコントローラが入力信号 u を決定するときに出力信号 y を用いていないため，雑音の情報が得られないことによるものである．もしも P が不安定なシステムならば(実際に倒立振子システムは不安定なシステム)雑音の影響によって制御系は不安定になる．コントローラは P の出力の情報を用いないため，安定化への働きかけも行わない．これは，目をつむっていては棒を立てられないことからも理解できるであろう．

この観点から，システムを思いの通りに制御しようとした場合，フィードバック系の構成が必要となることが理解できるであろう．従来より制御工学はシステムを安定化し，思い通りの動きを実現するためにはどのようにフィードバック系を構成するかを中心的課題として，理論的で体系的なコントローラの設計法を得るために発達した学問である．

5・2　フィードバック系の安定性 (stability of feedback system)

フィードバック系を構成するにあたり，閉ループ系が安定であることが大切である．それでは，閉ループ系の安定性をどのように判断できるのか．本節では閉ループ系が安定となるための条件について述べよう．

5・2・1　特性根と安定性(characteristic root and stability)

前節で，特性方程式の解が閉ループ系の安定性に関わることを述べた．これは逆ラプラス変換を考慮すれば容易に理解できることである．

【例 5.1】閉ループ系の伝達関数が

$$\frac{PK}{1+PK}=\frac{1}{s+1} \qquad (5.12)$$

で表されるシステムの安定性を調べよ．また，初期値 $y(0)=5$ からの応答の概形を描け．

【解 5.1】このときの特性方程式の解は $s=-1$ であり，解の実数部分が負である．このときの入出力初期値関係を

$$Y(s)=\frac{1}{s+1}R(s)+\frac{1}{s+1}y(0) \qquad (5.13)$$

と書くと($Y(s)$，$R(s)$ は $y(t)$，$r(t)$ のラプラス変換)，逆ラプラス変換から

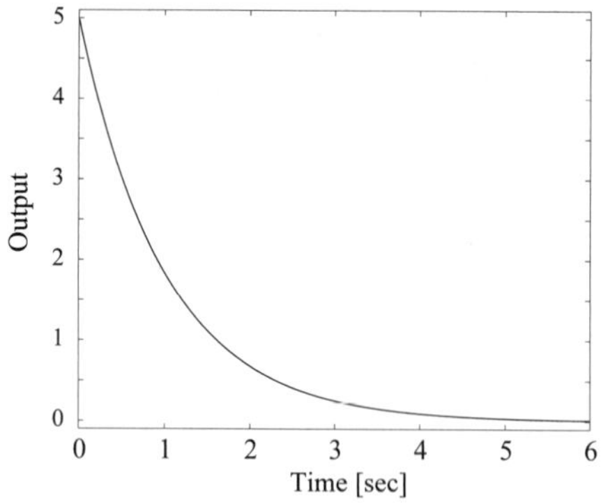

図5.8　安定なシステムの初期値応答

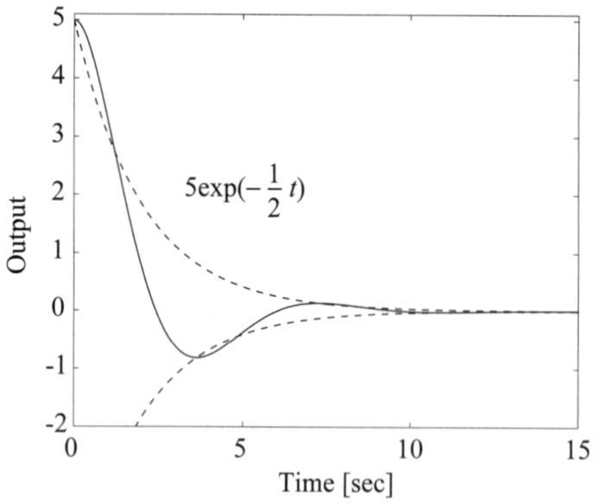

図5.9　安定な複素極を持つシステムの初期値応答

$r(t)=0$ のもとで $y(t)$ は,

$$y(t)=y(0)\exp(-t) \tag{5.14}$$

と表せる．これは，時間が十分たったとき($t\to\infty$)に

$$\lim_{t\to\infty} y(t)=0 \tag{5.15}$$

となる．すなわち，どの初期値から始まっても，システムは0に収束し安定であると言える．図5.8に $y(0)=5$ のときの応答を示す．時間の経過と共に出力 $y(t)$ は0へと収束し，安定であることが分かる．

【例 5.2】閉ループ系の伝達関数が

$$\frac{PK}{1+PK}=\frac{1}{s^2+s+1} \tag{5.16}$$

で表されたとする．このシステムの安定性を調べ，また，初期値 $y(0)=5$，$\left.\frac{dy}{dt}\right|_{t=0}=0$ からの応答の概形を求めよ．

【解 5.2】このシステムの特性方程式の解は $s=\frac{-1\pm\sqrt{3}j}{2}$ であり，解は複素数であるが実数部分が負である．このときの入出力初期値関係を

$$Y(s)=\frac{1}{s^2+s+1}R(s)+\frac{s}{s^2+s+1}y(0)+\frac{1}{s^2+s+1}\left\{y(0)+\left.\frac{dy}{dt}\right|_{t=0}\right\} \tag{5.17}$$

と書くと $y(t)$ は $\left.\frac{dy}{dt}\right|_{t=0}=0$，$r(t)=0$ のもとで,

$$y(t)=y(0)\exp(-\frac{1}{2}t)\{\cos(\frac{\sqrt{3}}{2}t)+\frac{1}{\sqrt{3}}\sin(\frac{\sqrt{3}}{2}t)\} \tag{5.18}$$

と表せる．これは，時間が十分たったときに

$$\lim_{t\to\infty} y(t)=0 \tag{5.19}$$

となる．すなわち，どの初期値から始まっても，システムは0に収束し安定であると言える．図5.9に $y(0)=5$ のときの応答を示す．

【例 5.3】閉ループ系の伝達関数が

$$\frac{PK}{1+PK}=\frac{1}{s-1} \tag{5.20}$$

で表されるシステムの安定性を調べ，また，初期値 $y(0)=1$ からの応答の概形を求めなさい．

【解 5.3】このシステムの特性方程式の解は $s=1$ であり，実数部分が正である．このときの入出力初期値関係を

$$Y(s)=\frac{1}{s-1}R(s)+\frac{1}{s-1}y(0) \tag{5.21}$$

と書くと，$y(t)$ は $r(t)=0$ のもとで,

$$y(t)=y(0)\exp(t) \tag{5.22}$$

と表せる．これは，時間が十分たったときに

$$\lim_{t\to\infty} y(t) \to \infty \tag{5.23}$$

となる．すなわち，$y(0)=0$ 以外のどの初期値から始まってもシステムは ∞ に発散し不安定(unstable)であると言える．図 5.10 に $y(0)=1$ のときの応答を示す．$y(t)$ は無限大へと発散し，システムが不安定であることが分かる．

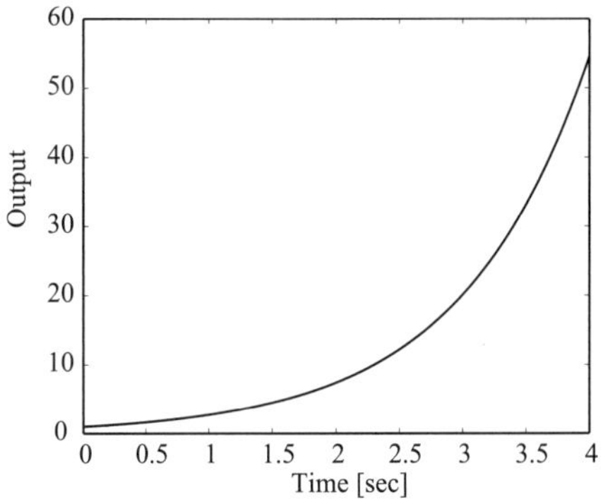

図 5.10　不安定なシステムの初期値応答

これらの結果をまとめて，伝達関数の特性根の実数部分が全て負のときシステムは安定であり，一つの解の実数部分が正ならばシステムは不安定であると言える．これを複素平面上で考えると，特性根が平面上の左半平面(図 5.11)にあればシステムは安定であると言い換えることができる．このことから，コントローラを設計し閉ループ系を設計することは閉ループ系の特性根を複素平面上の左半平面に配置するようなフィードバック系を構成することに相当する．

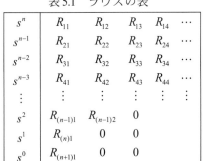

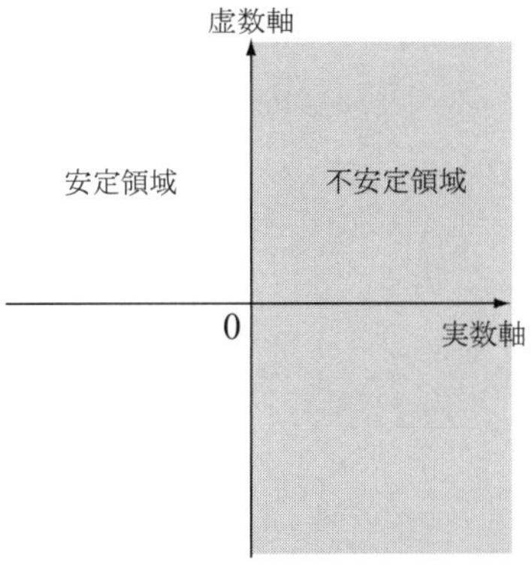

図 5.11　特性根の安定領域(左半平面)

特性方程式は一般に n 次の多項式となり，この一般的な解を与えることは困難であった．そのため，フィードバック系の安定性を議論することは難しかった．そこで，方程式を解かずに極の特性を知る方法が発達した．ここではこれらの手法について説明する．計算機能力が発達した今日では，特性根は容易に求められるが，安定判別法はシステムの安定解析を行う上で重要な概念なのでこれを紹介する．

5・2・2　ラウス・フルビッツの安定判別法(Routh-Hurwitz stability criteria)

ラウスとフルビッツの安定判別法は基本的には同じ概念に基づいたものであるが，その計算手法が異なっている．ここではそれぞれを紹介する．これらの方法は特性方程式を解かずに解の実数部分の正負のみを判断することを目的としたものである．

ラウスの方法

次の特性方程式

$$s^n + a_{n-1}s^{n-1} + a_{n-2}s^{n-2} + \cdots a_0 = 0 \tag{5.24}$$

において，以下の表(ラウスの表)を作る．ここで，パラメータは以下のよう

表 5.1　ラウスの表

s^n	R_{11}	R_{12}	R_{13}	R_{14}	$\cdots$
s^{n-1}	R_{21}	R_{22}	R_{23}	R_{24}	$\cdots$
s^{n-2}	R_{31}	R_{32}	R_{33}	R_{34}	$\cdots$
s^{n-3}	R_{41}	R_{42}	R_{43}	R_{44}	$\cdots$
$\vdots$	$\vdots$	$\vdots$	$\vdots$	$\vdots$	$\vdots$
s^2	$R_{(n-1)1}$	$R_{(n-1)2}$	0		
s^1	$R_{(n)1}$	0	0		
s^0	$R_{(n+1)1}$	0	0		

に定義する．

$$R_{11}=1,\quad R_{12}=a_{n-2},\quad R_{13}=a_{n-4},\quad \cdots$$
$$R_{21}=a_{n-1},\quad R_{22}=a_{n-3},\quad R_{23}=a_{n-5},\quad \cdots \tag{5.25}$$

さらに，R_{31} 以降は以下のように作成する．

$$\begin{aligned}
R_{31}&=\frac{R_{21}R_{12}-R_{11}R_{22}}{R_{21}} & R_{32}&=\frac{R_{21}R_{13}-R_{11}R_{23}}{R_{21}}\\
R_{33}&=\frac{R_{21}R_{14}-R_{11}R_{24}}{R_{21}} & &\cdots\\
R_{41}&=\frac{R_{31}R_{22}-R_{21}R_{32}}{R_{31}} & R_{42}&=\frac{R_{31}R_{23}-R_{21}R_{33}}{R_{31}}\\
R_{51}&=\frac{R_{41}R_{32}-R_{31}R_{42}}{R_{41}} & &\cdots
\end{aligned} \tag{5.26}$$

R_{11}，R_{21}，R_{31}，$\cdots$ をラウス数列という．このとき，式(5.24)の特性根の実部が全て負であるための必要十分条件は以下の二つが成り立つことである．

ラウスの安定判別法

(1) 係数 a_i （i=0, 1，2，$\cdots$，$n-1$)が全て正である．

(2) ラウス数列 R_{i1} （i=3，4，$\cdots$，n)が全て正である．

【例 5.4】特性方程式が以下の式で与えられたとき，

$$s^5+3s^4+2s^3+s^2+3s+2=0 \tag{5.27}$$

この特性方程式の解の安定性を調べよ．

【解 5.4】この特性方程式に対するラウスの表は以下のようになる．

s^5	1	2	3
s^4	3	1	2
s^3	5/3	7/3	0
s^2	−16/5	2	
s^1	27/8	0	
s^0	2		

これより，ラウス数列は +++−++ と変化する．ラウス数列の符号が 2 度入れ代わるため，不安定極は 2 個とわかり，不安定であるといえる．実際，式(5.27)は

$$(s^2-s+1)(s+1)^2(s+2)=0 \tag{5.28}$$

と因数分解され，特性根は

$$s=-2,-1,-1,\frac{1\pm\sqrt{3}j}{2} \tag{5.29}$$

となり，不安定極を 2 個持つことが分かる．

ラウスの方法を使うことで，フィードバック制御系の設計が行える．

【例 5.5】伝達関数 $P(s)$ が

$$P(s)=\frac{1}{s(s+1)} \tag{5.30}$$

で表される制御対象に対して，コントローラ $K(s)$

$$K(s)=\frac{k}{s+2} \tag{5.31}$$

を設計することを考える．このとき，閉ループ系が安定に保たれるような k の範囲を求めよ．

【解 5.5】構成される閉ループ系の特性方程式は

$$\begin{aligned}1+P(s)K(s)=0\\ s^3+3s^2+2s+k=0\end{aligned} \tag{5.32}$$

となる．これより，ラウスの表は以下のようになる．

s^3	1	2
s^2	3	k
s^1	$(6-k)/3$	0
s^0	k	

これより，閉ループ系が安定となるための k の条件は，ラウスの安定判別法より

$$0<k<6 \tag{5.33}$$

となる．

フルビッツの方法

次に，フルビッツの方法を示す．フルビッツの方法では式(5.24)の特性方程式から次の行列を作り，

$$H=\begin{bmatrix} a_{n-1} & a_{n-3} & a_{n-5} & a_{n-7} & \cdots & 0 \\ 1 & a_{n-2} & a_{n-4} & a_{n-6} & \cdots & 0 \\ 0 & a_{n-1} & a_{n-3} & a_{n-5} & \cdots & 0 \\ 0 & 1 & a_{n-2} & a_{n-4} & \cdots & 0 \\ \vdots & \vdots & \vdots & \vdots & \ddots & \vdots \\ 0 & \cdots & \cdots & \cdots & \cdots & a_0 \end{bmatrix} \tag{5.34}$$

この行列 H の部分行列から以下のような行列式を考える．

$$H_2=\begin{vmatrix} a_{n-1} & a_{n-3} \\ 1 & a_{n-2} \end{vmatrix}$$
$$H_3=\begin{vmatrix} a_{n-1} & a_{n-3} & a_{n-5} \\ 1 & a_{n-2} & a_{n-4} \\ 0 & a_{n-1} & a_{n-3} \end{vmatrix} \tag{5.35}$$

このとき，特性方程式の解の実数部分が負となるための必要十分条件は

(1)　係数 a_i $(i=0,\ 1,\ \cdots,\ n-1)$が全て正であること．

(2)　H_i $(i=2,\ 3,\ \cdots,\ n-1)$が全て正であること

である．

【例 5.6】式(5.27)で表される特性方程式の安定性を調べよ．

【解 5.6】特性多項式の係数から，以下の行列を求める．

$$H=\begin{bmatrix}3&1&2&0&0\\1&2&3&0&0\\0&3&1&2&0\\0&1&2&3&0\\0&0&3&1&2\end{bmatrix} \tag{5.36}$$

これより，

$$\begin{aligned}H_2&=\begin{vmatrix}3&1\\1&2\end{vmatrix}=5\\H_3&=\begin{vmatrix}3&1&2\\1&2&3\\0&3&1\end{vmatrix}=-16\\H_4&=\begin{vmatrix}3&1&2&0\\1&2&3&0\\0&3&1&2\\0&1&2&3\end{vmatrix}=-54\\H_5&=\begin{vmatrix}3&1&2&0&0\\1&2&3&0&0\\0&3&1&2&0\\0&1&2&3&0\\0&0&3&1&2\end{vmatrix}=-108\end{aligned} \tag{5.37}$$

となり，フルビッツの安定判別の条件(2)が満たされない．このため，システムは不安定であることが分かる．

なお，フルビッツの方法では，安定の条件(2)が

$n=2k$ のとき，(2)　H_3，　H_5，　…，　H_{2k-1} が全て正

$n=2k+1$ のとき，(2)　H_2，　H_4，　…，　H_{2k} が全て正

といい変えられる．

このように，ラウスの方法ではラウスの表を作成することに大変手間がかかる．フルビッツの方法では，行列式を求めなければならずその計算量は膨大である．実際にこれを手計算で行う場合，その計算の複雑さからせいぜい4 次の特性方程式の計算が限界である．ただし，体系的に安定判別が可能であるという面においてその有用度は大きい．

【例 5.7】伝達関数 $P(s)$ が式(5.30)で表される制御対象に対して，コントローラ $K(s)$ を式(5.31)の形で与える．閉ループ系が安定となるための k の範囲を求めよ．

【解 5.7】構成される閉ループ系の特性方程式は式(5.32)で表される．これより，以下の行列を求める．

$$H=\begin{bmatrix}3&k&0\\1&2&0\\0&3&k\end{bmatrix} \tag{5.38}$$

これに基づいて，係数が全て正より，

$$k > 0 \tag{5.39}$$

また，

$$H_2 = \begin{vmatrix} 3 & k \\ 1 & 2 \end{vmatrix} = 6 - k > 0 \tag{5.40}$$

これらを合わせて

$$0 < k < 6 \tag{5.41}$$

が得られる．これは【例 5.5】の結果と一致する．

【例 5.8】

Find the range of the proportional gain K for which the unity feedback control system with the controlled object $G(s) = \dfrac{s+1}{s(s-1)(s+5)}$ is stable.

【解 5.8】

The characteristic equation of the feedback system is $s^3 + 4s^2 + (K-5)s + K = 0$. Then the corresponding Routh array is

s^3 : 1　　$K - 5$
s^2 : 4　　K
s^1 : $(3K - 20)/4$
s^0 : K

The Routh criterion gives $K > 20/3$ for the stability condition.

5・2・3　ナイキストの安定判別法(Nyquist's stability criterion)

ラウス=フルビッツの方法は，システムの安定性が特性多項式の特性根に依存することから，特性方程式の解の実数部分の符号を調べるために考えられた方法であり，多項式に注目したものである．また，この安定判別法では単純計算ながら，多くの計算を要している．そのため，次数の高い伝達関数に対する安定判別は手間がかかるものとなっている．そこで，視覚的にわかりやすいナイキストの安定判別法が使われることが多い．

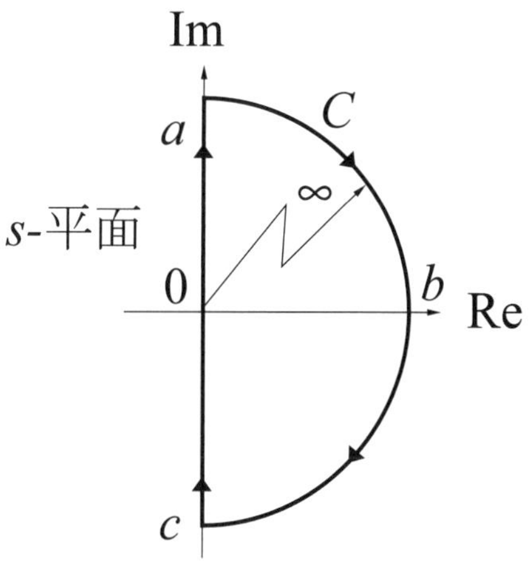

図 5.12　s−平面

ナイキスト線図

ナイキストの安定判別法はナイキスト線図(Nyquist diagram)を描くことから始まる．ナイキスト線図とは，伝達関数 $P(s)$ で表されるシステムに対して複素平面上で s を図 5.12 のように $c \to a \to b \to c$ となる閉曲線 C 上を動かしたときの複素数 w

$$w = P(s) = R_w + jI_w \tag{5.42}$$

を複素平面上にプロットしたものである．これは，4･2 節で述べたベクトル軌跡とこれを実数軸に対称に写した軌跡を合わせたものとなる．

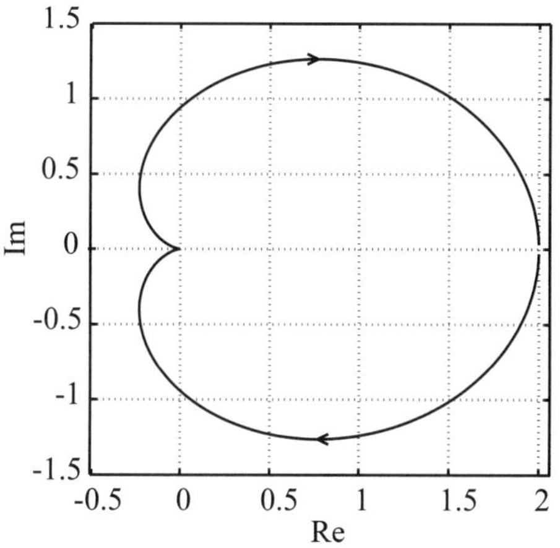

図 5.13　ナイキスト線図の例

【例 5.9】システム $P(s)$ が

$$P(s) = \frac{4}{(s+1)(s+2)} \tag{5.43}$$

の伝達関数で表されるときのナイキスト線図を求めよ．

【解 5.9】このシステムのナイキスト線図は図 5.13 のようになる．これはボード線図をもとにすると描きやすい．

ナイキストの安定判別法

ナイキスト線図を用いてフィードバック系の安定判別を行う手法がナイキストの安定判別法である．この判別法では閉ループ系の不安定極の数を数えることで安定性を判別する．いま，図 5.5 で表される閉ループ系の開ループ伝達関数

$$G_o(s) = P(s)K(s) \tag{5.44}$$

を考える．ここで，

$$P(s) = \frac{N_p(s)}{D_p(s)} \tag{5.45}$$

$$K(s) = \frac{N_k(s)}{D_k(s)} \tag{5.46}$$

とおいて，さらに

$p_1, p_2, \cdots p_n$を開ループ系$P(s)K(s)$の極

$z_1, z_2, \cdots z_n$を閉ループ系$\dfrac{1}{1+P(s)K(s)}$の極

とすると，特性方程式は次式のようになる．

$$\begin{aligned} 1 + P(s)K(s) &= \frac{D_p(s)D_k(s) + N_p(s)N_k(s)}{D_p(s)D_k(s)} \\ &= \frac{a(s-z_1)(s-z_2)\cdots(s-z_n)}{(s-p_1)(s-p_2)\cdots(s-p_n)} \end{aligned} \tag{5.47}$$

このように，分子には閉ループ系の極，分母には開ループ系の極が現れ，$P(s)$，$K(s)$ はそれぞれ既知なので p_1，p_2，…，p_n は全て既知である．また，a は定数である．さて，ここで

Π : 開ループ系の不安定極の数

Z: 閉ループ系の不安定極の数

としよう．このとき，図 5.12 の閉曲線 C において，

Π : 閉曲線Cの内部にある，開ループ系の不安定極の数

Z: 閉曲線Cの内部にある，閉ループ系の不安定極の数

と等価である．つぎに，

$$w = 1 + P(s)K(s) \tag{5.48}$$

を考える．s を閉曲線 C に沿って $0 \to a \to b \to c \to 0$ と，時計方向に 1 回転させる．このとき，w は複素数の値をとりその複素平面上の軌跡を Γ とする．ここで，

N: Γが原点を時計方向にまわる回数

とすると以下の式が成り立つ．

$$Z = N + \Pi \tag{5.49}$$

Π はシステムが既知であるため求められる．N は図からその値が分かる．結果として閉ループ系の不安定極の数 Z が計算できる．この証明は付録 A・3 へまわす．ナイキストの安定判別法の証明は複素関数論の面からみると非常

に興味深いものであり，この方法を理解する上で大いに役立つものである．

ここでは $1+P(s)K(s)$ について考察したが，これを開ループ伝達関数 $P(s)K(s)$ について考えると

N: Γが点(−1,0)の周りを時計回りにまわる回数

となる．以上をまとめると，ナイキストの安定判別法は以下の手順で行うことができる．

(1) 開ループ伝達関数 $P(s)K(s)$ のベクトル軌跡 $P(j\omega)K(j\omega)$ を周波数 $\omega=0$ から ∞ で描く．さらに，これを実数軸に対して上下対称に描き，ナイキスト線図を描く．

(2) ナイキスト線図が点 $(-1,0)$ の周りを時計回りにまわる回数を N とする．

(3) 開ループ伝達関数 $P(s)K(s)$ の極の中で実部が正であるものの個数を Π とする．

(4) 閉ループ伝達関数の不安定な極の数は $Z=N+\Pi$ で得られる． $Z=0$ ならば閉ループ系は安定である．

（注意）

ここでは開ループ伝達関数 $P(s)K(s)$ を考えたが，$P(s)$ と $K(s)$ で不安定な極零相殺が起こる場合がある．例えば，

$$P(s)=\frac{1}{s-1} \tag{5.50}$$

$$K(s)=\frac{s-1}{s+2} \tag{5.51}$$

を考えよう．このとき，

$$P(s)K(s)=\frac{1}{s-1}\frac{s-1}{s+2}=\frac{1}{s+2} \tag{5.52}$$

となり， $P(s)K(s)$ は見かけ上，安定なシステムになる．しかし，実際には安定なシステムになったのではなく，依然として $P(s)$ には不安定極が残っており，出力信号が安定になっていても， $P(s)$ の内部で発散している信号があり得る．このような現象が起こるとき，これを内部不安定と言い，注意が必要である．ナイキストの安定判別を行う場合，式(5.52)のように不安定な極と零点の相殺が起こることで安定性が誤って判別されることがある．そのため，ナイキストの安定判別を行う前に，不安定な極零相殺が起こらないことを確認するべきである．

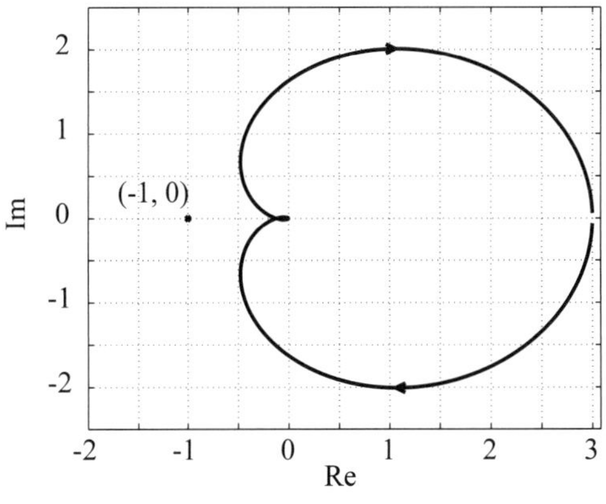

図 5.14　ナイキスト線図
(例 5.10)

【例 5.10】 制御対象 $P(s)$ が

$$P(s)=\frac{1}{(s+1)^2} \tag{5.53}$$

で表されるシステムに対して，コントローラ $K(s)$ を

$$K(s)=\frac{30}{s+10} \tag{5.54}$$

と設計した．このときの閉ループ系の安定性を調べよ．

【解 5.10】 ナイキストの安定判別法を用いて安定性を調べる．

(1) 開ループ系 $P(s)K(s)$ のナイキスト線図は図 5.14 のようになる.

(2) 図からナイキスト線図が点 $(-1,0)$ の周りを回る回数 $N=0$.

(3) 開ループ伝達関数 $P(s)K(s)$ の極の中で実部が正のものはないので $\Pi=0$.

(4) (2), (3)の結果から閉ループ系の不安定極の数 $Z=N+\Pi=0$. よって, 閉ループ系は安定である.

実際, 特性方程式は

$$s^3+12s^2+21s+40=0 \tag{5.55}$$

であり, その解は

$$s=-1.03\times10,-8.28\times10^{-1}\pm1.78j \quad (\text{有効数字3桁}) \tag{5.56}$$

となり, 安定である.

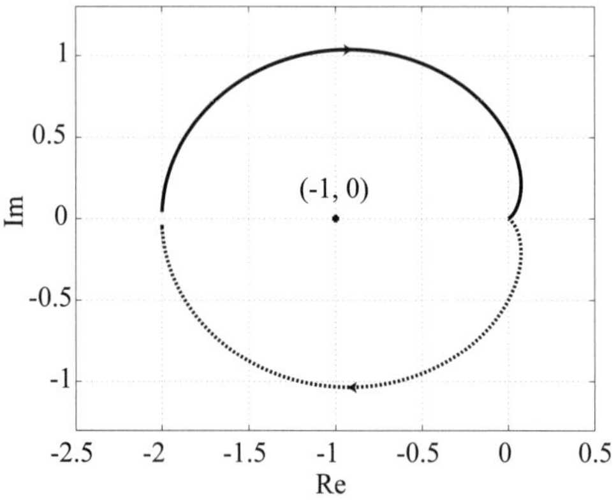

図 5.15 ナイキスト線図(例 5.11)

【例 5.11】制御対象 $P(s)$ が

$$P(s)=\frac{1}{(s+1)^2(s-1)} \tag{5.57}$$

で表されるシステムに対して, コントローラ $K(s)$ を

$$K(s)=\frac{2}{s+1} \tag{5.58}$$

と設計した. このときの閉ループ系の安定性を調べよ.

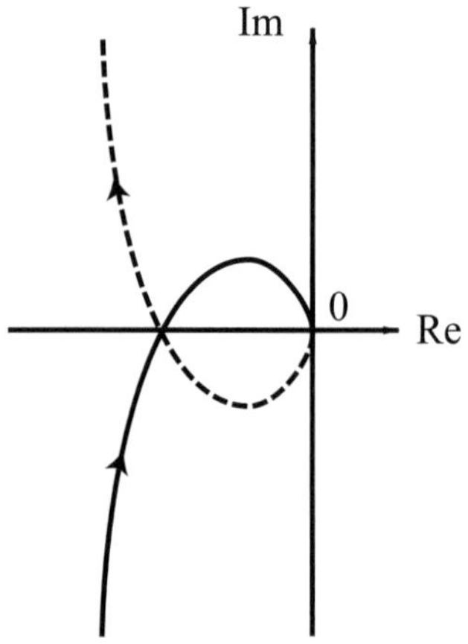

図 5.16 s=0 に極を持つ場合のナイキスト線図

【解 5.11】ナイキストの安定判別法によって安定性を調べる.

(1) 開ループ系 $P(s)K(s)$ のナイキスト線図は図 5.15 のようになる.

(2) 図からナイキスト線図が点 $(-1,0)$ の周りを回る回数 $N=1$.

(3) 開ループ伝達関数 $P(s)K(s)$ の極の中で実部が正のものの数は 1. よって $\Pi=1$.

(4) (2), (3)の結果から閉ループ系の不安定極の数 $Z=N+\Pi=2$. よって, 閉ループ系は不安定であり不安定極は 2 個ある.

実際, 特性方程式は

$$s^4+2s^3-2s+1=0 \tag{5.59}$$

であり, その解は

$$s=-1.53\pm7.43\times10^{-1}j, 5.29\times10^{-1}\pm2.57\times10^{-1}j \tag{5.60}$$

であり, 不安定極は 2 個ある.

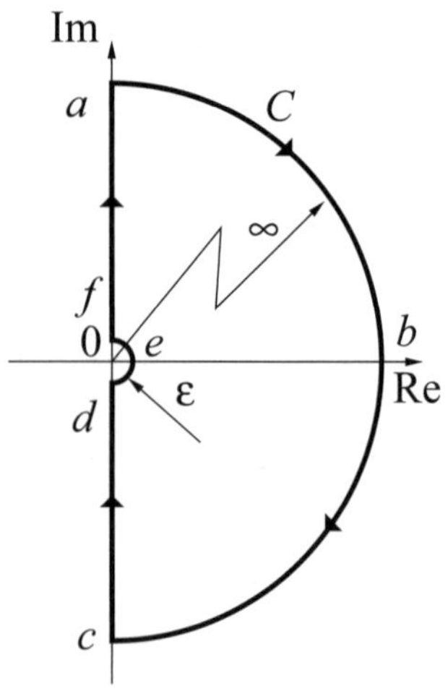

図 5.17 s=0 に極を持つ場合の閉曲線

ナイキスト線図を描くときに用いた閉曲線 C は虚軸上を通る. そのため, 開ループ伝達関数が虚軸上に極を持つ場合には例外的な処理を行わなければならない. 特に, モータは積分特性を持ち, 虚軸上($s=0$)に極を持つ. これより一般的な機械システムは虚軸上に極を持つ場合が多く, 以下の考察を導入しなければならない. 以下では, 虚軸上の極を $s=0$ を例に挙げて説明する. 開ループ伝達関数が $s=0$ に極を持つ場合, ベクトル軌跡は $s=0$ において無限大となってしまうため不連続となりナイキスト線図は図 5.16 のようになる. そのため, 回転数 N が定義できない. さらに, $s=0$ の極は閉曲線 C の内部に存在するか, 外部に存在するかが判断できない. そこで, 開ループ伝達関数が $s=0$ の極を持つ場合には, 図 5.12 の閉曲線を図 5.17 のように変更する.

ここでは s は $a\to b\to c\to d\to e\to f\to a$ の経路を通り，$s=0$ を半径 ε の小さな半円で避けて通り，$s=0$ の極を閉曲線 C の外部にあるものとしている．さて，この経路におけるナイキスト線図を考えてみよう．ここでは

$$G_o(s)=P(s)K(s)=\frac{1}{s(s+1)} \tag{5.61}$$

を例に取る．s が原点上の小さな半円を通過するときの値を

$$s=\varepsilon\exp(j\theta),\quad(-\pi<\theta<\pi) \tag{5.62}$$

とすると，

$$G_o(s)=\frac{1}{\varepsilon e^{j\theta}(\varepsilon e^{j\theta}+1)}=\frac{1}{\varepsilon(\varepsilon e^{j\theta}+1)}e^{-j\theta}\quad(-\pi<\theta<\pi) \tag{5.63}$$

となり，このとき

$$\lim_{\varepsilon\to0}\left|\frac{1}{\varepsilon(\varepsilon e^{j\theta}+1)}e^{-j\theta}\right|\to\infty \tag{5.64}$$

で，偏角は $-\pi/2$ から $\pi/2$ で変化する．これより，ナイキスト線図のスケッチは図 5.18 のようになる．

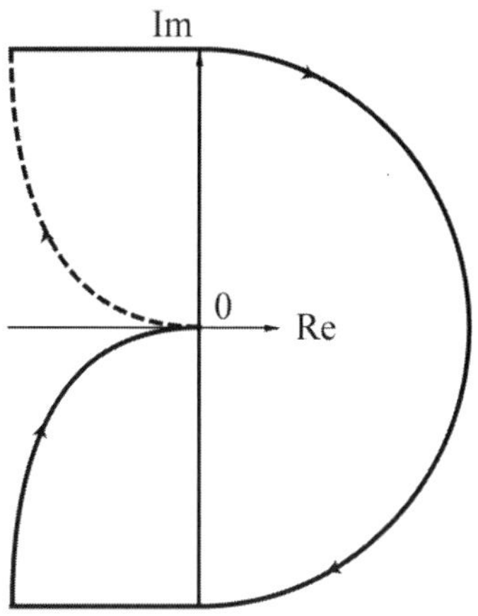

図 5.18　ε の半円を用いた場合の ナイキスト線図のスケッチ

【例 5.12】制御対象 $P(s)$ が

$$P(s)=\frac{1}{s(s+1)} \tag{5.65}$$

コントローラ $K(s)$ が

$$K(s)=1 \tag{5.66}$$

で表される閉ループ系の安定性を調べよ．

【解 5.12】開ループ伝達関数 $G_o(s)$ は

$$G_o(s)=\frac{1}{s(s+1)} \tag{5.67}$$

となる．これは上記例題と同じ形なので，図 5.17 に表される経路によって実際に図 5.17 にナイキスト線図を描く．この閉曲線内の極の数を調べると，

(1) 開ループ系 $P(s)K(s)$ のナイキスト線図は図 5.19 のようになる．

(2) 図からナイキスト線図が点 $(-1,0)$ の周りを回る回数 $N=0$．

(3) 開ループ伝達関数の極の中で図 5.17 に表される閉曲線の内部にあるものの数は 0．よって $\Pi=0$．

(4) (2)，(3)の結果から閉ループ系の不安定極の数 $Z=N+\Pi=0$．よって，閉ループ系は安定である．

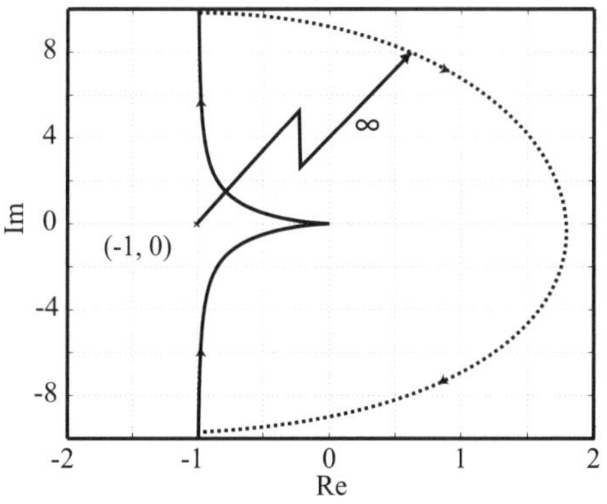

図 5.19　ナイキスト線図（例 5.12）

5・2・4　ゲイン余裕・位相余裕(gain margin and phase margin)

ナイキストの安定判別法に基づいて，あとどれだけコントローラのゲインを上げられるか，あとどれだけコントローラの位相を遅らせることができるかという評価が行える．これを，ゲイン余裕，位相余裕という．ゲイン余裕と位相余裕が正であるフィードバック系は安定である．いま，$P(s)K(s)$ で表現された開ループ伝達関数のナイキスト線図が，図 5.20 の細線ように表されたとしよう．このとき，コントローラ K のゲインを大きくすると，ナイキスト線図は図 5.20 の太線のように変化する．このとき，ナイキスト線図が $(-1,0)$

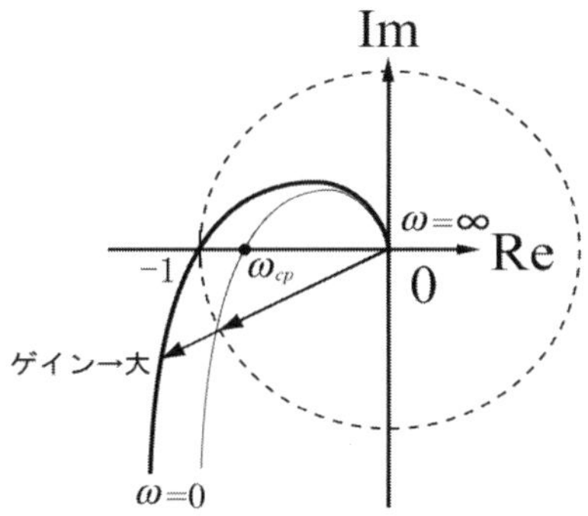

図 5.20　コントローラのゲインとナイキスト線図

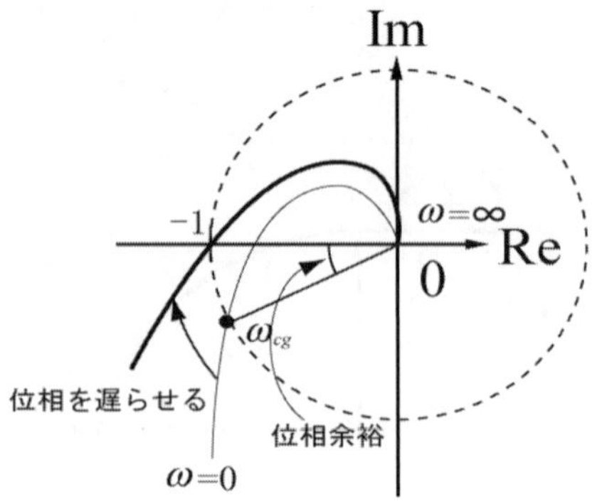

図5.21　コントローラの位相とナイキスト線図

を通過するときがあり，これを境にしナイキスト線図が (−1,0) を時計回りに回る回数が変わる．また，フィードバック系は安定から不安定に移る．このとき，どれだけゲインを上げられるか，これがゲイン余裕に相当する．

ゲイン余裕

フィードバック系が安定のとき，開ループ伝達関数 $P(s)K(s)$ のゲイン線図を考える．位相が −180° を横切るときの周波数(位相交差角周波数)を ω_{cp} とし，このときの開ループ伝達関数のゲイン $|P(j\omega_{cp})K(j\omega_{cp})|$ を考える．このとき，ゲイン余裕 G_m は

$$G_m = \frac{1}{|P(j\omega_{cp})K(j\omega_{cp})|} \tag{5.68}$$

で表される．

位相余裕にも同様のことが言える．位相を遅らせることで，ナイキスト線図は図 5.21 の細線から太線のように変化する．ゲイン余裕の場合と同様に，ナイキスト線図が (−1,0) を通過するときがあり，これを境にフィードバック系は安定から不安定へ遷移する．このとき，どれだけ位相を遅らせられるか，これが位相余裕である．このように，ゲイン余裕，位相余裕の概念をナイキストの安定判別法から述べることができる．

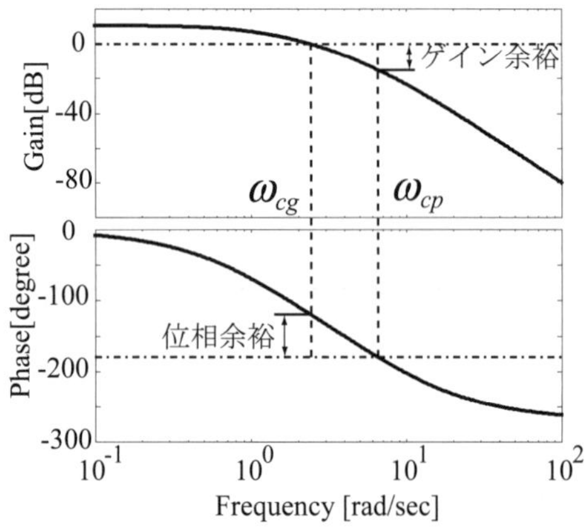

図5.22　ボード線図とゲイン余裕，位相余裕

位相余裕

フィードバック系が安定のとき，開ループ伝達関数 $P(s)K(s)$ の位相線図を考える．ゲイン線図が0[dB]を横切るときの周波数(ゲイン交差角周波数)を ω_{cg} とすると，位相余裕 P_m は

$$P_m = \angle(P(j\omega_{cg})K(j\omega_{cg})) + 180° \tag{5.69}$$

で表される．ゲイン余裕，位相余裕は図5.22のように $P(s)K(s)$ のボード線図からも求めることもできる．

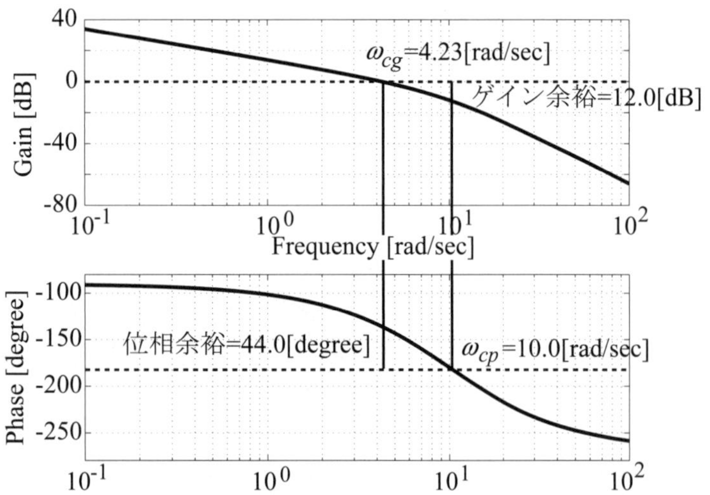

図5.23　ゲイン余裕と位相余裕

【例 5.13】 制御対象 $P(s)$ が

$$P(s) = \frac{50}{s(s+10)} \tag{5.70}$$

で表されるシステムに対し，コントローラ $K(s)$ を

$$K(s) = \frac{10}{s+10} \tag{5.71}$$

として設計した．このときのゲイン余裕，位相余裕を調べよ．

【解 5.13】 開ループ伝達関数のボード線図が図 5.23 のようになることから，

位相交差角周波数　$\omega_{cp} = 10.0[\mathrm{rad/sec}]$

ゲイン交差角周波数 $\omega_{cg} = 4.23[\mathrm{rad/sec}]$

が得られ，これよりゲイン余裕 G_m，位相余裕 P_m は

$$G_m = 12.0[\mathrm{dB}] \tag{5.72}$$

$$P_m = 44.0[\text{degree}] \tag{5.73}$$

と，求められる．

第6章 システムの時間応答

Time Responses of Systems

フィードバック制御系の目標値追従や外乱抑制などの特性は，具体的な目標値や外乱に対する制御系の時間応答を求めることによって評価される．時間応答は，目標値が変化したり外乱が印加されたりした直後から，しばらくの間の過渡応答と，十分時間が経過した後の定常応答に分けて考察される(図6.1)．過渡応答からは速応性や減衰性が評価され，定常応答からは偏差などの定常値が評価される．本章では，閉ループ伝達関数の極，零点と過渡応答の関係，一巡伝達関数と定常応答の関係などを学ぶ．

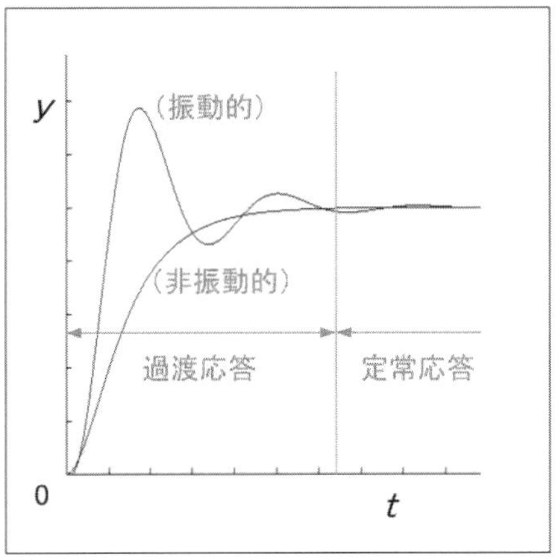

図6.1　フィードバック制御系の時間応答

6・1　過渡特性(transient characteristic)

6・1・1　時間応答の計算方法(how to compute time responses)

図6.2のフィードバック制御系を考える．図において，$G(s)$ は制御対象の伝達関数，$C(s)$ はコントローラの伝達関数であり，$R(s), U(s), Y(s)$ は目標値 $r(t)$，制御入力 $u(t)$，制御出力 $y(t)$ のラプラス変換，$E(s)$ は偏差 $e(t)=r(t)-y(t)$ のラプラス変換である．5・1節で学んだように，制御出力と目標値の関係は

$$Y(s)=W(s)R(s) \tag{6.1}$$

ただし

$$W(s)=\frac{G(s)C(s)}{1+G(s)C(s)} \tag{6.2}$$

で与えられるので，目標値の時間関数 $r(t)$ が与えられたとき，制御出力の時間応答 $y(t)$ を得るには，ラプラス変換 $R(s)=L\{r(t)\}$ と式(6.1)から $Y(s)$ を求め，逆ラプラス変換 $y(t)=L^{-1}\{Y(s)\}$ を計算すればよい．

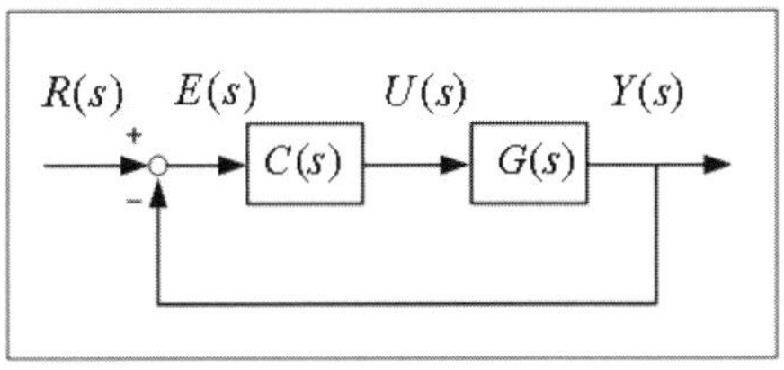

図6.2　フィードバック制御系

図6.2のフィードバック制御系に対して

$$1+G(s)C(s)=0 \tag{6.3}$$

を特性方程式(characteristic equation)，その根を特性根(characteristic roots)と呼ぶ．$G(s)$，$C(s)$ を分母多項式，分子多項式を用いて，$G(s)=B_1(s)/A_1(s)$，$C(s)=B_2(s)/A_2(s)$ と表現すれば，特性方程式は

$$\begin{gathered}1+\frac{B_1(s)}{A_1(s)}\frac{B_2(s)}{A_2(s)}=0\\ \Downarrow\\ A_1(s)A_2(s)+B_1(s)B_2(s)=0\end{gathered} \tag{6.4}$$

と表現される．他方，式(6.2)に従って $W(s)$ を計算すると

$$W(s)=\frac{B_1(s)B_2(s)}{A_1(s)A_2(s)+B_1(s)B_2(s)} \tag{6.5}$$

を得る．分母多項式 $A_1(s)A_2(s)+B_1(s)B_2(s)$ の根を $W(s)$ の極(poles)，分子多項式 $B_1(s)B_2(s)$ の根を $W(s)$ の零点(zeros)と呼ぶ．特性根と極は同じものである．$W(s)$ の分母多項式を因数分解すれば，一般に

$$W(s) = \frac{B(s)}{\prod_{i=1}^{k}(s+\alpha_i)\prod_{\ell=1}^{m}(s^2+2\zeta_\ell\omega_\ell s+\omega_\ell^2)} \tag{6.6}$$

と表現できる．ただし，α_i，ζ_ℓ，ω_ℓ は実数であり，$|\zeta_\ell|<1$，$\omega_\ell>0$ である．分母の一次の因子 $(s+\alpha_i)$ は実数の極 $-\alpha_i$ に，二次の因子 $(s^2+2\zeta_\ell\omega_\ell s+\omega_\ell{}^2)$ は複素数の極 $-\beta_\ell \pm \mathrm{j}\gamma_\ell$（ただし，$\beta_\ell=\zeta_\ell\omega_\ell$，$\gamma_\ell=\omega_\ell\sqrt{1-\zeta_\ell^2}$）に対応している．たとえば，目標値として $r(t)=e^{at}$ が印加されたときの制御出力 $y(t)$ は

$$Y(s)=W(s)R(s)=W(s)\frac{1}{s-a}$$

を逆ラプラス変換して得られ，一般に

$$y(t)=B_0e^{at}+\sum_{i=1}^{k}B_{1i}e^{-\alpha_i t}+\sum_{\ell=1}^{m}B_{2\ell}e^{-\beta_\ell t}\cos(\gamma_\ell t+\delta_\ell) \tag{6.7}$$

の形をもつ．第 1 項は目標値 $r(t)$ と同じ関数形 e^{at} であり，強制応答(forced response)と呼ばれる．第 2 項以降の関数形 $e^{-\alpha_i t}$，$e^{-\beta_\ell t}\cos(\gamma_\ell t+\delta_\ell)$ は制御系自身が有する極によって定まり，自由応答(free response)と呼ばれる．このように，制御系の時間応答は目標値や外乱など制御系外部から印加される信号によって定まる強制応答と制御系自身が有する極によって定まる自由応答の和として与えられる．

また，式(6.7)から分かるように，α_i や β_ℓ の一つでも負であれば，自由応答は時間とともに発散してしまい，印加された目標値 $r(t)$ の如何にかかわらず，制御出力 $y(t)$ は発散してしまう．つまり，フィードバック制御系が安定であるための必要十分条件は，α_i および β_j のすべてが正であること，すなわち，閉ループ伝達関数のすべての極の実部が負であることである．

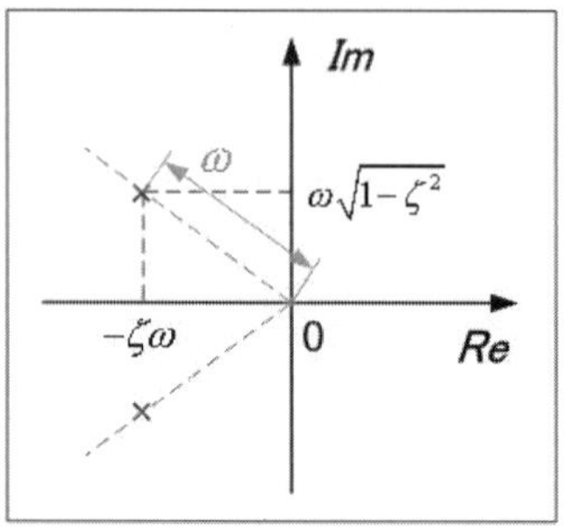

図 6.3　複素極

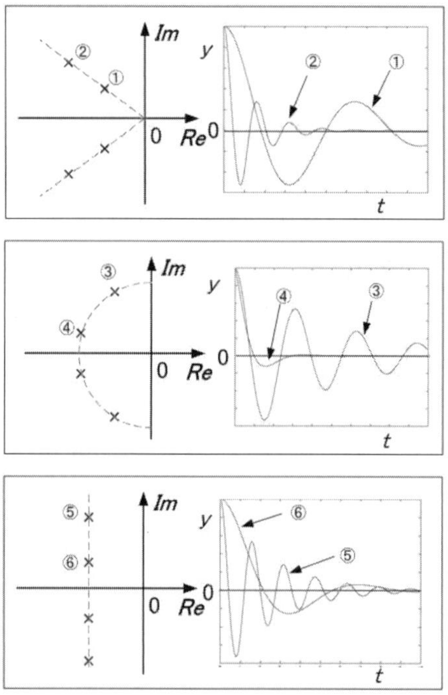

図 6.4　複素極と過渡応答

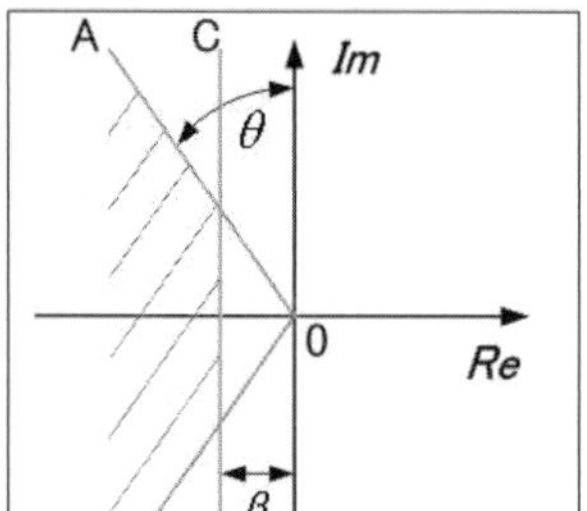

図 6.5　望ましい代表特性根の範囲

6・1・2　過渡特性と代表特性根

安定なフィードバック制御系の場合，式(6.7)からわかるように，時間応答 $y(t)$ の自由応答部分は時間の経過とともに 0 に収束してゆき，十分時間が経過した後は強制応答部分のみになる．つまり，過渡特性は自由応答部分，換言すれば，閉ループ伝達関数の極によって定まる．しかも，自由応答部分で最も支配的な成分は最も遅く 0 に収束する成分と考えることができるから，過渡特性の解析には実部（負である）の絶対値が最も小さい極に着目すればよいことがわかる．この極を代表特性根(dominant root)と呼ぶ．

代表特性根が実数 $-\alpha$（ただし，$\alpha>0$）の場合，対応する時間応答 $e^{-\alpha t}$ に振動する成分はなく，α が大きいほど速応性もよいことは明らかである．

代表特性根が複素数 $-\beta\pm\mathrm{j}\gamma$ の場合，対応する時間応答は $e^{-\beta t}\cos(\gamma t+\delta)$ であり，特性方程式 $s^2+2\zeta\omega s+\omega^2=0$（ただし，$0<\zeta<1, \omega>0$）のパラメータ ζ, ω と複素数 $-\beta\pm\mathrm{j}\gamma$ の関係は，図 6.3 に示すように，$\beta=\zeta\omega, \gamma=\omega\sqrt{1-\zeta^2}$ である．図 6.4 は ζ と ω によって時間応答 $e^{-\beta t}\cos\gamma t$ がどのように変化するかを示したものである．ζ が同じで ω が異なる場合（①と②の比較），ω の大きい②の方が速応性（応答の速さ）はよいが，減衰性（振動の消滅の度合い＝隣り合った振幅の減衰の度合い）は同じである．ω が同じで ζ が異なる場合（③と④の比較），ζ の大きい④の方が減衰性はよいが，速応性は同じである．実部 $-\beta=-\zeta\omega$ が同じ場合（⑤と⑥の比較）は，虚部 $\gamma=\omega\sqrt{1-\zeta^2}$ が大きい⑤の

方が速応性がよいが，虚部の小さい⑥の方が減衰性がよい．このように，一般的に，ωは速応性の尺度を，ζは減衰性の尺度を与えるものと考えられる．よって，フィードバック制御系の速応性と減衰性に対する要求から，s 平面上における代表特性根の存在位置が図 6.5 のように制限される．すなわち，減衰性の要求から図の AOB より左側に制限され，速応性の要求から図の CD より左側に制限されることになる．ζ（あるいは，$\theta = \sin^{-1}\zeta$）の選び方は，経験的に，

サーボ機構などの追従制御の場合：$\zeta = 0.6 \sim 0.8$　$(\theta = 37 \sim 53\,[\mathrm{deg}])$，プロセス制御などの定値制御の場合：$\zeta = 0.2 \sim 0.4$　$(\theta = 12 \sim 24\,[\mathrm{deg}])$と選ぶことが多い．

6・1・3　インディシャル応答の過渡特性

閉ループ系の過渡特性は目標値に単位ステップ入力を加えたときの制御出力，すなわち，インディシャル応答(indicial response)の時間的挙動を考えるのが普通である．

図 6.2 のフィードバック制御系において，目標値 $R(s)$ から制御出力 $Y(s)$ までの閉ループ伝達関数 $W(s)$ が式(6.6)で与えられたとき，そのインディシャル応答は

$$y(t) = B_0 + \sum_{i=1}^{k} B_{1i} e^{-\alpha_i t} + \sum_{j=1}^{m} B_{2j} e^{-\beta_j t} \cos\left(\gamma_j t + \delta_j\right) \qquad (6.8)$$

の形で得られる．ここで，$B_0 = W(0)$ である．

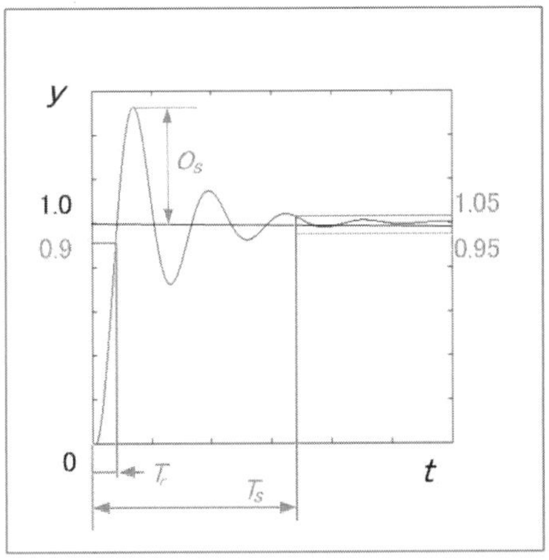

図 6.6　インディシャル応答と過渡特性

$B_0 = 1$ の場合の一般的なインディシャル応答を図 6.6 に示す．図において，O_S は行き過ぎ量(overshoot)，T_r は立ち上がり時間(rise time)と呼ばれ，閉ループ系の速応性や減衰性を表す尺度として使用される．また最終値の±5%幅の中に応答が入ってしまうまでの時間 T_S は整定時間(settling time)と呼ばれる．

以下では，代表的な閉ループ伝達関数 $W(s)$ のインディシャル応答がどのような挙動を示すかをみる．

(a)　一次遅れ系の過渡特性

時定数 T (>0)の一次遅れ系

$$W(s) = \frac{1}{1+Ts} \qquad (6.9)$$

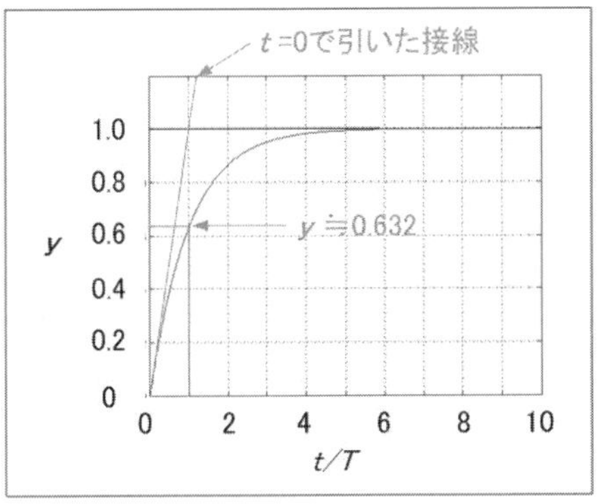

図 6.7　インディシャル応答（一次遅れ系）

のインディシャル応答 $y(t)$ は，第 3 章の一次遅れ要素のステップ応答でも示したように，

$$Y(s) = W(s)R(s) = \frac{1}{1+Ts} \times \frac{1}{s} = \frac{1}{s} - \frac{1}{s+1/T}$$

を逆ラプラス変換して

$$y(t) = L^{-1}\left\{Y(s)\right\} = 1 - e^{-\frac{t}{T}} \qquad (6.10)$$

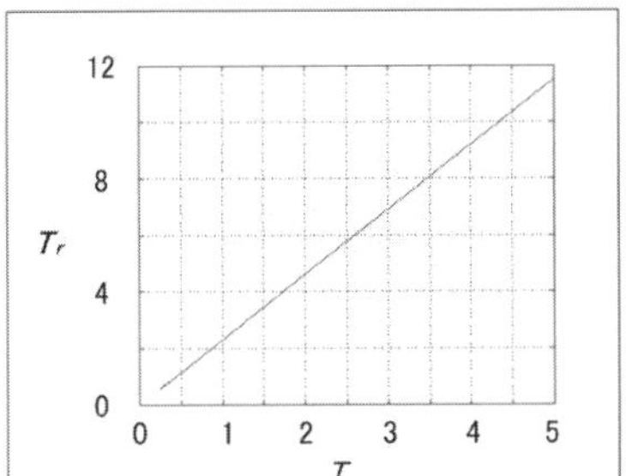

図 6.8　立ち上がり時間と時定数の関係（一次遅れ系）

と求まる．図 6.7 はインディシャル応答 $y(t)$ を示す．横軸は時間を時定数 T で正規化した t/T である．行き過ぎ量は常に $O_S = 0$ であり，時定数 T と立ち上がり時間 T_r，整定時間 T_S との関係は，式(6. 10)で $y(t) = 0.9$ あるいは $y(t) = 0.95$ から

$$T_r = (\ln 10)T \approx 2.3T, \qquad T_S = (\ln 20)T \approx 3.0T \qquad (6.11)$$

と求まる．図6.8に時定数 T と立ち上がり時間 T_r の関係を示す．

一次遅れ系のインディシャル応答に関して，以下の点が重要である．

(1)　$t=T$（すなわち，$t/T=1$）において，y は最終値の約63.2%に達する．

(2)　$t=0$ での接線は y の最終値と $t=T$ で交わる．

これらの性質は一次遅れ系のインディシャル応答から一次遅れ系の時定数 T を求める際にも利用される性質である．

(b)　二次系の過渡特性

減衰係数(damping coefficient)が ζ（ただし，$0<\zeta<1$），固有角周波数(natural angular frequency)が ω_n（だたし，$\omega_n>0$）の二次系

$$W_{ry}(s)=\frac{\omega_n^{\,2}}{s^2+2\zeta\omega_n s+\omega_n^{\,2}} \tag{6.12}$$

のインディシャル応答 $y(t)$ は，第3章の二次要素のステップ応答で示した通り

$$Y(s)=W_{ry}(s)R(s)=\frac{\omega_n^{\,2}}{s^2+2\zeta\omega_n s+\omega_n^{\,2}}\times\frac{1}{s}=\frac{1}{s}-\frac{s+2\zeta\omega_n}{s^2+2\zeta\omega_n s+\omega_n^{\,2}}$$

を逆ラプラス変換して

$$y(t)=1-\frac{1}{\sqrt{1-\zeta^2}}e^{-\beta t}\cos(\gamma t-\delta) \tag{6.13}$$

ただし，$\beta=\zeta\omega_n$，$\gamma=\sqrt{1-\zeta^2}\,\omega_n$，$\delta=\tan^{-1}\left(\zeta/\sqrt{1-\zeta^2}\right)$

と求まる．図6.9(a)にいろいろな ζ に対するインディシャル応答 $y(t)$ を示す．横軸の時間は $t\omega_n$ であり，固有角周波数 ω_n で正規化してある．図から明らかなように，ζ の値が大きいほど振動は小さくなり，減衰も速くなる．特に，$\zeta=1$ のときの応答は振動がなくなり，臨界制動(critical damping)という．二次系のインディシャル応答 $y(t)$ においては

(1) $y(t)=1$ となる時刻は $t=\dfrac{1}{\gamma}\left\{\dfrac{(2k+1)\pi}{2}+\delta\right\}$（ただし，$k=0,1,2,\cdots$）である．

(2) $y(t)$ の極値を与える時刻は $dy/dt=0$ より求めることができ，$t=\dfrac{(k+1)\pi}{\gamma}$（ただし，$k=0,1,2,\cdots$）であり，極値は $1+(-1)^k e^{-(2k+1)\frac{\pi\beta}{\gamma}}$ である．

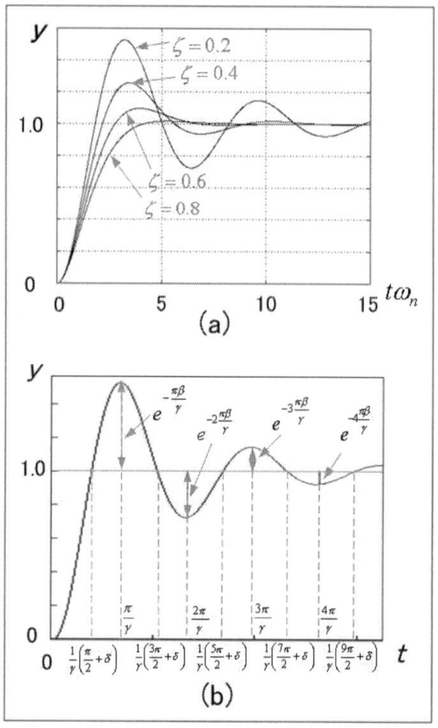

図6.9二次系のインディシャル応答

この様子を図6.9(b)に示す．横軸は時間 t である．これらのことから，行き過ぎ量 O_S は

$$O_S=e^{-\frac{\pi\beta}{\gamma}}=e^{-\frac{\pi\zeta}{\sqrt{1-\zeta^2}}} \tag{6.14}$$

であることがわかる．立ち上がり時間 T_r は，最初に $y(t)=1$ となる時刻と考え

$$T_r\approx\frac{1}{\gamma}\left(\frac{\pi}{2}+\delta\right)=\frac{1}{\sqrt{1-\zeta^2}\,\omega_n}\left(\frac{\pi}{2}+\tan^{-1}\frac{\zeta}{\sqrt{1-\zeta^2}}\right) \tag{6.15}$$

と近似することが多い．また，整定時間 T_S も

$$T_S\approx\frac{3}{\beta}=\frac{3}{\zeta\omega_n} \tag{6.16}$$

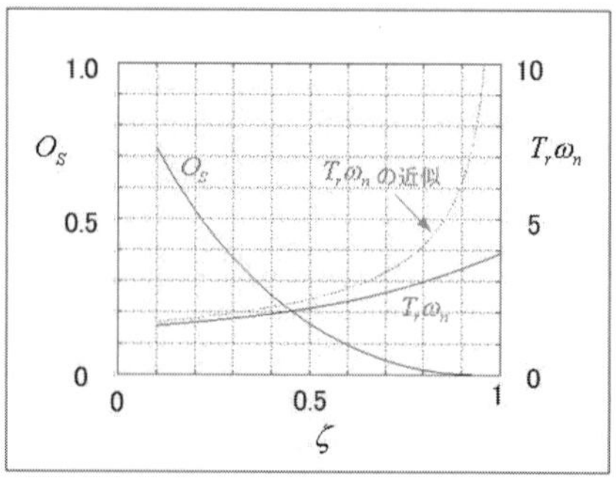

図 6. 10　行き過ぎ量と立ち上がり時間（二次系）

で近似される．図6.10に ζ と行き過ぎ量 O_S，立ち上がり時間 T_r の関係を示

す．ただし，立ち上がり時間は固有角周波数 ω_n で正規化し $T_r\omega_n$ を示している．

(1)　行き過ぎ量 O_S は ζ のみの関数であり，ω_n の値には無関係に定まる．ζ が小さいほど行き過ぎ量 O_S は大きくなる．

(2)　立ち上がり時間 T_r は ζ が小さいほど，また ω_n が大きいほど短い．整定時間 T_S は ζ も ω_n も大きいほど短い．

図 6.10 には立ち上がり時間の近似式(6.15)を破線で示している．近似の度合いは ζ が大きくなると非常に悪くなるので，式(6.15)を使用する際に注意する必要がある．

なお，$\zeta>1$ の場合は，過減衰(over-damping)と呼ばれ，$W_{ry}(s)$ が一次遅れ系の和に部分分数展開されるので，その過渡特性は振動のない応答になる．

(c)　2 実極と 1 零点をもつ系の過渡特性

前項(a),(b)では一次遅れ系（1 実極）と二次系（2 複素極）に対するインディシャル応答を示し，伝達関数のパラメータと立ち上がり時間，整定時間，行き過ぎ量との関係を学んだ．この項では，2 実極と 1 零点をもつ系のインディシャル応答を調べてみる．

閉ループ伝達関数 $W(s)$ が

$$W(s)=\frac{b_1 s+2}{(s+1)(s+2)} \tag{6.17}$$

のインディシャル応答を考える．極は-1, -2 であり，零点は $z=-2/b_1$ である．負の零点($z<0$)をもつ系を最小位相系(minimum phase system)，正の零点($z>0$)をもつ系を非最小位相系(non-minimum phase system)と呼ぶ．ここでは零点 z がインディシャル応答にどのような影響を与えるかを考える．

$$Y(s)=W(s)R(s)=\frac{b_1 s+2}{(s+1)(s+2)}\frac{1}{s}=\frac{1}{s}-\frac{2-b_1}{s+1}+\frac{1-b_1}{s+2}$$

なので，インディシャル応答 $y(t)$ は

$$y(t)=1-(2-b_1)e^{-t}+(1-b_1)e^{-2t} \tag{6.18}$$

と計算できる．極が実数であるから，応答は振動的ではなく，行き過ぎもないように思われる．しかし，正の零点があると，図 6.11 に示すように，特異な挙動を示すので注意が必要である．

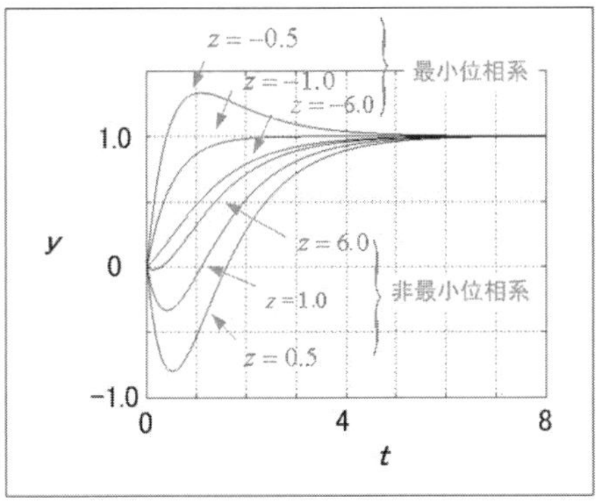

図6.11　インディシャル応答

(1)　最小位相系の場合，$-1<z<0$ の範囲で行き過ぎを生じ，その行き過ぎ量は零点が原点に近いほど大きい．

(2)　非最小位相系の場合，ステップ入力印加直後に，応答が最終値とは反対の符号方向に一旦振れる．これを逆応答(inverse response)という．逆応答の大きさは零点が原点に近いほど大きい．

零点 z と行き過ぎ量 O_S，立ち上がり時間 T_r の関係を図 6.12 に示す．原点に近い零点に対する立ち上がり時間は零点の符号（すなわち，最小位相系か非最小位相系か）によって大きく異なる．これは逆応答の影響である．

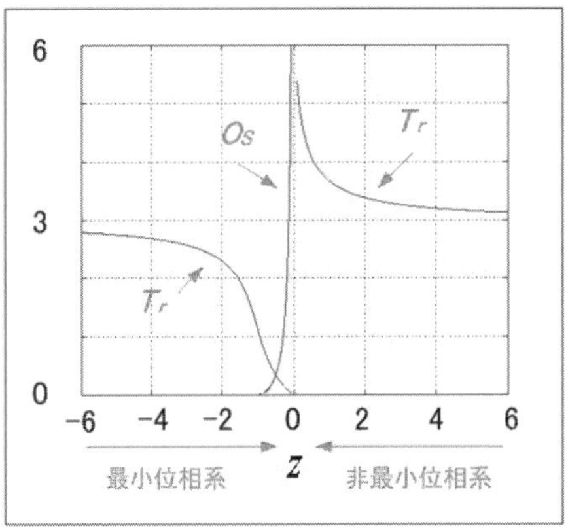

図 6.12　行き過ぎ量と立ち上がり時間

【例 6.1】

直流サーボモータの位置制御系を考える（図 6.13）．図において，制御対象 $K_m/\{s(1+T_m s)\}$ は直流サーボモータの伝達関数であり，制御入力 $u(t)$ を電機子電圧，制御出力 $y(t)$ をモータの回転角としている（電機子回路のインダクタンスを無視している）．ただし，K_m，T_m は直流サーボモータの特性から定

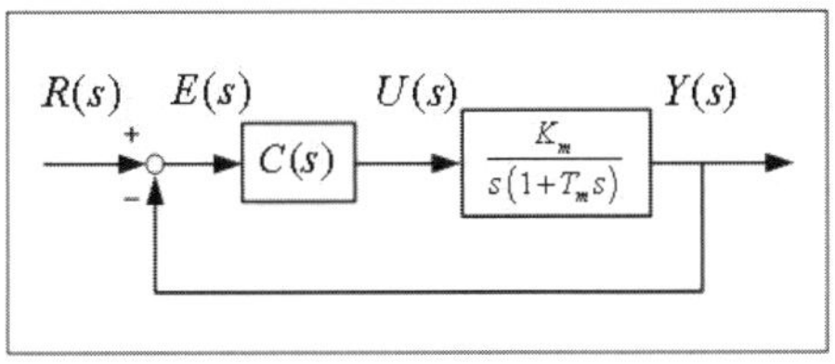

図 6.13　直流サーボモータの位置制御系

まる定数であるが，ここでは簡単のために，$K_m = T_m = 1$ とする．コントローラ $C(s)$ が

比例制御：$C(s) = K$（定数）

比例・積分・微分制御：$C(s) = K_1 + \dfrac{K_2}{s} + K_3 s$（$K_1, K_2, K_3$ は定数）

の 2 種類の場合のインディシャル応答を考察せよ．

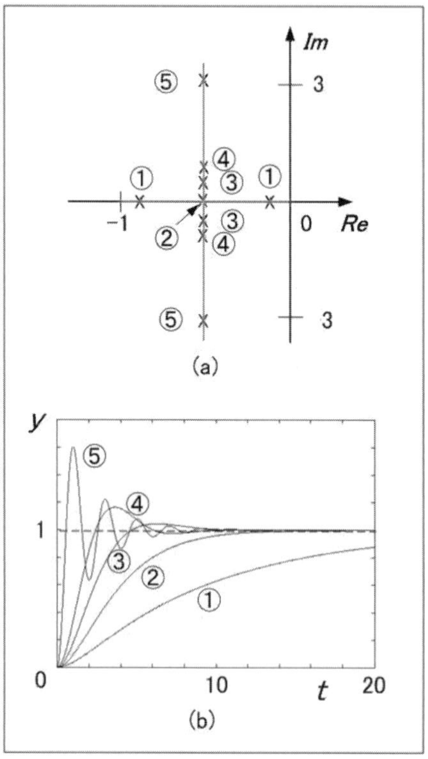

図 6.14　比例制御（極とインディシャル応答）

【解 6.1】

(a) 比例制御：コントローラ $C(s)$ を比例制御にすると，目標値 $R(s)$ から出力 $Y(s)$ までの閉ループ伝達関数 $W(s)$ は二次系

$$W(s) = \frac{K}{s^2 + s + K}$$

になる．5･2 節の安定判別法より，K が正である限り，閉ループ制御系は安定である．定数 K に対する極の変化の様子（これは根軌跡と呼ばれ，7･1 で学ぶ）を図 6.14(a)の複素数平面上に青線で示す．$0 < K < 0.25$ の範囲では二実極，$K = 0.25$ で二重極，$K > 0.25$ では実部が-0.5 で一定，虚部が K の増加に伴って大きくなる複素極である．なお，図中，①～⑤は K の値を 0.1，0.25，0.5，1，10 に定めたときの極を示している．また，これらの K に対するインディシャル応答も図 6.14(b)に示している．K が小さい（①と②）とき，インディシャル応答は減衰特性がよいが，速応性は悪い．また，K が大きい（④と⑤）とき，インディシャル応答は速応性が良いが，減衰特性は悪い．$K = 0.5$（③）に対するインディシャル応答はオーバーシュートも小さく，減衰性と速応性の観点からもほぼ満足できる応答である．このときの減衰係数 ζ は約 0.7 であり，追従制御系で経験的によく選ばれる値の範囲内にある．

(b) 比例・積分・微分制御：コントローラ $C(s)$ を比例・積分・微分制御にすると，目標値 $R(s)$ から出力 $Y(s)$ までの閉ループ伝達関数 $W(s)$ は

$$W(s) = \frac{K_3 s^2 + K_1 s + K_2}{s^3 + (K_3 + 1)s^2 + K_1 s + K_2}$$

となる．5･2 節の安定判別法より，$K_1 > 0$，$K_1(K_3 + 1) > K_2 > 0$ である限り，閉ループ制御系は安定である．簡単のために，$K_1 = 2K$，$K_2 = 1.1K$，$K_3 = K$ と定め，$K > 0$ のいろいろな値に対する極の分布を図 6.15(a)の青線で示した．K の値によらず，常に一つの実極，二つの複素極である．K が小さいときは-1 に近い実極と原点に近い複素極であり，K が大きくなるに従って，実極の絶対値は大きくなり，複素極は $K_3 s^2 + K_1 s + K_2 = K(s^2 + 2s + 1.1) = 0$ の根に近づく．図中，①～④は K の値を 0.5, 1, 2, 5 に定めたときの極を示している．また，これらの K に対するインディシャル応答は図 6.15(b)に示している．

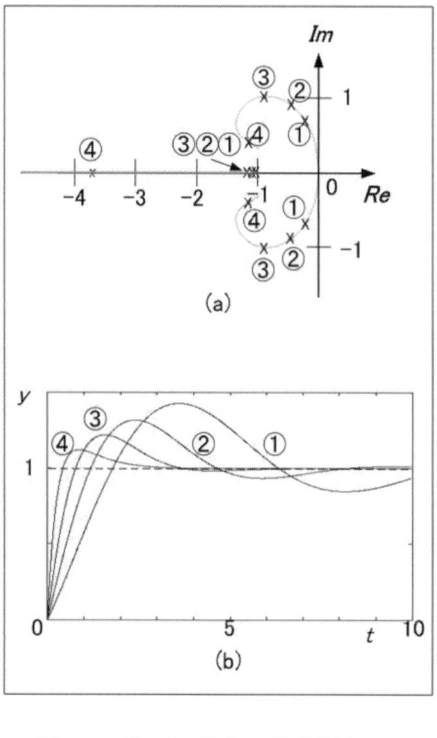

図 6.15　比例・積分・微分制御のインディシャル応答

6・2　定常特性 (steady-state characteristic)

フィードバック制御系の定常特性とは，目標値や外乱が印加されてから十分時間が経過した後の定常状態における系の精度を評価するものである．

図 6.16 のフィードバック制御系を考える．図において，$G(s)$ は制御対象の伝達関数，$C(s)$ はコントローラの伝達関数であり，$R(s), D(s), U(s), Y(s)$ は目

標値 $r(t)$，外乱 $d(t)$，制御入力 $u(t)$，制御出力 $y(t)$ のラプラス変換，$E(s)$ は偏差 $e(t)=r(t)-y(t)$ のラプラス変換である．

目標値 $R(s)$ および外乱 $D(s)$ から偏差 $E(s)$ までの関係は

$$E(s)=W_{re}(s)R(s)+W_{de}(s)D(s) \tag{6.19}$$

で与えられる．ここで

$$W_{re}(s)=\frac{1}{1+G(s)C(s)},\quad W_{de}(s)=-\frac{G(s)}{1+G(s)C(s)} \tag{6.20}$$

である．

偏差の時間応答 $e(t)=L^{-1}\{E(s)\}$ の定常値 e_s，すなわち

$$e_s=\lim_{t\to\infty}e(t) \tag{6.21}$$

を定常偏差(steady-state error)という．

定常偏差を求める際に，ラプラス変換の最終値の定理(final value theorem)

$$e_s=\lim_{t\to\infty}e(t)=\lim_{s\to 0}sE(s) \tag{6.22}$$

は有用である．この公式を用いれば，偏差の時間応答 $e(t)$ を求めることなく，$E(s)$ から直接，定常偏差を求めることができる．

以下では，図 6.16 の制御系において，目標値 $R(s)$ や外乱 $D(s)$ が単位ステップ入力，単位定速度入力，単位定加速度入力の場合に，定常偏差がどのようになるかをみる．

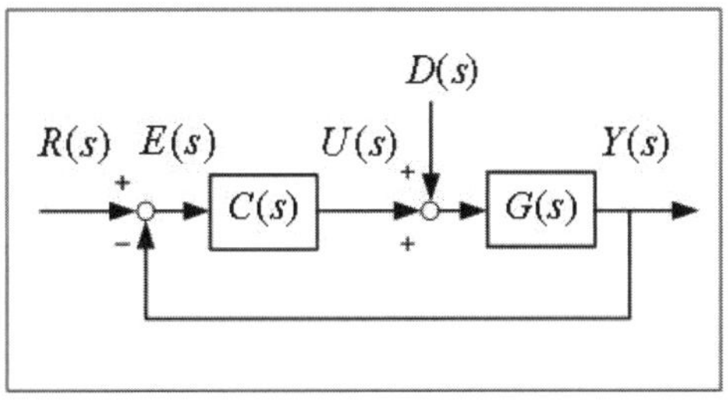

図 6.16 フィードバック制御系

6・2・1　目標値に対する定常偏差

図 6.16 のフィードバック制御系において，目標値に対する定常偏差は，式(6.20)の $W_{re}(s)$ を用いて

$$E(s)=W_{re}(s)R(s)$$

を計算し，最終値の定理を適用して，求めることができる．目標値から偏差までの伝達関数 $W_{re}(s)$ は，フィードバック制御系の一巡伝達関数(loop transfer function) $L(s)=G(s)C(s)$ を用いて，$W_{re}(s)=1/(1+L(s))$ と表わされるので，目標値に対する定常偏差も一巡伝達関数 $L(s)$ によって決定される．ここでは，一巡伝達関数を

$$L(s)=G(s)C(s)=\frac{K\left(1+\beta_1 s+\cdots\beta_m s^m\right)}{s^{\ell}\left(1+\alpha_1 s+\cdots+\alpha_n s^n\right)} \tag{6.23}$$

とし，閉ループ系は安定とする．この一巡伝達関数 $L(s)$ は積分器 $1/s$ を ℓ 個もっているように定式化されていることに注意しよう．目標値に対する定常偏差の考察では，一巡伝達関数に含まれる積分器の数 ℓ が重要な働きをする．一巡伝達関数 $L(s)$ が ℓ 個の積分器をもつとき，その制御系は ℓ 型とよばれる．

(a)　定常位置偏差

目標値 $r(t)$ が単位ステップ入力 $r(t)=1$ のときの定常偏差 e_s を定常位置偏差(steady-state position error)といい，e_{sp} で表す．$R(s)=1/s$ なので，式(6.22)の最終値の定理を用いて

$$e_{sp}=\lim_{s\to 0}sE(s)=\lim_{s\to 0}s\frac{1}{1+L(s)}\frac{1}{s}=\lim_{s\to 0}\frac{1}{1+L(s)}=\frac{1}{1+K_p}$$

と求められる．ここで，K_p は

$$K_p = \lim_{s \to 0} L(s) \tag{6.24}$$

で定義される定数であり，位置偏差定数(position error constant)と呼ばれる．式(6.23)の $L(s)$ から

$$K_p = \begin{cases} K & , \ \ell = 0 \\ \infty & , \ \ell \geq 1 \end{cases}$$

と計算されるので

$$e_{sp} = \frac{1}{1+K_p} = \begin{cases} \dfrac{1}{1+K} & , \ \ell = 0 \\ 0 & , \ \ell \geq 1 \end{cases} \tag{6.25}$$

を得る．結局，0 型の制御系では 0 でない有限な定常位置偏差が生じるのに対し，$\ell(\geq 1)$ 型の制御系では定常位置偏差は生じないことがわかる（図 6.17）．

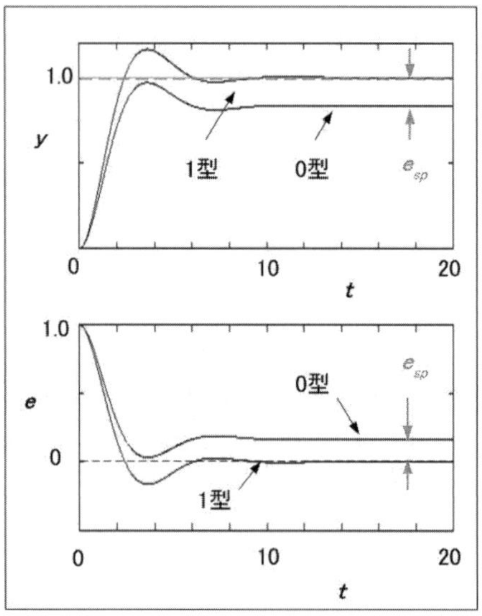

図 6.17 定常位置偏差

(b)　定常速度偏差

目標値 $r(t)$ が単位定速度入力 $r(t) = t$ のときの定常偏差 e_s を定常速度偏差(steady-state velocity error)といい，e_{sv} で表す．$R(s) = 1/s^2$ なので

$$e_{sv} = \lim_{s \to 0} sE(s) = \lim_{s \to 0} s \frac{1}{1+L(s)} \frac{1}{s^2} = \lim_{s \to 0} \frac{1}{s + sL(s)} = \frac{1}{K_v}$$

と計算できる．ここで，K_v は

$$K_v = \lim_{s \to 0} sL(s) \tag{6.26}$$

で定義される定数であり，速度偏差定数(velocity error constant)と呼ばれる．式(6.23)の $L(s)$ から

$$K_v = \begin{cases} 0 & , \ \ell = 0 \\ K & , \ \ell = 1 \\ \infty & , \ \ell \geq 2 \end{cases}$$

と計算され，定常速度偏差は

$$e_{sv} = \frac{1}{K_v} = \begin{cases} \infty & , \ \ell = 0 \\ \dfrac{1}{K} & , \ \ell = 1 \\ 0 & , \ \ell \geq 2 \end{cases} \tag{6.27}$$

となる．結局，1 型の制御系では 0 でない有限な定常速度偏差が生じるのに対し，$\ell(\geq 2)$ 型の制御系では定常速度偏差は生じないことがわかる．また，0 型の制御系では定速度入力には追従できず，定常偏差は無限大になってしまう（図 6.18）．

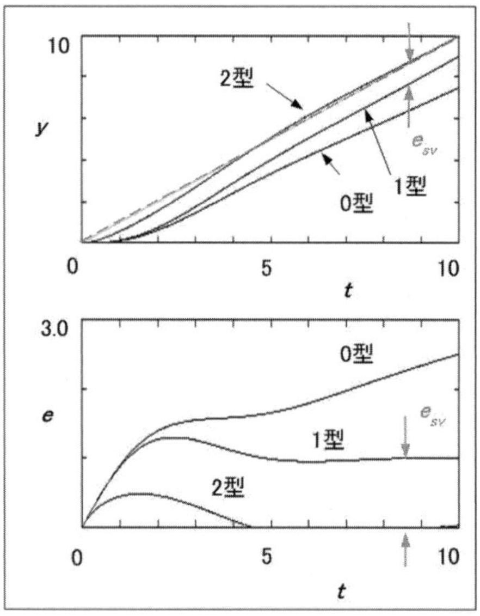

図 6.18　定常速度偏差

(c)　定常加速度偏差

目標値 $r(t)$ が単位定加速度入力 $r(t) = t^2$ のときの定常偏差 e_s を定常加速度偏差(steady-state acceleration error)といい，e_{sa} で表す．$R(s) = 2/s^3$ なので

$$e_{sa} = \lim_{s \to 0} sE(s) = \lim_{s \to 0} s \frac{1}{1+L(s)} \frac{2}{s^3} = \lim_{s \to 0} \frac{2}{s^2 + s^2 L(s)} = \frac{2}{K_a}$$

と計算できる．ここで，K_a は

$$K_a = \lim_{s \to 0} s^2 L(s) \tag{6.28}$$

で定義される定数である．式(6.23)の $L(s)$ から

$$K_a = \begin{cases} 0 & , \ \ell \le 1 \\ K & , \ \ell = 2 \\ \infty & , \ \ell \ge 3 \end{cases}$$

と求められ

$$e_{sa} = \frac{2}{K_a} = \begin{cases} \infty & , \ \ell \le 1 \\ \dfrac{2}{K} & , \ \ell = 2 \\ 0 & , \ \ell \ge 3 \end{cases} \tag{6.29}$$

を得る．これは加速度偏差定数(acceleration error constant)と呼ばれる．結局，2 型の制御系では 0 でない有限な定常速度偏差が生じるのに対し，$\ell(\ge 3)$ 型の制御系では定常速度偏差は生じない．しかし，0 型および 1 型の制御系では定加速入力には追従できず，定常偏差は無限大になってしまう（図 6.19）．

以上の結果を表にまとめると，表 6.1 のようになる．

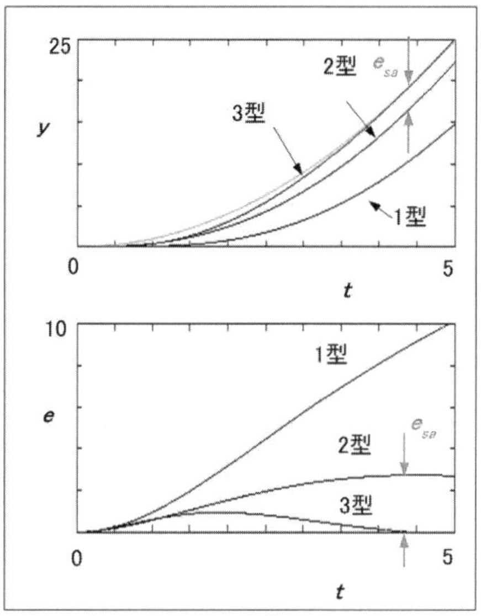

図 6.19　定常加速度偏差

表 6.1　目標値に対する定常偏差

ℓ 型	定常位置偏差	定常速度偏差	定常加速度偏差
0型	$\frac{1}{1+K}$	∞	∞
1型	0	$\frac{1}{K}$	∞
2型	0	0	$\frac{2}{K}$
3型	0	0	0

6・2・2　外乱に対する定常偏差

図 6.16 のフィードバック制御系において，外乱に対する定常偏差は，式(6.20)の $W_{de}(s)$ を用い

$$E(s) = W_{de}(s)D(s)$$

に最終値の定理を適用して計算される．ただし，外乱から偏差までの伝達関数 $W_{de}(s)$ は，一巡伝達関数 $L(s) = G(s)C(s)$ を用いても $W_{de}(s) = -G(s)/\left(1+L(s)\right)$ となり，$L(s)$ のみでは記述できない．したがって，外乱に対する定常偏差は一巡伝達関数 $L(s)$ のみでは定まらない．そこで

$$G(s) = \frac{K_1 B_1(s)}{s^{\ell_1} A_1(s)}, \quad C(s) = \frac{K_2 B_2(s)}{s^{\ell_2} A_2(s)} \tag{6.30}$$

ただし

$$A_1(s) = 1 + a_1 s + \cdots + a_{n_1} s^{n_1}, \quad B_1(s) = 1 + b_1 s + \cdots + b_{m_1} s^{m_1}$$
$$A_2(s) = 1 + c_1 s + \cdots + c_{n_2} s^{n_2}, \quad B_2(s) = 1 + d_1 s + \cdots + d_{m_2} s^{m_2}$$

として外乱に対する定常偏差を考察する．この場合，一巡伝達関数は

$$L(s) = \frac{K B_1(s) B_2(s)}{s^{\ell} A_1(s) A_2(s)}, \quad K = K_1 K_2, \quad \ell = \ell_1 + \ell_2 \tag{6.31}$$

であり，$W_{de}(s)$ は

$$W_{de}(s) = -\frac{s^{\ell_2} K_1 B_1(s) A_2(s)}{s^{\ell} A_1(s) A_2(s) + K B_1(s) B_2(s)} \tag{6.32}$$

である．

外乱 $d(t)$ が単位ステップ入力 $d(t) = 1$ のときの定常位置偏差 e_{sp} は

$$e_{sp} = \lim_{s \to 0} - s \frac{s^{\ell_2} K_1 B_1(s) A_2(s)}{s^{\ell} A_1(s) A_2(s) + K B_1(s) B_2(s)} \frac{1}{s} = \begin{cases} -\dfrac{K_1}{1+K} & \left(\ell_2 = 0, \ell_1 = 0\right) \\ -\dfrac{1}{K_2} & \left(\ell_2 = 0, \ell_1 \ge 1\right) \\ 0 & \left(\ell_2 \ge 1\right) \end{cases} \tag{6. 33}$$

と計算される．同様に，外乱に対する定常速度偏差 e_{sv}，定常加速度偏差 e_{sa} は

$$e_{sv}=\lim_{s\to 0}-s\frac{s^{\ell_2}K_1B_1(s)A_2(s)}{s^{\ell}A_1(s)A_2(s)+KB_1(s)B_2(s)}\frac{1}{s^2}=\begin{cases}-\infty & (\ell_2=0)\\ -\dfrac{1}{K_2} & (\ell_2=1)\\ 0 & (\ell_2\geq 2)\end{cases} \tag{6.34}$$

$$e_{sa}=\lim_{s\to 0}-s\frac{s^{\ell_2}K_1B_1(s)A_2(s)}{s^{\ell}A_1(s)A_2(s)+KB_1(s)B_2(s)}\frac{2}{s^3}=\begin{cases}-\infty & (\ell_2\leq 1)\\ -\dfrac{2}{K_2} & (\ell_2=2)\\ 0 & (\ell_2\geq 3)\end{cases} \tag{6.35}$$

である．これらの結果をまとめると表 6.2 のようになる．

このように，目標値に対して $\ell(=\ell_1+\ell_2)$ 型であっても，外乱に対しては ℓ_2 型になっており，フィードバック制御系において，外乱の入る位置の前に積分器がいくつあるか（制御対象の入力側に入ってくる外乱を考えているので，コントローラ $C(s)$ に積分器がいくつあるか）が重要になる．

表 6.2　入力外乱に対する定常偏差

ℓ	ℓ_2 型	定常位置偏差	定常速度偏差	定常加速度偏差
0	0型	$-\frac{K_1}{1+K}$	$-\infty$	$-\infty$
≥1	0型	$-\frac{1}{K_2}$	$-\infty$	$-\infty$
	1型	0	$-\frac{1}{K_2}$	$-\infty$
	2型	0	0	$-\frac{2}{K_2}$
	3型	0	0	0

【例 6.2】

直流サーボモータの位置制御系を考える（図 6.20）．図において，制御対象 $1/\{s(1+0.1s)\}$ は直流サーボモータの伝達関数，制御入力 $u(t)$ は電機子電圧，制御出力 $y(t)$ はモータの回転角であり，外乱 $d(t)$ は入力側に入っている．コントローラ $C(s)$ が

比例制御：$C(s)=K$（定数）

比例・積分制御：$C(s)=K_1+\dfrac{K_2}{s}$（K_1, K_2 は定数）

の 2 種類の場合の定常偏差を考察せよ．

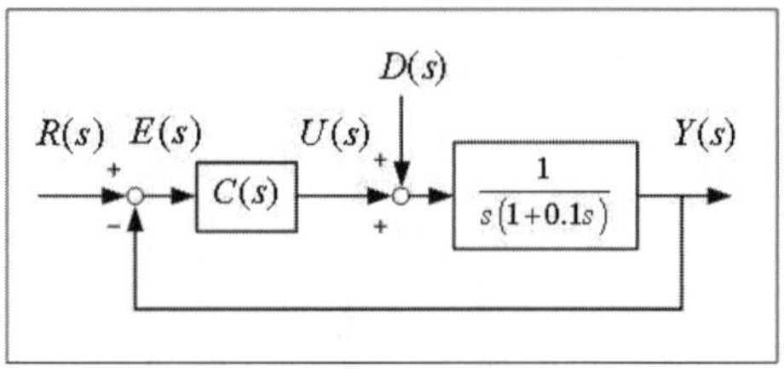

図 6.20　直流サーボモータの位置制御系

【解 6.2】

(a)比例制御

コントローラ $C(s)$ を比例制御にすると，一巡伝達関数 $L(s)=G(s)C(s)$ は

$$L(s)=G(s)C(s)=\frac{K}{s(1+0.1s)}$$

となり，目標値に対して 1 型の制御系であることがわかる．したがって，目標値に対する定常位置偏差は $e_{sp}=0$，また，定常速度偏差は，速度偏差定数

$$K_v=\lim_{s\to 0}sL(s)=K$$

より $e_{sv}=1/K$ であることがわかる．

これらのことを最終値の定理を用いて確認しておこう．目標値 $R(s)$ から偏差 $E(s)$ までの伝達関数 $W_{re}(s)$ は

$$W_{re}(s)=\frac{1}{1+L(s)}=\frac{s^2+10s}{s^2+10s+10K}$$

である．よって，単位ステップ入力の目標値に対する定常位置偏差は

$$e_{sp}=\lim_{s\to 0}sW_{re}(s)\frac{1}{s}=\lim_{s\to 0}s\frac{s^2+10s}{s^2+10s+10K}\frac{1}{s}=0$$

であり，単位速度入力の目標値に対する定常速度偏差は

$$e_{sv} = \lim_{s\to 0} sW_{re}(s)\frac{1}{s^2} = \lim_{s\to 0} s\frac{s^2+10s}{s^2+10s+10K}\frac{1}{s^2} = \frac{1}{K}$$

と計算できる．

つぎに外乱に対する定常位置偏差を求めてみよう．外乱 $D(s)$ から偏差 $E(s)$ までの伝達関数 $W_{de}(s)$ は

$$W_{de}(s) = -\frac{G(s)}{1+L(s)} = -\frac{10}{s^2+10s+10K}$$

なので，単位ステップ入力の外乱に対する定常位置偏差は

$$e_{sp} = \lim_{s\to 0} sW_{de}(s)\frac{1}{s} = \lim_{s\to 0} -s\frac{10}{s^2+10s+10K}\frac{1}{s} = -\frac{1}{K}$$

と計算できる（表 6.2 で $\ell \geq 1, \ell_2 = 0$ に対応）．つまり，外乱に対しては 0 型になっている．

図 6.21 には，$K=10$ と設定したときの，制御出力と偏差を示している．目標値は単位ステップ入力であり，外乱としては $t=5$ [sec]から大きさ 0.5 のステップ入力を印加している．制御出力 $y(t)$ は約 1[sec]後には目標値に到達し，定常位置偏差が $e_{sp}=0$ になっていることが確認できる．しかし，外乱が入る位置の前（すなわち，コントローラ $C(s)$）に積分要素がないため，$t=5$ [sec]から印加された大きさ 0.5 のステップ入力外乱に対しては定常位置偏差 $e_{sp} = -(1/K)\times 0.5 = -0.05$ を生じていることが確認できる．

図 6.22 には，単位速度入力の目標値に対する制御出力と偏差を示している．ただし，$K=10$ である．定常速度偏差 $e_{sv} = 1/K = 0.1$ を確認できる．

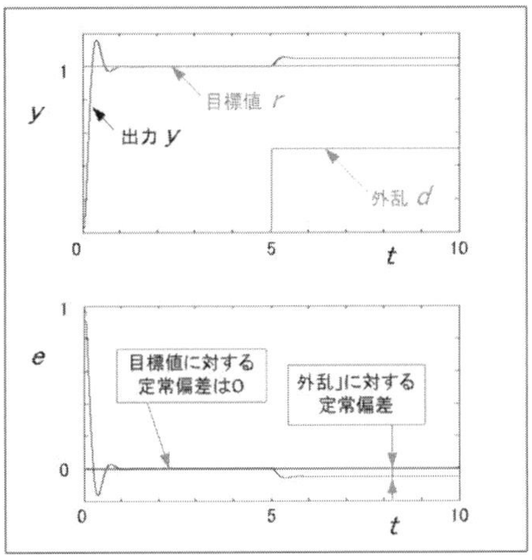

図 6.21 比例制御を用いたときの制御出力と偏差（目標値，外乱はともにステップ入力）

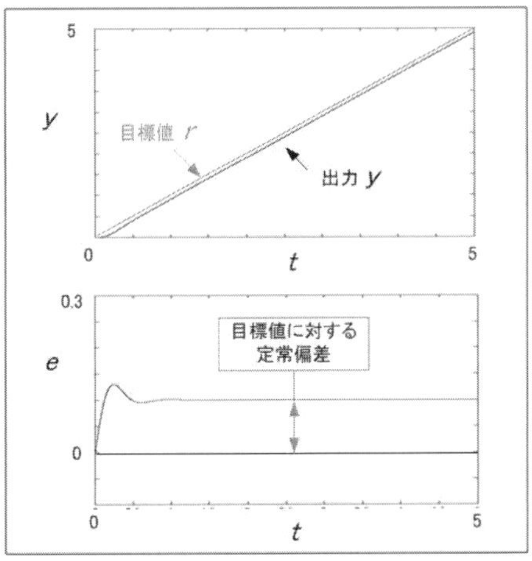

図6.22 比例制御を用いたときの制御出力と偏差（目標値は単位速度入力）

(b) 比例・積分制御

コントローラ $C(s)$ を比例･積分制御にすると，一巡伝達関数 $L(s)=G(s)C(s)$ は

$$L(s) = G(s)C(s) = \frac{K_1 s + K_2}{s^2(1+0.1s)}$$

となり，目標値に対して 2 型の制御系であることがわかる．したがって，目標値に対する定常位置偏差は $e_{sp}=0$，定常速度偏差も $e_{sv}=0$ である．

これらのことを最終値の定理を用いて確認してみる．目標値 $R(s)$ から偏差 $E(s)$ までの伝達関数 $W_{re}(s)$ は

$$W_{re}(s) = \frac{1}{1+L(s)} = \frac{s^3+10s^2}{s^3+10s^2+10K_1 s+10K_2}$$

であるから

$$e_{sp} = \lim_{s\to 0} sW_{re}(s)\frac{1}{s} = \lim_{s\to 0}\frac{s^3+10s^2}{s^3+10s^2+10K_1 s+10K_2} = 0$$

$$e_{sv} = \lim_{s\to 0} sW_{re}(s)\frac{1}{s^2} = \lim_{s\to 0}\frac{s^2+10s}{s^3+10s^2+10K_1 s+10K_2} = 0$$

である．

つぎに外乱に対する定常位置偏差を求めてみる．外乱 $D(s)$ から偏差 $E(s)$ までの伝達関数 $W_{de}(s)$ は

$$W_{de}(s) = -\frac{G(s)}{1+L(s)} = --\frac{10s}{s^3+10s^2+10K_1 s+10K_2}$$

なので，単位ステップ入力の外乱に対する定常位置偏差は

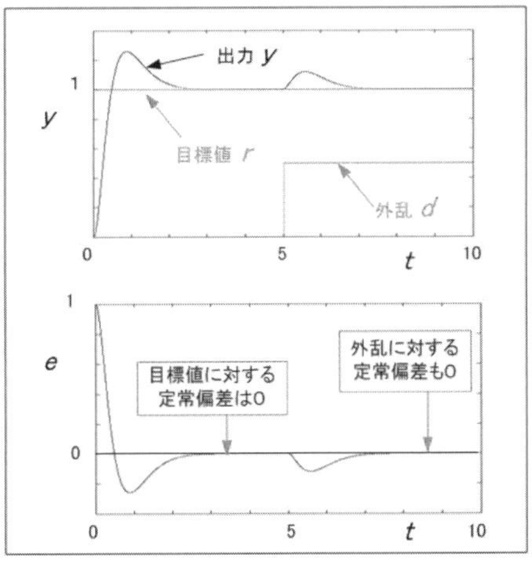

図 6.23 比例・積分制御を用いたときの制御出力と偏差（目標値，外乱はともにステップ入力）

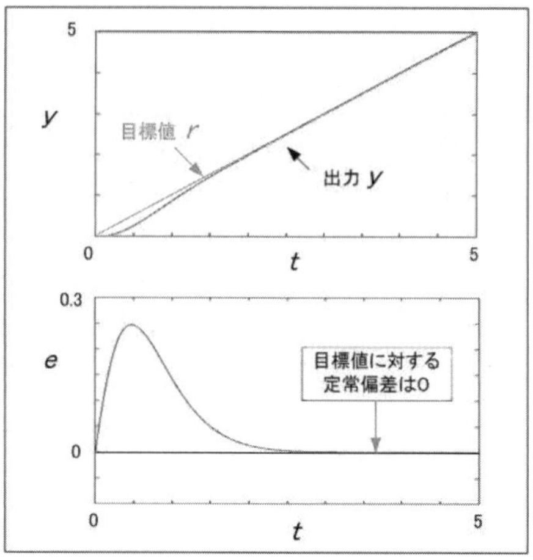

図 6.24 比例・積分制御を用いたときの制御出力と偏差(目標値は単位速度入力)

$$e_{sp} = \lim_{s\to 0} sW_{de}(s)\frac{1}{s} = \lim_{s\to 0} -\frac{10s}{s^3+10s^2+10K_1 s+10K_2} = 0$$

と計算でき，外乱に対しては 1 型であることがわかる.

図 6.23 に，$K_1 = 3.4$，$K_2 = 4$ と設定したときの，制御出力と偏差を示している．目標値と外乱は図 6.21 と同じである．制御出力 $y(t)$ は約 3[sec]後には目標値に到達し，定常位置偏差が $e_{sp} = 0$ になっていることが確認できる．また，外乱が入る位置の前に積分要素が 1 つある（コントローラ $C(s)$ が積分要素をもっている）ために，外乱に対する定常位置偏差も $e_{sp} = 0$ であることが確認できる.

図 6.24 には，単位速度入力の目標値に対する制御出力と偏差を示している．定常速度偏差 $e_{sv} = 0$ を確認できる.

ここで注意したいことは，最終値の定理が応用できるためには，閉ループ伝達関数が安定であること，つまり，その極がすべて左半平面にあることである．このことを次の例題で示そう.

【例 6.3】*Incorrect use of the final value theorem in obtaining the steady-state characteristic:*

To a controlled object $G(s) = \dfrac{1}{(s-2)(s+3)}$, a unity feedback with a proportional controller $C(s) = 4$ is applied. Find the steady-state position error for the reference input.

【解 6.3】

The transfer function $W_{re}(s)$ from the reference input $r(t)$ to the error $e(t)$ is given by

$$W_{re}(s) = \frac{1}{1+G(s)C(s)} = \frac{(s-2)(s+3)}{(s-1)(s+2)}.$$

There exists an unstable pole $s = 1$, so the steady-state position error is unbounded. In fact, noticing that the reference input $r(t)$ is an unit step function, i.e., $R(s) = 1/s$, then we get the error $E(s)$ as

$$E(s) = W_{re}(s)R(s) = \frac{(s-2)(s+3)}{(s-1)(s+2)} \times \frac{1}{s} = \frac{3}{s} - \frac{4/3}{s-1} - \frac{2/3}{s+2}.$$

Inverse Laplace transformation for $E(s)$ gives

$$e(t) = L^{-1}[E(s)] = 3 - \frac{4}{3}e^{t} - \frac{2}{3}e^{-2t}$$

This immediately leads the unbounded final value. But incorrect use of the final value theorem gives the wrong final value as follows.

$$\lim_{t\to\infty} e(t) = \lim_{s\to 0} sE(s) = \lim_{s\to 0} s\left\{\frac{(s-2)(s+3)}{(s-1)(s+2)} \times \frac{1}{s}\right\} = 3$$

Note that the final value theorem holds for stable transfer functions.

第 7 章

制御系設計の古典的手法

Classical Methods for Controller Design

第 5 章では，フィードバック系の安定解析について述べた．本章ではこの安定解析法に基づいたコントローラの設計法について述べる．フィードバック系は図 7.0（図 5.5 の再現）の直結フィードバックを対象とし，その安定性は式(5.7)の特性方程式の解によって特徴付けられた．そのため，フィードバック系の安定性は制御対象 P，コントローラ K の両方に依存する．ただし，設計に用いる P のモデルが誤差を含めば，フィードバック系が不安定になる場合もあるので注意が必要である．

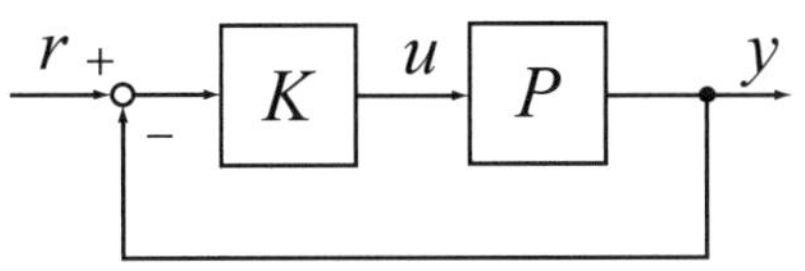

図 7.0　フィードバック系

7・1　根軌跡法(root locus method)

制御対象 $P(s)$ に対して，定数フィードバックコントローラ K を考える．このとき，K を 0 から ∞ まで変化させたときに，特性方程式の解(閉ループ系の極)がどのように変化するか，これを複素平面上にプロットしたものを根軌跡という．計算機の発達していなかった従来では，閉ループ系の安定性を求めることが難しかった．そのため，視覚的に分かり易い根軌跡法が発達した．今日では閉ループ系の安定性は計算機によって容易に求められるため，根軌跡法が使われることは少ない．しかし，「安定性」を理解する上で，根軌跡法の概念は重要であり，ここではこれについて言及する．

【例 7.1】次の伝達関数 $P(s)$

$$P(s) = \frac{6}{(s+1)(s+2)(s+3)} \tag{7.1}$$

で表されるシステムに対して，定数フィードバックコントローラ K を考える．このとき，閉ループ系を安定化する K の範囲を求めよ．

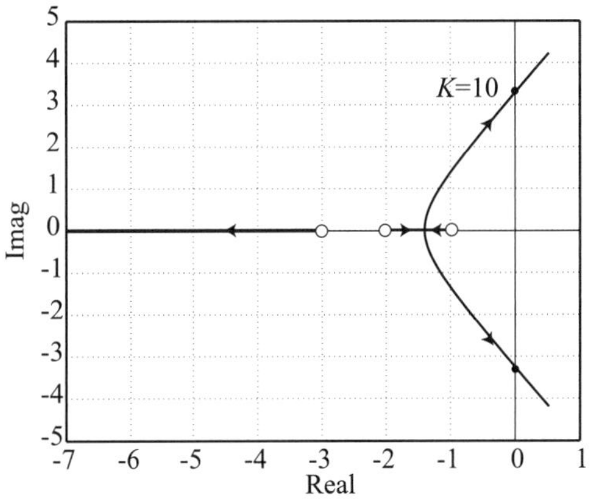

図 7.1　特性方程式の解の変化

【解 7.1】

閉ループ系の特性方程式は

$$(s+1)(s+2)(s+3) + 6K = 0 \tag{7.2}$$

となる．ここで，K を 0 から ∞ まで変化させたときの特性方程式の解を複素平面上にプロットする．結果は図 7.1 のようになる．なお，○は $K=0$ のときで，$K \to \infty$ で矢印の方向に動く．ここで描いた図が根軌跡である．$K=10$ のとき根軌跡は虚数軸を横切り，右半平面に入る．このため，フィードバック系は安定から不安定へ移る．これより，K は $0 \le K < 10$ のときにフィードバック系は安定であると言える．

この例より，根軌跡を描くことでフィードバック系のゲイン(大きさ)を決める指針が得られる．根軌跡には以下にあげる性質がある．この性質に基づいて，根軌跡が描ける.

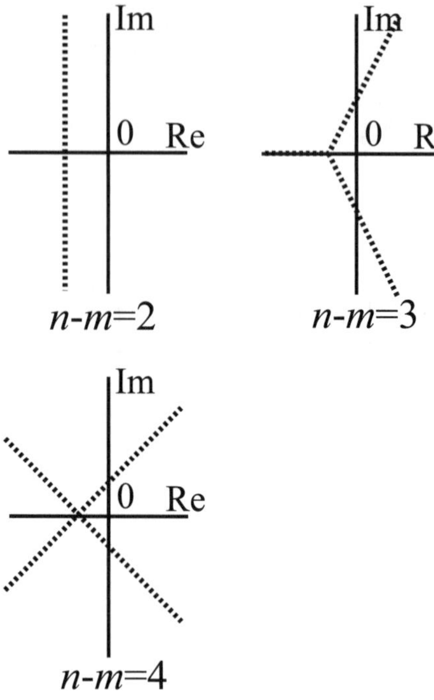

図7.2　根軌跡の漸近線

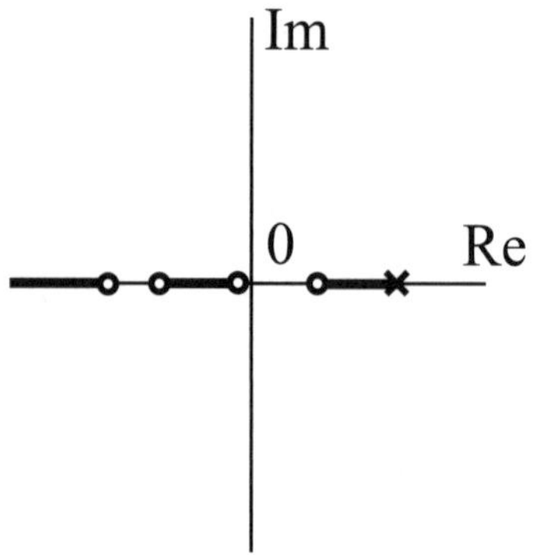

図7.3　実軸上の根軌跡

(a) 根軌跡の性質

[性質 1]　システムの伝達関数を

$$P(s)=\frac{num(s)}{den(s)} \tag{7.3}$$

とする．ここで，$num(s)$ ：m 次多項式，$den(s)$ ：n 次多項式とし $m \le n$ を仮定する．したがって，m は零点の総数，n は極の総数である．さらに，

$$num(s)=0 \tag{7.4}$$

の解，つまり零点を z_1，z_2，…，z_m，

$$den(s)=0 \tag{7.5}$$

の解，つまり極を p_1，p_2，…，p_n とすると，根軌跡は p_i (i=1，2，…，n) から出発し，そのうち m 本は z_i (i=1，2，…，m)へ，残りは無限遠点へと向かう．以下では，p_i を○で表し，z_i を×で表現するものとする.

[性質 2] 無限遠点に向かう軌跡の漸近線が実数軸となす角度は

$$\frac{180^\circ(+360^\circ l)}{n-m} \quad (l\text{は任意の整数}) \tag{7.6}$$

である($n-m$=2，3，4 の場合を図 7.2 に示す)．また，漸近線と実数軸は 1 つの交点を持ち，その座標は

$$\left(\frac{\sum_{i=1}^{n} p_i - \sum_{i=1}^{m} z_i}{n-m}, 0\right) \tag{7.7}$$

である.

[性質 3]　実数軸上の点で，その右側に $P(s)$ の実数極と実数零点が合計奇数個あれば，その点は根軌跡上の点となる(図 7.3 参照).

[性質 4] 根軌跡が実数軸から分岐する点は

$$\frac{d}{ds}P^{-1}(s)=0 \tag{7.8}$$

を満たす(必要条件).

[性質 5]　複素極 p_i から根軌跡が出発する角度は

$$180^\circ - \sum_{j\neq i}^{n} \angle(p_i - p_j) + \sum_{j=1}^{m} \angle(p_i - z_j) \tag{7.9}$$

であり，複素零点 z_i へ終端する角度は

$$180^\circ + \sum_{j=1}^{m} \angle(z_i - p_j) - \sum_{j\neq i}^{n} \angle(z_i - z_j) \tag{7.10}$$

となる.

【例 7.2】 制御対象が，

$$P(s)=\frac{1}{s(s+2)(s+4)} \tag{7.11}$$

で与えられたとき，これに対するフィードバック系を構成する．コントローラ K を定数とし，$K:0\le K\le\infty$ で変化させたときの閉ループ系

$$G(s)=\frac{P(s)K}{1+P(s)K} \tag{7.12}$$

の極を根軌跡を描いて調べよ．

【解 7.2】 根軌跡は以下の手順で描く．

［性質 1］ 出発点は $P(s)$ の極で，$s=0,-2,-4$．零点は存在しないので全て無限遠点へと向かう．

［性質 2］

$$n-m=3-0=3 \tag{7.13}$$

より，漸近線は 3 本．それぞれが実数軸となす角度は 60°,180°,300°．また，実数軸との交点は

$$\frac{0-2-4}{3}=-2 \tag{7.14}$$

より，$(-2,0)$．

［性質 3］ 実数軸上では $(-\infty,-4)$，$(-2,0)$ 上に存在する．

［性質 4］ 根軌跡が実数軸と分離する点は

$$\begin{aligned}\frac{d}{ds}P^{-1}(s)&=(s+2)(s+4)+s(s+4)+s(s+2)\\&=3s^2+12s+8=0\end{aligned} \tag{7.15}$$

より，

$$s=\begin{cases}-3.15\ldots & \leftarrow \text{性質 3 を満たさない}\\-0.845\ldots\end{cases} \tag{7.16}$$

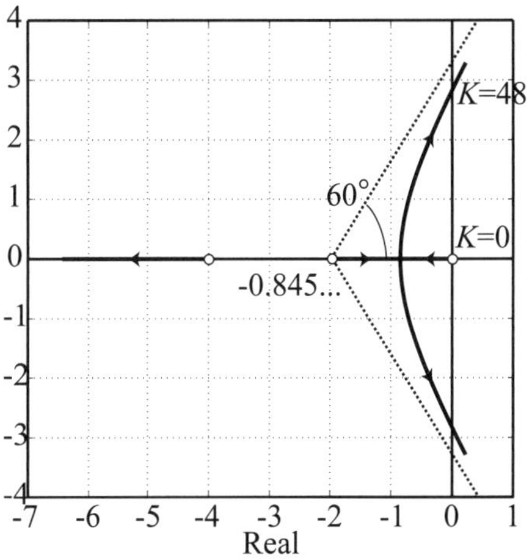

図 7.4　根軌跡(例 7.2)

これより，図 7.4 のような根軌跡が描ける．根軌跡と虚数軸が交わるとき，特性方程式は純虚数の解を持つことを考慮して，特性多項式は

$$\begin{aligned}Knum(s)+den(s)&=s^3+6s^2+8s+K\\&=(s^2+a)(s+b)\end{aligned} \tag{7.17}$$

の形で書けて，係数を比較することで $K=48$ を得る．これより，閉ループ系が安定となるためには

$$0<K<48 \tag{7.18}$$

を満たせばよい．

【例 7.3】 制御対象が

$$P(s)=\frac{1}{(s+2)(s^2+2s+2)} \tag{7.19}$$

で与えられたとき，このシステムに対する根軌跡を描け．また，フィードバック系が安定となるためのフィードバックゲインの範囲を求めよ．

【解 7.3】 根軌跡は以下の手順で描かれる．

［性質 1］ 出発点は $P(s)$ の極で，$s=-2,-1\pm j$．零点は存在しないので全て無

限遠点へと向かう.

[性質 2]

$$n - m = 3 - 0 = 3 \quad (7.20)$$

より，漸近線は 3 本．それぞれが実数軸となす角度は 60°,180°,300°．また，漸近線の実数軸との交点は

$$\frac{-2-1+j-1-j}{3} = -\frac{4}{3} \quad (7.21)$$

より，$\left(-\frac{4}{3}, 0\right)$.

[性質 3]　実数軸上では $(-\infty, -2)$ に存在する.

[性質 4]　根軌跡が実数軸と分離する点はない.

[性質 5]　根軌跡が $-1+j$ から出発する角度は,

$$\angle(-1+j+2) = 45° \quad (7.22)$$

$$\angle\{-1+j-(-1-j)\} = \angle 2j = 90° \quad (7.23)$$

より,

$$180° - (45° + 90°) = 45° \quad (7.24)$$

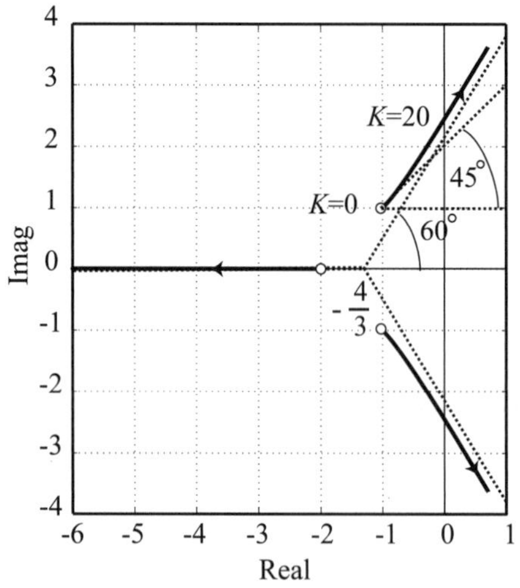

図 7.5　根軌跡(例 7.3)

これより，図 7.5 のような根軌跡が描ける．根軌跡と虚数軸が交わるとき，特性方程式は純虚数の解を持つことを考慮して，特性多項式は

$$\begin{aligned} Knum(s) + den(s) &= s^3 + 4s^2 + 6s + 4 + K \\ &= (s^2 + a)(s + b) \end{aligned} \quad (7.25)$$

の形で書けて，$K = 20$ を得る．これより，閉ループ系が安定となるためには係数を比較して

$$0 \le K < 20 \quad (7.26)$$

を満たせばよい.

上記のように，根軌跡法を手で作図しコントローラの安定な範囲を見つけることはシステムの次数が上がるにつれて煩雑になる．実際的なところ，手計算で求められるのは 3 次が限界である．次の例はシステムが 4 次のものであり，これがかなり労を要する.

【例 7.4】制御対象が

$$P(s) = \frac{s+1}{s(s+3)(s^2+2s+2)} \quad (7.27)$$

で与えられたとき，これに対するフィードバックコントローラを

$$K(s) = \frac{k}{s+2} \quad (7.28)$$

の形で設計し，閉ループ系が安定となる k を根軌跡を用いて求めよ.

【解 7.4】開ループ伝達関数 $P(s)K(s)$ を考えて,

$$G(s) = \frac{s+1}{s(s+2)(s+3)(s^2+2s+2)} \quad (7.29)$$

に対する根軌跡を考えればよい.

[性質 1] 発点は $G(s)$ の極で，$s = 0, -2, -3, -1 \pm j$．零点は-1 なので根軌跡は 5

本存在しそのうち 1 本は-1 へ，4 本は無限遠点へと向かう．

［性質 2］

$$n-m=5-1=4 \tag{7.30}$$

より漸近線は 4 本．それぞれが実数軸となす角度は 45°,135°,225°,315°．また，漸近線の実数軸との交点は

$$\frac{0-2-3-1+j-1-j+1}{4}=-\frac{3}{2} \tag{7.31}$$

より，$\left(-\frac{3}{2},0\right)$．

［性質 3］数軸上では $(-3,-2)$，$(-1,0)$ に存在する．

［性質 4］軌跡が実数軸と分離する点は

$$\frac{d}{ds}G^{-1}(s)=\frac{4s^5+26s^4+64s^3+76s^2+44s+12}{(s+1)^2}=0 \tag{7.32}$$

より，

$$s=\begin{cases}-2.58... & \\ -1.48...\pm 0.641..j & \leftarrow \text{性質 3 を満たさない} \\ -0.47...\pm 0.466..j & \leftarrow \text{性質 3 を満たさない}\end{cases} \tag{7.33}$$

［性質 5］　軌跡が $-1+j$ から出発する角度は，

$$\begin{aligned}&\angle(-1+j-0)=135^\circ \qquad \angle(-1+j+2)=45^\circ \\ &\angle(-1+j+3)=\arctan\frac{1}{2} \quad \angle(-1+j+1+j)=90^\circ \\ &\angle(-1+j+1)=90^\circ\end{aligned} \tag{7.34}$$

より，

$$180^\circ-(135^\circ+45^\circ+\arctan\frac{1}{2}+90^\circ-90^\circ)=-26.56...^\circ \tag{7.35}$$

これより，図 7.6 のような根軌跡が描ける．根軌跡と虚数軸が交わるとき，特性方程式は複素数，純虚数，実数の解を持つことを考慮して，特性多項式は

$$\begin{aligned}Knum(s)+den(s)&=s(s+2)(s+3)(s^2+2s+2)+k(s+1) \\ &=(s^2+a)(s+b)(s^2+cs+d)\end{aligned} \tag{7.36}$$

の形で書けて，$k=16.96...$ を得る．これより，閉ループ系が安定となるためには係数を比較して

$$0<k<16.96... \tag{7.37}$$

を満たせばよい．

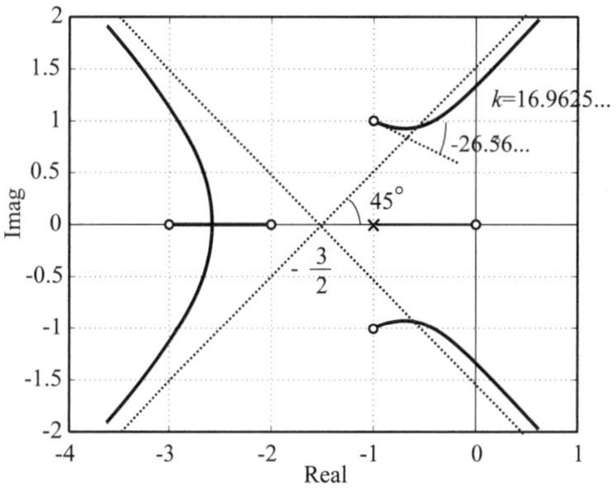

図 7.6　根軌跡(例 7.4)

この例で，根軌跡を描くには多くの計算量を必要とし容易ではない．次数の高いシステムでは，計算機の支援なしで安定性を評価することは困難なようである．ただし，計算機のアルゴリズムは確立しているため次数の高くなった特性多項式を解くより体系的に安定性が評価できることが利点である．

7・2　PID 制御 (PID control)

前節の根軌跡法によって求めたコントローラは，例 7.4 のように伝達関数で表現されたコントローラも設計はできるものの，一般には定数ゲインのみ

を決定する手法である．これに対し，伝達関数で表現されたコントローラは逆ラプラス変換によって運動方程式で記述することもでき，ダイナミクスを持ったコントローラである．このコントローラは定数によるコントローラよりも多くの自由度を持ち，より高度な設計を可能としている．本章では，伝達関数で表現されたコントローラの設計について述べる．

7・2・1 比例制御・微分制御・積分制御(proportional control, derivative control, integral control)

(a) 比例制御

7・1 節における例 7.2，例 7.3 のコントローラは出力の定数フィードバックであった．これを比例制御と呼ぶ．一般に Proportional の P をとって P 制御と呼ばれる．

【例 7.5】 制御対象が $P(s)$，

$$y = P(s)u$$
$$P(s) = \frac{6}{(s+1)(s+2)(s+3)} \tag{7.38}$$

に対して，比例制御則

$$u = -K_p y \quad (K_p \text{は定数}) \tag{7.39}$$

によってコントローラを設計せよ．また，安定化する K_p の範囲を求めよ．

【解 7.5】 【例 7.1】の結果から $0 < K_p < 10$ のとき，閉ループ系は安定となる．なお，このとき K_p を比例ゲインと呼ぶ．

(b) 微分制御

制御対象 $P(s)$

$$y = P(s)u \tag{7.40}$$

に対して，

$$u = -K_d \frac{dy}{dt} \quad (K_d \text{は定数}) \tag{7.41}$$

の制御則によってコントローラを設計するとき，これを微分制御と呼ぶ．K_d を微分ゲインと呼ぶ．一般に Derivative の D をとって D 制御と呼ばれる．

(c) PD 制御

P 制御と D 制御を合わせて，制御則を

$$u = -K_p y - K_d \frac{dy}{dt} = -(K_p + K_d s)y \tag{7.42}$$

とするとき，これを PD 制御と呼ぶ．なお，ここではラプラス演算子 s を微分オペレータとして取り扱っている．

いま，図 5.3 のバネ・質量・ダンパシステムに対して，PD コントローラを設計しよう．このシステムの運動方程式は

$$m\ddot{x} = -kx - d\dot{x} + f \tag{7.43}$$

である．これに対し制御則を

$$f = -(K_p + K_d s)x = -K_p x - K_d \dot{x} \quad (7.44)$$

として，式(7.43)に代入すると，

$$\begin{aligned} m\ddot{x} &= -kx - d\dot{x} - K_p x - K_d \dot{x} \\ &= -(k + K_p)x - (d + K_d)\dot{x} \end{aligned} \quad (7.45)$$

となる．これより，もとのシステムのバネ定数 k が $k + K_p$，ダンパの粘性係数 d が $d + K_d$ に変化したシステムと等価である．これより，P 制御はバネ定数 K_p のバネ，D 制御では粘性係数 K_d のダンパを仮想的に実現していることに相当する．

【例 7.6】 図 7.7 に示される 1 リンクマニピュレータに対して PD コントローラを設計する．閉ループ系の安定性を調べよ．

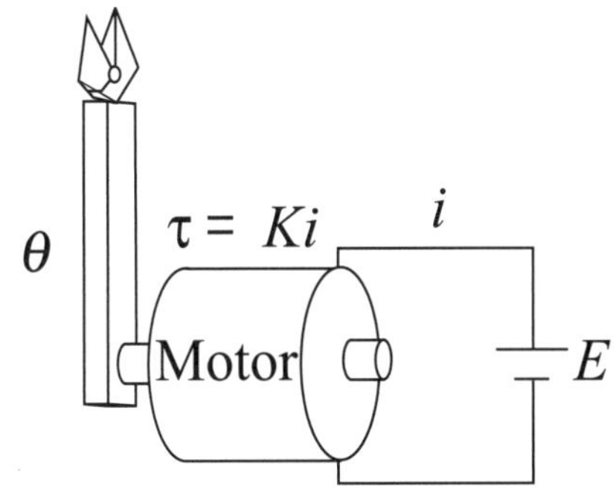

図 7.7　1 リンクマニピュレータ

【解 7.6】 このシステムの運動方程式は

$$J\ddot{\theta} = -d\dot{\theta} + \tau \quad (7.46)$$

となる．ここで，J は回転軸周りのモータ，マニピュレータの慣性モーメント，θ はモータの回転角，d はモータの回転に対する減衰係数，τ はモータの出力するトルクでモータに流れる電流に対して比例する(図 7.7 では比例定数を K とおいている)．静止摩擦などの非線形項は無視し，線形なシステムとして表現した．このシステムに対し，入力をモータのトルク，出力を回転角 θ として伝達関数を求めると，

$$\theta = \frac{1}{s(Js + d)}\tau = P(s)\tau \quad (7.47)$$

となる．このシステムに対し，

$$\tau = -(K_p + K_d s)\theta = -K(s)\theta \quad (7.48)$$

となる PD コントローラを設計し安定化させよう．このとき，開ループ系 $P(s)K(s)$ のナイキスト線図は図 7.8 のようになる．ここでは各パラメータに $J=d=1$, $K_d=2$, $K_p=4$ を代入して計算しているが，大まかな特性に大差はない．これより，ベクトル軌跡は位相 180° に達することはなく，ナイキスト線図は (−1,0) を時計回りに回ることはない．そのため，パラメータの値によらず必ず安定な閉ループ系が設計される．これらをまとめて，式(7.47)のようなモータ系の運動方程式で表されるシステムに PD コントローラを設計した場合，閉ループ系の安定性が保証される．すなわち，同定した物理パラメータ(質量や長さなど)に誤差があっても閉ループ系は不安定にはならない．ただし，実際にはモータ出力のオーバフローなどにより，モデルには現れない非線形項の影響により不安定になることもあり得る．

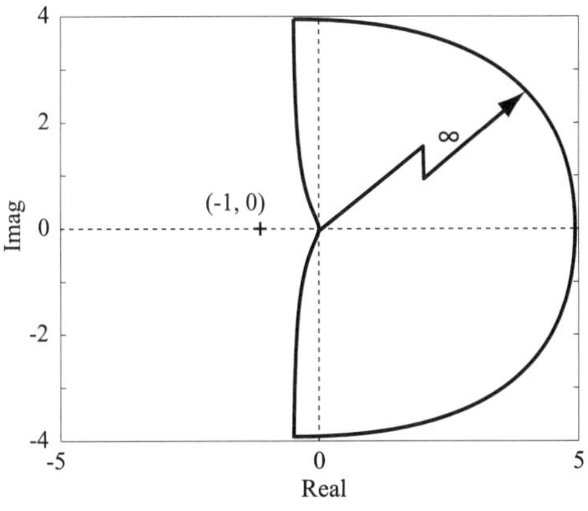

図 7.8　1 リンクマニピュレータのナイキスト線図

(d) 積分制御

式(7.40)の制御対象に対して，制御則を

$$u = -K_i \int_{t_0}^{t} y(t)dt \quad (K_i \text{は定数}) \quad (7.49)$$

としたとき，これを積分制御という．また，K_i を積分ゲインと呼ぶ．一般に Integral の I をとって I 制御と呼ばれる．I 制御は【例 7.6】のような物理的な

意味は持たないが，電気回路ではコンデンサを意味する．

(e) PID制御

比例制御，積分制御，微分制御を全てあわせて，制御則を

$$u(t) = -\left(K_p y(t) + K_d \dot{y}(t) + K_i \int_{t_0}^{t} y(t)dt \right) \tag{7.50}$$

としたとき，これをPID制御と呼ぶ．PIDコントローラの伝達関数は，

$$-(K_p + sK_d + \frac{K_i}{s}) = -\frac{K_d s^2 + K_p s + K_i}{s} \tag{7.51}$$

となる．PIDコントローラは

$$-K_p(1 + sT_d + \frac{T_i}{s}) = -K_p \frac{T_d s^2 + s + T_i}{s} \tag{7.52}$$

のように表記されることもある．この伝達関数では，分母多項式の次数<分子多項式の次数となっている．4・2節で述べたように，一般に分母多項式の次数≥分子多項式の次数となるシステムをプロパーなシステムといい，次章の現代制御理論において重要な概念として用いられる．プロパーでないシステム(分母多項式の次数<分子多項式の次数となるシステム)は計算に未来の情報を用いることを意味している．例えば，ある信号のある時間の厳密な微分値を求めるためには信号の未来の値がなければ計算ができない．このため，リアルタイム制御では，厳密な微分値を得ることはできない．そこで，微分作用は以下の擬似微分（3・2節参照）によって用いられることが多い．適当な定数 F を用いて，

$$u = \frac{Fs}{s+F} y \tag{7.53}$$

として計算された u は y の擬似微分要素である．これを用いると，D制御コントローラの伝達関数は

$$K_d s \frac{F}{s+F} \tag{7.54}$$

となり，プロパーなシステムとして表現される．ここで，$\frac{F}{s+F}$ の意味について考えてみよう．このシステムのボード線図は図7.9で表される．これは低周波数帯域では1(ゲイン0)であり，高周波数帯域では1からずれる．すなわち，式(7.54)は低周波数帯域では微分が実現され，高周波数帯域では微分信号とはずれが生じる．F を大きくするほど微分が実現される帯域が広くなる．この擬似微分を用いることで，式(7.51)のPIDコントローラは

$$-(K_p + sK_d \frac{F}{s+F} + \frac{K_i}{s}) = -\frac{(K_p + K_d)s^2 + (K_p F + K_i)s + K_i F}{s(s+F)} \tag{7.55}$$

で表され，プロパーなコントローラとなる．式(7.54)を信号 y にローパスフィルタ $\frac{F}{s+F}$ を施した後に微分するともとらえることができる．

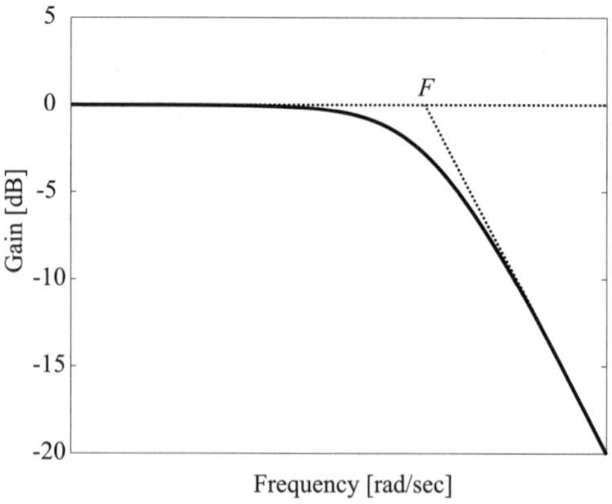

図7.9　$\frac{F}{s+F}$ のボード線図

一般に，積分作用は位相を遅らせる効果があり，安定性の面からあまり望

ましくない．では，なぜ積分制御が行われるのか考えてみよう．制御系を構成した場合，一般には目標値追従性が評価されることが多い．この制御系は図 7.0 で表される閉ループ系の r から y までの伝達関数で評価される．さて，目標値として

$$r(t)=r_0 \tag{7.56}$$

のように，ステップ信号を与えたときを考えよう．このとき，十分時間がたった後の $y(t)$ の値は，最終値定理から

$$\lim_{t\to\infty} y(t)=\lim_{s\to 0}\frac{P(s)K(s)}{1+P(s)K(s)}r_0 \tag{7.57}$$

となる．これより， $y(t)$ が目標値 r_0 に偏差なく追従するためには

$$\lim_{s\to 0}\frac{P(s)K(s)}{1+P(s)K(s)}\to 1 \tag{7.58}$$

が必要であり，これより

$$\lim_{s\to 0}P(s)K(s)\to\infty \tag{7.59}$$

が必要である．これは $P(s)$ あるいは $K(s)$ が積分特性を有することを意味する．一般に，モータ系は積分特性を有するためコントローラが積分特性を持つ必要はない．しかし，実際のシステムでは摩擦などの影響によりモータ系も積分特性は持たず，目標値追従性を考慮するとコントローラが積分特性を持つことが重要となってくる．

上で述べたように，システムの平衡点(入力 0 の状態で，制御対象が動かない点)以外でシステムを静止させるためにはコントローラに積分特性が必要となる．例えばロボットの制御において重力の影響によってロボットが目標の姿勢にならないときがあるが，コントローラに積分特性を持たせることで，重力補償がなされ，ロボットは目標の姿勢に達することができる．

(f) 差分と微分

擬似微分がでてきたので，差分と微分に関してコメントする．第 1 章で述べたように，メカトロニクス系の制御では計算機を用いることが一般的である．計算機は離散的なシステムであり，連続時間を扱うことができない．これは微分信号を用いるときに大きな影響を及ぼす．デジタルコントローラを設計するとき，微分信号は用いることができないため，差分することで近似する場合が多い．信号 $y(t)$ の微分は

$$\frac{dy(t)}{dt}\simeq\frac{y(t)-y(t-T)}{T} \tag{7.60}$$

で近似される．ここで，T はサンプリングタイムである．この近似はサンプリングタイム T が長いときにはその近似誤差が大きくなることはよく知られている．しかし，実際には短すぎてもその精度は悪くなる．例えばサンプリングタイム T =1[msec]でモータの回転角を 1000[p/r]のエンコーダで検出する場合を考えよう．エンコーダは角度をデジタル信号に変換し，雑音の影響が小さくなる精度の良いセンサとして知られる．しかし，モータがゆっくりと回る場合，サンプリングタイム T =1[msec]の間にはパルスが 1 つくるかこないかといった状況が生じる．パルスが 1 つきたときは回転速度は

$$\frac{1}{0.001}\times\frac{2\pi}{1000}=2\pi\ [\mathrm{rad/sec}] \tag{7.61}$$

と判断され，パルスがこなくなれば 0[rad/sec]と判断されてしまう．これより，速度信号は 2π [rad/sec]あるいは 0[rad/sec]の 2 値しかとらない．ポテンショメータなどのアナログセンサを用いても，最終的には A/D 変換ボードなどにより信号はデジタル化されるため同様の現象が起こる．これより，差分の近似が成り立つのは，サンプリングタイムが短く，しかもセンサの分解能が良いときに限定される．

ここで，シフトオペレータ q を導入しよう．シフトオペレータとは

$$qy(t)=y(t+T) \tag{7.62}$$

によって定義されるもので，時間を T だけシフトさせるものである．これを用いることで，離散時間信号が表現しやすくなる．q を用いると，式(7.60)の差分は

$$\frac{y(t)-y(t-T)}{T}=\frac{1-q^{-1}}{T}y(t)=\frac{q-1}{Tq}y(t) \tag{7.63}$$

として表される．これより，差分では微分作用を

$$\frac{d}{dt}\simeq\frac{q-1}{Tq} \tag{7.64}$$

として近似したものであると言える．微分を近似したものとして，双一次変換がある．双一次変換は一般に

$$s\simeq\frac{aq+b}{cq+d} \tag{7.65}$$

の形で書ける．この変換を用いることで，差分よりも良い微分近似を得ることができる．例えば，Tustin 変換では

$$s=\frac{2(q-1)}{T(q+1)} \tag{7.66}$$

の近似により，よい微分近似であることが知られている．

7・2・2　ジーグラー=ニコルスの限界感度法(Ziegler/Nichols' ultimate sensitivity method)

PID コントローラのパラメータを決める方法としては，決定的なものはないが経験的な方法として，ジーグラー=ニコルスの限界感度法がある．ここではこれを紹介する．この手法においてはモデルの情報は使われていない．そのため，この手法ではコントローラのパラメータ決定の方針を与えるに留まっており，安定性を保証したコントローラの設計法を体系的に与えるものではない．

いま，制御対象 $P(s)$ が

$$P(s)=\frac{K}{1+Ts}e^{-Ls} \tag{7.67}$$

の表現，あるいは

$$P(s)=\frac{K}{s}e^{-Ls} \tag{7.68}$$

で近似できたとしよう．プロセス制御系ではこの近似がよく用いられる．こ

の制御対象に対して，目標値応答の行き過ぎ量が 25%程度になるようにパラメータを設定するのがジーグラー=ニコルスの限界感度法である．

ステップ 1　まず，比例制御だけを用いる．$K_d = K_i = 0$ とし，K_p を徐々に大きくしていき閉ループ系が安定限界となる K_p の値を K_c とする．また，このとき安定限界なのでシステムには持続する振動が残る．この振動の周期を T_c とする．
ステップ 2　K_p，K_d，K_i を K_c，T_c に基づいて表 7.1 から決める．

制御対象の伝達関数が分かれば，根軌跡法を用いることで K_c の値を求めることができる．また，そのときの閉ループ系の極の値から T_c も求めることができる．

表7.1 ジーグラー＝ニコルスの限界感度法

	K_p	K_d	K_i
P 制御	$0.5\,K_c$	0	0
PI 制御	$0.45\,K_c$	0	$K_p\,/\,(0.83\,T_c)$
PID 制御	$0.6\,K_c$	$0.125\,T_c\ K_p$	$K_p\,/\,(0.5\,T_c)$

未知のシステムに対し，パラメータの値をどう設定すれば良いか分からない場合に，この方法を用いておおよその見当を得て，その後微調整をしながら適当な値を見つけるのに役立つ．

7・2・3　位相進み補償と位相遅れ補償(phase lead compensation and phase lag compensation)

PID コントローラでは 3 つのパラメータが存在しこれらの最適化が良いコントローラを求めるための条件となる．しかし，3 つのパラメータだけでは限界がありもっと多くのパラメータによってより高度な制御系の設計が必要となる．ここでは位相遅れ補償と位相進み補償によるコントローラの設計について述べる．

(a) 位相遅れ補償

位相遅れ補償器 $K_{p\_lag}(s)$ は

$$K_{p\_lag}(s) = \frac{k(1+T_2 s)}{1+T_1 s} \quad (T_1 > T_2 > 0) \tag{7.69}$$

のような一次遅れ系の形で表される．位相遅れ補償器のボード線図を図 7.10 に示す．一次遅れ系の位相線図は高周波数帯域で位相が遅れる形をしており，位相遅れ補償の名前が付いている．PID コントローラ K_{PID} が設計されているとき，PID 制御と位相遅れ補償をあわせた制御則は

$$K(s) = K_{PID}(s) K_{p\_lag}(s) \tag{7.70}$$

となる．位相遅れ補償の効果は以下のものがあげられる．

(1) 目標値 r から制御対象の出力 y までの伝達関数は

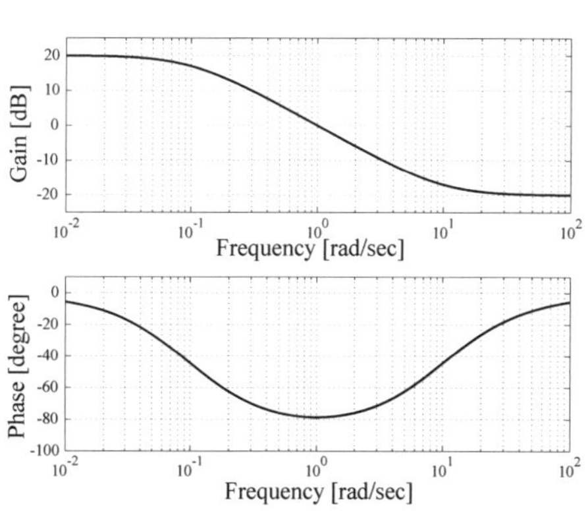

図 7.10　位相遅れ補償器のボード線図

$$y = \frac{PK}{1+PK} r \tag{7.71}$$

で表されるため，$K \to \infty$ とすれば伝達関数は1となり，目標値に対する完全な追従が期待できる．そのため，時間応答を改善するためにはゲインを上げることが望ましい．しかし，ゲイン余裕の観点からするとフィードバックゲインを上げることはあまり望ましくない．そこで，位相遅れ補償を用い低周波数帯域のみでのフィードバックゲインを上げ，高周波数帯域でのゲインを下げることで，位相が180°まで遅れない周波数帯域のみでのハイゲインフィードバックを実現する．つまり，ゲイン余裕を大きくする効果があると言える．

(2) 一般に P の出力信号 $y(t)$ には多くの雑音が含まれる．位相遅れ補償は高周波数帯域でのゲインを下げているので，ローパスフィルタの特性をもっており，信号のフィルタの役割を果たしている．

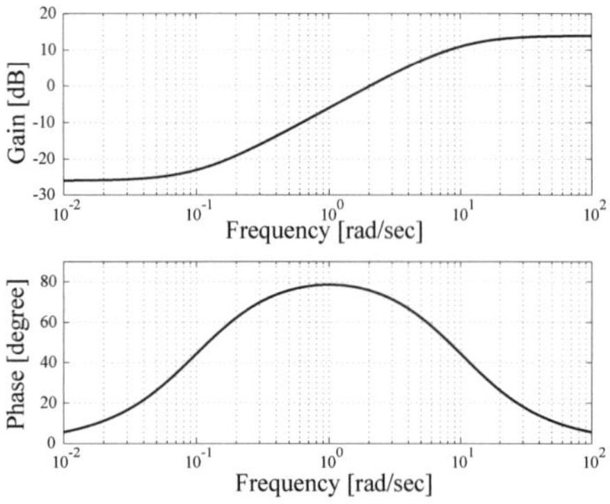

図7.11 位相進み補償器のボード線図

(b) 位相進み補償

位相進み補償器 $K_{p\_lead}(s)$ は

$$K_{p\_lead}(s) = \frac{k(T_2 s+1)}{T_1 s+1} \quad (T_2 > T_1 > 0) \tag{7.72}$$

の形で表される．位相進み補償器のボード線図を図7.11に示す．ある周波数帯域での位相を進ませる形をしている．PIDコントローラ K_{PID} が設計されているとき，PID制御と位相遅れ補償をあわせた制御則は

$$K(s) = K_{PID}(s) K_{p\_lead}(s) \tag{7.73}$$

となる．位相進み補償の効果は以下のものがあげられる．

(1) 位相余裕の観点から，位相遅れ補償を用いると位相が遅れ，あまり望ましくない．そこで，位相進み補償を用いて，ゲインが 0[dB]を横切る周波数近辺の位相を進ませ，位相余裕を大きくする．

(2) 位相進み補償は位相遅れ補償と逆の特性を持ち，ハイパスフィルタの役割を果たす．位相は進むため，コントローラの応答性は良くなり，結果としてフィードバック系の時間応答は改善される．ただし，高周波数帯域でのゲインはあがるので，雑音を拾いやすくなることに注意が必要である．

ここで，位相遅れ補償と位相進み補償の効果を見てみよう．伝達関数が

$$P(s) = \frac{1}{10s^2 + 80s + 100} \tag{7.74}$$

で表されるバネ・質量・ダンパ系に対して，比例(P)補償器を設計した．さらに，位相遅れ補償器

$$K_{p\_lag} = \frac{3(0.01s+1)}{0.1s+1} \tag{7.75}$$

と位相進み補償器

$$K_{p\_lead} = \frac{0.5s+1}{0.01s+1} \tag{7.76}$$

を設計し，閉ループ系のステップ応答を調べた．結果を図7.12に示す．比例

補償器だけでは，目標値(=1)との定常偏差が大きかったのに対し，位相遅れ補償を設けて，低周波数帯域のゲインを上げることで，定常偏差を小さくすることができる．一方，位相進み補償器を用いることで，閉ループ系の応答性が向上し，定常値に到達するまでの時間が短くなる．

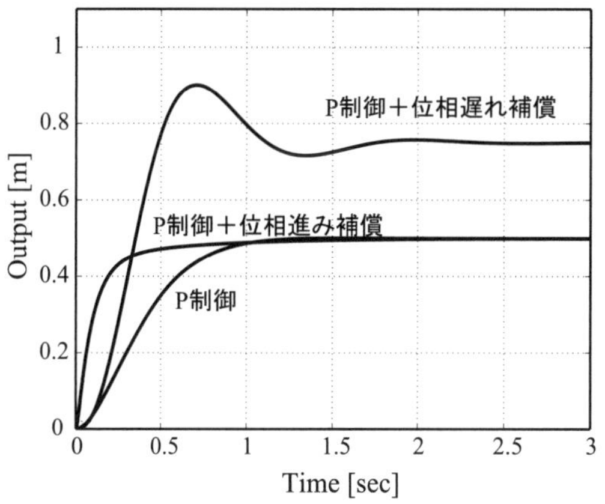

図 7.12　位相遅れ補償と位相進み補償の効果

PID 制御や位相遅れ補償，位相進み補償を用いることで，高度なコントローラの設計が可能となる．全ての線形コントローラはこれらの組み合わせによって記述することができる．後に述べる最適レギュレータ(optimal regulator)やオブザーバ(observer)，さらに高度な設計法（例えば，H_∞ 制御理論を用いた設計）でも，線形のコントローラが得られるため，基本的に PID 制御，位相遅れ補償，位相進み補償での理解も可能である．ただし，これらの組み合わせでは多くの設計パラメータがあり，どのパラメータをどのように設定すべきか，その指針が得られない．この指針を体系的にまとめたものが現代制御理論でいうロバスト制御理論(robust control theory)であり，物理現象や人間の理解に基づいたパラメータチューニングが可能な方法であると言える．

7・3　極配置法(pole assignment technique)－その 1－

上記の PID 制御では，閉ループ系の安定性に関する考慮を行っていない．そのため，設計したコントローラを用いた閉ループ系が安定になるか否かはコントローラを設計してはじめて分かることである．まず，安定化可能なコントローラを設計した後，閉ループ系が希望の応答を持つように，パラメータのチューニングをするのが普通である．一方，閉ループ系の安定性は，式(5.8)の特性方程式の解(極)によって記述できる．そこで，この極を希望のものになるよう，コントローラを設計するのが極配置法である．全ての極を複素平面の左半平面に持つシステムは安定なシステムであった．そこで，極配置法によって閉ループ系の極を左半平面に配置すれば，閉ループ系の安定性が保証される．

【例 7.7】制御対象の伝達関数を

$$P(s)=\frac{1}{s^2+a_1 s+a_0} \tag{7.77}$$

とする．このシステムは分母多項式の次数が 2 なので 2 次のシステムであるという．このとき，閉ループ系の極を p_1，p_2 に配置するコントローラを

$$K(s)=k_1 s+k_0 \tag{7.78}$$

の形で求めよ．

【解 7.7】閉ループ系の特性方程式は

$$1+P(s)K(s)=(k_1 s+k_0)+(s^2+a_1 s+a_0)=0 \tag{7.79}$$

となる．このとき，閉ループ系の極を p_1，p_2 に配置したいとすると，

$$(k_1 s+k_0)+(s^2+a_1 s+a_0)=(s-p_1)(s-p_2) \tag{7.80}$$

の方程式を満たす k_1，k_0 によって閉ループ系の極を p_1，p_2 に配置する．係数を比較することで，

$$k_1 = -p_1 - p_2 - a_1 \quad (7.81)$$

$$k_0 = p_1 p_2 - a_0 \quad (7.82)$$

となる．

このように，制御対象の次数より一つ小さい数だけの次数を持った多項式のフィードバック系によって任意の極への配置が可能である．

【例 7.8】制御対象の伝達関数を

$$P(s) = \frac{2s+1}{s^2+s+1} \quad (7.83)$$

とする．このとき，コントローラを

$$K(s) = k_1 s + k_0 \quad (7.84)$$

として，閉ループ系の極を -1，-2 に配置するような k_1，k_0 を求めよ．

【解 7.8】特性方程式を a を用いて

$$(k_1 s + k_0)(2s+1) + (s^2+s+1) = a(s+1)(s+2) \quad (7.85)$$

とすると，係数を比較することで

$$k_1 = 0, \quad k_0 = 1 \quad (7.86)$$

となり，a は自動的に $a = 1$ となる．

ここでは 2 次のシステムに対して極配置を行ったが，次数が高いシステムに対する極配置は大変多くの計算を要し，楽ではない．11・3 節の極配置法－その 2－では，現代制御理論にのっとり，これを体系的に計算する方法を学ぶ．

本節では，閉ループ系の極を指定する方法を述べたが，零点に関する考察は行っていない．6・1 節で述べたように，閉ループ系の応答は極と零点から決まるため，応答を希望の形にしようとした場合には，零点に対する考察も行わなければならない.つまり，極配置法によって、安定性や収束の速さは指定できても、応答の挙動を何もかも指定できることを意味しない．応答を希望の形に修正するものとして，2 自由度制御系がある．以下では，2 自由度制御系に関して，簡単に説明する．

7・4　2 自由度制御系

前節の極配置法では零点の指定ができないため，閉ループ系の応答を任意のものにすることはできないことを述べた．これを改善する方法として 2 自由度制御系がある．2 自由度制御系とは，フィードバック制御によって閉ループ系を安定化し，さらにフィードフォワード制御によって閉ループ系の応答を修正するという 2 本立てを意味する．

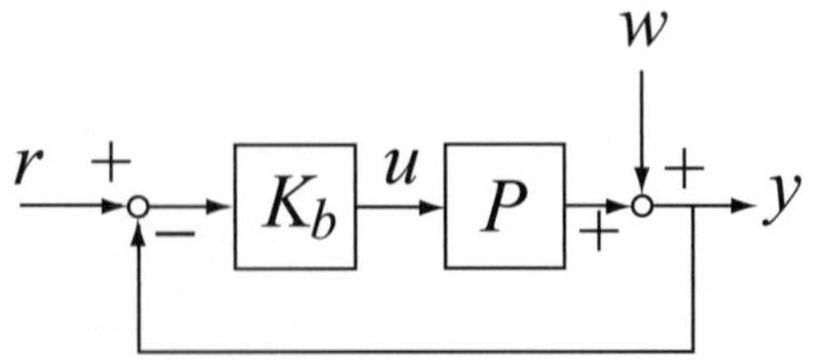

図 7.13　フィードバックコントローラの設計

7・4・1　2 自由度制御系の設計

外乱を持つ制御対象 $P(s)$ に対する 2 自由度制御系を設計しよう．制御対象は

$$y = P(s)u + w \quad (7.87)$$

とし，出力端に入る外乱を考える．まず，図 7.13 で表されるフィードバックコントローラ K_b を設計する．このとき，目標値 r，外乱 w から y までの伝達関数は

$$y = \frac{PK_b}{1+PK_b} r + \frac{1}{1+PK_b} w \tag{7.88}$$

となる．ここで，コントローラ K_b は閉ループ系の安定化と外乱の影響を小さくすることのみを目的とするが，目標値に対する過渡応答に対しては考慮しない．そこで，目標値応答設計にも対応するために，例えばフィードフォワードコントローラ K_f を図 7.14 のように配置することにより，目標値 r，外乱 w から y までの伝達関数は

$$y = \frac{PK_b}{1+PK_b} K_f r + \frac{1}{1+PK_b} w \tag{7.89}$$

となる．外乱の影響は K_b によって抑制し，目標値応答は K_f によって整形するような設計自由度が 2 となる制御系が構成される．

K_b の設計にどのようなアルゴリズムを用いていてもかまわない．しかし，ここで述べたように外乱に対する影響を小さくするようなコントローラであることが望ましいので PID 制御だけではなく，例えば，さらに高度な H_∞ 制御に代表されるロバスト制御理論での設計が有効であるが，ここでは H_∞ 設計法には言及しない．

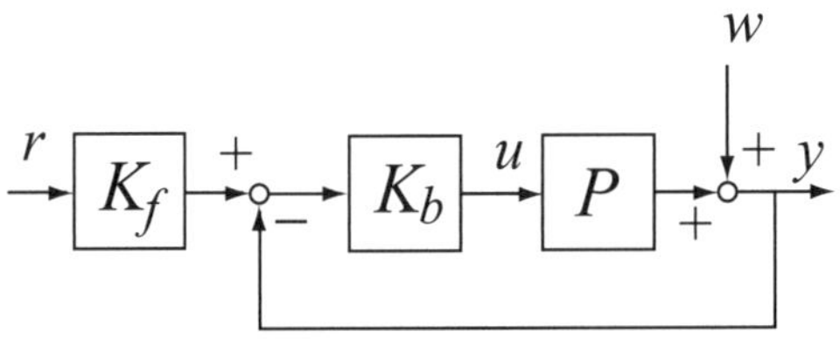

図 7.14　2 自由度制御系

7・4・2　モデルマッチング問題

図 7.14 の 2 自由度制御系では K_f の設計指針や系の構成にはある程度幅がある．そこで，K_f の代わりに r から y までの伝達関数を導入する方法を考えよう．これは，図 7.13 の制御系に対して，目標値 r から y までの伝達関数，つまり式(7.89)の右辺第 1 項の伝達関数を希望の形に整形する問題に役立つ．これの問題を特にモデルマッチング問題(model matching problem)と呼ぶ．

そこでいま，この希望の伝達関数を

$$y = G_m r \tag{7.90}$$

とする．このとき，図 7.14 とは異なり図 7.15 のような制御系を構成する．ここで，P_m は P のモデルである．P_m と P が等しいとき，r，w から y までの伝達関数は

$$y = G_m r + \frac{1}{1+PK_b} w \tag{7.91}$$

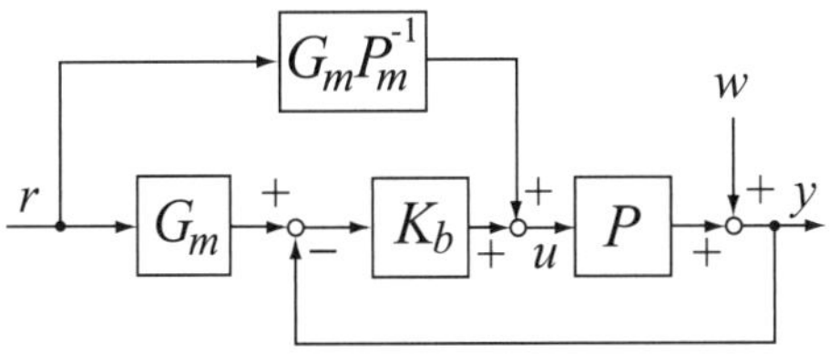

図 7.15　モデルマッチング問題

となる（各自検算してみよ）．ただし，ここでの K_b の役割は 7・4 節と同様に外乱に対する影響の軽減である．また，K_b はモデル化誤差の影響を軽減させることも目的としている．というのは，モデル構築時における線形化誤差や物理パラメータの測定誤差などの影響によるモデル化誤差が存在するので，実際には P_m と P の間には無視しえない誤差が存在する場合があるからである．

【例 7.9】次の伝達関数で表されるシステム

$$P(s) = \frac{10(s+5)}{(s+1)(s+0.1+5j)(s+0.1-5j)} \tag{7.92}$$

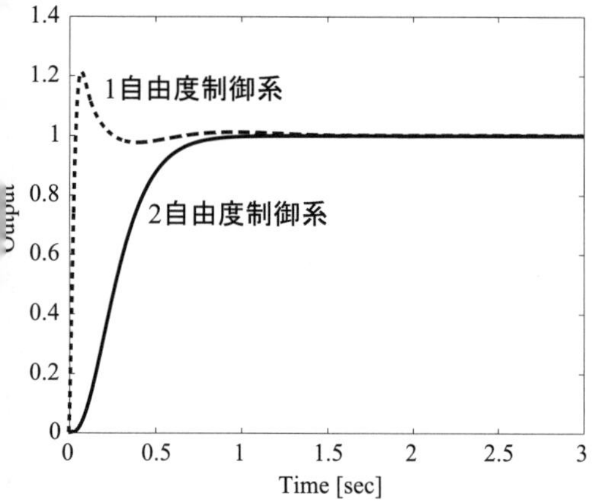

図7.16　1自由度制御系と2自由度制御系の応答

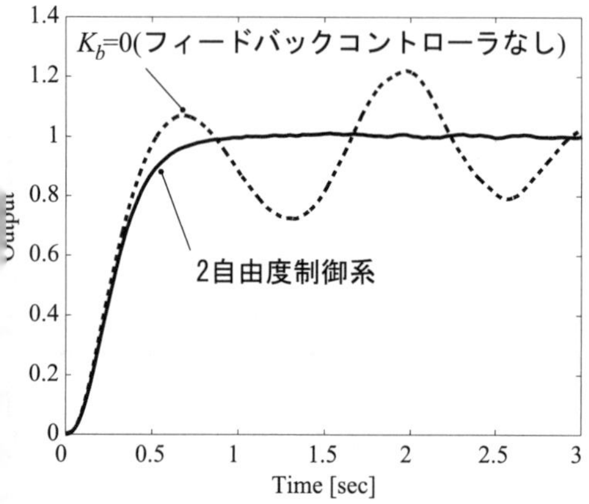

図7.17　フィードバックコントローラの効果

に対して，フィードバックコントローラ(PIDコントローラ)を

$$K_b(s)=K_p+K_d s+\frac{K_i}{s}$$

を設計した．なお，$K_p=20$，$K_d=4$，$K_i=100$とした．また，希望の伝達関数$G_m(s)$を

$$G_m=\frac{1000}{(s+10)^3} \tag{7.93}$$

として，2自由度制御系のステップ応答を調べよ．ただし，$P=P_m$とせよ．

【解7.9】　1自由度制御系(図7.13)と外乱w=0とした図7.15の2自由度制御系のステップ応答を図7.16に示す．1自由度制御系ではオーバーシュートが見られるが，2自由度制御系では見られない．

次に，フィードバックコントローラの効果を見るために，外乱wを白色雑音と想定して，フィードバック系の応答を調べた．$K_b(s)$を用いたときの応答と，$K_b(s)=0$としてフィードバックコントローラの影響を無くしたときの応答を図7.17に示す．フィードバックコントローラがない場合には，外乱によって制御対象の振動極，-0.1±5jが励起され，応答に振動的なモードが現れてしまう．

第 8 章

状態空間法へ

State Space Representation

この章では現代制御理論の考えに基づいて，システムを分類し，動的システムの数学モデルとして，状態方程式を取り上げ，前章までで学んだ伝達関数との関連について述べる．

8・1　状態と観測 (state and observation)

8・1・1　状態方程式(state equation)

第 1 章でも述べたように，システムの入力と出力を観測することにより，入出力関係を調べ，数式で表現されたモデルで表すことをモデリング(modeling)という．数式モデルを計算機にかけて，システムの挙動の解析や望ましい特性を持つフィードバック制御系を設計することができる．

図 8.1に示すように，システムへの入力を $\boldsymbol{u}(t)$，出力を $\boldsymbol{y}(t)$ とする．このシステムのある時刻 t_1 における出力 $\boldsymbol{y}(t_1)$ が，同じ時刻における入力 $\boldsymbol{u}(t_1)$ のみによって決まるならば，そのシステムは静的システム(static system)といわれる．これに対し，システムの出力 $\boldsymbol{y}(t_1)$ が，同じ時刻における入力 $\boldsymbol{u}(t_1)$ のみでなく過去の入力 $\boldsymbol{u}(t; t \le t_1)$ によっても影響されるならば，そのシステムは動的システム(dynamic system)といわれる．

図 8.1　システムの入力と出力

物理的に実現可能な動的システムにおいては，出力 $\boldsymbol{y}(t_1)$ は時刻 t_1 よりも先の未来の入力 $\boldsymbol{u}(t; t > t_1)$ には依存しない．これを因果律(causality)という．動的システムは過去の入力を記憶しておくために積分器や遅延要素を持っていると考えることができる．積分を含む方程式は微分方程式で書くこともできる．このような動的システムの状態を完全に決めるために必要な最小個の内部変数の組を状態変数 (state variable)という．

動的システムのうち，時間的に連続な連立 1 階線形微分方程式で例えば次の式(8.1)および式(8.2)のように，状態変数と入力変数の一次結合で表されるシステムを線形システム(linear system)，そうでないシステムを非線形システム(nonlinear system)という．

$$\begin{cases} \dot{x}_1 = a_{11}(t)x_1 + a_{12}(t)x_2 + a_{13}(t)x_3 + b_{11}(t)u_1 + b_{12}(t)u_2 \\ \dot{x}_2 = a_{21}(t)x_1 + a_{22}(t)x_2 + a_{23}(t)x_3 + b_{21}(t)u_1 + b_{22}(t)u_2 \\ \dot{x}_3 = a_{31}(t)x_1 + a_{32}(t)x_2 + a_{33}(t)x_3 + b_{31}(t)u_1 + b_{32}(t)u_2 \end{cases} \tag{8.1}$$

$$\begin{cases} y_1 = c_{11}(t)x_1 + c_{12}(t)x_2 + c_{13}(t)x_3 \\ y_2 = c_{21}(t)x_1 + c_{22}(t)x_2 + c_{23}(t)x_3 \end{cases} \tag{8.2}$$

式(8.1)および式(8.2)をベクトルと行列を用いて一般化して表すと次のようになる．

$$\dot{\boldsymbol{x}} = \boldsymbol{A}(t)\boldsymbol{x} + \boldsymbol{B}(t)\boldsymbol{u} \tag{8.3}$$

$$\boldsymbol{y} = \boldsymbol{C}(t)\boldsymbol{x} \tag{8.4}$$

ここで，$\boldsymbol{x} = [x_1 \quad x_2 \quad \cdots \quad x_n]^T$ を状態ベクトル (state vector)といい，状態べ

クトルの次元 n をシステムの**次数** (order)という．なお，肩の添え字 ^{T} は行列やベクトルの転置を表す．$\boldsymbol{u}=[u_1\ \ u_2\ \ \cdots\ \ u_m]^T$ は m 次元入力(制御)ベクトル，$\boldsymbol{y}=[y_1\ \ y_2\ \ \cdots\ \ y_r]^T$ は r 次元出力(観測)ベクトルである．式(8.3)を**状態方程式** (state space equation)，式(8.4)を**出力方程式** (output equation)とよび，これらをまとめて**システム方程式** (system equation)とよぶ．なお，状態方程式と出力方程式をまとめて状態方程式とよぶこともある．状態ベクトルの各要素を座標とする空間を**状態空間**(state space)とすると，状態空間は n 次元空間である．また，係数行列 $\boldsymbol{A}(t)$ は $(n\times n)$ 行列，$\boldsymbol{B}(t)$ は $(n\times m)$ 行列，$\boldsymbol{C}(t)$ は $(r\times n)$ 行列である．

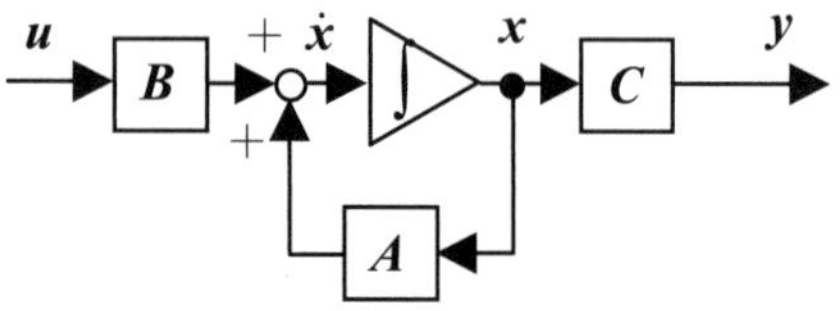

図 8.2　線形システム

$$\begin{pmatrix} \dot{\boldsymbol{x}} = \boldsymbol{A}(t)\boldsymbol{x}+\boldsymbol{B}(t)\boldsymbol{u} \\ \boldsymbol{y} = \boldsymbol{C}(t)\boldsymbol{x} \end{pmatrix}$$

線形時不変システム

$$\begin{pmatrix} \dot{\boldsymbol{x}} = \boldsymbol{A}\boldsymbol{x}+\boldsymbol{B}\boldsymbol{u} \\ \boldsymbol{y} = \boldsymbol{C}\boldsymbol{x} \end{pmatrix}$$

図 8.2 に線形システムのブロック線図を示す．なお，第 7 章以前ではブロック線図中の変数は大文字で表していた．これはラプラス変換を意味している．しかし，状態方程式表現を用いる現代制御理論では時間領域でシステムを扱うことが多いので，この章以降のブロック線図中の変数は小文字を用いることにする．

さらに，線形システムで，次の式(8.5)および式(8.6)のようにこれらの係数行列が時間 t に依存しない定数行列の時，**線形時不変システム**(linear time invariant system)という．

$$\dot{\boldsymbol{x}} = \boldsymbol{A}\boldsymbol{x}+\boldsymbol{B}\boldsymbol{u} \tag{8.5}$$

$$\boldsymbol{y} = \boldsymbol{C}\boldsymbol{x} \tag{8.6}$$

1 入力 u，1 出力 y の特別な場合には u，y はスカラであるから，式(8.5)および式(8.6)は次の式(8.7)および式(8.8)のように表される．

$$\dot{\boldsymbol{x}} = \boldsymbol{A}\boldsymbol{x}+\boldsymbol{b}u \tag{8.7}$$

$$y = \boldsymbol{c}\boldsymbol{x} \tag{8.8}$$

ここで，$\boldsymbol{A}$ は $(n\times n)$ 行列，$\boldsymbol{b}$ および $\boldsymbol{c}$ はそれぞれ次のような列ベクトルと行ベクトルである．

$$\boldsymbol{b}=\begin{bmatrix} b_1 \\ b_2 \\ \vdots \\ b_n \end{bmatrix},\quad \boldsymbol{c}=\begin{bmatrix} c_1 & c_2 & \cdots & c_n \end{bmatrix}$$

以下この章では，1 入力 1 出力システムを多入出力システムと明確に区別する必要があるときは，この表現を用いることにする．

下記の例で示すように，線形時不変モデルは，システムのモデル構築から直接得られることもあれば，常微分方程式モデルから得られることもある．元々非線形なモデルを第 2 章と同様な方法で線形化して得られることもある．ただし，実際には線形化した場合には時変システムになることが多い．また，8.3 節で述べるように，システムの伝達関数表現から得られることもある．なお，第 9 章および第 10 章で詳しく述べるように，状態方程式の表現は内部状態を表す状態変数の選び方に依存しており，一意的ではない．

なお，多くの実用的なシステムでは出力方程式は式(8.6)の形であるが，入力が直接出力に現れる入出力直結項（直達項）が存在する場合には次式のようになる．ここで $\boldsymbol{D}$ は $(r\times m)$ 行列である．以下ではこの形式は扱わない．

$$\boldsymbol{y} = \boldsymbol{C}\boldsymbol{x} + \boldsymbol{D}\boldsymbol{u}$$

【例 8.1】機械系の例として図 8.3 に示す質量，ばね，ダンパからなる 1 自由度系を考える．質量を m，ばね定数を k，ダンパの粘性係数を d，外力を F，ばねの自然長から測った変位を x とし，変位のみが出力 $y = x$ として観測できる時の状態方程式と出力方程式を求めよ．

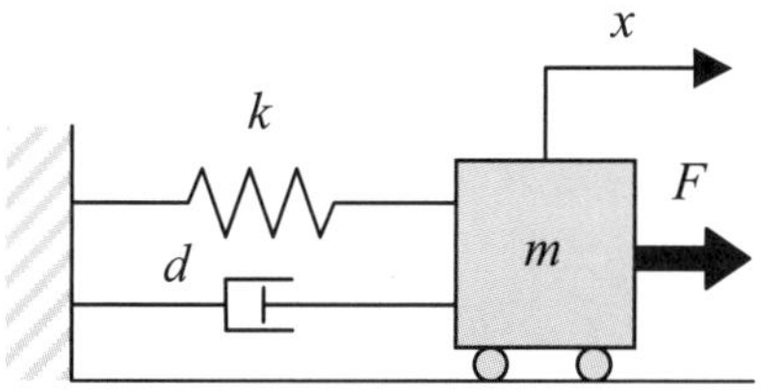

図 8.3　質量・ばね・ダンパ 1 自由度系

【解8.1】運動方程式は次の式(8.9)のようになる．

$$m\ddot{x} + d\dot{x} + kx = F \tag{8.9}$$

状態変数として $\boldsymbol{x} = [x \quad \dot{x}]^T$，入力を $u = F$ とすると，次のような 2 次の線形時不変システムで表される．

$$\begin{aligned} \dot{\boldsymbol{x}} &= \boldsymbol{A}\boldsymbol{x} + \boldsymbol{b}u \\ y &= \boldsymbol{c}\boldsymbol{x} \end{aligned} \tag{8.10}$$

ここで，係数行列は次のようになる．

$$\boldsymbol{A} = \begin{bmatrix} 0 & 1 \\ -\dfrac{k}{m} & -\dfrac{d}{m} \end{bmatrix}, \quad \boldsymbol{b} = \begin{bmatrix} 0 \\ \dfrac{1}{m} \end{bmatrix}, \quad \boldsymbol{c} = \begin{bmatrix} 1 & 0 \end{bmatrix} \tag{8.11}$$

【例 8.2】高階線形常微分方程式は，例8.1と同じ方法で連立 1 階常微分方程式に書き直すことにより，状態方程式(8.7)の形にすることができる．次の定数係数 n 階線形常微分方程式（$x^{(n)} = d^n x/dt^n$ とする）を状態方程式で表せ，

$$a_n x^{(n)} + a_{n-1} x^{(n-1)} + \cdots + a_1 \dot{x} + a_0 x = u \tag{8.12}$$

【解8.2】状態変数を

$$\boldsymbol{x} = [x_1 \quad x_2 \quad \cdots \quad x_n]^T = [x \quad \dot{x} \quad \cdots \quad x^{(n-1)}]^T$$

ととれば，式(8.12)より

$$\begin{cases} \dot{x}_1 = \dot{x} = x_2 \\ \dot{x}_2 = \ddot{x} = x_3 \\ \quad \vdots \\ \dot{x}_{n-1} = x^{(n-1)} = x_n \\ \dot{x}_n = x^{(n)} = (-a_0 x - a_1 \dot{x} - \cdots - a_{n-1} x^{(n-1)} + u)/a_n \\ \quad = (-a_0 x_1 - a_1 x_2 - \cdots - a_{n-1} x_n + u)/a_n \end{cases}$$

であるので，係数行列は次のようになる．

$$\boldsymbol{A} = \begin{bmatrix} 0 & 1 & 0 & \cdots & 0 \\ 0 & 0 & 1 & \cdots & 0 \\ \vdots & \vdots & \vdots & \ddots & \vdots \\ 0 & 0 & 0 & \cdots & 1 \\ -\dfrac{a_0}{a_n} & -\dfrac{a_1}{a_n} & -\dfrac{a_2}{a_n} & \cdots & -\dfrac{a_{n-1}}{a_n} \end{bmatrix}, \quad \boldsymbol{b} = \begin{bmatrix} 0 \\ 0 \\ \vdots \\ 0 \\ \dfrac{1}{a_n} \end{bmatrix}$$

また，出力 $y = x$　とすると

$$\boldsymbol{c} = [1 \quad 0 \quad \cdots \quad 0]$$

である．

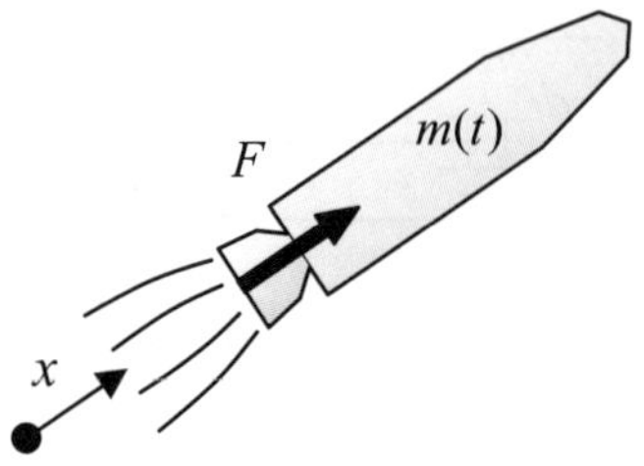

図 8.4　ロケット

【例 8.3】図 8.4 に示すような無重力で真空の宇宙空間を飛ぶロケットの運動を考える．ロケットは燃料の燃焼により，質量 m が時間とともに変化する．初期位置から測ったロケットの位置を x，ロケット・エンジンの推力を F とし，推力以外の外力が働いていないとし，出力は $y = x$ として測定できる時の状態方程式を求めよ．

【解8.3】ロケットの運動方程式は次の式(8.13)のように表すことができる．

$$m(t)\ddot{x} = F \tag{8.13}$$

いま，燃料の燃焼速度が一定値 K であり，ロケットの初期質量を m_0 として，ロケットの質量 $m(t)$ が

$$m(t) = m_0(1 - Kt)$$

と表されるとすると，式(8.13)は次の式(8.14)のようになる．

$$\ddot{x} = \frac{1}{m_0(1 - Kt)} F \tag{8.14}$$

状態変数として $\boldsymbol{x} = [x \quad \dot{x}]^T$ ととり，推力 F を入力 u とすると，このシステムの状態方程式は次のようになる．

$$\begin{aligned} \dot{\boldsymbol{x}} &= \boldsymbol{A}\boldsymbol{x} + \boldsymbol{b}(t)u \\ y &= \boldsymbol{c}\boldsymbol{x} \end{aligned} \tag{8.15}$$

ここで，係数行列は次のように時間 t を陽に含む形になる．

$$\boldsymbol{A} = \begin{bmatrix} 0 & 1 \\ 0 & 0 \end{bmatrix}, \quad \boldsymbol{b}(t) = \begin{bmatrix} 0 \\ \dfrac{1}{m_0(1 - Kt)} \end{bmatrix}, \quad \boldsymbol{c} = \begin{bmatrix} 1 & 0 \end{bmatrix} \tag{8.16}$$

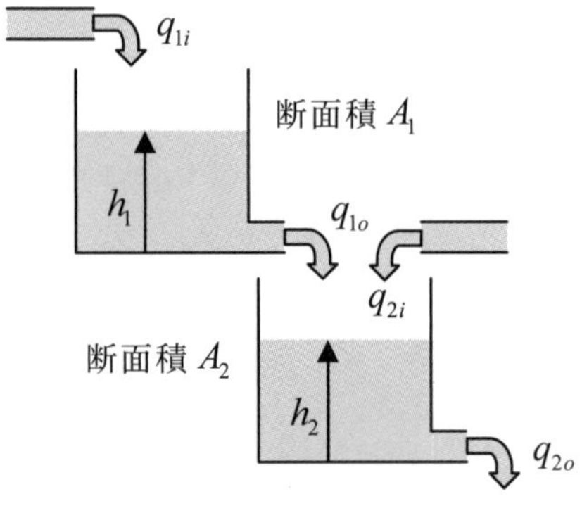

図 8.5　2 タンク水位系

【例 8.4】第 2 章の例 2.13 と同様な上下につながった 2 つのタンクの水位系を考える(図 8.5)．ただし，下のタンクへの入力も考え，各記号を図 8.5 のようにとる．また，ベルヌーイの定理から k_1 と k_2 を定数として

$$q_{1o} = k_1\sqrt{h_1}, \quad q_{2o} = k_2\sqrt{h_2}$$

の関係が成り立つものとして，平衡状態（添え字 0 を付ける）からの微小変動に関して線形化した状態方程式を求めよ．なお，出力は 2 つのタンクからの流出流量の変動分とする．

【解8.4】第 2 章の例 2.13 と同様にして，線形化した状態方程式は式(8.17)および式(8.18)のようになる．

$$\begin{aligned} \dot{\boldsymbol{x}} &= \boldsymbol{A}\boldsymbol{x} + \boldsymbol{B}u \\ y &= \boldsymbol{C}\boldsymbol{x} \end{aligned} \tag{8.17}$$

ここで

$$
\boldsymbol{A}=\begin{bmatrix} -\dfrac{k_1}{2A_1\sqrt{h_{10}}} & 0 \\ \dfrac{k_1}{2A_2\sqrt{h_{10}}} & -\dfrac{k_2}{2A_2\sqrt{h_{20}}} \end{bmatrix},\quad \boldsymbol{B}=\begin{bmatrix} \dfrac{1}{A_1} & 0 \\ 0 & \dfrac{1}{A_2} \end{bmatrix},
$$

$$
\boldsymbol{C}=\begin{bmatrix} \dfrac{k_1}{2\sqrt{h_{10}}} & 0 \\ 0 & \dfrac{k_2}{2\sqrt{h_{20}}} \end{bmatrix} \tag{8.18}
$$

である．線形化されたシステムのブロック線図を図 8.6 に示す．

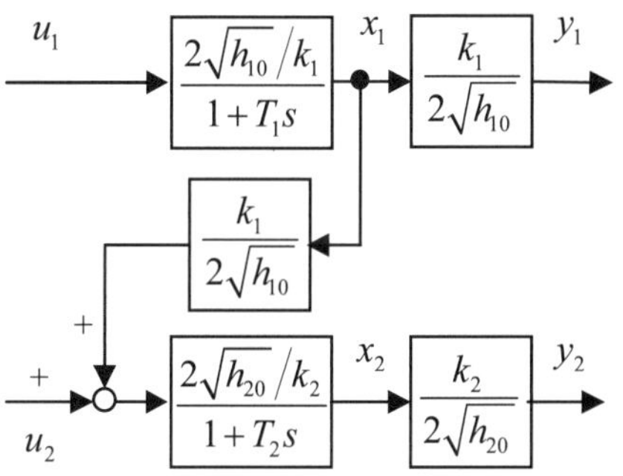

図 8.6　線形化された 2 タンク水位系のブロック線図

$$
\left(T_1=\frac{2A_1\sqrt{h_{10}}}{k_1},\ T_2=\frac{2A_2\sqrt{h_{20}}}{k_2} \right)
$$

【例 8.5】 図 8.7 に示す電気回路を考える．コイル L に流れる電流を i とし，コンデンサ C の電圧を v として状態方程式を求めよ．

【解8.5】 キルヒホッフの法則より次の式(8.19)が得られる．

$$
\begin{aligned} e_i &= L\dot{i}+Ri+v \\ i &= C\dot{v} \\ e_o &= Ri \end{aligned} \tag{8.19}
$$

状態変数として $\boldsymbol{x}=[i \quad v]^T$，入力を $u=e_i$，出力を $y=e_o$ とすると，状態方程式と出力方程式は次のような 2 次の線形時不変システムで表される．

$$
\begin{aligned} \dot{\boldsymbol{x}} &= \boldsymbol{A}\boldsymbol{x}+\boldsymbol{b}u \\ y &= \boldsymbol{c}\boldsymbol{x} \end{aligned} \tag{8.20}
$$

ここで，

$$
\boldsymbol{A}=\begin{bmatrix} -R/L & -1/L \\ 1/C & 0 \end{bmatrix},\quad \boldsymbol{b}=\begin{bmatrix} 1/L \\ 0 \end{bmatrix},\quad \boldsymbol{c}=\begin{bmatrix} R & 0 \end{bmatrix} \tag{8.21}
$$

である．

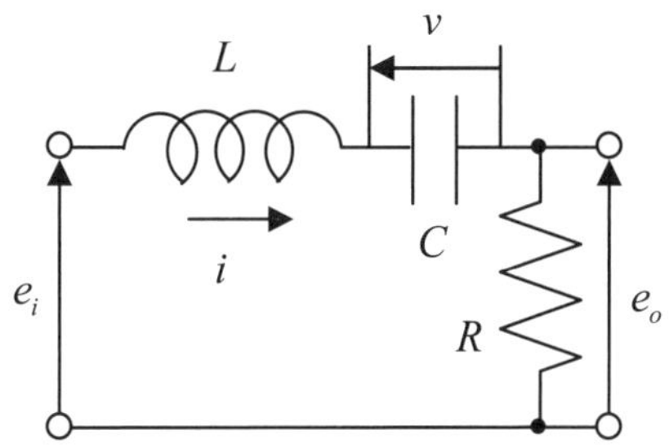

図 8.7　RLC 電気回路

【例 8.6】 第 2 章の例 2.4 で扱った直流モータを考える（図 8.8 参照）．L_a と R_a を電機子回路のインダクタンスと抵抗，i を電機子電流，e を電機子電圧，v_a をモータの逆起電圧，K_E を逆起電圧定数，T をモータのトルク，K_T をトルク定数，J および D を負荷の慣性モーメントおよび粘性摩擦係数，θ を回転角とした時の状態方程式を求めよ．

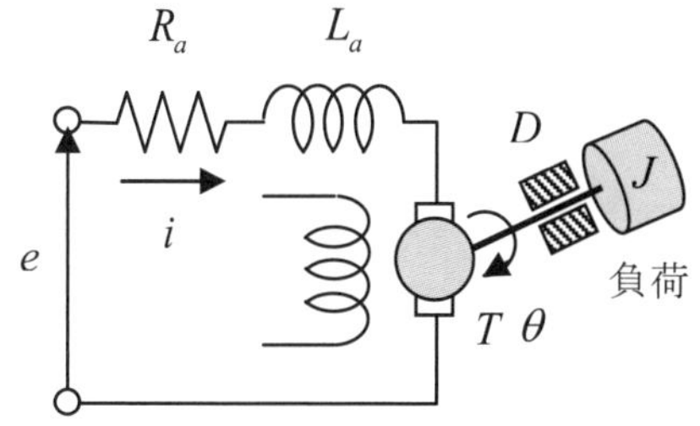

図 8.8　負荷付き直流モータ

【解8.6】 図 8.8 より，次のような方程式(8.22)が得られる．

$$
\begin{aligned} e &= R_a i+L_a\dot{i}+v_a \\ v_a &= K_E\dot{\theta} \\ T &= K_T i = J\ddot{\theta}+D\dot{\theta} \end{aligned} \tag{8.22}
$$

状態変数として $\boldsymbol{x}=[\theta \quad \dot{\theta} \quad i]^T$，入力を $u=e$，出力を $y=\theta$ とすると，状態方程式状態方程式と出力方程式は次のような 3 次の線形時不変システムで表される．

$$
\begin{aligned} \dot{\boldsymbol{x}} &= \boldsymbol{A}\boldsymbol{x}+\boldsymbol{b}u \\ y &= \boldsymbol{c}\boldsymbol{x} \end{aligned} \tag{8.23}
$$

ここで，

$$A = \begin{bmatrix} 0 & 1 & 0 \\ 0 & -D/J & K_T/J \\ 0 & -K_E/L_a & -R_a/L_a \end{bmatrix}, \quad b = \begin{bmatrix} 0 \\ 0 \\ 1/L_a \end{bmatrix}, \quad c = \begin{bmatrix} 1 & 0 & 0 \end{bmatrix} \tag{8.24}$$

である．

【例 8.7】図 8.9 に示すモータに負荷を付けた 2 慣性回転系を考える．ただし，モータの電気特性は無視する．J_1 および d_1 をモータの慣性モーメントおよび粘性摩擦係数，J_2 および d_2 を負荷の慣性モーメントおよび粘性摩擦係数，k をモータと負荷をつなぐシャフトのばね定数，τ をモータのトルクとする．モータおよび負荷の回転角をそれぞれ θ_1，θ_2 とした時の状態方程式を求めよ．

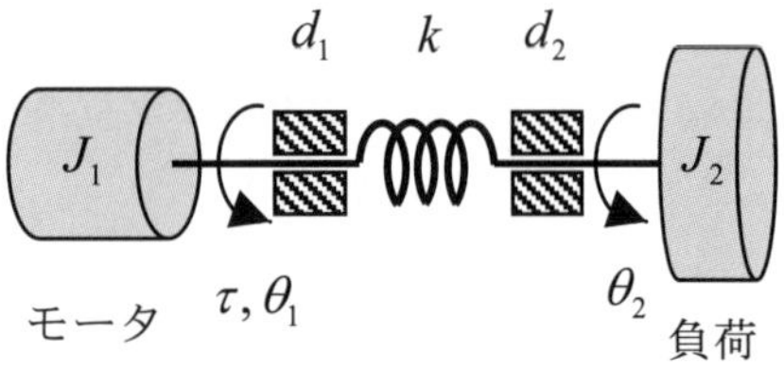

図 8.9　2 慣性回転系

【解8.7】モータ側および負荷側の運動方程式は次の式(8.25)のようになる．

$$\begin{aligned} J_1\ddot{\theta}_1 &= \tau - d_1\dot{\theta}_1 - k(\theta_1 - \theta_2) \\ J_2\ddot{\theta}_2 &= -d_2\dot{\theta}_2 + k(\theta_1 - \theta_2) \end{aligned} \tag{8.25}$$

状態変数として $x = [\theta_1 \quad \dot{\theta}_1 \quad \theta_2 \quad \dot{\theta}_2]^T$ ととり，入力を $u = \tau$，出力を $y = \theta_2$ とすると，状態方程式と出力方程式は次のような 4 次の線形時不変システムとなる．

$$\begin{aligned} \dot{x} &= Ax + bu \\ y &= cx \end{aligned} \tag{8.26}$$

ここで，

$$A = \begin{bmatrix} 0 & 1 & 0 & 0 \\ -k/J_1 & -d_1/J_1 & k/J_1 & 0 \\ 0 & 0 & 0 & 1 \\ k/J_2 & 0 & -k/J_2 & -d_2/J_2 \end{bmatrix}, \quad b = \begin{bmatrix} 0 \\ 1/J_1 \\ 0 \\ 0 \end{bmatrix},$$

$$c = \begin{bmatrix} 0 & 0 & 1 & 0 \end{bmatrix} \tag{8.27}$$

である．

8･1･2　状態方程式の解(solution of state equations)

次の m 次元入力，r 次元出力，n 次線形時不変システムの状態方程式を考える．

$$\dot{x} = Ax + Bu \tag{8.28}$$

$$y = Cx \tag{8.29}$$

初期状態ベクトル $x(0)$ と入力 $u(t)$ が与えられたときの解を求める．

まず，状態変数 x や入力 u が 1 次元の場合を考える．この時，状態方程式(8.28)は a，b をスカラの定数として次の式(8.30)のように表すことができる．

$$\dot{x} = ax + bu \tag{8.30}$$

式(8.30)で入力を $u = 0$ とした同次方程式を考える．入力（強制力）項が 0 であるので，これを自由システムとよぶ．自由システム

$$\dot{x} = ax \tag{8.31}$$

の解は指数関数 e^{at} を用いて

$$x(t) = e^{at}x(0) \tag{8.32}$$

と与えられ，$u \neq 0$ とした場合の非同次方程式(8.30)の解は

$$x(t) = e^{at}x(0) + \int_0^t e^{a(t-\tau)}bu(\tau)d\tau \tag{8.33}$$

で与えられる．また，指数関数 e^{at} のテーラー展開は次の式(8.34)のようになることが知られている．

$$e^{at} = 1 + at + \frac{1}{2!}a^2t^2 + \cdots + \frac{1}{k!}a^kt^k + \cdots = \sum_{k=0}^{\infty}\frac{1}{k!}a^kt^k \tag{8.34}$$

状態変数 x や入力 u が多次元の場合にも上の結果を拡張できる．まず，式(8.28)で入力を $\boldsymbol{u} = 0$ とおいた自由システムの同次方程式

$$\dot{\boldsymbol{x}} = \boldsymbol{A}\boldsymbol{x} \tag{8.35}$$

の解は次式のように与えられる．

$$\boldsymbol{x}(t) = e^{\boldsymbol{A}t}\boldsymbol{x}(0) \tag{8.36}$$

ここで，$e^{\boldsymbol{A}t}$ は

$$e^{\boldsymbol{A}t} = \boldsymbol{I} + \boldsymbol{A}t + \frac{1}{2!}\boldsymbol{A}^2t^2 + \cdots + \frac{1}{k!}\boldsymbol{A}^kt^k + \cdots = \sum_{k=0}^{\infty}\frac{1}{k!}\boldsymbol{A}^kt^k \tag{8.37}$$

で定義された $(n \times n)$ 行列で，状態推移行列 (state transition matrix)とよばれる．なお，$\boldsymbol{I}$ は $(n \times n)$ 単位行列である．この状態推移行列の性質を公式 8.1 にまとめる．

式(8.28)の両辺をラプラス変換すると，

$$s\boldsymbol{X}(s) - \boldsymbol{x}(0) = \boldsymbol{A}\boldsymbol{X}(s) \qquad ただし\ \boldsymbol{X}(s) = \mathcal{L}[\boldsymbol{x}(t)]$$

となる．したがって，$\boldsymbol{X}(s)$ は

$$\boldsymbol{X}(s) = (s\boldsymbol{I} - \boldsymbol{A})^{-1}\boldsymbol{x}(0) \tag{8.38}$$

となり，式(8.36)と式(8.38)より次の関係（公式 8.1 (6)）が得られる，

$$e^{\boldsymbol{A}t} = \mathcal{L}^{-1}[(s\boldsymbol{I} - \boldsymbol{A})^{-1}] = \mathcal{L}^{-1}\left[\frac{\mathrm{adj}(s\boldsymbol{I} - \boldsymbol{A})}{|s\boldsymbol{I} - \boldsymbol{A}|}\right] \tag{8.39}$$

ここで，$\mathrm{adj}(s\boldsymbol{I} - \boldsymbol{A})$ は $s\boldsymbol{I} - \boldsymbol{A}$ の余因子行列を表し，$|s\boldsymbol{I} - \boldsymbol{A}|$ は s についての n 次の多項式であり，特性多項式(characteristic polynomial)とよばれる．また，$|s\boldsymbol{I} - \boldsymbol{A}| = 0$ を特性方程式 (characteristic equation)といい，特性方程式の根をシステムの極 (pole)または固有値 (eigenvalue)という．

状態推移行列 $e^{\boldsymbol{A}t}$ を式(8.37)や式(8.39)の Cramer の方法で求めることは，次数が高くなると手計算では困難になる．計算機で求める方法として Faddeev のアルゴリズム等がある（付録参照）．ここではその理論を学ぶために手計算での例をこの後の例 8.8 に示す．

次に，$\boldsymbol{u} \neq 0$ の場合の非同次方程式(8.28)の解は，

$$\boldsymbol{x}(t) = e^{\boldsymbol{A}t}\boldsymbol{x}(0) + \int_0^t e^{\boldsymbol{A}(t-\tau)}\boldsymbol{B}\boldsymbol{u}(\tau)d\tau \tag{8.40}$$

と与えられる．したがって，出力 $\boldsymbol{y}(t)$ は，式(8.40)を式(8.29)に代入して，

公式 8.1　状態遷移行列 $e^{\boldsymbol{A}t}$ の性質

(1) $t = 0$ のとき $e^{\boldsymbol{A}0} = \boldsymbol{I}$

(2) $\dfrac{d(e^{\boldsymbol{A}t})}{dt} = \boldsymbol{A}e^{\boldsymbol{A}t} = e^{\boldsymbol{A}t}\boldsymbol{A}$

(3) $e^{\boldsymbol{A}t}e^{\boldsymbol{A}\tau} = e^{\boldsymbol{A}(t+\tau)}$

(4) $e^{\boldsymbol{A}t}$ は正則

(5) $(e^{\boldsymbol{A}t})^{-1} = e^{-\boldsymbol{A}t}$

(6) $e^{\boldsymbol{A}t} = \mathcal{L}^{-1}[(s\boldsymbol{I} - \boldsymbol{A})^{-1}]$
$= \mathcal{L}^{-1}\left[\dfrac{\mathrm{adj}(s\boldsymbol{I} - \boldsymbol{A})}{|s\boldsymbol{I} - \boldsymbol{A}|}\right]$

公式 8.2　状態方程式の解

$$\begin{cases} \dot{\boldsymbol{x}} = \boldsymbol{A}\boldsymbol{x} + \boldsymbol{B}\boldsymbol{u} \\ \boldsymbol{y} = \boldsymbol{C}\boldsymbol{x} \end{cases} \quad \text{の解}$$

$$\boldsymbol{x}(t) = e^{\boldsymbol{A}t}\boldsymbol{x}(0) + \int_0^t e^{\boldsymbol{A}(t-\tau)}\boldsymbol{B}\boldsymbol{u}(\tau)d\tau$$

$$\boldsymbol{y}(t) = \underbrace{\boldsymbol{C}e^{\boldsymbol{A}t}\boldsymbol{x}(0)}_{\text{自由応答}} + \underbrace{\int_0^t \boldsymbol{C}e^{\boldsymbol{A}(t-\tau)}\boldsymbol{B}\boldsymbol{u}(\tau)d\tau}_{\text{強制応答}}$$

公式 8.3　インパルス応答行列

$$\boldsymbol{G}(t) = \boldsymbol{C}e^{\boldsymbol{A}t}\boldsymbol{B} = \begin{bmatrix} G_{11}(t) & \cdots & G_{1m}(t) \\ \vdots & G_{ij}(t) & \vdots \\ G_{r1}(t) & \cdots & G_{rm}(t) \end{bmatrix}$$

$$\boldsymbol{y}(t) = \boldsymbol{C}e^{\boldsymbol{A}t}\boldsymbol{x}(0) + \int_0^t \boldsymbol{C}e^{\boldsymbol{A}(t-\tau)}\boldsymbol{B}\boldsymbol{u}(\tau)d\tau \tag{8.41}$$

となる．式(8.41)の右辺第１項は初期状態の影響を表す自由応答(free response)項で，入力 $\boldsymbol{u}=0$ に対する応答であるので，零入力応答(zero input response)とよばれる．また，右辺の残りの項は入力 $\boldsymbol{u}(t)$ の影響を表す強制応答(forced response)項で，状態変数 $\boldsymbol{x}=0$ に対する応答であるので，零状態応答(zero state response)とよばれる．公式 8.2 に状態方程式の解をまとめる．

次の $(r\times m)$ 行列 $\boldsymbol{G}(t)$

$$\boldsymbol{G}(t) = \boldsymbol{C}e^{\boldsymbol{A}t}\boldsymbol{B} \tag{8.42}$$

をインパルス応答行列(impulse response matrix)という．公式 8.3 に示すようにインパルス応答行列 $\boldsymbol{G}(t)$ の第 (i,j) 要素，$G_{ij}(t), (i=1,\cdots,r,\ j=1,\cdots m)$ は j 番目の入力に単位インパルスが加えられたときの i 番目の出力である．

このインパルス応答行列を用いると，任意の入力 $\boldsymbol{u}(t)$ に対する零状態応答は，次の式(8.43)のようなたたみ込み積分で得られる．

$$\boldsymbol{y}(t) = \int_0^t \boldsymbol{G}(t-\tau)\boldsymbol{u}(\tau)d\tau \tag{8.43}$$

１入力１出力線形時不変システム

$$\begin{aligned} \dot{\boldsymbol{x}} &= \boldsymbol{A}\boldsymbol{x} + \boldsymbol{b}u \\ y &= \boldsymbol{c}\boldsymbol{x} \end{aligned} \tag{8.44}$$

の場合には，出力 $y(t)$ は

$$y(t) = \boldsymbol{c}e^{\boldsymbol{A}t}\boldsymbol{x}(0) + \int_0^t \boldsymbol{c}e^{\boldsymbol{A}(t-\tau)}\boldsymbol{b}u(\tau)d\tau \tag{8.45}$$

となる．インパルス応答 $g(t)$

$$g(t) = \boldsymbol{c}e^{\boldsymbol{A}t}\boldsymbol{b} \tag{8.46}$$

はスカラであり，任意の入力 $u(t)$ に対する零状態応答はたたみ込み積分

$$y(t) = \int_0^t g(t-\tau)u(\tau)d\tau = \int_0^t g(\tau)u(t-\tau)d\tau \tag{8.47}$$

で表現できる．なお，上式において $t<0$ では $g(t)=0, u(t)=0$ と仮定している．例えば，入力に $u(t)=1$ なる単位ステップを与えたときの零状態応答である単位ステップ応答（インディシャル応答）は

$$y(t) = \int_0^t \boldsymbol{c}e^{\boldsymbol{A}\tau}\boldsymbol{b}d\tau = \int_0^t g(\tau)d\tau \tag{8.48}$$

で与えられる．

【例 8.8】係数行列 $\boldsymbol{A}$ が与えられたとき，状態遷移行列 $e^{\boldsymbol{A}t}$ を求めよ．

(1) $\boldsymbol{A} = \begin{bmatrix} 0 & 1 \\ 0 & 0 \end{bmatrix}$　(2) $\boldsymbol{A} = \begin{bmatrix} a & 0 \\ 0 & b \end{bmatrix}$　(3) $\boldsymbol{A} = \begin{bmatrix} 0 & 1 \\ 0 & -2 \end{bmatrix}$　(4) $\boldsymbol{A} = \begin{bmatrix} 0 & \omega \\ -\omega & 0 \end{bmatrix}$

【解 8.8】

(1) $\boldsymbol{A}$ が簡単な場合には，式(8.37)から直接 $e^{\boldsymbol{A}t}$ を求めることができる．

$$\boldsymbol{A}^2 = \begin{bmatrix} 0 & 1 \\ 0 & 0 \end{bmatrix}\begin{bmatrix} 0 & 1 \\ 0 & 0 \end{bmatrix} = \begin{bmatrix} 0 & 0 \\ 0 & 0 \end{bmatrix}, \text{ したがって } \boldsymbol{A}^k = \begin{bmatrix} 0 & 0 \\ 0 & 0 \end{bmatrix}, \quad (k \ge 2)$$

であるので，式(8.37)より

$$e^{At}=I+At=\begin{bmatrix}1&0\\0&1\end{bmatrix}+\begin{bmatrix}0&1\\0&0\end{bmatrix}t=\begin{bmatrix}1&t\\0&1\end{bmatrix}$$

次に，式(8.39)を使って状態遷移行列を求めてみる．まず，

$$sI-A=\begin{bmatrix}s&0\\0&s\end{bmatrix}-\begin{bmatrix}0&1\\0&0\end{bmatrix}=\begin{bmatrix}s&-1\\0&s\end{bmatrix}$$ より，

$$(sI-A)^{-1}=\begin{bmatrix}s&-1\\0&s\end{bmatrix}^{-1}=\frac{1}{s^2}\begin{bmatrix}s&1\\0&s\end{bmatrix}=\begin{bmatrix}\frac{1}{s}&\frac{1}{s^2}\\0&\frac{1}{s}\end{bmatrix}$$

したがって，

$$e^{At}=\mathcal{L}^{-1}[(sI-A)^{-1}]=\begin{bmatrix}1&t\\0&1\end{bmatrix}$$

となり，式(8.37)より求めた結果と一致する．

(2) 同様に $A^k=\begin{bmatrix}a^k&0\\0&b^k\end{bmatrix}$ であるので，式(8.37)より

$$e^{At}=\sum_{k=0}^{\infty}\frac{1}{k!}A^kt^k=\begin{bmatrix}\sum_{k=0}^{\infty}\frac{1}{k!}a^kt^k&0\\0&\sum_{k=0}^{\infty}\frac{1}{k!}b^kt^k\end{bmatrix}=\begin{bmatrix}e^{at}&0\\0&e^{bt}\end{bmatrix}$$

次に，式(8.39)を使って状態遷移行列を求めてみる．まず，

$$sI-A=\begin{bmatrix}s&0\\0&s\end{bmatrix}-\begin{bmatrix}a&0\\0&b\end{bmatrix}=\begin{bmatrix}s-a&0\\0&s-b\end{bmatrix}$$ より，

$$(sI-A)^{-1}=\begin{bmatrix}s-a&0\\0&s-b\end{bmatrix}^{-1}=\frac{1}{(s-a)(s-b)}\begin{bmatrix}s-b&0\\0&s-a\end{bmatrix}=\begin{bmatrix}\frac{1}{s-a}&0\\0&\frac{1}{s-b}\end{bmatrix}$$

したがって，

$$e^{At}=\mathcal{L}^{-1}[(sI-A)^{-1}]=\begin{bmatrix}e^{at}&0\\0&e^{bt}\end{bmatrix}$$

(3) $A^k=\begin{bmatrix}0&(-2)^{k-1}\\0&(-2)^k\end{bmatrix}=\begin{bmatrix}0&\frac{-1}{2}(-2)^k\\0&(-2)^k\end{bmatrix}$ であるので，式(8.37)より

$$e^{At}=\begin{bmatrix}1&\frac{-1}{2}\left\{\sum_{k=0}^{\infty}\frac{1}{k!}(-2t)^k-1\right\}\\0&\sum_{k=0}^{\infty}\frac{1}{k!}(-2t)^k\end{bmatrix}=\begin{bmatrix}1&\frac{1}{2}(1-e^{-2t})\\0&e^{-2t}\end{bmatrix}$$

次に，式(8.39)を使って状態遷移行列を求めてみる．まず，

$$sI-A=\begin{bmatrix}s&0\\0&s\end{bmatrix}-\begin{bmatrix}0&1\\0&-2\end{bmatrix}=\begin{bmatrix}s&-1\\0&s+2\end{bmatrix}$$ より，

$$(s\boldsymbol{I}-\boldsymbol{A})^{-1}=\begin{bmatrix} s & -1 \\ 0 & s+2 \end{bmatrix}^{-1}=\frac{1}{s(s+2)}\begin{bmatrix} s+2 & 1 \\ 0 & s \end{bmatrix}$$

$$=\begin{bmatrix} \dfrac{1}{s} & \dfrac{1}{s(s+2)} \\ 0 & \dfrac{1}{s+2} \end{bmatrix}=\begin{bmatrix} \dfrac{1}{s} & \dfrac{1}{2s}+\dfrac{-1}{2(s+2)} \\ 0 & \dfrac{1}{s+2} \end{bmatrix}$$

したがって,

$$e^{\boldsymbol{A}t}=\mathcal{L}^{-1}[(s\boldsymbol{I}-\boldsymbol{A})^{-1}]=\begin{bmatrix} 1 & \dfrac{1}{2}(1-e^{-2t}) \\ 0 & e^{-2t} \end{bmatrix}$$

また,

$$e^{\begin{bmatrix} 0 & 1 \\ 0 & -2 \end{bmatrix}t}=\begin{bmatrix} 1 & \dfrac{1}{2}(1-e^{-2t}) \\ 0 & e^{-2t} \end{bmatrix}\neq\begin{bmatrix} e^{0t} & e^{t} \\ e^{0t} & e^{-2t} \end{bmatrix}$$

であることもわかる．このように状態遷移行列 $e^{\boldsymbol{A}t}$ の各要素が係数行列 $\boldsymbol{A}$ の要素 a_{ij} を指数部に持つ $e^{a_{ij}t}$ の形になるとは限らないことに注意する．

（4）　$$s\boldsymbol{I}-\boldsymbol{A}=\begin{bmatrix} s & 0 \\ 0 & s \end{bmatrix}-\begin{bmatrix} 0 & \omega \\ -\omega & 0 \end{bmatrix}=\begin{bmatrix} s & -\omega \\ \omega & s \end{bmatrix}$$

より，$|s\boldsymbol{I}-\boldsymbol{A}|=s^2+\omega^2$

$$(s\boldsymbol{I}-\boldsymbol{A})^{-1}=\begin{bmatrix} s & -\omega \\ \omega & s \end{bmatrix}^{-1}=\frac{1}{s^2+\omega^2}\begin{bmatrix} s & \omega \\ -\omega & s \end{bmatrix}$$

したがって,

$$e^{\boldsymbol{A}t}=\mathcal{L}^{-1}[(s\boldsymbol{I}-\boldsymbol{A})^{-1}]=\begin{bmatrix} \cos\omega t & \sin\omega t \\ -\sin\omega t & \cos\omega t \end{bmatrix}$$

となる．

【例 8.9】次の 1 入力 1 出力線形時不変システム

$$\dot{\boldsymbol{x}}=\boldsymbol{A}\boldsymbol{x}+\boldsymbol{b}u$$
$$y=\boldsymbol{c}\boldsymbol{x}$$

ただし,

$$\boldsymbol{A}=\begin{bmatrix} 1 & -2 \\ 3 & -4 \end{bmatrix},\quad \boldsymbol{b}=\begin{bmatrix} 0 \\ 1 \end{bmatrix},\quad \boldsymbol{c}=\begin{bmatrix} 1 & 0 \end{bmatrix}$$

において,

(1) 初期値 $\boldsymbol{x}(0)=[1\quad 0]^T$ の時の零入力応答

(2) インパルス応答

(3) 単位ステップ応答

(4) 初期値 $\boldsymbol{x}(0)=[1\quad 0]^T$ で入力に単位ステップを与えたときの応答

を求めよ．

【解 8.9】まず，状態遷移行列 $e^{\boldsymbol{A}t}$ を求める

$$sI - A = \begin{bmatrix} s & 0 \\ 0 & s \end{bmatrix} - \begin{bmatrix} 1 & -2 \\ 3 & -4 \end{bmatrix} = \begin{bmatrix} s-1 & 2 \\ -3 & s+4 \end{bmatrix}$$

より，

$$|sI - A| = (s-1)(s+4) + 6 = (s+1)(s+2)$$

$$(sI - A)^{-1} = \begin{bmatrix} s-1 & 2 \\ -3 & s+4 \end{bmatrix}^{-1} = \frac{1}{(s+1)(s+2)} \begin{bmatrix} s+4 & -2 \\ 3 & s-1 \end{bmatrix}$$

$$= \begin{bmatrix} \dfrac{3}{s+1} + \dfrac{-2}{s+2} & \dfrac{-2}{s+1} + \dfrac{2}{s+2} \\ \dfrac{3}{s+1} + \dfrac{-3}{s+2} & \dfrac{-2}{s+1} + \dfrac{3}{s+2} \end{bmatrix}$$

したがって，

$$e^{At} = \mathcal{L}^{-1}[(sI - A)^{-1}] = \begin{bmatrix} 3e^{-t} - 2e^{-2t} & -2e^{-t} + 2e^{-2t} \\ 3e^{-t} - 3e^{-2t} & -2e^{-t} + 3e^{-2t} \end{bmatrix}$$

（1）零入力応答は $y_0(t)$ は式(8.45)より，

$$y_0(t) = ce^{At}x(0) = \begin{bmatrix} 1 & 0 \end{bmatrix} \begin{bmatrix} 3e^{-t} - 2e^{-2t} & -2e^{-t} + 2e^{-2t} \\ 3e^{-t} - 3e^{-2t} & -2e^{-t} + 3e^{-2t} \end{bmatrix} \begin{bmatrix} 1 \\ 0 \end{bmatrix}$$

$$= 3e^{-t} - 2e^{-2t}$$

（2）インパルス応答 $g(t)$ は式(8.46)より，

$$g(t) = ce^{At}b = \begin{bmatrix} 1 & 0 \end{bmatrix} \begin{bmatrix} 3e^{-t} - 2e^{-2t} & -2e^{-t} + 2e^{-2t} \\ 3e^{-t} - 3e^{-2t} & -2e^{-t} + 3e^{-2t} \end{bmatrix} \begin{bmatrix} 0 \\ 1 \end{bmatrix}$$

$$= -2e^{-t} + 2e^{-2t}$$

（3）単位ステップ応答 $y_s(t)$ は上で求めたインパルス応答 $g(s)$ を式(8.48)に代入して，次のように求められる．

$$y_s(t) = \int_0^t g(\tau)d\tau = \int_0^t (-2e^{-\tau} + 2e^{-2\tau})d\tau$$

$$= 2e^{-t} - e^{-2t} - 1$$

また，式(8.47)で $u(t) = 1$ として

$$y_s(t) = \int_0^t g(t-\tau)d\tau = \int_0^t (-2e^{-(t-\tau)} + 2e^{-2(t-\tau)})d\tau$$

$$= 2e^{-t} - e^{-2t} - 1$$

としても同じである．

（4）求める応答 $y(t)$ は（1）で求めた零入力応答 $y_0(t)$ と（3）で求めた単位ステップ応答 $y_s(t)$ を用いて，

$$y(t) = y_0(t) + y_s(t) = 5e^{-t} - 3e^{-2t} - 1$$

となる．図 8.10 (a)～(d)にそれぞれの応答を示す．

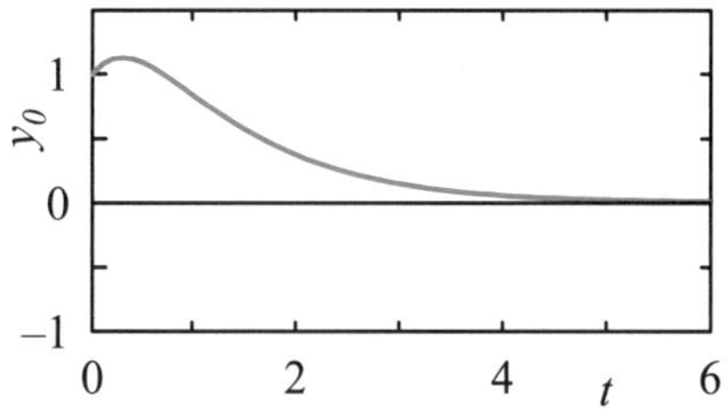

図 8.10(a)　初期値 $x(0) = [1 \quad 0]^T$ の時の零入力応答

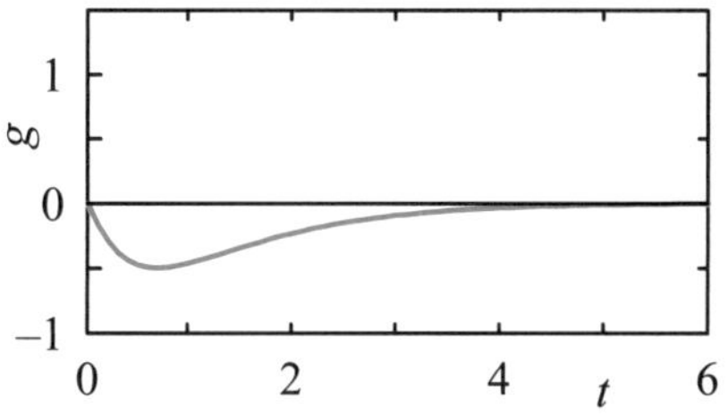

図 8.10(b)　インパルス応答

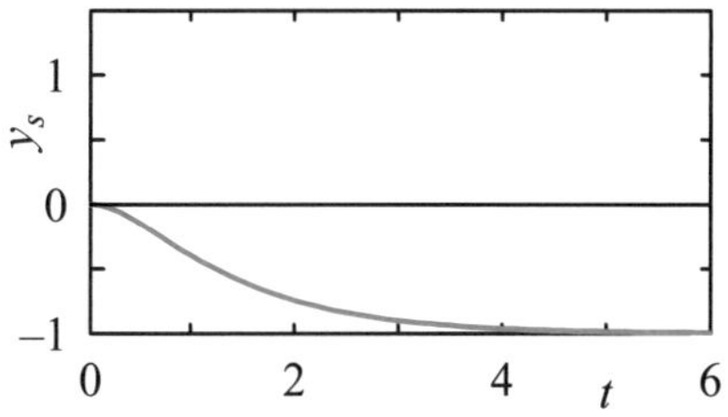

図 8.10 (c)　単位ステップ応答

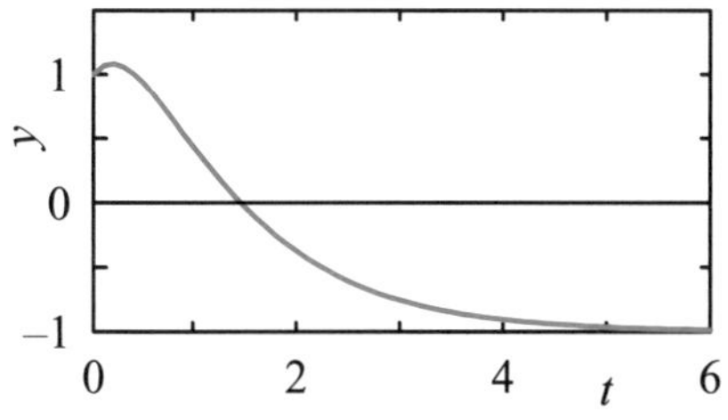

図 8.10 (d)　初期値 $x(0) = [1 \quad 0]^T$ の時の単位ステップの応答

8・2　状態方程式から伝達関数へ (from state equation to transfer function)

この節では状態空間表現から伝達関数表現への変換方法について述べる．状態方程式が動的システムの入力と出力および内部状態の関係を表すのに対し，伝達関数は入力と出力の関係だけを表している．

いま，m 次元入力，r 次元出力，n 次線形時不変システムの状態方程式

$$\begin{aligned}\dot{\boldsymbol{x}} &= \boldsymbol{Ax} + \boldsymbol{Bu} \\ \boldsymbol{y} &= \boldsymbol{Cx}\end{aligned} \tag{8.49}$$

において，初期値を 0 としてラプラス変換すると，

$$\begin{aligned}s\boldsymbol{X}(s) &= \boldsymbol{AX}(s) + \boldsymbol{BU}(s) \\ \boldsymbol{Y}(s) &= \boldsymbol{CX}(s)\end{aligned} \tag{8.50}$$

となる．ただし，$\boldsymbol{X}(s) = \mathcal{L}[\boldsymbol{x}(t)]$，$\boldsymbol{Y}(s) = \mathcal{L}[\boldsymbol{y}(t)]$，$\boldsymbol{U}(s) = \mathcal{L}[\boldsymbol{u}(t)]$ である．上式を整理すると次の式(8.51)のようになる．

$$\begin{aligned}\boldsymbol{X}(s) &= (s\boldsymbol{I} - \boldsymbol{A})^{-1}\boldsymbol{BU}(s) \\ \boldsymbol{Y}(s) &= \boldsymbol{C}(s\boldsymbol{I} - \boldsymbol{A})^{-1}\boldsymbol{BU}(s)\end{aligned} \tag{8.51}$$

したがって，$\boldsymbol{U}(s)$ から $\boldsymbol{Y}(s)$ への伝達関数は

$$\boldsymbol{G}(s) = \boldsymbol{C}(s\boldsymbol{I} - \boldsymbol{A})^{-1}\boldsymbol{B} = \frac{\boldsymbol{C}\,\mathrm{adj}(s\boldsymbol{I} - \boldsymbol{A})\boldsymbol{B}}{|s\boldsymbol{I} - \boldsymbol{A}|} \tag{8.52}$$

公式 8.4　伝達関数行列

$$\begin{aligned}\boldsymbol{G}(s) &= \boldsymbol{C}(s\boldsymbol{I} - \boldsymbol{A})^{-1}\boldsymbol{B} \\ &= \mathcal{L}[\boldsymbol{G}(t)]\end{aligned}$$

$$\begin{bmatrix} Y_1(s) \\ \vdots \\ Y_i(s) \\ \vdots \\ Y_r(s) \end{bmatrix} = \begin{bmatrix} G_{11}(s) & \cdots & G_{1m}(s) \\ \vdots & & \vdots \\ \vdots & G_{ij}(s) & \vdots \\ \vdots & & \vdots \\ G_{r1}(s) & \cdots & G_{rm}(s) \end{bmatrix} \begin{bmatrix} U_1(s) \\ \vdots \\ U_j(s) \\ \vdots \\ U_m(s) \end{bmatrix}$$

となる．この $\boldsymbol{G}(s)$ は伝達関数行列(transfer function matrix)とよばれ，公式 8.4 に示すような $(r \times m)$ 行列である．ここで，$\boldsymbol{G}(s)$ の第 (i, j) 要素，$G_{ij}(s), (i = 1, \cdots, r,\ j = 1, \cdots m)$ は j 番目の入力から i 番目の出力への伝達関数である．

応答 $\boldsymbol{y}(t)$ は伝達関数行列 $\boldsymbol{G}(s)$ を用いて，次の式(8.53)のように得られる．

$$\boldsymbol{y}(t) = \mathcal{L}^{-1}[\boldsymbol{G}(s)\boldsymbol{U}(s)] \tag{8.53}$$

したがって，式(8.53)を 8.1 節の式(8.43)と比較すると，伝達関数行列 $\boldsymbol{G}(s)$ とインパルス応答行列 $\boldsymbol{G}(t)$ の間には次の関係式(8.54)が成り立つことがわかる．

$$\boldsymbol{G}(t) = \mathcal{L}^{-1}[\boldsymbol{G}(s)] \tag{8.54}$$

1 入力 1 出力線形時不変システムの場合には，前章までで学んだように，伝達関数は，

$$G(s) = \boldsymbol{c}(s\boldsymbol{I} - \boldsymbol{A})^{-1}\boldsymbol{b} = \frac{\boldsymbol{c}\,\mathrm{adj}(s\boldsymbol{I} - \boldsymbol{A})\boldsymbol{b}}{|s\boldsymbol{I} - \boldsymbol{A}|} \tag{8.55}$$

であり，これはスカラである．インパルス応答 $g(t)$ とは

$$g(t) = \mathcal{L}^{-1}[G(s)] \tag{8.56}$$

の関係がある．また，特性多項式 $|s\boldsymbol{I} - A|$ は s についての n 次の多項式であり，$\mathrm{adj}(s\boldsymbol{I} - \boldsymbol{A})$ の全ての要素は $(n-1)$ 次以下であるから，式(8.55)で得られる伝達関数 $G(s)$ は分母の次数が分子の次数より高い s の有理関数であることがわかる．

【例 8.10】1 入力 1 出力システムの例として，例 8.6 で扱った負荷付きの直流モータを考える．このシステムにおいて，$L_a = 1$，$R_a = 6$，$K_E = K_T = 2$，$J = 1$，$D = 1$ としたときの伝達関数および単位ステップ応答を求めよ．

【解 8.10】式(8.24)より，係数行列は次のようになる．

$$A=\begin{bmatrix}0 & 1 & 0\\ 0 & -1 & 2\\ 0 & -2 & -6\end{bmatrix},\quad b=\begin{bmatrix}0\\0\\1\end{bmatrix},\quad c=\begin{bmatrix}1 & 0 & 0\end{bmatrix}$$

したがって，

$$sI-A=\begin{bmatrix}s & -1 & 0\\ 0 & s+1 & -2\\ 0 & 2 & s+6\end{bmatrix}$$

より，

$$|sI-A|=s(s+1)(s+6)+4s=s(s+2)(s+5)$$

$$(sI-A)^{-1}=\frac{1}{s(s+2)(s+5)}\begin{bmatrix}(s+2)(s+5) & s+6 & 2\\ 0 & s(s+6) & 2s\\ 0 & -2s & s(s+1)\end{bmatrix}$$

であるから，この 1 入力 1 出力システムの伝達関数 $G(s)$ は，式(8.55)より

$$G(s)=c(sI-A)^{-1}b=\frac{2}{s(s+2)(s+5)}$$

となり，伝達関数の次数は 3 である．

次に，単位ステップ応答は入力として単位ステップ入力のラプラス変換

$$U(s)=1/s$$

を式(8.53)に代入して，

$$y(t)=\mathcal{L}^{-1}[G(s)U(s)]=\mathcal{L}^{-1}[\frac{2}{s^2(s+2)(s+5)}]$$

$$=\mathcal{L}^{-1}[\frac{-7/50}{s}+\frac{1/5}{s^2}+\frac{1/6}{s+2}-\frac{2/75}{s+5}]=-\frac{7}{50}+\frac{t}{5}+\frac{1}{6}e^{-2t}-\frac{2}{75}e^{-5t}$$

と求まる．図 8.11 に単位ステップ応答を示す．

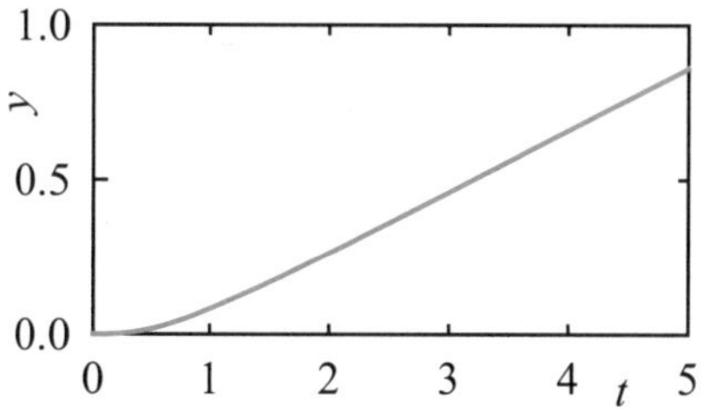

図 8.11 負荷付きの直流モータの単位ステップ応答

【例 8.11】多入力多出力システムの例として，例 8.4 で取り上げた線形化された 2 つのタンクの水位系を考える．このシステムにおいて，$A_1=0.5$，$A_2=1$，$k_1=k_2=2$，$h_{10}=h_{20}=1$ としたときのブロック線図を図 8.12 に示す．このシステムの伝達関数行列およびインパルス応答行列を求めよ．

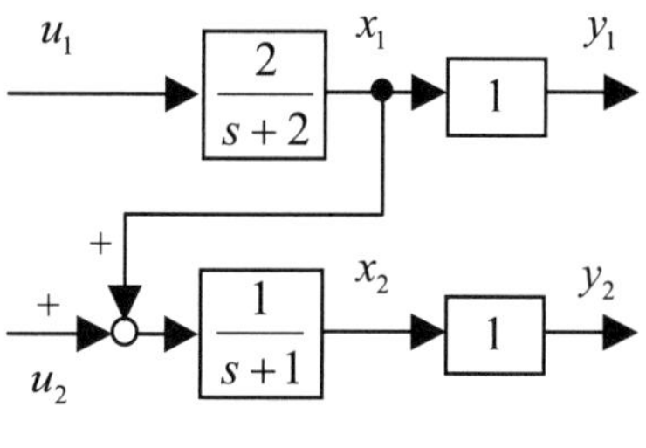

図 8.12 線形化 2 タンク水位系のブロック線図

【解 8.11】

式(8.18)より，係数行列は次のようになる．

$$A=\begin{bmatrix}-2 & 0\\ 1 & -1\end{bmatrix},\quad B=\begin{bmatrix}2 & 0\\ 0 & 1\end{bmatrix},\quad C=\begin{bmatrix}1 & 0\\ 0 & 1\end{bmatrix}$$

したがって，

$$sI-A=\begin{bmatrix}s+2 & 0\\ -1 & s+1\end{bmatrix}$$

より，

$$|sI-A|=(s+1)(s+2)$$

$$(sI-A)^{-1}=\frac{1}{(s+1)(s+2)}\begin{bmatrix}s+1 & 0\\ 1 & s+2\end{bmatrix}$$

である．したがって，このシステムは 2 入力 2 出力であるので，伝達関数行列 $\boldsymbol{G}(s)$ は式(8.52)より，次のような (2×2) 行列となる．

$$\boldsymbol{G}(s)=\boldsymbol{C}(s\boldsymbol{I}-\boldsymbol{A})^{-1}\boldsymbol{B}=\begin{bmatrix}\dfrac{2}{s+2} & 0\\ \dfrac{2}{(s+1)(s+2)} & \dfrac{1}{s+1}\end{bmatrix}$$

次に，インパルス応答行列 $\boldsymbol{G}(t)$ は式(8.54)から．

$$\boldsymbol{G}(t)=\mathcal{L}^{-1}[\boldsymbol{G}(s)]=\mathcal{L}^{-1}\begin{bmatrix}\dfrac{2}{s+2} & 0\\ \dfrac{2}{s+1}-\dfrac{2}{s+2} & \dfrac{1}{s+1}\end{bmatrix}=\begin{bmatrix}2e^{-2t} & 0\\ 2e^{-t}-2e^{-2t} & e^{-t}\end{bmatrix}$$

と求まる．この式により，例えば 2 番目の入力 $u_2=0$ で 1 番目の入力 u_1 にのみ単位インパルスを加えたとき，2 番目の出力の応答 $y_2(t)$ は $2e^{-t}-2e^{-2t}$ であることがわかる．図 8.13 (a)～(d)にインパルス応答を示す．

伝達関数行列をよく見てみると，1 番目の入力から 2 番目の出力への伝達関数はシステムの次数と同じ 2 であるが，1 番目の入力から 1 番目の出力と 2 番目の入力から 2 番目の出力への伝達関数の次数は 1 であり，システムの次数より低い．2 番目の入力から 1 番目の出力への伝達関数にいたっては 0 であり，入力と出力が全くつながっていないことがわかる．このことについては図 8.12 に示すブロック線図を見てもわかる．

8·3　伝達関数から状態方程式へ (from transfer function to state equation)

システムが伝達関数表現で与えられているとき，状態方程式表現を求めることを実現(realization)という．第 9 章で述べるように，内部変数である状態変数の取り方により状態方程式表現の作り方は無数にある．この節では，1 入力 1 出力線形時不変システム

$$\begin{aligned}\dot{\boldsymbol{x}}&=\boldsymbol{Ax}+\boldsymbol{b}u\\ y&=\boldsymbol{cx}\end{aligned}\qquad(8.57)$$

を実現する 3 つの方法（同伴形，部分分数展開形，直列形）を示す．

定数係数を持つ次の伝達関数 $G(s)$

$$G(s)=\frac{Y(s)}{U(s)}=\frac{b_m s^m+b_{m-1}s^{m-1}+\cdots+b_1 s+b_0}{s^n+a_{n-1}s^{n-1}+\cdots+a_1 s+a_0}\qquad(8.58)$$

が因果律を満たし物理的に実現可能であるためには，$n\geq m$ でなければならない．なお，$n=m$ の場合には，

$$G(s)=b_n+\frac{b'_{n-1}s^{n-1}+\cdots+b'_1 s+b'_0}{s^n+a_{n-1}s^{n-1}+\cdots+a_1 s+a_0}\qquad(8.59)$$

となるので，入出力直結項（直達項）が存在することになる．以下では $n>m$ の場合を扱うことにする．

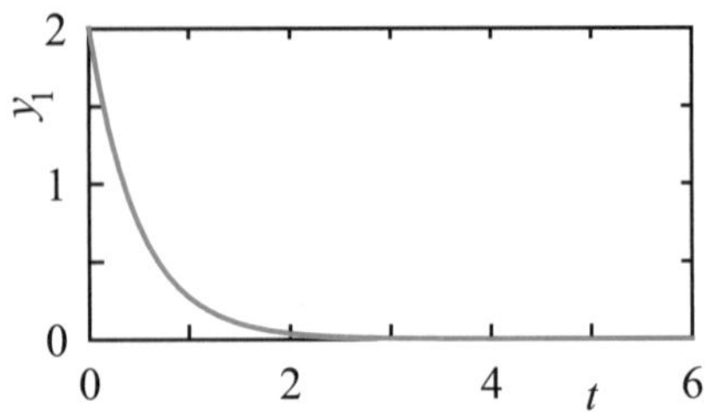

(a)　u_1 にインパルスを加えたときの y_1 の応答

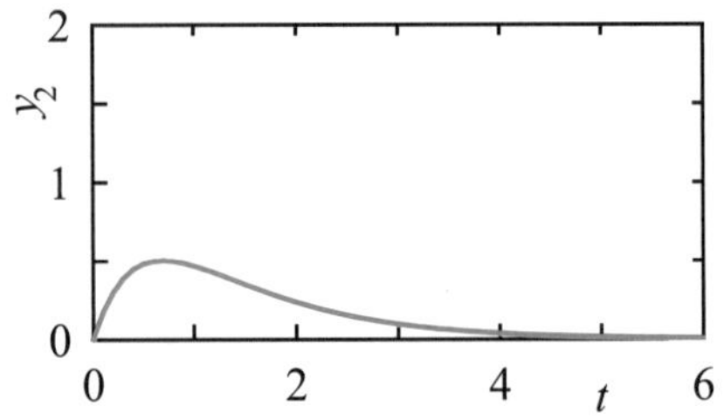

(b)　u_1 にインパルスを加えたときの y_2 の応答

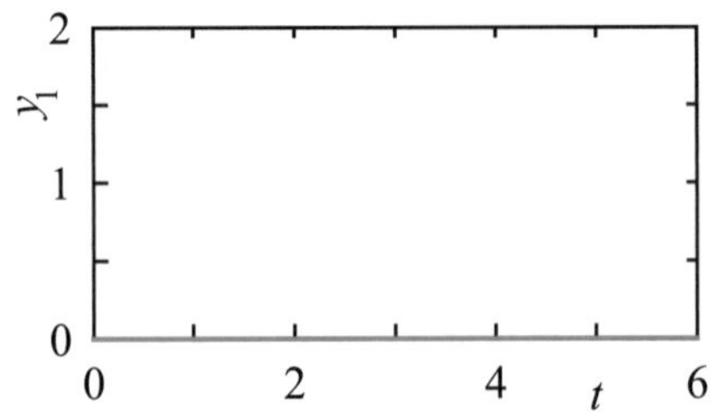

(c)　u_2 にインパルスを加えたときの y_1 の応答

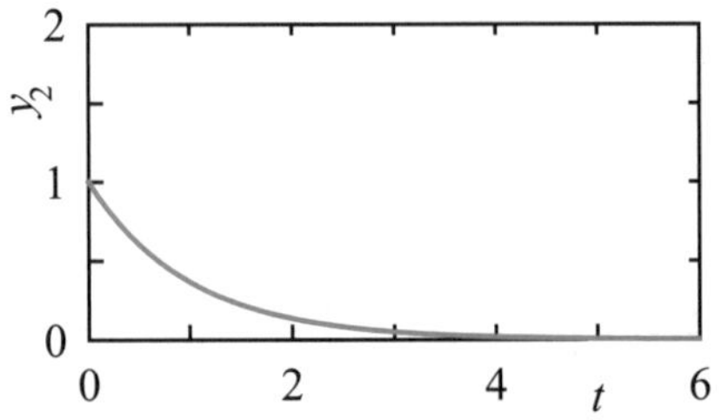

(d)　u_2 にインパルスを加えたときの y_2 の応答

図 8.13　2 タンク水位系のインパルス応答

8･3･1　同伴形 (companion form)

次の式(8.60)のような 1 入力 1 出力システムの伝達関数 $G(s)$ を考える．

$$G(s)=\frac{Y(s)}{U(s)}=\frac{b_{n-1}s^{n-1}+\cdots+b_1s+b_0}{s^n+a_{n-1}s^{n-1}+\cdots+a_1s+a_0} \tag{8.60}$$

いま，中間変数として図 8.14 (a)のように x をとると，

$$\begin{aligned} X(s)&=\frac{1}{s^n+a_{n-1}s^{n-1}+\cdots+a_1s+a_0}U(s) \\ Y(s)&=(b_{n-1}s^{n-1}+\cdots+b_1s+b_0)X(s) \end{aligned} \tag{8.61}$$

と書ける．これをブロック線図で表すと図 8.14(b)となる．逆ラプラス変換して，時間領域に戻すと，

$$\begin{aligned} x^{(n)}&=u-a_{n-1}x^{(n-1)}-\cdots-a_1\dot{x}-a_0x \\ y&=b_{n-1}x^{(n-1)}+\cdots+b_1\dot{x}+b_0x \end{aligned} \tag{8.62}$$

となる．ただし，$x^{(n)}=d^nx/dt^n$ である．したがって，状態変数として $\boldsymbol{x}=[x\quad \dot{x}\quad \cdots\quad x^{(n-1)}]^T$ ととれば，係数行列は次のようになる．

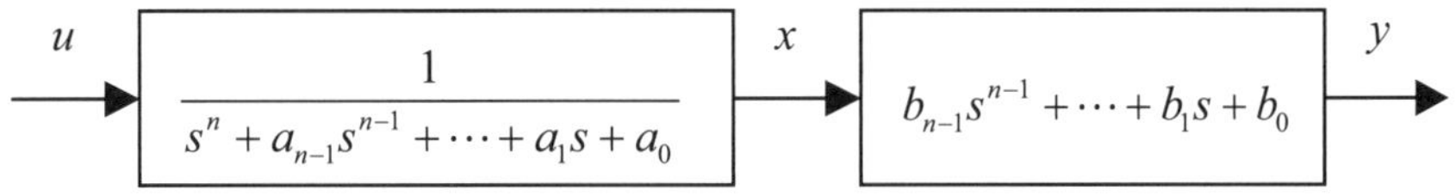

図 8.14(a)　同伴形のブロック線図

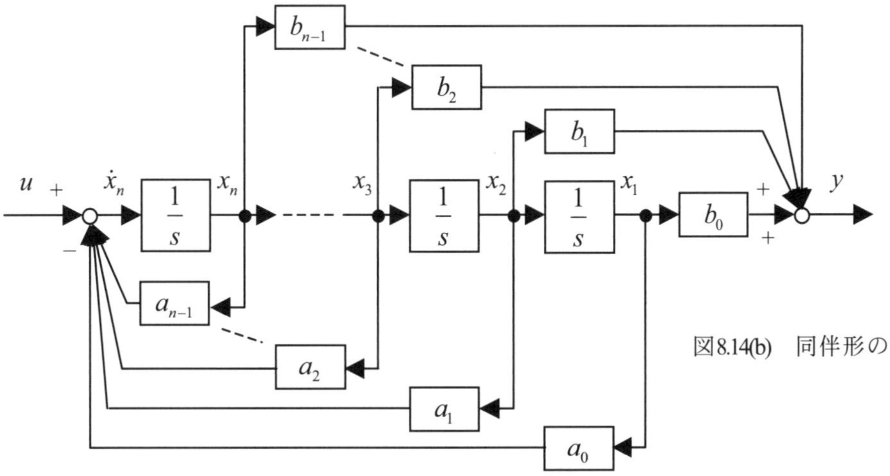

図8.14(b)　同伴形のブロック線図

$$\boldsymbol{A}=\begin{bmatrix} 0 & 1 & 0 & \cdots & 0 \\ 0 & 0 & 1 & \cdots & 0 \\ \vdots & \vdots & \vdots & \ddots & \vdots \\ 0 & 0 & 0 & \cdots & 1 \\ -a_0 & -a_1 & -a_2 & \cdots & -a_{n-1} \end{bmatrix},\quad \boldsymbol{b}=\begin{bmatrix} 0 \\ 0 \\ \vdots \\ 0 \\ 1 \end{bmatrix}$$

$$\boldsymbol{c}=\begin{bmatrix} b_0 & b_1 & \cdots & b_{n-1} \end{bmatrix} \tag{8.63}$$

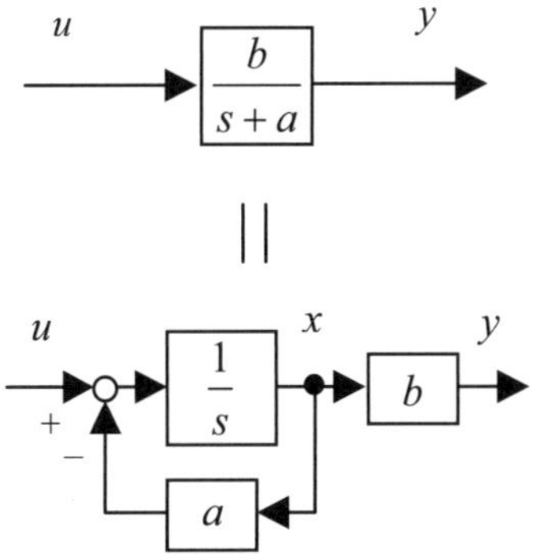

図8.14(c)　1 次系の例

このように，係数行列 $\boldsymbol{A}$ の最終行には伝達関数の分母である特性多項式の係数が現れている．この状態方程式を同伴形(companion form)とよぶ．この同伴形は式(8.62)や例 8.2 のように高階の常微分方程式を連立 1 階微分方程式に変

換することによっても得られる．また，図 8.14(a)を書き直すと，図 8.14(b)のように書ける．特に 1 次系の場合は図 8.14(c)になる．

1 入力 1 出力システムの伝達関数 $G(s)$ はスカラであるから，次の式(8.64)のように転置をとっても同じである．

$$G(s) = \boldsymbol{c}(s\boldsymbol{I} - \boldsymbol{A})^{-1}\boldsymbol{b} = \boldsymbol{b}^T(s\boldsymbol{I} - \boldsymbol{A}^T)^{-1}\boldsymbol{c}^T \tag{8.64}$$

したがって，式(8.63)で与えられた係数行列 $\boldsymbol{A}$，$\boldsymbol{b}$，$\boldsymbol{c}$ を用いて

$$\begin{aligned} \dot{\boldsymbol{x}} &= \boldsymbol{A}^T\boldsymbol{x} + \boldsymbol{c}^T u \\ y &= \boldsymbol{b}^T\boldsymbol{x} \end{aligned} \tag{8.65}$$

と表した状態方程式も同じ伝達関数の実現である．このような同伴形は第 11 章で学ぶ制御系の設計・解析に重要な形式である．

8･3･2　部分分数展開形(partial fraction expansion)

まず，極 λ_i が全て相異なる場合を考える．そのとき伝達関数 $G(s)$ は次の式(8.66)のように部分分数展開できる．

$$G(s) = \frac{b_m s^m + \cdots + b_1 s + b_0}{s^n + a_{n-1}s^{n-1} + \cdots + a_1 s + a_0} = \sum_{i=1}^{n} \frac{c_i}{s - \lambda_i} \tag{8.66}$$

いま，内部変数として図 8.15 のように $x_i, (i = 1, \cdots, n)$ と y を選ぶと，

$$\begin{aligned} &\frac{X_i(s)}{U(s)} = \frac{1}{s - \lambda_i}, \quad (i = 1, 2, \cdots, n) \\ &Y(s) = c_1 X_1(s) + c_2 X_2(s) + \cdots + c_n X_n(s) = \sum_{i=1}^{n} c_i X_i(s) \end{aligned} \tag{8.67}$$

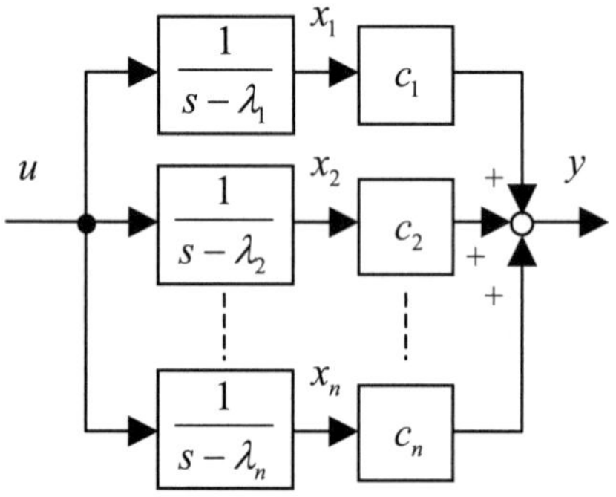

図 8.15　部分分数展開形のブロック線図（固有値が相異なる場合）

であるので，逆ラプラス変換して，時間領域に戻すと，

$$\begin{cases} \dot{x}_1 = \lambda_1 x_1 + u \\ \dot{x}_2 = \lambda_2 x_2 + u \\ \quad \vdots \\ \dot{x}_n = \lambda_n x_n + u \end{cases} \tag{8.68}$$
$$y = c_1 x_1 + c_2 x_2 + \cdots + c_n x_n$$

となる．したがって，状態変数を $\boldsymbol{x} = [x_1 \quad x_2 \quad \cdots \quad x_n]^T$ ととれば，係数行列は，

$$\boldsymbol{A} = \begin{bmatrix} \lambda_1 & 0 & \cdots & 0 \\ 0 & \lambda_2 & & 0 \\ \vdots & & \ddots & \\ 0 & 0 & & \lambda_n \end{bmatrix}, \quad \boldsymbol{b} = \begin{bmatrix} 1 \\ 1 \\ \vdots \\ 1 \end{bmatrix},$$

$$\boldsymbol{c} = \begin{bmatrix} c_1 & c_2 & \cdots & c_n \end{bmatrix} \tag{8.69}$$

となる．このとき，行列 $\boldsymbol{A}$ は対角行列である．

極 λ_i が複素数の場合は，対応する状態変数も複素数となる．工学では複素数で表された数学モデルより，実数だけで表された数学モデルを必要とすることが実用上多いので，極が複素数の場合には部分分数は実数の範囲で展開する(9.2 節参照)．

次に，重極の場合を考える．簡単のため，次の式(8.70)のように λ_1 だけが k 重極で，残りの $\lambda_{k+1},\cdots,\lambda_n$ は全て実数の単極とする．

$$G(s)=\frac{b_{n-1}s^{n-1}+\cdots+b_1s+b_0}{(s-\lambda_1)^k(s-\lambda_{k+1})\cdots(s-\lambda_n)} \tag{8.70}$$

このとき，式(8.70)は次の式(8.71)のように部分分数に展開できる．

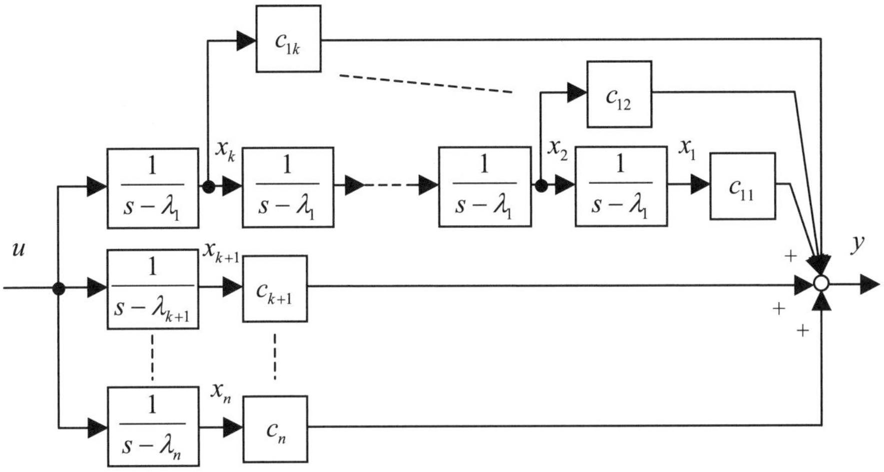

図 8.16　部分分数展開形のブロック線図（固有値が重根を持つ場合）

$$G(s)=\sum_{i=1}^{k}\frac{c_{1i}}{(s-\lambda_1)^{k+1-i}}+\sum_{i=k+1}^{n}\frac{c_i}{(s-\lambda_i)} \tag{8.71}$$

いま，内部変数を図 8.16 のように選ぶと次のようになる．

$$\begin{cases} \dfrac{X_1(s)}{U(s)}=\dfrac{1}{(s-\lambda_1)^k}=\dfrac{1}{s-\lambda_1}\dfrac{X_2(s)}{U(s)} \\ \dfrac{X_2(s)}{U(s)}=\dfrac{1}{(s-\lambda_1)^{k-1}}=\dfrac{1}{s-\lambda_1}\dfrac{X_3(s)}{U(s)} \\ \quad\vdots \\ \dfrac{X_k(s)}{U(s)}=\dfrac{1}{s-\lambda_1} \\ \dfrac{X_{k+1}(s)}{U(s)}=\dfrac{1}{s-\lambda_{k+1}} \\ \quad\vdots \\ \dfrac{X_n(s)}{U(s)}=\dfrac{1}{s-\lambda_n} \end{cases} \tag{8.72}$$

$$Y(s)=c_{11}X_1(s)+c_{12}X_2(s)+\cdots+c_{1k}X_k(s)+c_{k+1}X_{k+1}(s)+\cdots+c_nX_n(s)$$

逆ラプラス変換して，時間領域に戻すと，

$$\begin{cases} \dot{x}_1=\lambda_1x_1+x_2 \\ \dot{x}_2=\lambda_1x_2+x_3 \\ \quad\vdots \\ \dot{x}_k=\lambda_1x_k+u \\ \dot{x}_{k+1}=\lambda_{k+1}x_{k+1}+u \\ \quad\vdots \\ \dot{x}_n=\lambda_nx_n+u \end{cases} \tag{8.73}$$

$$y=c_{11}x_1+c_{12}x_2+\cdots+c_{1k}x_k+c_{k+1}x_{k+1}+\cdots+c_nx_n$$

となる．したがって，状態変数を $\boldsymbol{x}=[x_1\quad x_2\quad \cdots\quad x_n]^T$ ととれば，係数行列は，

$$\boldsymbol{A}=\begin{bmatrix}\boldsymbol{J}_k(\lambda_1) & 0 & \cdots & 0\\ 0 & \lambda_{k+1} & & 0\\ \vdots & & \ddots & \\ 0 & 0 & & \lambda_n\end{bmatrix},\quad \boldsymbol{J}_k(\lambda_1)=\begin{bmatrix}\lambda_1 & 1 & & 0\\ 0 & \lambda_1 & \ddots & \\ \vdots & \ddots & \ddots & 1\\ 0 & \cdots & 0 & \lambda_1\end{bmatrix},\quad \boldsymbol{b}=\begin{bmatrix}0\\ \vdots\\ 0\\ 1\\ 1\\ \vdots\\ 1\end{bmatrix}\left.\vphantom{\begin{matrix}0\\ \vdots\\ 0\\ 1\end{matrix}}\right\}k,$$

$$\boldsymbol{c}=\begin{bmatrix}c_{11} & c_{12} & \cdots & c_{1k} & c_{k+1} & \cdots & c_n\end{bmatrix} \tag{8.74}$$

となる．このとき，行列 $\boldsymbol{A}$ はジョルダン標準形で，$\boldsymbol{J}_k(\lambda_1)$ は 1 つのジョルダンブロックである（付録参照）．

重極が複数ある場合はジョルダンブロックがいくつか並ぶ形にすることができる．

8･3･3　直列形(series form)

伝達関数 $G(s)$ が極 $\lambda_i,(i=1,\cdots,n)$ と零点 $\gamma_i,(i=1,\cdots,m)$ で次の式(8. 75)のように分解できたとする．ただし，$n>m$ である．

$$G(s)=\frac{b_m s^m+\cdots+b_1 s+b_0}{s^n+a_{n-1}s^{n-1}+\cdots+a_1 s+a_0}=b_m\prod_{i=1}^{m}\frac{s-\gamma_i}{s-\lambda_i}\prod_{i=m+1}^{n}\frac{1}{s-\lambda_i} \tag{8.75}$$

ここで，

$$\frac{s-\gamma_i}{s-\lambda_i}=1+\frac{\lambda_i-\gamma_i}{s-\lambda_i} \tag{8.76}$$

であるから，図 8.17 のようなブロック線図で表すことができる．そこで図のように内部変数を選ぶと次のようになる．

$$\begin{cases} X_1(s)=\dfrac{\lambda_1-\gamma_1}{s-\lambda_1}U(s)\\ X_2(s)=\dfrac{\lambda_2-\gamma_2}{s-\lambda_2}\{U(s)+X_1(s)\}\\ \quad\vdots\\ X_m(s)=\dfrac{\lambda_m-\gamma_m}{s-\lambda_m}\left\{U(s)+\displaystyle\sum_{i=1}^{m-1}X_i(s)\right\}\\ X_{m+1}(s)=\dfrac{1}{s-\lambda_{m+1}}\left\{U(s)+\displaystyle\sum_{i=1}^{m}X_i(s)\right\}\\ X_{m+2}(s)=\dfrac{1}{s-\lambda_{m+2}}X_{m+1}(s)\\ \quad\vdots\\ X_n(s)=\dfrac{1}{s-\lambda_n}X_{n-1}(s)\end{cases} \tag{8.77}$$

$$Y(s)=b_m X_n(s)$$

逆ラプラス変換して，時間領域に戻すと，

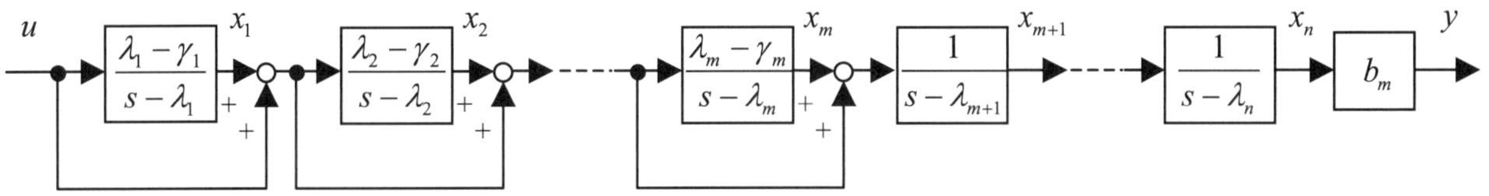

図 8.17　直列形のブロック線図

$$
\begin{cases}
\dot{x}_1 = \lambda_1 x_1 + (\lambda_1 - \gamma_1)u \\
\dot{x}_2 = \lambda_2 x_2 + (\lambda_2 - \gamma_2)(u + x_1) \\
\quad \vdots \\
\dot{x}_m = \lambda_m x_m + (\lambda_m - \gamma_m)\left(u + \sum_{i=1}^{m-1} x_i\right) \\
\dot{x}_{m+1} = \lambda_{m+1} x_{m+1} + u + \sum_{i=1}^{m} x_i \\
\dot{x}_{m+2} = \lambda_{m+2} x_{m+2} + x_{m+1} \\
\quad \vdots \\
\dot{x}_n = \lambda_n x_n + x_{n-1}
\end{cases}
$$
$$
y = b_m x_n \tag{8.78}
$$

となる．したがって，状態変数を $\boldsymbol{x} = [x_1 \quad x_2 \quad \cdots \quad x_n]^T$ とすれば，係数行列は

$$
\boldsymbol{A} = \begin{bmatrix}
\lambda_1 & 0 & & & \cdots & & & 0 \\
\lambda_2 - \gamma_2 & \lambda_2 & 0 & & \cdots & & & 0 \\
\vdots & & \ddots & \ddots & & & & \vdots \\
\lambda_m - \gamma_m & \cdots & \lambda_m - \gamma_m & \lambda_m & 0 & & & 0 \\
1 & 1 & \cdots & 1 & \lambda_{m+1} & 0 & & 0 \\
0 & 0 & \cdots & 0 & 1 & \lambda_{m+2} & \ddots & 0 \\
\vdots & & & & \ddots & \ddots & \ddots & \vdots \\
0 & & \cdots & & & 0 & 1 & \lambda_n
\end{bmatrix}, \boldsymbol{b} = \begin{bmatrix}
\lambda_1 - \gamma_1 \\ \lambda_2 - \gamma_2 \\ \vdots \\ \lambda_m - \gamma_m \\ 1 \\ 0 \\ \vdots \\ 0
\end{bmatrix},
$$
$$
\boldsymbol{c} = \begin{bmatrix} 0 & \cdots & 0 & b_m \end{bmatrix} \tag{8.79}
$$

となる．

その他いろいろな状態方程式表現は第 9 章および第 10 章で述べる．

【例 8.12】次の伝達関数を状態方程式に変換せよ．

$$
G(s) = \frac{4}{s(s+2)} = \frac{4}{s^2 + 2s}
$$

【解 8.12】

(1) 同伴形

式(8.63)より（図 8.18(a)参照）

$$
\boldsymbol{A} = \begin{bmatrix} 0 & 1 \\ 0 & -2 \end{bmatrix}, \quad \boldsymbol{b} = \begin{bmatrix} 0 \\ 1 \end{bmatrix}, \quad \boldsymbol{c} = \begin{bmatrix} 4 & 0 \end{bmatrix}
$$

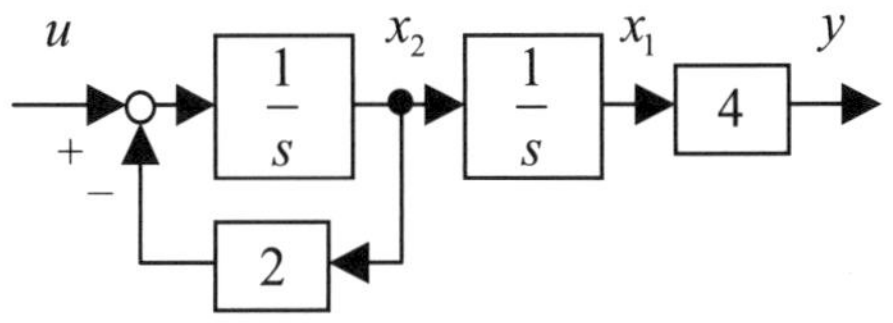

図 8.18(a)　同伴形のブロック線図

(2) 部分分数展開形

固有値は $\lambda_1 = 0$，$\lambda_2 = -2$ であるから，伝達関数 $G(s)$ は次のように部分分数展開できる（図 8.18(b)参照）．

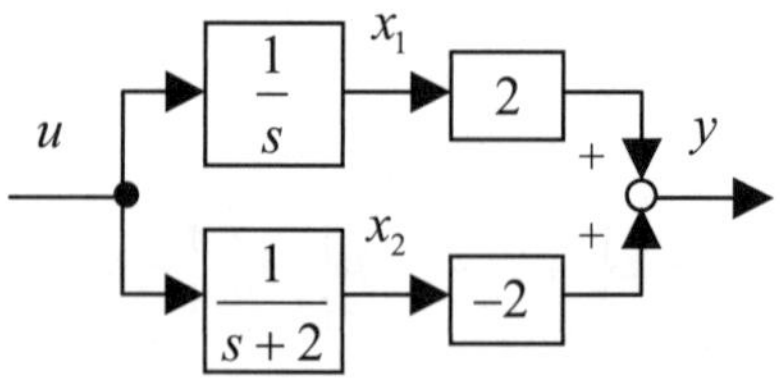

図8.18(b)　部分分数展開形の
ブロック線図

$$G(s)=\frac{4}{s(s+2)}=\frac{2}{s}+\frac{-2}{s+2}$$

したがって，式(8.69)より

$$\boldsymbol{A}=\begin{bmatrix}0 & 0\\ 0 & -2\end{bmatrix},\quad \boldsymbol{b}=\begin{bmatrix}1\\ 1\end{bmatrix},\quad \boldsymbol{c}=\begin{bmatrix}2 & -2\end{bmatrix}$$

と対角化できる．

（3）直列形

$$G(s)=\frac{4}{s(s+2)}=4\times\frac{1}{s}\times\frac{1}{s+2}$$

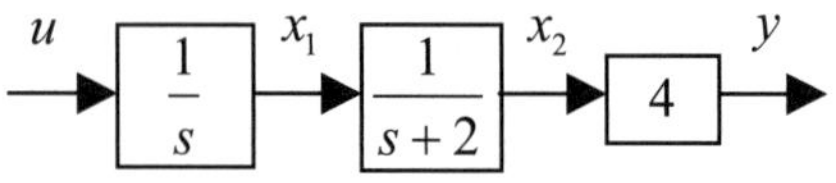

図 8.18(c)　直列形のブロック線図

であるから，図 8.18(c)のように状態変数をとると，

$$\begin{cases}\dot{x}_1=u\\ \dot{x}_2=-2x_2+x_1\end{cases}$$

$$y=4x_2$$

となるので，

$$\boldsymbol{A}=\begin{bmatrix}0 & 0\\ 1 & -2\end{bmatrix},\quad \boldsymbol{b}=\begin{bmatrix}1\\ 0\end{bmatrix},\quad \boldsymbol{c}=\begin{bmatrix}0 & 4\end{bmatrix}$$

となる．

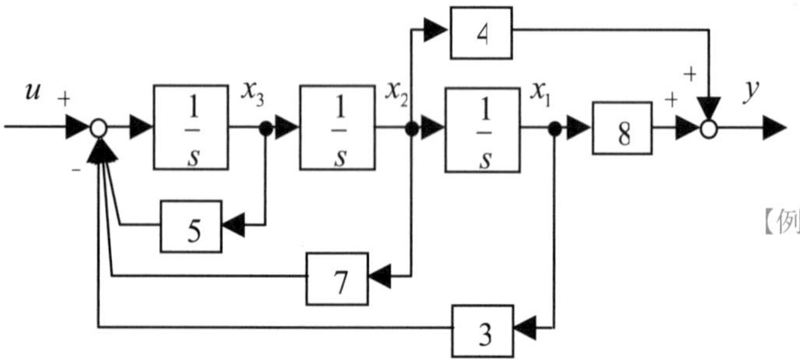

図 8.19(a)　同伴形のブロック線図

【例 8.13】次の重極を持つ伝達関数を状態方程式に変換せよ．

$$G(s)=\frac{4(s+2)}{(s+1)^2(s+3)}=\frac{4s+8}{s^3+5s^2+7s+3}$$

【解 8.13】

（1）同伴形

式(8.63)より（図 8.19(a)参照）

$$\boldsymbol{A}=\begin{bmatrix}0 & 1 & 0\\ 0 & 0 & 1\\ -3 & -7 & -5\end{bmatrix},\quad \boldsymbol{b}=\begin{bmatrix}0\\ 0\\ 1\end{bmatrix},\quad \boldsymbol{c}=\begin{bmatrix}8 & 4 & 0\end{bmatrix}$$

（2）部分分数展開形

固有値は $\lambda_1=\lambda_2=-1$，$\lambda_3=-3$ であり，重根を持つ．伝達関数 $G(s)$ は次のように部分分数展開できる（図 8.19(b)参照）．

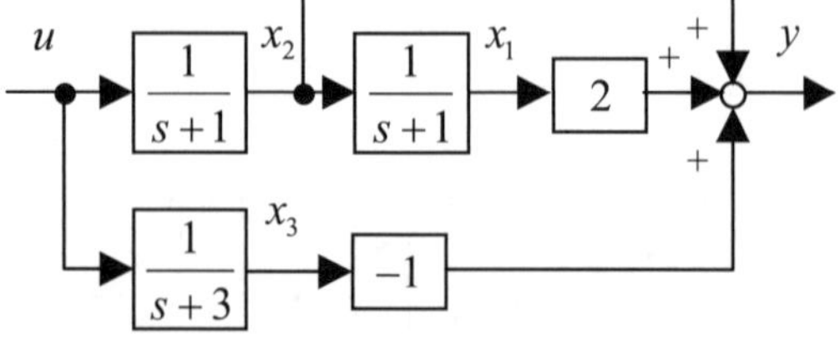

図 8.19(b)　部分分数展開形のブロック線図

$$G(s)=\frac{4(s+2)}{(s+1)^2(s+3)}=\frac{2}{(s+1)^2}+\frac{1}{s+1}+\frac{-1}{s+3}$$

したがって，式(8.74)より

$$\boldsymbol{A}=\begin{bmatrix}-1 & 1 & 0\\ 0 & -1 & 0\\ 0 & 0 & -3\end{bmatrix},\quad \boldsymbol{b}=\begin{bmatrix}0\\ 1\\ 1\end{bmatrix},\quad \boldsymbol{c}=\begin{bmatrix}2 & 1 & -1\end{bmatrix}$$

となる．この場合には係数行列 $\boldsymbol{A}$ は対角行列ではない．

(3) 直列形

$$G(s)=\frac{4(s+2)}{(s+1)^2(s+3)}=4\times\frac{s+2}{s+1}\times\frac{1}{s+1}\times\frac{1}{s+3}$$
$$=4\times\left(1+\frac{1}{s+1}\right)\times\frac{1}{s+1}\times\frac{1}{s+3}$$

と分解し，図 8.19(c)のように状態変数をとると，

$$\begin{cases}\dot{x}_1=-x_1+u\\ \dot{x}_2=-x_2+x_1+u\\ \dot{x}_3=-3x_3+x_2\end{cases}$$
$$y=4x_3$$

となるので，

$$\boldsymbol{A}=\begin{bmatrix}-1&0&0\\1&-1&0\\0&1&-3\end{bmatrix},\quad \boldsymbol{b}=\begin{bmatrix}1\\1\\0\end{bmatrix},\quad \boldsymbol{c}=\begin{bmatrix}0&0&4\end{bmatrix}$$

となる．

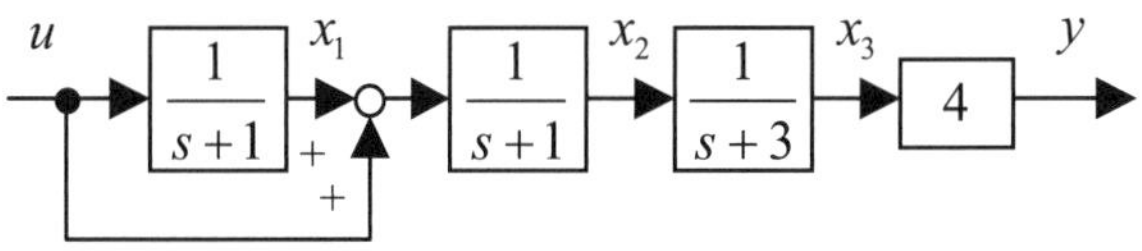

図 8.19 (c)　直列形のブロック線図

なお，明らかに積をとるブロックの順序や零点の含み方を入れ替えることにより別の状態方程式で表すことができることがわかる．

8・4　システムの結合(system connection)

第 3 章では伝達関数で表したブロック線図の結合について学んだ．ここでは状態方程式で表されたシステムの結合について学ぶ．いま，2 つのシステム S_1 と S_2 が次のような状態方程式で表されているとする．

システム S_1　　　　システム S_2

$$\begin{cases}\dot{\boldsymbol{x}}_1=\boldsymbol{A}_1\boldsymbol{x}_1+\boldsymbol{B}_1\boldsymbol{u}_1\\ \boldsymbol{y}_1=\boldsymbol{C}_1\boldsymbol{x}_1\end{cases}\qquad \begin{cases}\dot{\boldsymbol{x}}_2=\boldsymbol{A}_2\boldsymbol{x}_2+\boldsymbol{B}_2\boldsymbol{u}_2\\ \boldsymbol{y}_2=\boldsymbol{C}_2\boldsymbol{x}_2\end{cases}\tag{8.80}$$

なお，それぞれのシステムの次数は n_1, n_2，入力は m_1, m_2 次元，出力は r_1, r_2 次元とする．この 2 つのシステムを結合した時の状態方程式を求める．

(1) 直列結合

図 8.20(a)に示すように，システム S_1 と S_2 を直列に接続した場合を考える．

$$\boldsymbol{y}_1=\boldsymbol{u}_2$$

であるので，式(8.80)のシステム S_2 の部分は次式のようになる．

$$\dot{\boldsymbol{x}}_2=\boldsymbol{A}_2\boldsymbol{x}_2+\boldsymbol{B}_2\boldsymbol{y}_1=\boldsymbol{A}_2\boldsymbol{x}_2+\boldsymbol{B}_2\boldsymbol{C}_1\boldsymbol{x}_1$$

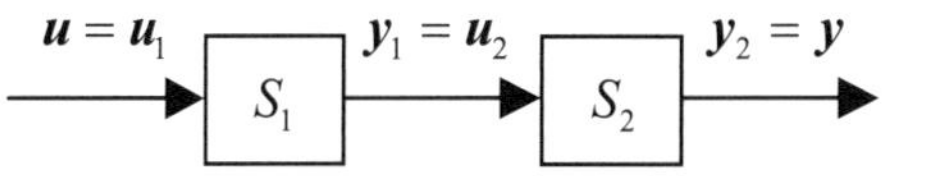

図 8.20(a)　直列結合

したがって，出力を $\boldsymbol{y}=\boldsymbol{y}_2$ とすると，この結合されたシステム全体の状態方程式は次の式(8.81)になる．

$$\begin{bmatrix}\dot{\boldsymbol{x}}_1\\ \dot{\boldsymbol{x}}_2\end{bmatrix}=\begin{bmatrix}\boldsymbol{A}_1&0\\ \boldsymbol{B}_2\boldsymbol{C}_1&\boldsymbol{A}_2\end{bmatrix}\begin{bmatrix}\boldsymbol{x}_1\\ \boldsymbol{x}_2\end{bmatrix}+\begin{bmatrix}\boldsymbol{B}_1\\ 0\end{bmatrix}\boldsymbol{u}$$
$$\boldsymbol{y}=\begin{bmatrix}0&\boldsymbol{C}_2\end{bmatrix}\begin{bmatrix}\boldsymbol{x}_1\\ \boldsymbol{x}_2\end{bmatrix}\tag{8.81}$$

新たに状態変数を $\boldsymbol{x}=\begin{bmatrix}\boldsymbol{x}_1 & \boldsymbol{x}_2\end{bmatrix}^T$ ととれば，式(8.5)および式(8.6)の形になる．

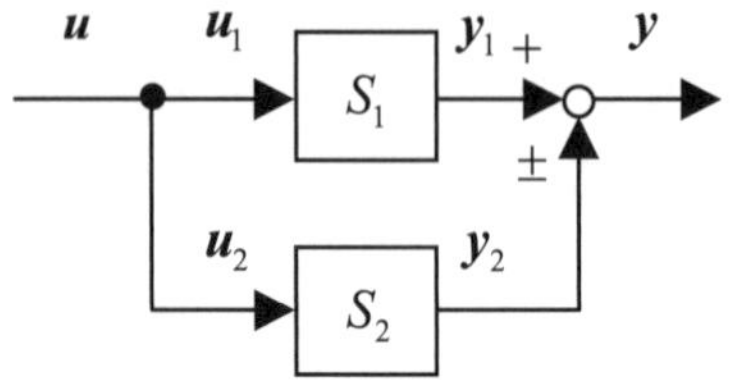

図 8.20(b)　並列結合

(2) 並列結合

図 8.20(b)に示すように，システム S_1 と S_2 を並列に接続した場合を考える．この場合，出力は $\boldsymbol{y}=\boldsymbol{y}_1\pm\boldsymbol{y}_2$ であるから，結合されたシステム全体の状態方程式は次の式(8.82)になる．

$$\begin{bmatrix}\dot{\boldsymbol{x}}_1\\ \dot{\boldsymbol{x}}_2\end{bmatrix}=\begin{bmatrix}\boldsymbol{A}_1 & 0\\ 0 & \boldsymbol{A}_2\end{bmatrix}\begin{bmatrix}\boldsymbol{x}_1\\ \boldsymbol{x}_2\end{bmatrix}+\begin{bmatrix}\boldsymbol{B}_1\\ \boldsymbol{B}_2\end{bmatrix}\boldsymbol{u}$$
$$\boldsymbol{y}=\begin{bmatrix}\boldsymbol{C}_1 & \pm\boldsymbol{C}_2\end{bmatrix}\begin{bmatrix}\boldsymbol{x}_1\\ \boldsymbol{x}_2\end{bmatrix} \tag{8.82}$$

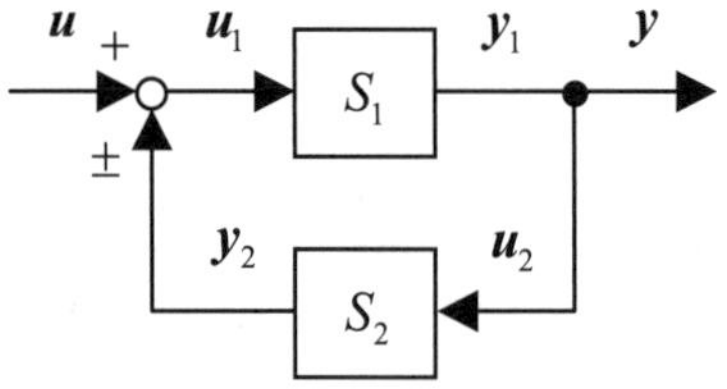

図 8.20 (c)　フィードバック結合

(3) フィードバック結合

図 8.20(c)に示すようなフィードバック結合を考える．この場合には

$$\dot{\boldsymbol{x}}_1=\boldsymbol{A}_1\boldsymbol{x}_1+\boldsymbol{B}_1(\boldsymbol{u}\pm\boldsymbol{y}_2)=\boldsymbol{A}_1\boldsymbol{x}_1+\boldsymbol{B}_1\boldsymbol{u}\pm\boldsymbol{B}_1\boldsymbol{C}_2\boldsymbol{x}_2$$
$$\dot{\boldsymbol{x}}_2=\boldsymbol{A}_2\boldsymbol{x}_2+\boldsymbol{B}_2\boldsymbol{y}_1=\boldsymbol{A}_2\boldsymbol{x}_2+\boldsymbol{B}_2\boldsymbol{C}_1\boldsymbol{x}_1$$

となる．したがって，結合されたシステム全体の状態方程式は次の式(8.83)になる．

$$\begin{bmatrix}\dot{\boldsymbol{x}}_1\\ \dot{\boldsymbol{x}}_2\end{bmatrix}=\begin{bmatrix}\boldsymbol{A}_1 & \pm\boldsymbol{B}_1\boldsymbol{C}_2\\ \boldsymbol{B}_2\boldsymbol{C}_1 & \boldsymbol{A}_2\end{bmatrix}\begin{bmatrix}\boldsymbol{x}_1\\ \boldsymbol{x}_2\end{bmatrix}+\begin{bmatrix}\boldsymbol{B}_1\\ 0\end{bmatrix}\boldsymbol{u}$$
$$\boldsymbol{y}=\begin{bmatrix}\boldsymbol{C}_1 & 0\end{bmatrix}\begin{bmatrix}\boldsymbol{x}_1\\ \boldsymbol{x}_2\end{bmatrix} \tag{8.83}$$

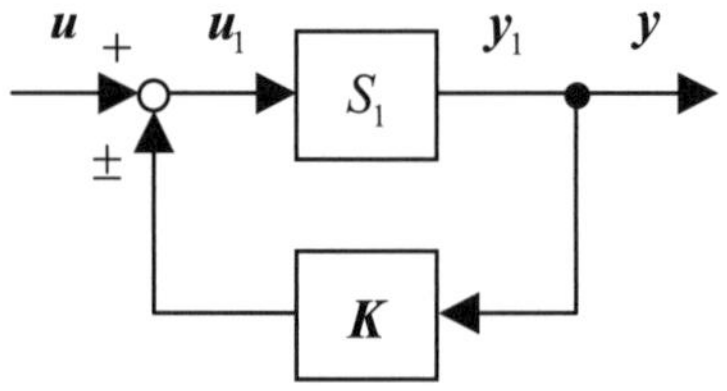

図 8.20 (d)　出力フィードバック

(4) 出力フィードバック

図 8.20(d)に示すような出力フィードバックを考える．ただし，フィードバックゲイン $\boldsymbol{K}$ は $(m_1\times r_1)$ 定数行列である．この場合には

$$\dot{\boldsymbol{x}}_1=\boldsymbol{A}_1\boldsymbol{x}_1+\boldsymbol{B}_1(\boldsymbol{u}\pm\boldsymbol{K}\boldsymbol{y}_1)=\boldsymbol{A}_1\boldsymbol{x}_1+\boldsymbol{B}_1\boldsymbol{u}\pm\boldsymbol{B}_1\boldsymbol{K}\boldsymbol{C}_1\boldsymbol{x}_1$$
$$=(\boldsymbol{A}_1\pm\boldsymbol{B}_1\boldsymbol{K}\boldsymbol{C}_1)\boldsymbol{x}_1+\boldsymbol{B}_1\boldsymbol{u} \tag{8.84}$$
$$\boldsymbol{y}=\boldsymbol{C}_1\boldsymbol{x}_1$$

である．

【例 8.14】2 つのシステム S_1 と S_2 が次のような状態方程式で表されているとして，結合されたシステムの状態方程式を求めよ．ただし，加え合わせ点での複号は＋をとるものとする．

システム S_1

$$\begin{cases}\begin{bmatrix}\dot{x}_{11}\\ \dot{x}_{12}\end{bmatrix}=\begin{bmatrix}0 & 1\\ -4 & -2\end{bmatrix}\begin{bmatrix}x_{11}\\ x_{12}\end{bmatrix}+\begin{bmatrix}0\\ 1\end{bmatrix}u_1\\ y_1=\begin{bmatrix}1 & 0\end{bmatrix}\begin{bmatrix}x_{11}\\ x_{12}\end{bmatrix}\end{cases}$$

システム S_2

$$\begin{cases}\dot{x}_2=-3x_2+5u_2\\ y_2=2x_2\end{cases}$$

フィードバックゲイン行列

$$K=-6$$

【解 8.14】

(1) 直列結合

式(8.81)より，

$$\begin{bmatrix} \dot{x}_{11} \\ \dot{x}_{12} \\ \dot{x}_2 \end{bmatrix} = \left[\begin{array}{cc|c} 0 & 1 & 0 \\ -4 & -2 & 0 \\ \hline 5 & 0 & -3 \end{array}\right] \begin{bmatrix} x_{11} \\ x_{12} \\ x_2 \end{bmatrix} + \left[\begin{array}{c} 0 \\ 1 \\ \hline 0 \end{array}\right] u, \quad y = \left[\begin{array}{cc|c} 0 & 0 & 2 \end{array}\right] \begin{bmatrix} x_{11} \\ x_{12} \\ x_2 \end{bmatrix}$$

(2) 並列結合

式(8.82)より,

$$\begin{bmatrix} \dot{x}_{11} \\ \dot{x}_{12} \\ \dot{x}_2 \end{bmatrix} = \left[\begin{array}{cc|c} 0 & 1 & 0 \\ -4 & -2 & 0 \\ \hline 0 & 0 & -3 \end{array}\right] \begin{bmatrix} x_{11} \\ x_{12} \\ x_2 \end{bmatrix} + \left[\begin{array}{c} 0 \\ 1 \\ \hline 5 \end{array}\right] u, \quad y = \left[\begin{array}{cc|c} 1 & 0 & 2 \end{array}\right] \begin{bmatrix} x_{11} \\ x_{12} \\ x_2 \end{bmatrix}$$

(3) フィードバック結合

式(8.83)より,

$$\begin{bmatrix} \dot{x}_{11} \\ \dot{x}_{12} \\ \dot{x}_2 \end{bmatrix} = \left[\begin{array}{cc|c} 0 & 1 & 0 \\ -4 & -2 & 2 \\ \hline 5 & 0 & -3 \end{array}\right] \begin{bmatrix} x_{11} \\ x_{12} \\ x_2 \end{bmatrix} + \left[\begin{array}{c} 0 \\ 1 \\ \hline 0 \end{array}\right] u, \quad y = \left[\begin{array}{cc|c} 1 & 0 & 0 \end{array}\right] \begin{bmatrix} x_{11} \\ x_{12} \\ x_2 \end{bmatrix}$$

(4) 出力フィードバック

式(8.84)より,

$$\begin{bmatrix} \dot{x}_{11} \\ \dot{x}_{12} \end{bmatrix} = \begin{bmatrix} 0 & 1 \\ -10 & -2 \end{bmatrix} \begin{bmatrix} x_{11} \\ x_{12} \end{bmatrix} + \begin{bmatrix} 0 \\ 1 \end{bmatrix} u, \quad y = \begin{bmatrix} 1 & 0 \end{bmatrix} \begin{bmatrix} x_{11} \\ x_{12} \end{bmatrix}$$

【例 8.15】

Consider a system described by the following set of differential equations

$$\ddot{y}_1 + 4\dot{y}_1 - 4y_2 = u_1$$
$$4\dot{y}_1 + \dot{y}_2 + y_1 - 3y_2 = u_2$$

The state variables and the output vector of the system are assigned as follows

$$\boldsymbol{x} = [y_1 \quad \dot{y}_1 \quad y_2]^T, \quad \boldsymbol{y} = [y_1 \quad y_2]^T$$

(a) Write the state equation and output equation in vector-matrix form.

(b) Find the transfer function matrix.

(c) Find the response with zero initial condition when an impulse function is applied to the input u_1 and an unit step function is simultaneously applied to u_2.

【解 8.15】

(a) Equating $\ddot{y}_1$ and $\dot{y}_2$ to the rest of the terms in the equations, we obtain the following state equation and output equation:

$$\dot{\boldsymbol{x}} = \boldsymbol{Ax} + \boldsymbol{Bu}$$
$$\boldsymbol{y} = \boldsymbol{Cx}$$

where

$$\boldsymbol{A} = \begin{bmatrix} 0 & 1 & 0 \\ 0 & -4 & 4 \\ -1 & -4 & 3 \end{bmatrix}, \quad \boldsymbol{B} = \begin{bmatrix} 0 & 0 \\ 1 & 0 \\ 0 & 1 \end{bmatrix}, \quad \boldsymbol{C} = \begin{bmatrix} 1 & 0 & 0 \\ 0 & 0 & 1 \end{bmatrix}$$

(b) To determine the transfer function matrix of the system, we form the matrix $s\boldsymbol{I} - \boldsymbol{A}$,

$$sI - A = \begin{bmatrix} s & -1 & 0 \\ 0 & s+4 & -4 \\ 1 & 4 & s-3 \end{bmatrix}$$

The determinant of $sI - A$ is $|sI - A| = s^3 + s^2 + 4s + 4 = (s^2+4)(s+1)$.
Thus

$$(sI - A)^{-1} = \frac{1}{(s^2+4)(s+1)} \begin{bmatrix} s^2+s+4 & s-3 & 4 \\ -4 & s^2-3s & 4s \\ -s-4 & -4s-1 & s^2+4s \end{bmatrix}$$

The transfer function matrix is

$$G(s) = C(sI - A)^{-1}B = \frac{1}{(s^2+4)(s+1)} \begin{bmatrix} s-3 & 4 \\ -4s-1 & s^2+4s \end{bmatrix}$$

(c) Since the Laplace transform of the input is $U(s) = [1 \quad 1/s]^T$, the Laplace transform of the output becomes

$$Y(s) = G(s)U(s) = \frac{1}{(s^2+4)(s+1)} \begin{bmatrix} s-3 & 4 \\ -4s-1 & s^2+4s \end{bmatrix} \begin{bmatrix} 1 \\ 1/s \end{bmatrix}$$

$$= \begin{bmatrix} \dfrac{s^2-3s+4}{(s^2+4)(s+1)s} \\ \dfrac{-3(s-1)}{(s^2+4)(s+1)} \end{bmatrix}$$

Hence, by taking the inverse Laplace transform, we obtain

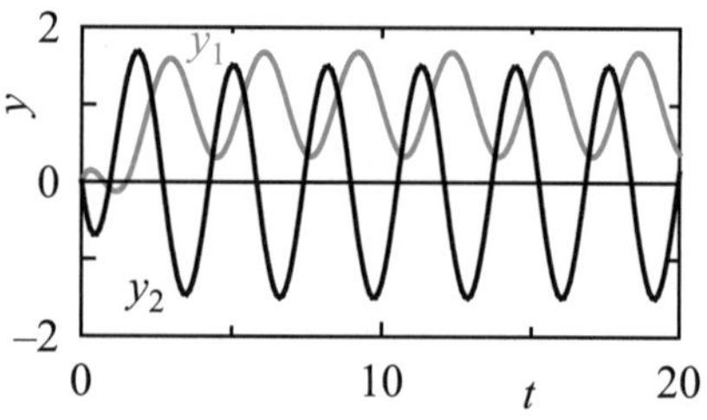

図 8.21 応答

$$y(t) = \mathcal{L}^{-1}[Y(s)] = \begin{bmatrix} 1 - \dfrac{8}{5}e^{-t} + \dfrac{3}{5}(\cos 2t - \dfrac{1}{2}\sin 2t) \\ \dfrac{3}{5}(2e^{-t} - 2\cos 2t - \dfrac{3}{2}\sin 2t) \end{bmatrix}$$

Figure 8.21 shows the response to the given condition..

第 9 章

システムの座標変換

Coordinate Transformation

システムの状態方程式表現は一意的でなく，状態変数の取り方によりいろいろな状態方程式表現がある．この章ではそれら状態方程式の変換について説明する．

9・1　いろいろな座標変換 (coordinate transformations)

状態方程式の表現は内部状態を表す状態変数の選び方に依存し，一意的ではなく，状態変数を座標変換 (coordinate transformation)によって変えることができる．そのことを以下に説明する．

まず，状態変数 $\boldsymbol{x}$ と

$$\boldsymbol{x} = \boldsymbol{T}\boldsymbol{z} \tag{9.1}$$

という関係にある新しい変数 $\boldsymbol{z}$ を考える．ここで行列 $\boldsymbol{T}$ は正方行列で正則であるとする．例えば $\boldsymbol{x} = [x_1 \quad x_2]^T$ の 2 次の場合について，

$$\boldsymbol{T} = \begin{bmatrix} 0 & 1 \\ 1 & -1 \end{bmatrix}$$

とする．この時，式(9.1)は次のように書くことができる．

$$\begin{bmatrix} x_1 \\ x_2 \end{bmatrix} = \begin{bmatrix} 0 & 1 \\ 1 & -1 \end{bmatrix} \begin{bmatrix} z_1 \\ z_2 \end{bmatrix} \tag{9.2}$$

すなわち，

$$\begin{bmatrix} 1 \\ 0 \end{bmatrix} x_1 + \begin{bmatrix} 0 \\ 1 \end{bmatrix} x_2 = \begin{bmatrix} 0 \\ 1 \end{bmatrix} z_1 + \begin{bmatrix} 1 \\ -1 \end{bmatrix} z_2$$

となる．これは図 9.1 に示すように，

$$\boldsymbol{e}_1 = \begin{bmatrix} 1 \\ 0 \end{bmatrix}, \quad \boldsymbol{e}_2 = \begin{bmatrix} 0 \\ 1 \end{bmatrix}$$

という 2 つのベクトル方向の成分が x_1, x_2 であるベクトル $\boldsymbol{P}$ を

$$\boldsymbol{v}_1 = \begin{bmatrix} 0 \\ 1 \end{bmatrix}, \quad \boldsymbol{v}_2 = \begin{bmatrix} 1 \\ -1 \end{bmatrix}$$

という 2 つのベクトル方向に分解すると，その成分が z_1, z_2 であることを示している．すなわち，式(9.2)は平面上の座標変換であることがわかる．

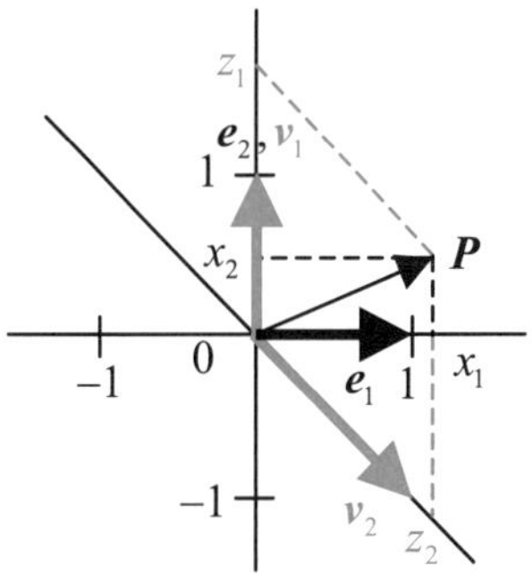

図 9.1　座標変換

次に，線形時不変システムの状態変数に対しこのような座標変換を行った時，新しい変数で表されたシステムがどのようになるかを見てみる．

いま，線形時不変システムが次の状態方程式で表されているとする．

$$\begin{aligned} \dot{\boldsymbol{x}} &= \boldsymbol{A}\boldsymbol{x} + \boldsymbol{B}u \\ y &= \boldsymbol{C}\boldsymbol{x} \end{aligned} \tag{9.3}$$

ただし，状態変数 $\boldsymbol{x}$ の次数は n，係数行列 $\boldsymbol{A}$ は $(n \times n)$ 定数行列，$\boldsymbol{B}$ は $(n \times m)$ 定数行列，$\boldsymbol{C}$ は $(r \times n)$ 定数行列である．8.2 節で述べたように，この

システムの伝達関数行列は

$$G(s) = C(sI - A)^{-1}B \tag{9.4}$$

であり，特性方程式は

$$|sI - A| = 0 \tag{9.5}$$

であり，特性方程式の根 λ_i，（$i = 1, \cdots, n$），すなわちシステムの極(pole)または固有値(eigenvalue)は次の式(9.6)を満たす．

$$Av_i = \lambda_i v_i \tag{9.6}$$

ここで，v_i は固有値 λ_i に対応する固有ベクトル(eigenvector)である．

この状態変数 x をある正則な変換行列 T（$|T| \neq 0$）によって，次のような新しい状態変数 z に変換する．

$$x = Tz \tag{9.7}$$

状態方程式(9.3)で表されたシステムは新しい状態変数 z を用いて次の式(9.8)のように表すことができる．（図 9.2 参照）

$$\begin{aligned} \dot{z} &= \bar{A}z + \bar{B}u \\ y &= \bar{C}z \end{aligned} \tag{9.8}$$

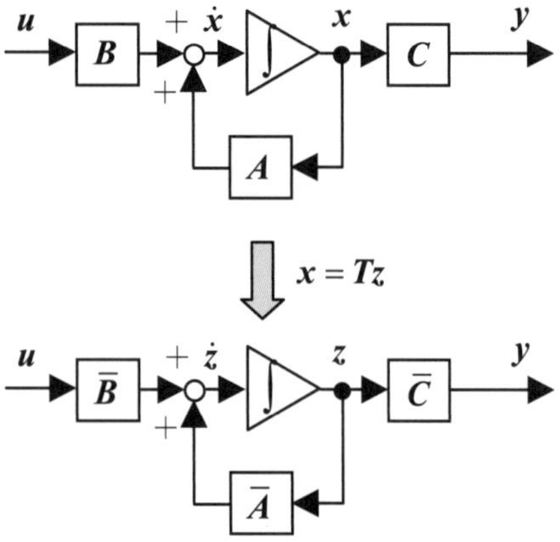

図 9.2　線形時不変システムの相似変換
$\bar{A} = T^{-1}AT$，$\bar{B} = T^{-1}B$，$\bar{C} = CT$，
相似変換の性質
$\bar{G}(s) = G(s)$
$|sI - \bar{A}| = |sI - A|$

ただし，

$$\bar{A} = T^{-1}AT, \quad \bar{B} = T^{-1}B, \quad \bar{C} = CT \tag{9.9}$$

である．入力 u と出力 y は同じで状態変数が変わっただけであり，同じシステムを表している．この変換後のシステムの伝達関数行列 $\bar{G}(s)$ は

$$\begin{aligned} \bar{G}(s) &= \bar{C}(sI - \bar{A})^{-1}\bar{B} = CT(sI - T^{-1}AT)^{-1}T^{-1}B \\ &= C(sI - A)^{-1}B = G(s) \end{aligned} \tag{9.10}$$

となり，元の伝達関数と変わらない．また，特性方程式も

$$\begin{aligned} |sI - \bar{A}| &= |sI - T^{-1}AT| = |T^{-1}(sI - A)T| = |T^{-1}||T||sI - A| \\ &= |sI - A| = 0 \end{aligned} \tag{9.11}$$

と変わらない．したがって固有値も変わらない．

式(9.7)の変換を相似変換(similarity transformation)という．このような相似変換を行っても，伝達関数，特性方程式や固有値は変わらず，同じ動的挙動を示す．相似変換は無数にあるので，同じ伝達関数を持つシステムの状態方程式表現は一意的ではなく，無数にある．状態変数として適当な物理量を選んだり，次の節のようにシステムの構造を数学的に見やすくしたり，第 10 章で述べるような標準形で表現したりすることができる．

【例 9.1】第 8 章の例 8.12 で扱った次のような伝達関数を持つ 1 入力 1 出力線形時不変システム（図 9.3 (a)参照）を考える．

$$G(s) = \frac{4}{s(s+2)} = \frac{4}{s^2 + 2s}$$

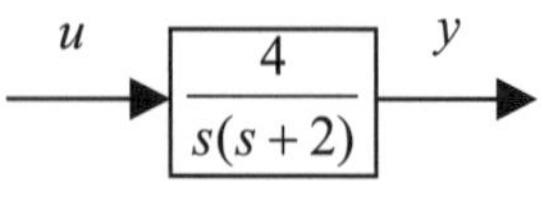

図 9.3 (a)　伝達関数表現

相似変換を行っても伝達関数および特性多項式が変わらないことを確かめよ．

【解 9.1】

(1)　同伴形での実現は

$$\dot{\boldsymbol{x}} = \boldsymbol{A}\boldsymbol{x} + \boldsymbol{b}u$$
$$y = \boldsymbol{c}\boldsymbol{x}$$
$$\boldsymbol{A} = \begin{bmatrix} 0 & 1 \\ 0 & -2 \end{bmatrix}, \quad \boldsymbol{b} = \begin{bmatrix} 0 \\ 1 \end{bmatrix}, \quad \boldsymbol{c} = \begin{bmatrix} 4 & 0 \end{bmatrix}$$

となる．このブロック線図を図 9.3 (b)に示す．このとき特性多項式は

$$|s\boldsymbol{I} - \boldsymbol{A}| = \begin{vmatrix} s & -1 \\ 0 & s+2 \end{vmatrix} = s(s+2)$$

であり，伝達関数は以下のように変わらないことが確かめられる．

$$\boldsymbol{G}(s) = \boldsymbol{c}(s\boldsymbol{I} - \boldsymbol{A})^{-1}\boldsymbol{b} = \begin{bmatrix} 4 & 0 \end{bmatrix} \begin{bmatrix} s & -1 \\ 0 & s+2 \end{bmatrix}^{-1} \begin{bmatrix} 0 \\ 1 \end{bmatrix} = \frac{1}{s(s+2)} \begin{bmatrix} 4 & 0 \end{bmatrix} \begin{bmatrix} s+2 & 1 \\ 0 & s \end{bmatrix} \begin{bmatrix} 0 \\ 1 \end{bmatrix}$$
$$= \frac{4}{s(s+2)}$$

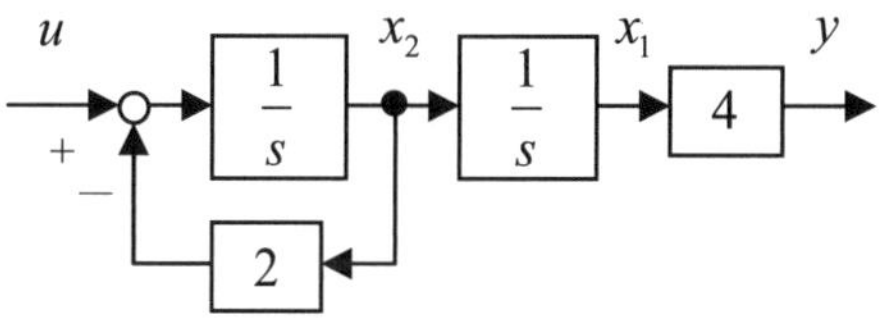

図 9.3(b)　同伴形のブロック線図

(2)　$\boldsymbol{T} = \begin{bmatrix} 1/2 & -1/2 \\ 0 & 1 \end{bmatrix}$ とすると，$\boldsymbol{T}^{-1} = \begin{bmatrix} 2 & 1 \\ 0 & 1 \end{bmatrix}$ であるので，

$$\bar{\boldsymbol{A}} = \boldsymbol{T}^{-1}\boldsymbol{A}\boldsymbol{T} = \begin{bmatrix} 0 & 0 \\ 0 & -2 \end{bmatrix}, \quad \bar{\boldsymbol{b}} = \boldsymbol{T}^{-1}\boldsymbol{b} = \begin{bmatrix} 1 \\ 1 \end{bmatrix}, \quad \bar{\boldsymbol{c}} = \boldsymbol{c}\boldsymbol{T} = \begin{bmatrix} 2 & -2 \end{bmatrix}$$

と対角化できる．このブロック線図を図 9.3(c)に示す．また，

$$|s\boldsymbol{I} - \bar{\boldsymbol{A}}| = \begin{vmatrix} s & 0 \\ 0 & s+2 \end{vmatrix} = s(s+2) \quad より$$

$$\bar{\boldsymbol{G}}(s) = \begin{bmatrix} 2 & -2 \end{bmatrix} \begin{bmatrix} s & 0 \\ 0 & s+2 \end{bmatrix}^{-1} \begin{bmatrix} 1 \\ 1 \end{bmatrix} = \frac{1}{s(s+2)} \begin{bmatrix} 2 & -2 \end{bmatrix} \begin{bmatrix} s+2 & 0 \\ 0 & s \end{bmatrix} \begin{bmatrix} 1 \\ 1 \end{bmatrix} = \frac{4}{s(s+2)}$$

であるので，特性多項式および伝達関数は変わらない．

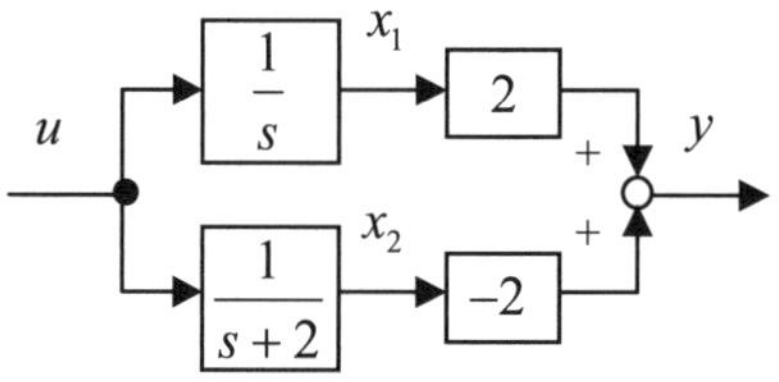

図 9.3 (c)　対角化されたシステムのブロック線図

(3)　$\boldsymbol{T} = \begin{bmatrix} 0 & 1 \\ 1 & -2 \end{bmatrix}$ とすると，$\boldsymbol{T}^{-1} = \begin{bmatrix} 2 & 1 \\ 1 & 0 \end{bmatrix}$ であるので，

$$\bar{\boldsymbol{A}} = \boldsymbol{T}^{-1}\boldsymbol{A}\boldsymbol{T} = \begin{bmatrix} 0 & 0 \\ 1 & -2 \end{bmatrix}, \quad \bar{\boldsymbol{b}} = \boldsymbol{T}^{-1}\boldsymbol{b} = \begin{bmatrix} 1 \\ 0 \end{bmatrix}, \quad \bar{\boldsymbol{c}} = \boldsymbol{c}\boldsymbol{T} = \begin{bmatrix} 0 & 4 \end{bmatrix}$$

となり，直列形と同じになる．このブロック線図を図 9.3 (d)に示す．また，

$$|s\boldsymbol{I} - \bar{\boldsymbol{A}}| = \begin{vmatrix} s & 0 \\ -1 & s+2 \end{vmatrix} = s(s+2) \quad より,$$

$$\bar{\boldsymbol{G}}(s) = \begin{bmatrix} 0 & 4 \end{bmatrix} \begin{bmatrix} s & 0 \\ -1 & s+2 \end{bmatrix}^{-1} \begin{bmatrix} 1 \\ 0 \end{bmatrix} = \frac{1}{s(s+2)} \begin{bmatrix} 0 & 4 \end{bmatrix} \begin{bmatrix} s+2 & 0 \\ 1 & s \end{bmatrix} \begin{bmatrix} 1 \\ 0 \end{bmatrix} = \frac{4}{s(s+2)}$$

であるので，この場合も特性多項式および伝達関数は変わらない．

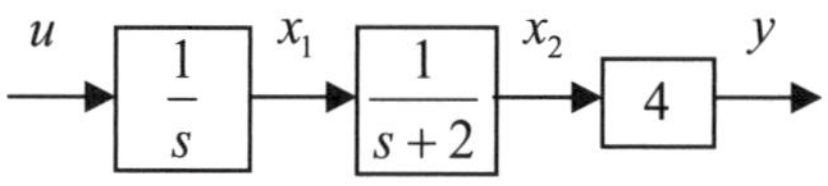

図 9.3 (d)　直列形のブロック線図

9・2　モード分解 (mode decomposition)

状態方程式を座標変換し対角化すると，時間領域で見通しのよい関係式が得られ，内部構造がわかりやすくなる．まず，2 次系の例を示して説明する．

第 8 章の例 8.4 で扱った線形化された 2 つのタンクの水位系（図 9.4 および

図 9.5）を考える．このシステムにおいて，状態変数を各タンクの定常状態 $h_{10} = h_{20} = 1$ からの水位の微小変位とし，$A_1 = 0.5$，$A_2 = 1$，$k_1 = k_2 = 2$ としたときの自由システム（入力 $\boldsymbol{u} = 0$）の状態方程式は

$$\dot{\boldsymbol{x}} = \boldsymbol{A}\boldsymbol{x} = \begin{bmatrix} -2 & 0 \\ 1 & -1 \end{bmatrix} \boldsymbol{x} \tag{9.12}$$

となる．初期状態 $\boldsymbol{x}(0) = [x_1(0) \quad x_2(0)]^T$ に対するこの自由システムの解は

$$\begin{aligned} \boldsymbol{x}(t) &= e^{\boldsymbol{A}t}\boldsymbol{x}(0) = \mathcal{L}^{-1}[(s\boldsymbol{I} - \boldsymbol{A})^{-1}]\boldsymbol{x}(0) \\ &= \begin{bmatrix} e^{-2t} & 0 \\ e^{-t} - e^{-2t} & e^{-t} \end{bmatrix} \begin{bmatrix} x_1(0) \\ x_2(0) \end{bmatrix} = \begin{bmatrix} e^{-2t} x_1(0) \\ (e^{-t} - e^{-2t}) x_1(0) + e^{-t} x_2(0) \end{bmatrix} \end{aligned} \tag{9.13}$$

と得られる．

初期状態を $P_1, \cdots, P_{10}$ とし，状態平面である x_1 - x_2 平面上に時間 t を変化させて状態方程式の解の挙動を描いた曲線を図 9.6 に示す．この曲線を軌道(trajectory)という．図 9.6 からわかるように，状態が直線 P_3 - P_8 および直線 P_5 - P_{10} 上にある場合はこれらの直線上を通って原点に到達する．

直線 P_3 - P_8 上，すなわち $x_1 = 0$ である x_2 軸上にある場合は式(9.13)より，

$$x_1 = 0, \quad x_2(t) = e^{-t} x_2(0)$$

となり，e^{-t} のみで，e^{-2t} は含まれない．これを第 1 モードとよぶことにする．初期状態を $\boldsymbol{x}(0) = [0 \quad 1]^T$ とした時の状態の時間変化を図 9.7 (a)に示す．

直線 P_5 - P_{10} 上，すなわち $x_2 = -x_1$ の直線上にある場合は式(9.13)より，

$$x_1 = e^{-2t} x_1(0), \quad x_2(t) = -e^{-2t} x_1(0)$$

となり，今度は e^{-2t} のみで，e^{-t} は含まれない．これを第 2 モードとよぶことにする．初期状態を $\boldsymbol{x}(0) = [1 \quad -1]^T$ とした時の状態の時間変化を図 9.7 (b)に示す．

図 9.8 にこの解の 2 つのモードを水位の動きとして模式的に示す．図 9.8(a)は第 1 モードで，上流側タンクの水位は定常状態のまま一定で，下流側タンクの水位の定常状態からの変位のみが時間とともに指数関数 e^{-t} に従って次第に減り，定常状態に漸近する．また，図 9.8 (b)は第 2 モードで，上流側タンクの水位が定常状態より高いとき，下流側タンクの水位は定常状態より低く，両方のタンクの水位は時間とともに指数関数 e^{-2t} にしたがって次第に定常状態に漸近する．第 1 モードは遅いモード，第 2 モードは速いモードである．

このように，x_2 軸上および直線 $x_2 = -x_1$ 上に状態がある場合には x_1 と x_2 の比が一定であるから，x_1 と x_2 は共に同じ 1 つの指数関数によって時間と共に変化する．これら 2 本の直線上にない一般の初期状態の場合は 2 つのモードが重なって現れる．この一般の場合に片方のモードだけを抽出するためには，不要なモードに対応する直線に直交する直線上に射影して観測すればよい．第 1 モードは x_2 軸上でおこるので，それと直交する x_1 軸上では観測できないし，第 2 モードは直線 $x_2 = -x_1$ に直交する直線 $x_2 = x_1$ 上では観測できない．したがって，状態を x_1 軸および直線 $x_2 = x_1$ への射影によって表せばそれぞれのモードを単独に含むものになる．すなわち，座標変換することにより

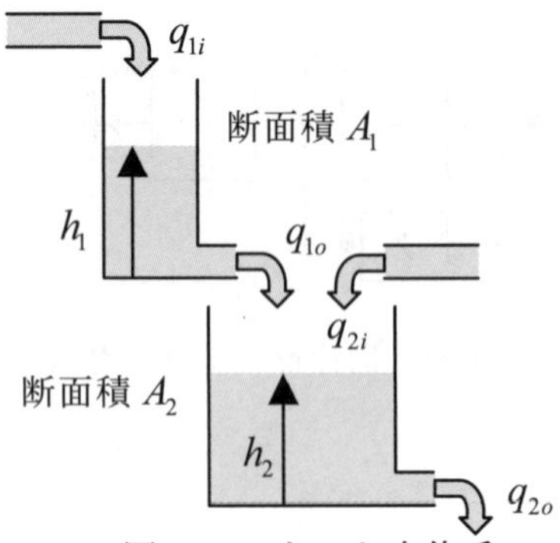

図 9.4　2 タンク水位系

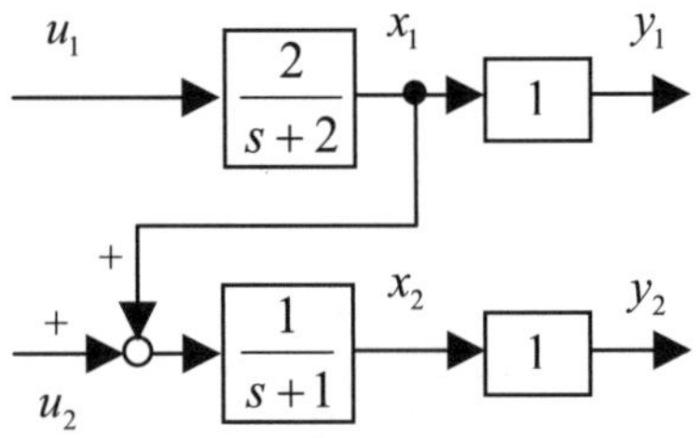

図 9.5　線形化 2 タンク水位系のブロック線図

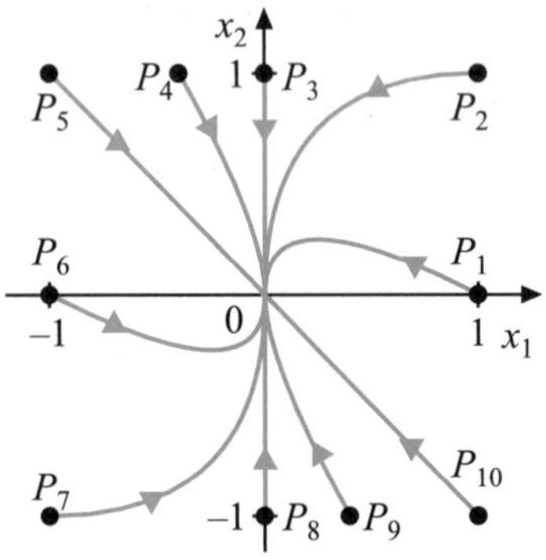

図 9.6　種々の初期状態に対する状態平面上の軌道

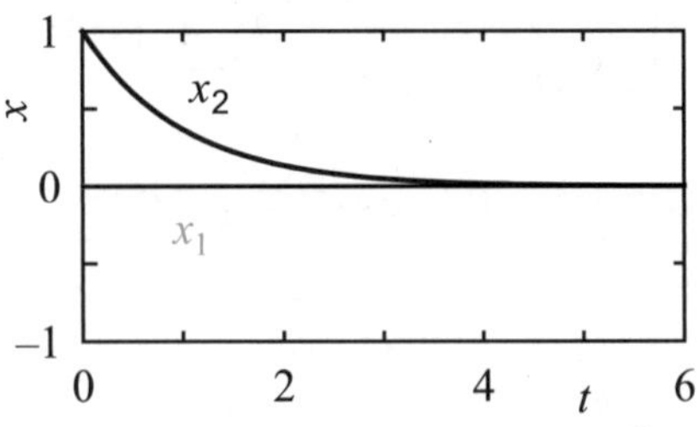

(a)　第 1 モード（$\boldsymbol{x}(0) = [0 \quad 1]^T$）

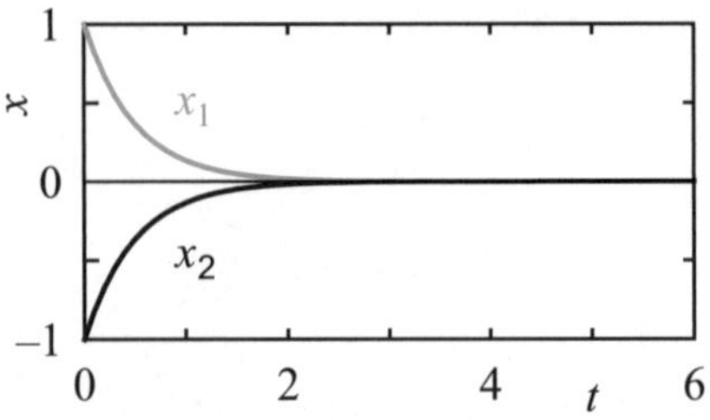

(b)　第 2 モード（$\boldsymbol{x}(0) = [1 \quad -1]^T$）

図 9.7　状態の時間変化

各モード分解することができる．そこで，適切な座標変換を見つける方法を以下に見てみよう．

手順としては，まず係数行列 $\boldsymbol{A}$ の固有値および固有ベクトルを求め，次に求めた固有ベクトルを並べて変換行列を得ればよい．この例では

$$\lambda \boldsymbol{I}-\boldsymbol{A}=\begin{bmatrix}\lambda+2 & 0\\ -1 & \lambda+1\end{bmatrix} \tag{9.14}$$

であるので，

$$|\lambda \boldsymbol{I}-\boldsymbol{A}|=(\lambda+1)(\lambda+2)=0$$

より，$\boldsymbol{A}$ の固有値は $\lambda_1=-1$，$\lambda_2=-2$ である．$\lambda_1=-1$ に対する固有ベクトルを $\boldsymbol{v}_1=[v_{11}\quad v_{12}]^T$ とすると，$(\lambda_1\boldsymbol{I}-\boldsymbol{A})\boldsymbol{v}_1=0$ より

$$v_{11}=0,\quad v_{12}\text{ は任意}$$

となるので，例えば $\boldsymbol{v}_1=[0\quad 1]^T$ ととれる．これは前で述べた第 1 モードを表す x_2 軸に対応する．また，$\lambda_1=-2$ に対する固有ベクトルを $\boldsymbol{v}_2=[v_{21}\quad v_{22}]^T$ とすると，$(\lambda_2\boldsymbol{I}-\boldsymbol{A})\boldsymbol{v}_2=0$ より

$$-v_{21}-v_{22}=0$$

となるので，例えば $\boldsymbol{v}_2=[1\quad -1]^T$ ととれる．これも前で述べた第 2 モードの直線 $x_2=-x_1$ に対応する．次に，変換行列を

$$\boldsymbol{T}=\begin{bmatrix}\boldsymbol{v}_1 & \boldsymbol{v}_2\end{bmatrix}=\begin{bmatrix}0 & 1\\ 1 & -1\end{bmatrix},\quad \boldsymbol{T}^{-1}=\begin{bmatrix}\boldsymbol{w}_1^{\ T}\\ \boldsymbol{w}_2^{\ T}\end{bmatrix}=\begin{bmatrix}1 & 1\\ 1 & 0\end{bmatrix}$$

として，新しい状態変数 $\boldsymbol{z}$ に

$$\boldsymbol{x}=\boldsymbol{T}\boldsymbol{z}=\begin{bmatrix}0 & 1\\ 1 & -1\end{bmatrix}\boldsymbol{z}$$

と相似変換すると，式(9.12)は

$$\dot{\boldsymbol{z}}=\boldsymbol{T}^{-1}\boldsymbol{A}\boldsymbol{T}\boldsymbol{z}=\begin{bmatrix}1 & 1\\ 1 & 0\end{bmatrix}\begin{bmatrix}-2 & 0\\ 1 & -1\end{bmatrix}\begin{bmatrix}0 & 1\\ 1 & -1\end{bmatrix}\boldsymbol{z}=\begin{bmatrix}-1 & 0\\ 0 & -2\end{bmatrix}\boldsymbol{z}$$

と対角化される．この方程式の解は次のようになる．

$$\boldsymbol{z}(t)=\begin{bmatrix}z_1(t)\\ z_2(t)\end{bmatrix}=\begin{bmatrix}e^{-t}z_1(0)\\ e^{-2t}z_2(0)\end{bmatrix}$$

図 9.9 に z_1 - z_2 平面での軌道を示す．図中の $P_1,\cdots,P_{10}$ は図 9.6 の初期状態に対応する．したがって，このシステムの解 $\boldsymbol{x}(t)$ は

$$\boldsymbol{x}(t)=\boldsymbol{T}\boldsymbol{z}(t)=\begin{bmatrix}0\\ 1\end{bmatrix}e^{-t}z_1(0)+\begin{bmatrix}1\\ -1\end{bmatrix}e^{-2t}z_2(0) \tag{9.15}$$

となる．このように座標変換することにより対角化すると，それぞれのモード $e^{-t}z_1(0)$ と $e^{-2t}z_2(0)$ に分けることができる．図 9.10 にこのモード分解と固有ベクトル $\boldsymbol{v}_1$，$\boldsymbol{v}_2$ の関係を示す．z_1 軸は $\boldsymbol{v}_2$ と直交し，z_2 軸は $\boldsymbol{v}_1$ と直交している．状態 P は図のようにそれぞれの座標軸へ射影される．

なお，初期条件の関係

$$\boldsymbol{z}(0)=\boldsymbol{T}^{-1}\boldsymbol{x}(0)=\begin{bmatrix}1 & 1\\ 1 & 0\end{bmatrix}\begin{bmatrix}x_1(0)\\ x_2(0)\end{bmatrix}=\begin{bmatrix}x_1(0)+x_2(0)\\ x_1(0)\end{bmatrix}$$

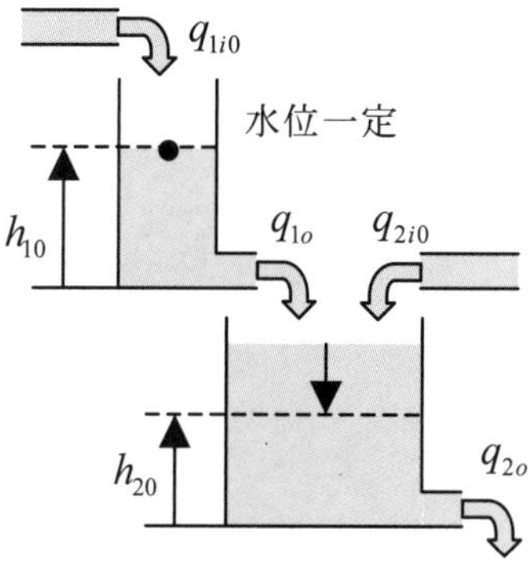

(a)　第 1 モード

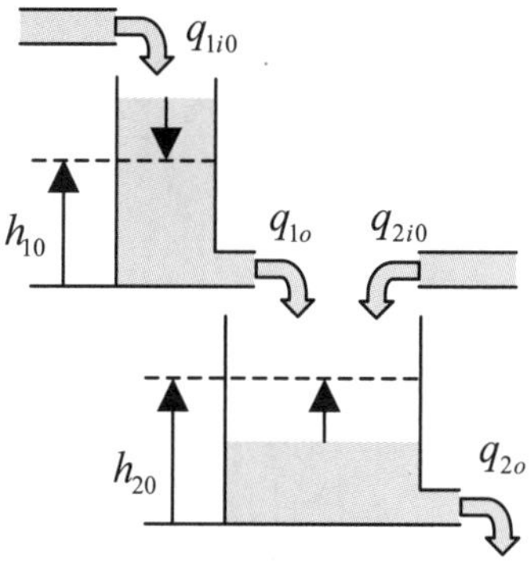

(b)　第 2 モード

図 9.8　2 タンク水位系のモード

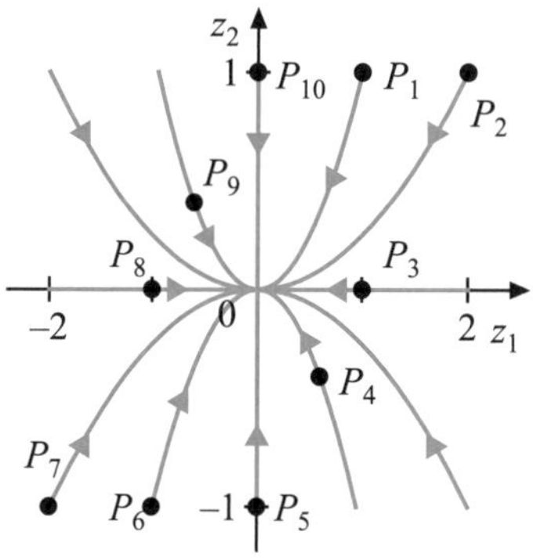

図 9.9　z_1 - z_2 状態平面上の軌道

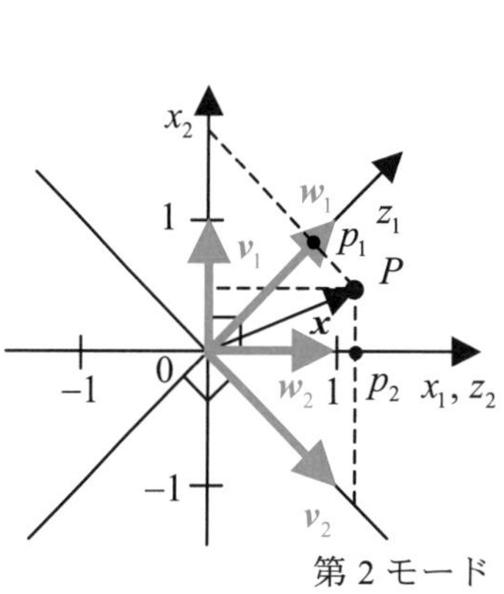

図 9.10　モード分解

を式(9.15)に代入すると，式(9.13)と同じ結果を得る．

9・2・1　固有値が相異なる場合

上の例を以下にまとめる．

入力 $\boldsymbol{u}$ がない線形時不変の自由システム

$$\dot{\boldsymbol{x}} = \boldsymbol{A}\boldsymbol{x} \tag{9.16}$$

の解の振る舞いを見るために，例で述べたように，係数行列 $\boldsymbol{A}$ の固有値問題

$$\boldsymbol{A}\boldsymbol{v} = \lambda\boldsymbol{v} \tag{9.17}$$

として考える．係数行列 $\boldsymbol{A}$ の固有値 λ_i （$i = 1, \cdots, n$）に対応する固有ベクトルを $\boldsymbol{v}_i$ とする．固有値 λ_i に重複がなく全て相異なる場合，固有ベクトル $\boldsymbol{v}_i$ は一次独立となる．この固有ベクトルからなる変換行列

$$\boldsymbol{T} = [\boldsymbol{v}_1 \quad \boldsymbol{v}_2 \quad \cdots \quad \boldsymbol{v}_n] \tag{9.18}$$

を用いて，新しい状態変数 $\boldsymbol{z}$ に変換する次の式(9.19)のような相似変換を行う．

$$\boldsymbol{x} = \boldsymbol{T}\boldsymbol{z} \tag{9.19}$$

すると，係数行列 $\boldsymbol{A}$ は次の式(9.20)のように対角形(diagonal form)となる．（ただし，一般の正方行列は後で出てくるジョルダン標準形(Jordan canonical form)になることに注意．）

$$\dot{\boldsymbol{z}} = \boldsymbol{T}^{-1}\boldsymbol{A}\boldsymbol{T}\boldsymbol{z} = \bar{\boldsymbol{A}}\boldsymbol{z} = \begin{bmatrix} \lambda_1 & & 0 \\ & \ddots & \\ 0 & & \lambda_n \end{bmatrix}\boldsymbol{z} \tag{9.20}$$

したがって，新しい状態変数 $\boldsymbol{z}$ の各要素 z_i は非干渉化(decoupling)され，次の式(9.21)のように独立な n 個の方程式で表される．

$$\dot{z}_i = \lambda_i z_i \quad (i = 1, \cdots, n) \tag{9.21}$$

初期値を $z_i(0)$ とすると，上の式(9.21)の解は

$$z_i(t) = e^{\lambda_i t} z_i(0) \quad (i = 1, \cdots, n) \tag{9.22}$$

と表される．$e^{\lambda_i t} z_i(0)$ をモード(mode)とよぶ．したがって，式(9.19)より，式(9.16)のシステムの解 $\boldsymbol{x}(t)$ は次のようにモード分解(mode decomposition)された形で表すことができる．

$$\boldsymbol{x}(t) = \boldsymbol{T}\boldsymbol{z}(t) = \boldsymbol{v}_1 e^{\lambda_1 t} z_1(0) + \boldsymbol{v}_2 e^{\lambda_2 t} z_2(0) + \cdots + \boldsymbol{v}_n e^{\lambda_n t} z_n(0) \tag{9.23}$$

i 番目の初期値 $z_i(0)$ のみ 0 でない値とし，それ以外の初期値を 0 とすると，時間経過が指数関数 $e^{\lambda_i t}$ で表される第 i 番目のモード $z_i(t)$ のみが現れる．式(9.19)より，初期値 $z_i(0)$ のみ 0 でない値とすることは，初期条件 $\boldsymbol{x}(0)$ を行列 $\boldsymbol{T}$ の第 i 列の定数倍とすることである．すなわち，式(9.18)より初期条件 $\boldsymbol{x}(0)$ を i 番目の固有ベクトルの定数倍とすることにより，固有ベクトルの方向に沿って対応する固有値によって定まる時間経過をするモードのみが現れる．

第 11 章で詳しく学ぶようにシステムの安定性は行列 $\boldsymbol{A}$ の固有値に関連している．固有値 λ_i の実部が負であると指数関数 $e^{\lambda_i t}$ は時間と共に減少し，零に収束する．実部が正の固有値が 1 つでも存在すると，対応する初期値が 0 でない限りそのシステムの解は発散する．また，システムが安定である時，一番虚軸に近い固有値を持つモードは一番遅く 0 に近づくため，ある程度時

間が経つとその最も遅いモードでシステムの挙動を近似できる．このようなモードを代表モードという．このようにモード分解するとシステムの見通しがよくなる．

9・2・2　固有値が複素数の場合

固有値が複素の場合は対応する固有ベクトルも複素数となる．この場合，前節で述べたやり方でモード分解すると，システムは複素数となり，モードの挙動の物理的意味を検討するのが困難になる．しかし，第 8 章で述べたように，工学的には実数でのモデルが必要になるので，ここでは，モード分解に準じる実係数を持つ形，つまり実ジョルダン標準形(real Jordan canonical form)に変換する方法を学ぶ．これは 11.1 節の安定判別のところでも用いる．

いま，簡単のため，共役な複素固有値 $\lambda_1 = \sigma + j\omega$，$\lambda_2 = \sigma - j\omega$ が特性方程式の単根である場合を考える．それぞれの固有値に対応する固有ベクトルも共役で $\boldsymbol{v}_1 = \boldsymbol{y} + j\boldsymbol{z}$，$\boldsymbol{v}_2 = \boldsymbol{y} - j\boldsymbol{z}$ とする．式(9.17)に代入すると，

$$\begin{aligned} \boldsymbol{A}(\boldsymbol{y}+j\boldsymbol{z}) &= (\sigma + j\omega)(\boldsymbol{y}+j\boldsymbol{z}) = (\sigma\boldsymbol{y}-\omega\boldsymbol{z}) + j(\sigma\boldsymbol{y}+\omega\boldsymbol{z}) \\ \boldsymbol{A}(\boldsymbol{y}-j\boldsymbol{z}) &= (\sigma - j\omega)(\boldsymbol{y}-j\boldsymbol{z}) = (\sigma\boldsymbol{y}-\omega\boldsymbol{z}) - j(\sigma\boldsymbol{y}+\omega\boldsymbol{z}) \end{aligned} \tag{9.24}$$

となる．上の両式の実数部と虚数部を比較すると

$$\begin{aligned} \boldsymbol{A}\boldsymbol{y} &= \sigma\boldsymbol{y} - \omega\boldsymbol{z} \\ \boldsymbol{A}\boldsymbol{z} &= \sigma\boldsymbol{z} + \omega\boldsymbol{y} \end{aligned} \tag{9.25}$$

が得られる．したがって，

$$\boldsymbol{A}\begin{bmatrix}\boldsymbol{y} & \boldsymbol{z}\end{bmatrix} = \begin{bmatrix}\boldsymbol{y} & \boldsymbol{z}\end{bmatrix}\begin{bmatrix}\sigma & \omega \\ -\omega & \sigma\end{bmatrix} \tag{9.26}$$

と表すことができる．

$$\boldsymbol{T} = \begin{bmatrix}\boldsymbol{y} & \boldsymbol{z}\end{bmatrix} \tag{9.27}$$

とおくと，$\boldsymbol{T}$ は正則であるから，

$$\bar{\boldsymbol{A}} = \boldsymbol{T}^{-1}\boldsymbol{A}\boldsymbol{T} = \begin{bmatrix}\sigma & \omega \\ -\omega & \sigma\end{bmatrix} \tag{9.28}$$

と対角行列ではないが，全ての要素が実数となる行列に変換される．この部分の方程式は

$$\dot{\boldsymbol{z}} = \begin{bmatrix}\sigma & \omega \\ -\omega & \sigma\end{bmatrix}\boldsymbol{z} \tag{9.29}$$

と表され，その解は

$$\begin{bmatrix} z_1(t) \\ z_2(t) \end{bmatrix} = e^{\sigma t}\begin{bmatrix}\cos\omega t & \sin\omega t \\ -\sin\omega t & \cos\omega t\end{bmatrix}\begin{bmatrix} z_1(0) \\ z_2(0) \end{bmatrix} \tag{9.30}$$

となる．初期状態 $z_1(0)$ と $z_2(0)$ を実数の範囲でどのように選んでも $z_1(t)$ と $z_2(t)$ のどちらか一方だけが現れるようにすることはできない．すなわち互いに共役な複素固有値に対応する 2 つのモードは分けることができない．

ジョルダン標準形と実ジョルダン標準形

行列のジョルダン標準形では，固有値が複素数であるとそれがそのまま標準形に表れる．システムの振る舞いを調べるとき意味をもつ物理量はすべて実数なので，複素数を用いずに実数の範囲内で表現する標準形は重要であり，それを実ジョルダン標準形と呼んでいる．

例えば，行列 A の互いに共役な複素固有値 $\lambda_1 = \sigma + j\omega$，$\lambda_2 = \sigma - j\omega$ が 単根である場合に，ジョルダン標準形

$$\begin{bmatrix}\lambda_1 & 0 \\ 0 & \lambda_2\end{bmatrix}$$

に対して実ジョルダン標準形は

$$\begin{bmatrix}\sigma & \omega \\ -\omega & \sigma\end{bmatrix}$$

となる．

この正則変換について説明しよう．固有値 λ_1 に対する固有ベクトルを $v_1 = y + jz$ とすれば，固有値 λ_2 に対する固有ベクトルは $v_2 = y - jz$ となっている．そこで

$$Av_1 = \lambda_1 v_1$$
$$Av_2 = \lambda_2 v_2$$

すなわち

$$A(y+jz) = (y\sigma - z\omega) + j(y\omega + z\sigma)$$
$$A(y-jz) = (y\sigma - z\omega) - j(y\omega + z\sigma)$$

の関係がある．この式の両辺の実数部分と虚数部分をそれぞれ相等しいとおくと

$$Ay = y\sigma - z\omega$$
$$Az = y\omega + z\sigma$$

となり，これより

$$A\begin{bmatrix}y & z\end{bmatrix} = \begin{bmatrix}y & z\end{bmatrix}\begin{bmatrix}\sigma & \omega \\ -\omega & \sigma\end{bmatrix}$$

を得る．したがって，行列 A に対する実ジョルダン標準形は

$$\begin{bmatrix}y & z\end{bmatrix}^{-1}A\begin{bmatrix}y & z\end{bmatrix} = \begin{bmatrix}\sigma & \omega \\ -\omega & \sigma\end{bmatrix}$$

といった正則変換を行った結果得られる行列とみなすことができる．

9・2・3　固有値が重複する場合

固有値が重複し，独立な固有ベクトルを固有値の数だけ求めることができない場合は，係数行列 $\boldsymbol{A}$ は対角化されず，対角項の上に 1 を要素に持つジョルダン標準形に変換される．ただし，固有値が重複しても，その固有値に対応する固有ベクトルが複数本存在することもある．

例えば，方程式

$$\dot{\boldsymbol{z}} = \begin{bmatrix} \lambda & 1 \\ 0 & \lambda \end{bmatrix} \boldsymbol{z} \tag{9.31}$$

の解は

$$\begin{aligned} z_1(t) &= e^{\lambda t} z_1(0) + t e^{\lambda t} z_2(0) \\ z_2(t) &= e^{\lambda t} z_2(0) \end{aligned} \tag{9.32}$$

となる．また，

$$\dot{\boldsymbol{z}} = \begin{bmatrix} \lambda & 0 \\ 0 & \lambda \end{bmatrix} \boldsymbol{z} \tag{9.33}$$

の解は

$$\begin{aligned} z_1(t) &= e^{\lambda t} z_1(0) \\ z_2(t) &= e^{\lambda t} z_2(0) \end{aligned} \tag{9.34}$$

である．なお，固有値が複素数の場合は 9.2.2 項の場合を拡張することができる．

以上のような対角形を含むジョルダン標準形で表されたシステムは，モード領域で表現されたシステムとよばれる．

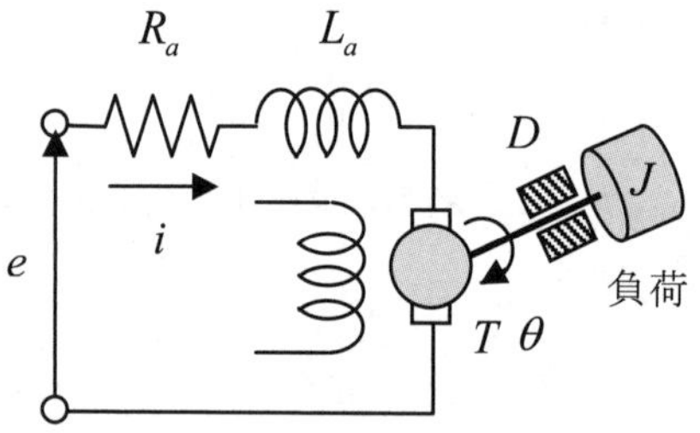

図 9.11　負荷付き直流モータ

【例 9.2】第 2 章の例 2.4 および第 8 章の例 8.6 で扱った直流モータを考える（図 9.11 参照）．$L_a = 1$，$R_a = 6$，$K_E = K_T = 2$，$J = 1$，$D = 1$ とした時，このシステムをモード分解せよ．

【解 9.2】係数行列 $\boldsymbol{A}$ と特性方程式を求めると次のようになる．

$$\boldsymbol{A} = \begin{bmatrix} 0 & 1 & 0 \\ 0 & -1 & 2 \\ 0 & -2 & -6 \end{bmatrix}$$

$$|s\boldsymbol{I} - \boldsymbol{A}| = s(s+1)(s+6) + 4s = s(s+2)(s+5) = 0$$

したがって，$\boldsymbol{A}$ の固有値は $\lambda_1 = 0$，$\lambda_2 = -2$，$\lambda_3 = -5$ である．この固有値は実根で全て異なるので，これらの固有値に対応する固有ベクトルは，

$$\boldsymbol{v}_1 = \begin{bmatrix} 1 \\ 0 \\ 0 \end{bmatrix}, \quad \boldsymbol{v}_2 = \begin{bmatrix} 1 \\ -2 \\ 1 \end{bmatrix}, \quad \boldsymbol{v}_3 = \begin{bmatrix} 1 \\ -5 \\ 10 \end{bmatrix}$$

と求まる．したがって次の変換行列

$$\boldsymbol{T}=\begin{bmatrix}1 & 1 & 1\\ 0 & -2 & -5\\ 0 & 1 & 10\end{bmatrix}$$

により変換すると，新しい状態変数 $\boldsymbol{z}$ に関する状態方程式

$$\dot{\boldsymbol{z}}=\boldsymbol{T}^{-1}\boldsymbol{A}\boldsymbol{T}\boldsymbol{z}=\begin{bmatrix}0 & 0 & 0\\ 0 & -2 & 0\\ 0 & 0 & -5\end{bmatrix}\boldsymbol{z}$$

が得られ，システムの解 $\boldsymbol{x}(t)$ は

$$\boldsymbol{x}(t)=\boldsymbol{T}\boldsymbol{z}(t)=\begin{bmatrix}1\\0\\0\end{bmatrix}z_1(0)+\begin{bmatrix}1\\-2\\1\end{bmatrix}e^{-2t}z_2(0)+\begin{bmatrix}1\\-5\\10\end{bmatrix}e^{-5t}z_2(0) \qquad (9.35)$$

となり，$\boldsymbol{A}$ の固有値 $\lambda_1=0$，$\lambda_2=-2$，$\lambda_3=-5$ に対応する 3 つのモードがあることがわかる．

【例 9.3】第 8 章の例 8.1 で扱った質量，ばね，ダンパからなる 1 自由度系を考える（図 9.12 参照）．よく知られているようにダンパの粘性係数が小さい場合，この系は減衰振動する．質量を $m=1$，ばね定数を $k=5/4$，ダンパの粘性係数を $d=1$ とした時のモードを調べよ．

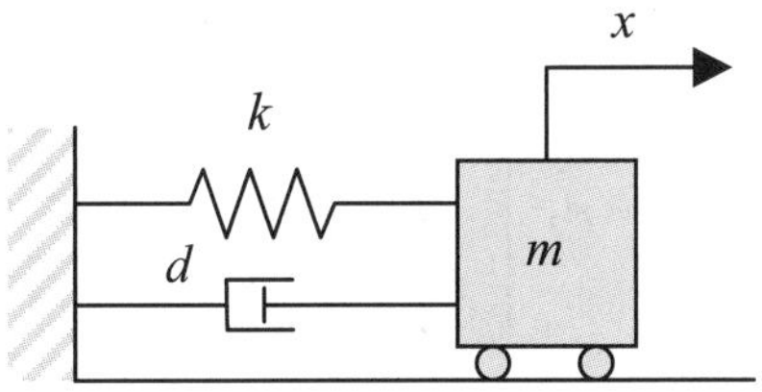

図 9.12　質量・ばね・ダンパ 1 自由度系

【解 9.3】係数行列 $\boldsymbol{A}$ と特性方程式を求めると次のようになる．

$$\boldsymbol{A}=\begin{bmatrix}0 & 1\\ -5/4 & -1\end{bmatrix}$$

$$|s\boldsymbol{I}-\boldsymbol{A}|=s^2+s+5/4=0$$

固有値と対応する固有ベクトルは次のように複素数になる．

$$\lambda_1=-0.5+i,\quad \lambda_2=-0.5-i,\quad \boldsymbol{v}_1=[1\quad -0.5+i]^T,\quad \boldsymbol{v}_2=[1\quad -0.5-i]^T$$

したがって，変換行列を

$$\boldsymbol{T}=\begin{bmatrix}\boldsymbol{v}_1 & \boldsymbol{v}_2\end{bmatrix}=\begin{bmatrix}1 & 1\\ -0.5+i & -0.5-i\end{bmatrix}$$

とすると，次のように対角化される．

$$\dot{\boldsymbol{z}}=\overline{\boldsymbol{A}}\boldsymbol{z},\quad \overline{\boldsymbol{A}}=\begin{bmatrix}-0.5+i & 0\\ 0 & -0.5-i\end{bmatrix}$$

したがって，自由システムの解 $\boldsymbol{x}(t)$ は次のような複素数で表される．

$$\boldsymbol{x}(t)=\boldsymbol{T}\boldsymbol{z}(t)=\begin{bmatrix}1\\ -0.5+i\end{bmatrix}e^{(-0.5+i)t}z_1(0)+\begin{bmatrix}1\\ -0.5-i\end{bmatrix}e^{(-0.5-i)t}z_2(0)$$

次に実数解を求めてみる．いま，変換行列を式(9.27)より

$$\boldsymbol{T}=\begin{bmatrix}1 & 0\\ -0.5 & 1\end{bmatrix}$$

とすると，次のように変換される．

$$\dot{\boldsymbol{z}}=\overline{\boldsymbol{A}}\boldsymbol{z},\quad \overline{\boldsymbol{A}}=\begin{bmatrix}-0.5 & 1\\ -1 & -0.5\end{bmatrix}$$

したがって，解は式(9.30)より次のような実数で表すことができる．

$$\boldsymbol{x}(t)=\boldsymbol{T}\boldsymbol{z}(t)=\begin{bmatrix}1 & 0\\ -0.5 & 1\end{bmatrix}\begin{bmatrix}e^{-0.5t}\cos t & e^{-0.5t}\sin t\\ -e^{-0.5t}\sin t & e^{-0.5t}\cos t\end{bmatrix}\begin{bmatrix}z_1(0)\\ z_2(0)\end{bmatrix}$$

$$=\begin{bmatrix}e^{-0.5t}\cos t & e^{-0.5t}\sin t\\ e^{-0.5t}(-0.5\cos t-\sin t) & e^{-0.5t}(-0.5\sin t+\cos t)\end{bmatrix}\begin{bmatrix}z_1(0)\\ z_2(0)\end{bmatrix}$$

図 9.13 に示すようにシステムの状態軌道は渦状になる．

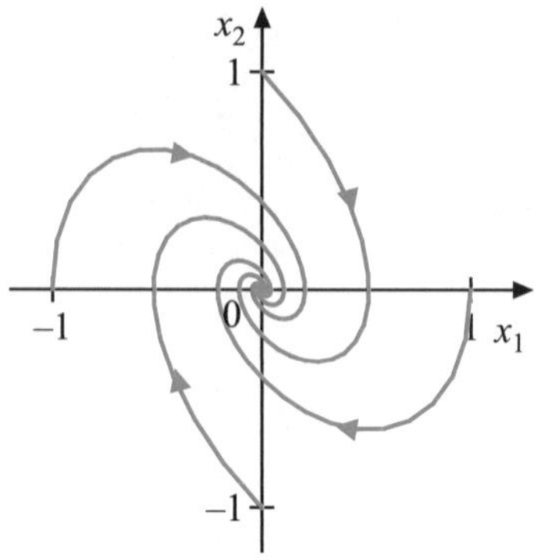

図 9.13　1 自由度振動系の軌道

【例 9.4】この節の始めに示したタンクの水位系をもう一度考える．ただし，2 つのタンクは $A_1=A_2=0.5$，$k_1=k_2=2$，$h_{10}=h_{20}=1$ なる同じ特性とする（図 9.14 参照）．このシステムのモードを調べよ．

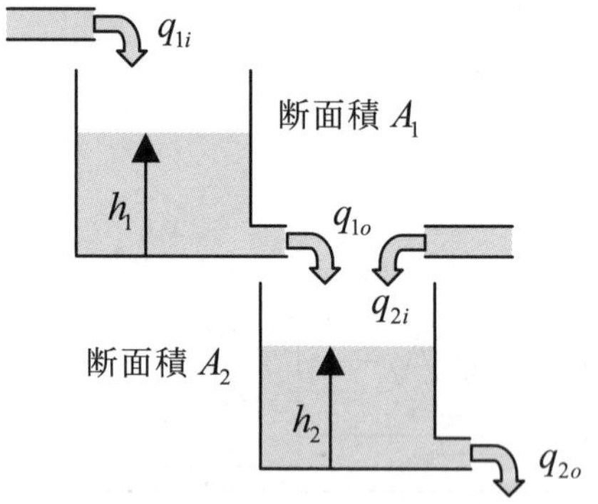

図 9.14　2 タンク水位系

【解 9.4】係数行列 $\boldsymbol{A}$ は次のようになる．

$$\boldsymbol{A}=\begin{bmatrix}-2 & 0\\ 2 & -2\end{bmatrix}$$

固有値と対応する固有ベクトルは次のようになる．

$$\lambda_1=\lambda_2=-2\quad（重根），\ \boldsymbol{v}_1=[0\quad 1]^T$$

この場合には固有値 −2 に対応する固有ベクトルは 1 つしか求まらないので，基底を構成するもう 1 つの一次独立な一般化固有ベクトルを求めなければならない（付録参照）．この一般化固有ベクトル $\boldsymbol{v}_2=[v_{21}\quad v_{22}]^T$ は

$$(\boldsymbol{A}-\lambda_1\boldsymbol{I})\boldsymbol{v}_2=\boldsymbol{v}_1$$

より，$2v_{21}=1$　なる関係式が得られるから，例えば

$$\boldsymbol{v}_2=[1/2\quad 0]^T$$

と選ぶと

$$\boldsymbol{T}=\begin{bmatrix}\boldsymbol{v}_1 & \boldsymbol{v}_2\end{bmatrix}=\begin{bmatrix}0 & 1/2\\ 1 & 0\end{bmatrix}$$

となり，状態方程式は次のようなジョルダン標準形に変換される．

$$\dot{\boldsymbol{z}}=\bar{\boldsymbol{A}}\boldsymbol{z},\quad \bar{\boldsymbol{A}}=\begin{bmatrix}-2 & 1\\ 0 & -2\end{bmatrix}$$

したがって，自由システムの解 $\boldsymbol{x}(t)$ は式(9.32)より次のようになる．

$$\boldsymbol{x}(t)=\boldsymbol{T}\boldsymbol{z}(t)=\begin{bmatrix}0\\ 1\end{bmatrix}e^{-2t}z_1(0)+\left(\begin{bmatrix}0\\ 1\end{bmatrix}t+\begin{bmatrix}1/2\\ 0\end{bmatrix}\right)e^{-2t}z_2(0)$$

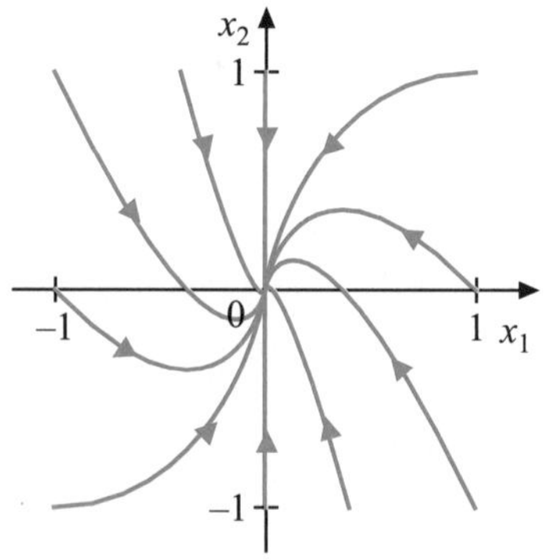

図 9.15　同じ特性の 2 つのタンクを上下につなげた場合の状態の軌道

図 9.15 にこのシステムの状態軌道を示す．固有ベクトル $\boldsymbol{v}_1=[0\quad 1]^T$ に対応する 1 つの直線軌道（x_2 軸）があることがわかる．

ところで，図 9.16 のように上の例と同じタンクが 2 つ別々に存在する場合には，係数行列 $\boldsymbol{A}$ は次のようになる．

$$\boldsymbol{A}=\begin{bmatrix}-2 & 0\\ 0 & -2\end{bmatrix}$$

この固有値は上の例と同じく $\lambda_1=\lambda_2=-2$ で重根である．しかし，明らかに 2 つの状態は互いに無関係であり，解は

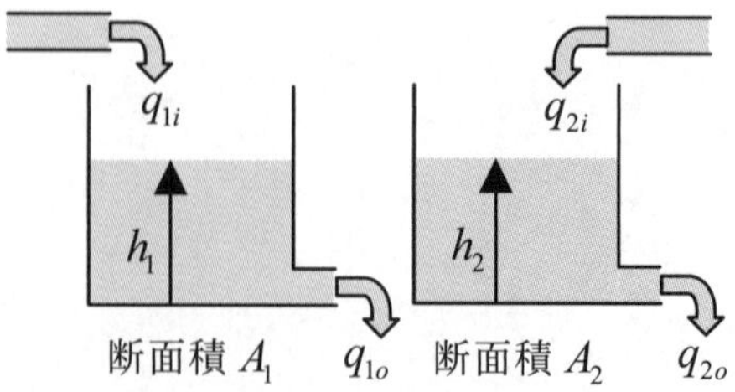

図 9.16　2 つの別々なタンク水位系

$$\boldsymbol{x}(t) = \begin{bmatrix} e^{-2t}x_1(0) \\ e^{-2t}x_2(0) \end{bmatrix} = \begin{bmatrix} 1 \\ 0 \end{bmatrix} e^{-2t}x_1(0) + \begin{bmatrix} 0 \\ 1 \end{bmatrix} e^{-2t}x_2(0)$$

となる．この時は 2 つの一次独立な固有ベクトルがある．図 9.17 にこのシステムの状態軌道を示す．上式の解より，$x_1/x_2 =$ 一定であるから，状態の軌道は直線になる．

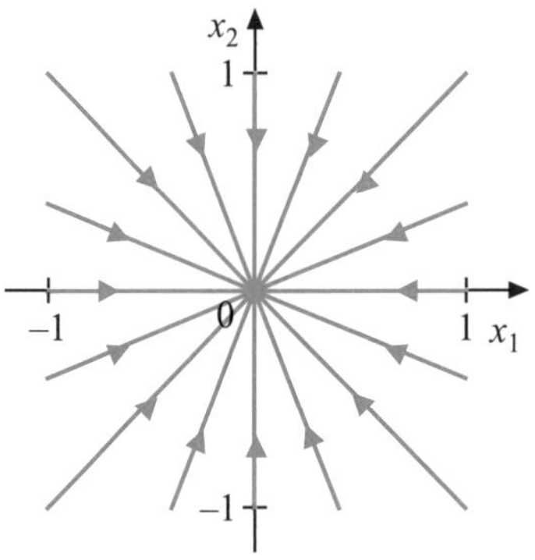

図 9.17　同じ特性の 2 つの別々なタンク水位系の状態の軌道

【例 9.5】

Given the state equation of a linear time-invariant system as

$$\dot{\boldsymbol{x}} = \boldsymbol{A}\boldsymbol{x} + \boldsymbol{B}u$$

where

$$\boldsymbol{A} = \begin{bmatrix} 0 & 1 & 0 \\ 0 & 0 & 1 \\ -10 & -17 & -8 \end{bmatrix}, \quad \boldsymbol{B} = \begin{bmatrix} 0 \\ 0 \\ 1 \end{bmatrix}$$

Find the transformation $\boldsymbol{x} = \boldsymbol{T}\boldsymbol{z}$ that will transform $\boldsymbol{A}$ into a diagonal matrix.

【解 9.5】

The determinant of $\lambda\boldsymbol{I} - \boldsymbol{A}$ is

$$|\lambda\boldsymbol{I} - \boldsymbol{A}| = \begin{vmatrix} \lambda & -1 & 0 \\ 0 & \lambda & -1 \\ 10 & 17 & \lambda+8 \end{vmatrix} = \lambda^3 + 8\lambda^2 + 17\lambda + 10 = (\lambda+1)(\lambda+2)(\lambda+5) = 0$$

This gives the eigenvalues

$$\lambda_1 = -1, \quad \lambda_2 = -2, \quad \lambda_3 = -5$$

Because all eigenvalues are different, we can easily obtain the eigenvectors. The eigenvectors corresponding to the eigenvalues are

$$\boldsymbol{v}_1 = \begin{bmatrix} 1 \\ -1 \\ 1 \end{bmatrix}, \quad \boldsymbol{v}_2 = \begin{bmatrix} 1 \\ -2 \\ 4 \end{bmatrix}, \quad \boldsymbol{v}_3 = \begin{bmatrix} 1 \\ -5 \\ 25 \end{bmatrix}$$

From the eigenvectors of this system, we get the similarity transformation matrix

$$\boldsymbol{T} = \begin{bmatrix} 1 & 1 & 1 \\ -1 & -2 & -5 \\ 1 & 4 & 25 \end{bmatrix}$$

Using this matrix, we define the new state variables

$$\boldsymbol{z} = \boldsymbol{T}^{-1}\boldsymbol{x} \quad \text{, i.e.,} \quad \boldsymbol{x} = \boldsymbol{T}\boldsymbol{z}.$$

Substituting this into the state equation, we obtain the diagonalized system

$$\boldsymbol{z}' = \boldsymbol{T}^{-1}\boldsymbol{A}\boldsymbol{T}\boldsymbol{z} + \boldsymbol{T}^{-1}\boldsymbol{B}u = \begin{bmatrix} -1 & 0 & 0 \\ 0 & -2 & 0 \\ 0 & 0 & -5 \end{bmatrix}\boldsymbol{z} + \begin{bmatrix} 1/4 \\ -1/3 \\ 1/12 \end{bmatrix}u$$

第 10 章

システムの構造的性質

Structural Properties of System

この章ではシステムの設計する上で重要な可制御性，可観測性などの概念を示し，正準分解によるシステムの構造と性質について学ぶ.

10・1　制御のできる構造 (controllability)

10・1・1　可制御性

第 8 章の例 8.4 および 9.2 節で取り上げた図 10.1 に示すような 2 タンクの線形化された水位系を取り扱う．水位が平衡状態からずれたとき，上流と下流の 2 つの入力を操作することにより，2 つのタンクの水位を平衡状態に保つことが可能かどうかを，まず直感的に考えてみよう．両方の入力があれば 2 つの状態を操作することはできそうであるが，片方の入力しかないときはどうであろう．下流側の入力しかないときは上流のタンクに水を入れることができないので不可能であるといえる．しかし，上流側の入力だけで上下 2 つのタンクの水位を操作できるであろうか.

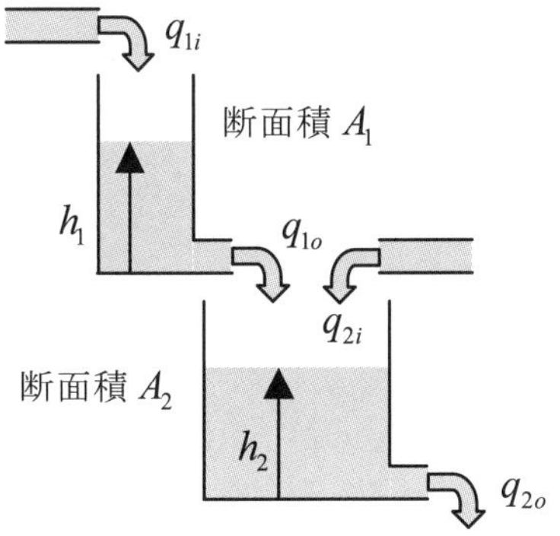

図 10.1　2 タンク水位系

また，9.2 節で述べたように，このシステムには 2 つのモードがあるが，入力によってこれらのモードを制御できるであろうか. この節では第 11 章で学ぶ制御系の設計・解析で重要となる基本的概念とその判定方法などについて学ぶ．このタンクにそれらの手法を適用した結果は後の例 10.2 に示す.

まず, 次の式(10.1)のような状態方程式で表された線形時不変システムを考える.

$$\begin{aligned}\dot{\boldsymbol{x}} &= \boldsymbol{A}\boldsymbol{x} + \boldsymbol{B}\boldsymbol{u} \\ \boldsymbol{y} &= \boldsymbol{C}\boldsymbol{x}\end{aligned} \tag{10.1}$$

ここで，$\boldsymbol{x}(t)$ は n 次元状態ベクトル，$\boldsymbol{u}(t)$ は m 次元入力ベクトル，$\boldsymbol{y}(t)$ は r 次元出力ベクトルである．このシステムに対し，入力 $\boldsymbol{u}(t)$ によって状態変数 $\boldsymbol{x}(t)$ を制御できるかどうかを示す概念に次の可制御性がある.

可制御性(controllability)

式(10.1)で表されるシステムにおいて, 任意の初期時刻 t_0 での任意の初期状態 $\boldsymbol{x}(t_0) = \boldsymbol{x}_0$ からある有限時刻 t_f に任意の目標状態 $\boldsymbol{x}(t_f) = \boldsymbol{x}_f$ へ移動させることができるような入力 $\boldsymbol{u}(t)$，($t_0 \le t \le t_f$) が存在するとき，このシステムは可制御(controllable)，あるいは $(\boldsymbol{A}, \boldsymbol{B})$ は可制御であるという．図 10.2 に 2 次元での可制御性のイメージを示す.

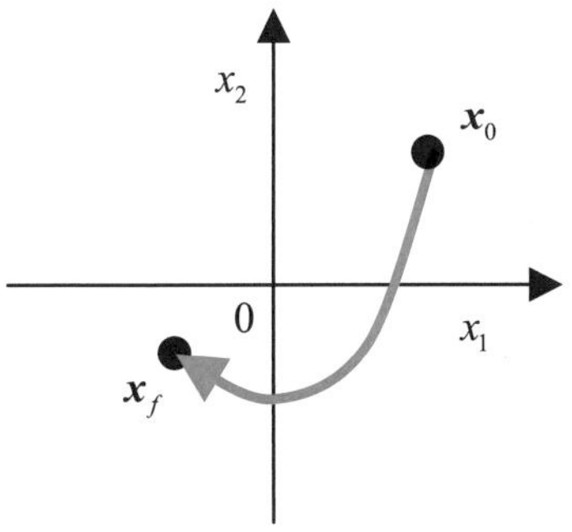

図 10.2　可制御性

式(10.1)で表されるシステムが可制御であるための必要十分条件は,

可制御行列(controllability matrix)

$$\boldsymbol{U}_c = [\boldsymbol{B} \quad \boldsymbol{A}\boldsymbol{B} \quad \boldsymbol{A}^2\boldsymbol{B} \quad \cdots \quad \boldsymbol{A}^{n-1}\boldsymbol{B}] \tag{10.2}$$

において，$\operatorname{rank} \boldsymbol{U}_c = n$ である.

第 11 章で詳しく学ぶが，システムが可制御であれば状態フィードバックにより閉ループ系の固有値を任意に設定できる．すなわち不安定なシステムを安定にできるのはむろんのこと，システムの応答特性をかなり自由に決めることができる．

9.1 節では，状態方程式の相似変換によって伝達関数や特性方程式が変わらないことを見てきた．では可制御性は変わらないであろうか．いま，次の相似変換

$$\boldsymbol{x} = \boldsymbol{T}\boldsymbol{z} \tag{10.3}$$

によって状態方程式(10.1)で表されたシステムが新しい状態変数 $\boldsymbol{z}$ を用いて次の式(10.4)のように変換されたとする．

$$\begin{aligned} \dot{\boldsymbol{z}} &= \overline{\boldsymbol{A}}\boldsymbol{z} + \overline{\boldsymbol{B}}\boldsymbol{u} \\ \boldsymbol{y} &= \overline{\boldsymbol{C}}\boldsymbol{z} \end{aligned} \tag{10.4}$$

ただし，

$$\overline{\boldsymbol{A}} = \boldsymbol{T}^{-1}\boldsymbol{A}\boldsymbol{T}, \quad \overline{\boldsymbol{B}} = \boldsymbol{T}^{-1}\boldsymbol{B}, \quad \overline{\boldsymbol{C}} = \boldsymbol{C}\boldsymbol{T} \tag{10.5}$$

この新しい状態方程式における可制御行列 $\overline{\boldsymbol{U}}_c$ は

$$\begin{aligned} \overline{\boldsymbol{U}}_c &= [\overline{\boldsymbol{B}} \quad \overline{\boldsymbol{A}}\overline{\boldsymbol{B}} \quad \cdots \quad \overline{\boldsymbol{A}}^{n-1}\overline{\boldsymbol{B}}] \\ &= [\boldsymbol{T}^{-1}\boldsymbol{B} \quad \boldsymbol{T}^{-1}\boldsymbol{A}\boldsymbol{T}\boldsymbol{T}^{-1}\boldsymbol{B} \quad \cdots \quad (\boldsymbol{T}^{-1}\boldsymbol{A}\boldsymbol{T})^{n-1}\boldsymbol{T}^{-1}\boldsymbol{B}] \\ &= \boldsymbol{T}^{-1}[\boldsymbol{B} \quad \boldsymbol{A}\boldsymbol{B} \quad \cdots \quad \boldsymbol{A}^{n-1}\boldsymbol{B}] = \boldsymbol{T}^{-1}\boldsymbol{U}_c \end{aligned} \tag{10.6}$$

であり，$|\boldsymbol{T}^{-1}| \neq 0$ であるので，$\mathrm{rank}\,\overline{\boldsymbol{U}}_c = \mathrm{rank}\,\boldsymbol{U}_c$ となり（付録参照），やはり相似変換によって可制御性も変わることはない．

いま，式(10.1)で表される線形時不変システムの係数行列 $\boldsymbol{A}$ の固有値 λ_i（$i = 1, \cdots, n$）に対応する固有ベクトルを $\boldsymbol{v}_i$ とし，固有値 λ_i に重複が無く全て相異なる場合，固有ベクトル $\boldsymbol{v}_i$ は一次独立となり，9.2 節と同様な手順で，この固有ベクトルからなる変換行列

$$\boldsymbol{T} = [\boldsymbol{v}_1 \quad \boldsymbol{v}_2 \quad \cdots \quad \boldsymbol{v}_n] \tag{10.7}$$

を用いて相似変換すると，係数行列 $\boldsymbol{A}$ は次の式(10.8)のように対角化され，各モードに分解できる．

$$\overline{\boldsymbol{A}} = \boldsymbol{T}^{-1}\boldsymbol{A}\boldsymbol{T} = \begin{bmatrix} \lambda_1 & & 0 \\ & \ddots & \\ 0 & & \lambda_n \end{bmatrix}, \quad \overline{\boldsymbol{B}} = \boldsymbol{T}^{-1}\boldsymbol{B}, \quad \overline{\boldsymbol{C}} = \boldsymbol{C}\boldsymbol{T} \tag{10.8}$$

$$\overline{\boldsymbol{B}} = \begin{bmatrix} b_{11} & \cdots & b_{1m} \\ \boxed{0 \quad \cdots \quad 0} \\ b_{n1} & \cdots & b_{nm} \end{bmatrix} i$$

図 10.3　不可制御になる場合

したがって，図 10.3 のように $\overline{\boldsymbol{B}}$ の第 i 行の要素が全て 0 であると，その行に対応する番号のモードは入力 $\boldsymbol{u}$ に関係なくなるので，そのモードは制御できない．特に 1 入力の時は $\overline{\boldsymbol{B}}$ はベクトルとなるので，それが 0 となる要素を持つとき，その要素に対応する番号のモードは制御できない．なお，固有値が重複する場合はこの $\overline{\boldsymbol{B}}$ による判定法を修正する必要がある．この場合については他書を参照のこと．

10・1・2　可制御正準形(controllable canonical form)

上で述べたようにシステムを対角化することにより可制御性を調べられる

ことがわかった．ここでは線形時不変システムの特性多項式と密接に対応し，さらに第 11 章で学ぶ状態フィードバックの設計・解析などにおいて用いられる重要な標準形である可制御正準形について学ぶ．

1 入力 1 出力システムの伝達関数 $G(s)$ が

$$G(s)=\frac{Y(s)}{U(s)}=\frac{b_{n-1}s^{n-1}+\cdots+b_1s+b_0}{s^n+a_{n-1}s^{n-1}+\cdots+a_1s+a_0} \tag{10.9}$$

のように与えられたとき，同伴形による実現は 8.3 節で示されたとおり，

$$\begin{aligned}\dot{\boldsymbol{x}}&=\boldsymbol{A}_c\boldsymbol{x}+\boldsymbol{b}_cu\\ y&=\boldsymbol{c}_c\boldsymbol{x}\end{aligned} \tag{10.10}$$

ただし，

$$\boldsymbol{A}_c=\begin{bmatrix}0&1&0&\cdots&0\\0&0&1&\cdots&0\\\vdots&\vdots&\vdots&\ddots&\vdots\\0&0&0&\cdots&1\\-a_0&-a_1&-a_2&\cdots&-a_{n-1}\end{bmatrix},\quad \boldsymbol{b}_c=\begin{bmatrix}0\\0\\\vdots\\0\\1\end{bmatrix}$$

$$\boldsymbol{c}_c=\begin{bmatrix}b_0&b_1&\cdots&b_{n-1}\end{bmatrix} \tag{10.11}$$

で与えられる．この形を可制御正準形(controllable canonical form)とよぶ．図 10.4 に可制御正準形のブロック線図を示す．

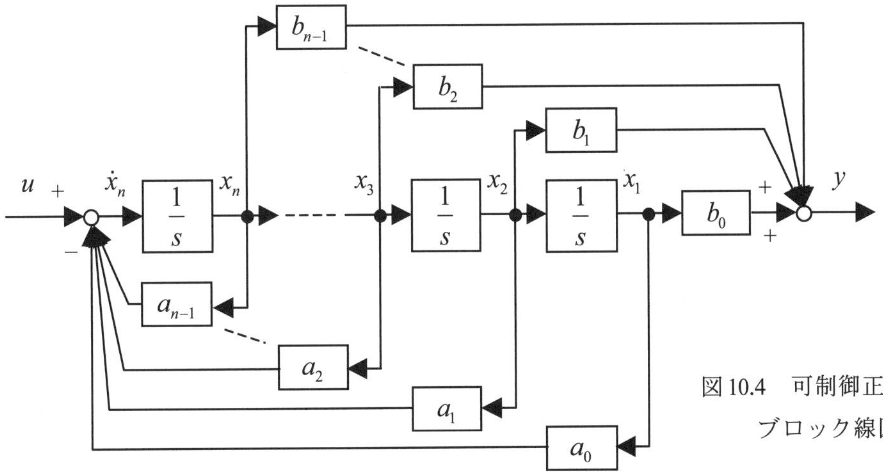

図 10.4　可制御正準形のブロック線図

また，1 入力 1 出力の可制御なシステムが状態方程式表現で，

$$\begin{aligned}\dot{\boldsymbol{x}}&=\boldsymbol{A}\boldsymbol{x}+\boldsymbol{b}u\\ y&=\boldsymbol{c}\boldsymbol{x}\end{aligned} \tag{10.12}$$

と与えられたとし，その特性多項式が

$$|s\boldsymbol{I}-\boldsymbol{A}|=s^n+a_{n-1}s^{n-1}+\cdots+a_1s+a_0 \tag{10.13}$$

であるとする．このとき，特性多項式の係数からなる次の $(n\times n)$ の正則な行列

$$
\boldsymbol{L} = \begin{bmatrix} a_1 & a_2 & \cdots & a_{n-1} & 1 \\ a_2 & a_3 & \cdots & 1 & 0 \\ \vdots & \vdots & .\cdot^{\cdot} & \vdots & \vdots \\ a_{n-1} & 1 & \cdots & 0 & 0 \\ 1 & 0 & \cdots & 0 & 0 \end{bmatrix} \tag{10.14}
$$

と式(10.2)の可制御行列 $\boldsymbol{U}_c$ との積を

$$
\boldsymbol{T}_c = \boldsymbol{U}_c \boldsymbol{L} \tag{10.15}
$$

とする．$|\boldsymbol{L}| \neq 0$，$|\boldsymbol{U}_c| \neq 0$ であるから $|\boldsymbol{T}_c| \neq 0$ であり，この $\boldsymbol{T}_c$ による次のような相似変換

$$
\boldsymbol{x} = \boldsymbol{T}_c \boldsymbol{z} \tag{10.16}
$$

によって，式(10.12)のシステムを相似変換すると可制御正準形になる．

$$
\begin{aligned} \dot{\boldsymbol{z}} &= \boldsymbol{A}_c \boldsymbol{z} + \boldsymbol{b}_c u \\ y &= \boldsymbol{c}_c \boldsymbol{z} \end{aligned} \tag{10.17}
$$

ただし，$\boldsymbol{A}_c = \boldsymbol{T}_c^{-1} \boldsymbol{A} \boldsymbol{T}_c$，$\boldsymbol{b}_c = \boldsymbol{T}_c^{-1} \boldsymbol{b}$，$\boldsymbol{c}_c = \boldsymbol{c} \boldsymbol{T}_c$ は式(10.11)で与えられる．

このような可制御正準形で表されたシステムは可制御である．また，システムが可制御であれば可制御正準形で表すことができる．なお，多入力多出力システムの可制御正準形は必ずしも一意ではない．多入力多出力システムの可制御正準形は他書を参照のこと．

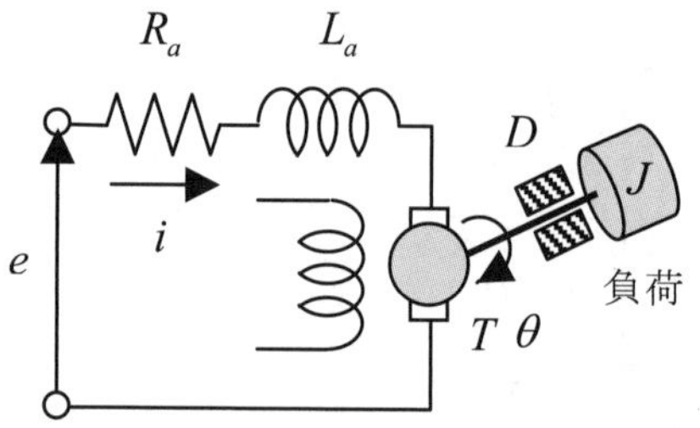

図 10.5　負荷付き直流モータ

【例 10.1】第 8 章の例 8.6 および例 9.2 で扱った負荷付きの直流モータを考える（図 10.5 参照）．このシステムの次数 n は 3 であり，状態変数を $\boldsymbol{x} = [\theta \quad \dot{\theta} \quad i]^T$ とし，$L_a = 1$，$R_a = 6$，$K_E = K_T = 2$，$J = 1$，$D = 1$ としたとき，係数行列は

$$
\boldsymbol{A} = \begin{bmatrix} 0 & 1 & 0 \\ 0 & -1 & 2 \\ 0 & -2 & -6 \end{bmatrix}, \quad \boldsymbol{b} = \begin{bmatrix} 0 \\ 0 \\ 1 \end{bmatrix}, \quad \boldsymbol{c} = \begin{bmatrix} 1 & 0 & 0 \end{bmatrix}
$$

である．このシステムの可制御性を調べ，可制御正準形に変換せよ．

【解 10.1】可制御行列 $\boldsymbol{U}_c$ は式(10.2)より

$$
\boldsymbol{U}_c = [\boldsymbol{b} \quad \boldsymbol{A}\boldsymbol{b} \quad \boldsymbol{A}^2\boldsymbol{b}] = \begin{bmatrix} 0 & 0 & 2 \\ 0 & 2 & -14 \\ 1 & -6 & 32 \end{bmatrix}
$$

となる．したがって，$\mathrm{rank}\,\boldsymbol{U}_c = 3 = n$ であるから，このシステムは可制御である．すなわち，この例では電機子電圧を操作することにより直流モータシステムは制御できる．

次にこのシステムを対角化してみる．例 9.2 より変換行列は

$$
\boldsymbol{T} = \begin{bmatrix} 1 & 1 & 1 \\ 0 & -2 & -5 \\ 0 & 1 & 10 \end{bmatrix} \quad \text{であるので,}
$$

$$\bar{A} = \begin{bmatrix} 0 & 0 & 0 \\ 0 & -2 & 0 \\ 0 & 0 & -5 \end{bmatrix}, \quad \bar{b} = \begin{bmatrix} 1/5 \\ -1/3 \\ 2/15 \end{bmatrix}, \quad \bar{c} = [1 \ \ 1 \ \ 1] \qquad (10.18)$$

となる．したがって，$\bar{b}$ の要素はどれも 0 ではないので可制御であることがわかる．

また，

$$|sI - A| = s(s+2)(s+5) = s^3 + 7s^2 + 10s$$

であるから，式(10.15)より

$$T_c = U_c \begin{bmatrix} 10 & 7 & 1 \\ 7 & 1 & 0 \\ 1 & 0 & 0 \end{bmatrix} = \begin{bmatrix} 2 & 0 & 0 \\ 0 & 2 & 0 \\ 0 & 1 & 1 \end{bmatrix}$$

を用いて変換すると，可制御正準形の係数行列は

$$A_c = T_c^{-1} A T_c = \begin{bmatrix} 0 & 1 & 0 \\ 0 & 0 & 1 \\ 0 & -10 & -7 \end{bmatrix}, b_c = T_c^{-1} b = \begin{bmatrix} 0 \\ 0 \\ 1 \end{bmatrix}, c_c = c T_c = [2 \ \ 0 \ \ 0]$$

と得られる．

【例 10.2】この節の最初および第 8 章の例 8.4 に取り上げた線形化された 2 タンクの水位系を考える（図 10.1 および図 10.6(a)参照）．このシステムの次数 n は 2 であり，各タンクの定常状態 $h_{10} = h_{20} = 1$ からの水位の微小変位を状態変数 $x = [\Delta h_1 \ \ \Delta h_2]^T$ ととり，$A_1 = 0.5$，$A_2 = 1$，$k_1 = k_2 = 2$，出力は $y = [x_1 \ \ x_2]^T$ とする．様々な入力の場合について可制御性を調べよ．

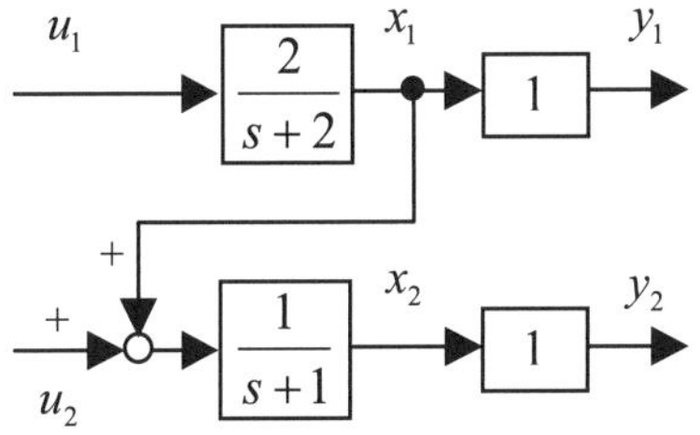

図 10.6 (a)　線形化 2 タンク水位系のブロック線図

【解 10.2】

(1) 入力 $u = [u_1 \ \ u_2]^T$ とすると，係数行列は

$$A = \begin{bmatrix} -2 & 0 \\ 1 & -1 \end{bmatrix}, \quad B = \begin{bmatrix} 2 & 0 \\ 0 & 1 \end{bmatrix}, \quad C = \begin{bmatrix} 1 & 0 \\ 0 & 1 \end{bmatrix}$$

である．可制御行列 U_c は式(10.2)より

$$U_c = [B \quad AB] = \begin{bmatrix} 2 & 0 & -4 & 0 \\ 0 & 1 & 2 & -1 \end{bmatrix}$$

となる．したがって，$\operatorname{rank} U_c = 2 = n$ であるから，このシステムは可制御である．このシステムを対角化すると，第 9 章の例より，

$$\bar{A} = \begin{bmatrix} -1 & 0 \\ 0 & -2 \end{bmatrix}, \quad \bar{B} = \begin{bmatrix} 2 & 1 \\ 2 & 0 \end{bmatrix}, \quad \bar{C} = \begin{bmatrix} 0 & 1 \\ 1 & -1 \end{bmatrix}$$

となる．したがって $\bar{B}$ には要素が全て 0 になる行はないので可制御である．この対角化されたシステムのブロック線図を図 10.6(b)に示す．

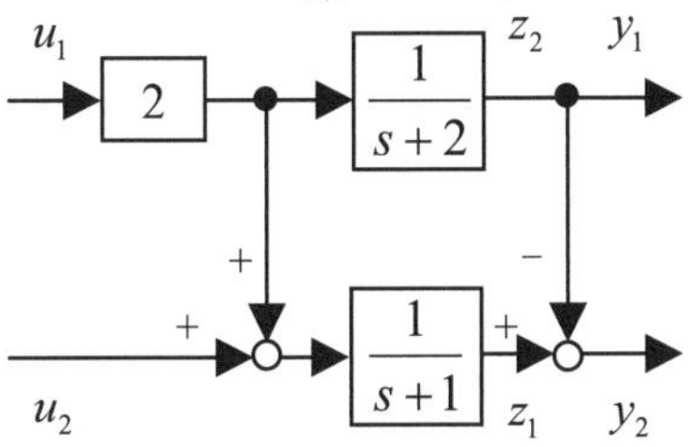

図 10.6(b)　対角化されたシステムのブロック線図

(2) 入力が上流側のみ，すなわち $u_1 \neq 0$，$u_2 = 0$ の場合には，

$$B = \begin{bmatrix} 2 \\ 0 \end{bmatrix}$$

と表すことができる（図 10.6(c)参照）．このとき，可制御行列 U_c は

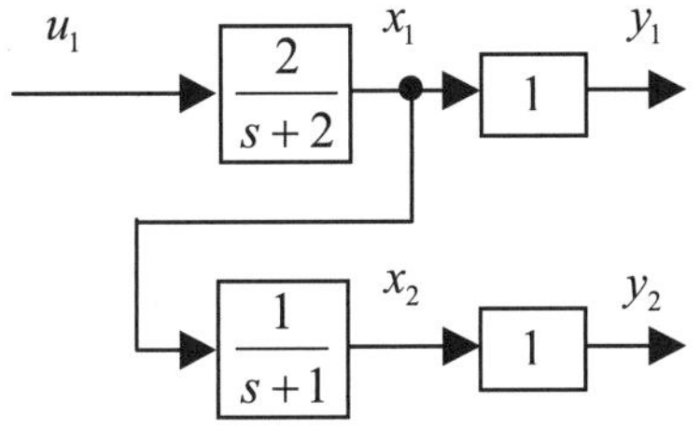

図 10.6(c)　上流側の入力のみの場合

$$U_c = \begin{bmatrix} 2 & -4 \\ 0 & 2 \end{bmatrix}$$

となる．したがって，$\mathrm{rank}\, \boldsymbol{U}_c = 2 = n$ であるから，このシステムは可制御である．すなわち，上流側の入力だけで上下 2 つのタンクの水位を制御できることがわかる．次に，このシステムを対角化すると，

$$\bar{\boldsymbol{B}} = \begin{bmatrix} 2 \\ 2 \end{bmatrix}$$

となり，このベクトルの全ての要素は 0 でないので，可制御であるとわかる．

(3) 入力が下流側のみ，すなわち $u_1 = 0$，$u_2 \neq 0$ の場合には，

$$\boldsymbol{B} = \begin{bmatrix} 0 \\ 1 \end{bmatrix}$$

と表すことができる（図 10.6 (d)参照）．この場合には可制御行列 U_c は

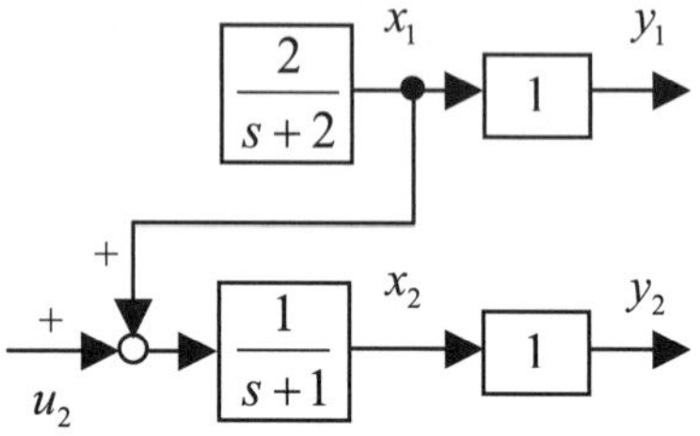

図 10.6(d)　下流側の入力のみの場合

$$\boldsymbol{U}_c = \begin{bmatrix} 0 & 0 \\ 1 & -1 \end{bmatrix}$$

となる．したがって，$\mathrm{rank}\, \boldsymbol{U}_c = 1 \neq n$ であるから，このシステムは不可制御である．可制御でないので下流側の入力だけでは上下 2 つのタンクの水位を制御できないことを示している．下流側の入力だけでは上流のタンクに水を入れることができないので，その水位を制御できないことは直感的にも理解できる．同様にこのシステムを対角化すると，

$$\bar{\boldsymbol{B}} = \begin{bmatrix} 1 \\ 0 \end{bmatrix}$$

となり，このベクトルの第 2 要素は 0 であるので，第 2 モードは制御できない．9.2 節で述べたように，この場合には $\boldsymbol{B}$ は第 1 モードの固有ベクトル $\boldsymbol{v}_1 = [0 \quad 1]^T$ の定数倍であるので，第 1 モードのみが制御できる．

10・2　観測のできる構造 (observability)

10・2・1　可観測性

もう一度，10.1 節で取り上げた 2 タンクの線形化された水位系（図 10.1 参照）を考える．第 8 章で述べたように入力とシステムを記述する方程式がわかっている時，初期状態がわかればその後の状態が完全にわかる．しかし，初期状態が未知の時には，出力として何が測定できれば状態を完全に把握できるであろうか．上流側の水位だけが測定できる場合や，下流側の水位だけが測定できる場合には上下両方のタンクの水位がわかるであろうか．第 11 章で学ぶ状態フィードバック制御系においては状態量が必要である．しかし，実際のシステムでは多くの場合，状態の要素が必ずしも測定できるとは限らないので，直接測定できる入力と出力から状態を推定する必要がある．この節では，このように入力と出力を測定することにより状態を完全に把握できるかどうかに関する基本的概念とその判定方法について学ぶ．なお，このタンクへの応用については例 10.4 で述べる．

式(10.1)で表されたシステムの初期状態を $\boldsymbol{x}(0)$ とすると，第 8 章の式(8.45)より

$$\boldsymbol{C}e^{\boldsymbol{A}t}\boldsymbol{x}(0) = \boldsymbol{y}(t) - \int_0^t \boldsymbol{C}e^{\boldsymbol{A}(t-\tau)}\boldsymbol{B}\boldsymbol{u}(\tau)d\tau \tag{10.19}$$

が得られる．式(10.19)の右辺を $\tilde{\boldsymbol{y}}(t)$ と置き，両辺に左から $[\boldsymbol{C}e^{\boldsymbol{A}t}]^T$ を掛けて 0 から t_f まで積分すると，

$$\int_0^{t_f}[\boldsymbol{C}e^{\boldsymbol{A}t}]^T\boldsymbol{C}e^{\boldsymbol{A}t}dt\cdot\boldsymbol{x}(0)=\int_0^{t_f}[\boldsymbol{C}e^{\boldsymbol{A}t}]^T\tilde{\boldsymbol{y}}(t)dt$$

となる. したがって, 行列 $\int_0^{t_f}[\boldsymbol{C}e^{\boldsymbol{A}t}]^T\boldsymbol{C}e^{\boldsymbol{A}t}dt$ が正則ならば出力 $\boldsymbol{y}(t)$ と入力 $\boldsymbol{u}(t)$ から初期状態 $\boldsymbol{x}(0)$ を求めることができる．システムの初期状態がわかれば，入力とシステムを記述する方程式がわかっているので，その後の状態が完全にわかる. この計算は煩雑で時間がかかり実用には向かないため使わないが, 出力 $\boldsymbol{y}(t)$ を観測することによって状態変数 $\boldsymbol{x}(t)$ を知ることができるかどうかを示す次の可観測性は, 第 12 章で述べる状態推定のために重要な概念である.

可観測性(observability)

式(10.1)で表されるシステムにおいて，任意の時刻 t_0 から任意の有限時刻 t_f まで出力 $\boldsymbol{y}(t)$ を観測することにより，初期状態 $\boldsymbol{x}(t_0)=\boldsymbol{x}_0$ を一意に決定できるとき，このシステムは可観測(observable)，あるいは $(\boldsymbol{A},\boldsymbol{C})$ は可観測という．ただし，入力 $\boldsymbol{u}(t)$ は観測時間 $t_0\le t\le t_f$ にわたって既知とする.

式(10.1)で表されるシステムが可観測であるための必要十分条件を以下に示す.

可観測行列(observability matrix)

$$\boldsymbol{U}_o=[\boldsymbol{C}^T\quad \boldsymbol{A}^T\boldsymbol{C}^T\quad (\boldsymbol{A}^T)^2\boldsymbol{C}^T\quad \cdots\quad (\boldsymbol{A}^T)^{n-1}\boldsymbol{C}^T]^T \tag{10.20}$$

において，$\mathrm{rank}\,\boldsymbol{U}_o=n$.

また，10.1 節の可制御性と同様に，相似変換を行っても可観測性は変わらないことを確かめることができる．さらに，式(10.1)で表される線形時不変システムの固有値に重複が無く全て相異なる場合には, 式(10.8)のように対角化できるので，図 10.7 のように $\bar{\boldsymbol{C}}$ 第 j 列の要素が全て 0 であると，その列に対応する番号のモードは出力 $\boldsymbol{y}$ に現れないので観測できない．特に 1 出力の時は $\bar{\boldsymbol{C}}$ はベクトルとなるので，それが 0 となる要素を持つとき，その要素に対応する番号のモードは観測できない．なお，固有値が重複する場合はこの $\bar{\boldsymbol{C}}$ による判定法を修正する必要がある．この場合については他書を参照のこと.

$$\bar{\boldsymbol{C}}=\begin{bmatrix} c_{11} & \overset{j}{0} & c_{1n} \\ \vdots & \vdots & \vdots \\ c_{r1} & 0 & c_{rn} \end{bmatrix}$$

図 10.7　不可観測になる場合

10・2・2　可観測正準形(observable canonical form)

可制御性を調べるときと同様にシステムを対角化することにより可観測性を調べられることがわかった．ここでは可制御正準形と同様に線形時不変システムの特性多項式と密接に対応し，第 12 章で学ぶ状態観測器の設計・解析に重要な形である可観測正準形について学ぶ.

10.1 節と同様な 1 入力 1 出力システムの伝達関数 $G(s)$ が式(10.9)のように与えられたとする．すると，

$$
\begin{aligned}
G(s) = \frac{Y(s)}{U(s)} &= \frac{b_{n-1}s^{n-1} + \cdots + b_1 s + b_0}{s^n + a_{n-1}s^{n-1} + \cdots + a_1 s + a_0} \\
&= \frac{b_{n-1}s^{-1} + \cdots + b_1 s^{-n+1} + b_0 s^{-n}}{1 + a_{n-1}s^{-1} + \cdots + a_1 s^{-n+1} + a_0 s^{-n}}
\end{aligned}
\tag{10.21}
$$

と変形できるので，$Y(s)$ は次のような入れ子の形で表すことができる．

$$
\begin{aligned}
Y(s) &= s^{-1}\{b_{n-1}U(s) - a_{n-1}Y(s)\} + s^{-2}\{b_{n-2}U(s) - a_{n-2}Y(s)\} + \cdots \\
&\quad + s^{-n}\{b_0 U(s) - a_0 Y(s)\} \\
&= s^{-1}\{b_{n-1}U(s) - a_{n-1}Y(s) + s^{-1}\{b_{n-2}U(s) - a_{n-2}Y(s) + \cdots \\
&\quad + s^{-1}\{b_0 U(s) - a_0 Y(s)\} \cdots\}\}
\end{aligned}
\tag{10.22}
$$

したがって，

$$
\begin{aligned}
X_1(s) &= s^{-1}\{b_0 U(s) - a_0 Y(s)\} \\
X_2(s) &= s^{-1}\{b_1 U(s) - a_1 Y(s) + X_1(s)\} \\
&\ \vdots \\
X_n(s) &= s^{-1}\{b_{n-1}U(s) - a_{n-1}Y(s) + X_{n-1}(s)\} \\
Y(s) &= X_n(s)
\end{aligned}
\tag{10.23}
$$

と選んで逆ラプラス変換をすると，次の式(10.24)のような状態方程式で表すことができる．

$$
\begin{aligned}
\dot{\boldsymbol{x}} &= \boldsymbol{A}_o \boldsymbol{x} + \boldsymbol{b}_o u \\
y &= \boldsymbol{c}_o \boldsymbol{x}
\end{aligned}
\tag{10.24}
$$

ただし，

$$
\boldsymbol{A}_o = \begin{bmatrix} 0 & 0 & \cdots & 0 & -a_0 \\ 1 & 0 & \cdots & 0 & -a_1 \\ 0 & 1 & \vdots & 0 & -a_2 \\ \vdots & \vdots & \ddots & \vdots & \vdots \\ 0 & 0 & \cdots & 1 & -a_{n-1} \end{bmatrix}, \quad \boldsymbol{b}_o = \begin{bmatrix} b_0 \\ b_1 \\ b_2 \\ \vdots \\ b_{n-1} \end{bmatrix}
$$

$$
\boldsymbol{c}_o = \begin{bmatrix} 0 & 0 & \cdots & 0 & 1 \end{bmatrix}
\tag{10.25}
$$

で与えられる．この係数行列も可制御正準形の場合と同様に同伴形である．この形を可観測正準形(observable canonical form)とよぶ．このような可観測正

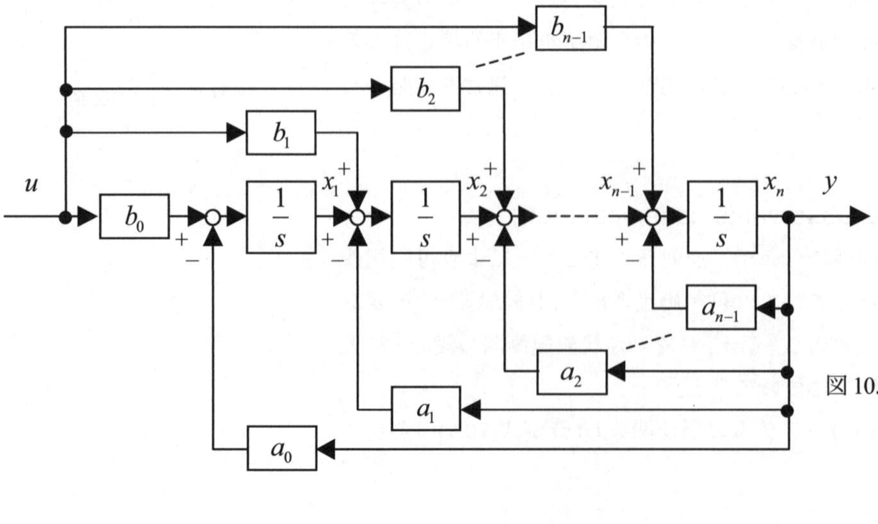

図 10.8　可観測正準形のブロック線図

準形で表されたシステムは可観測である．また，システムが可観測であれば可観測正準形で表すことができる．図 10.8 に可観測正準形のブロック線図を示す．

同じ 1 入力 1 出力システムを表す式(10.11)と式(10.25)を比較すると

$$\boldsymbol{A}_o = \boldsymbol{A}_c^{\ T}, \quad \boldsymbol{b}_o = \boldsymbol{c}_c^{\ T}, \quad \boldsymbol{c}_o = \boldsymbol{b}_c^{\ T} \tag{10.26}$$

であることがわかる．このことは，1 入力 1 出力システムの伝達関数 $G(s)$ はスカラであるから，次の式(10.27)のように転置をとっても同じであることからもわかる．

$$G(s) = \boldsymbol{c}(s\boldsymbol{I} - \boldsymbol{A})^{-1}\boldsymbol{b} = \boldsymbol{b}^T(s\boldsymbol{I} - \boldsymbol{A}^T)^{-1}\boldsymbol{c}^T \tag{10.27}$$

また，可制御性の条件で行列 $\boldsymbol{A}$ を $\boldsymbol{A}^T$，$\boldsymbol{B}$ を $\boldsymbol{C}^T$ と置き換えると可観測性の条件となり，上のような関係があることがわかる．このような関係を双対(duality)とよぶ．システムが可制御ならばその双対システムは可観測であり，また，システムが可観測ならばその双対システムは可制御である．状態方程式表現で与えられたシステムの可観測正準形を求める時，可制御正準形から双対性を利用して式(10.26)から求めることもできる．

このような双対性の関係は第 11 章で学ぶフィードバック制御系と第 12 章で学ぶ状態観測器の関係においても現れる．

【例 10.3】 例 10.1 で扱った負荷付きの直流モータの可観測性を調べ，可観測正準形で表せ．

【解 10.3】 可観測行列 $\boldsymbol{U}_o$ は式(10.20)より

$$\boldsymbol{U}_o = [\boldsymbol{c}^T \quad \boldsymbol{A}^T\boldsymbol{c}^T \quad (\boldsymbol{A}^T)^2\boldsymbol{c}^T]^T = \begin{bmatrix} 1 & 0 & 0 \\ 0 & 1 & 0 \\ 0 & -1 & 2 \end{bmatrix}$$

となる．したがって，$\operatorname{rank}\boldsymbol{U}_c = 3 = n$ であるから，このシステムは可観測である．すなわち，回転角 θ を観測することによりシステムの状態がわかる．

あるいは，このシステムを対角化すると，例 10.1 の式(10.18)より，$\bar{\boldsymbol{c}} = [1 \quad 1 \quad 1]$ であり，$\bar{\boldsymbol{c}}$ の要素はどれも 0 ではないので，可観測であることが確認できる．

また，例 10.1 より，このシステムを可制御正準形で表した時の係数行列は

$$\boldsymbol{A}_c = \begin{bmatrix} 0 & 1 & 0 \\ 0 & 0 & 1 \\ 0 & -10 & -7 \end{bmatrix}, \boldsymbol{b}_c = \begin{bmatrix} 0 \\ 0 \\ 1 \end{bmatrix}, \boldsymbol{c}_c = [2 \quad 0 \quad 0]$$

であるので，式(10.26)より可観測正準形の係数行列は

$$\boldsymbol{A}_o = \boldsymbol{A}_c^T = \begin{bmatrix} 0 & 0 & 0 \\ 1 & 0 & -10 \\ 0 & 1 & -7 \end{bmatrix}, \boldsymbol{b}_o = \boldsymbol{c}_c^T = \begin{bmatrix} 2 \\ 0 \\ 0 \end{bmatrix}, \boldsymbol{c}_o = \boldsymbol{b}_c^T = [0 \quad 0 \quad 1]$$

と求めることができる．

【例 10.4】例 10.2 で取り上げた線形化された 2 タンクの水位系を考える（図 10.1 および図 10.6(a)参照）．様々な出力の場合について可観測性を調べよ．

【解 10.4】

(1) 出力はタンクの水位 $\boldsymbol{y}=\begin{bmatrix}y_1 & y_2\end{bmatrix}^T=\begin{bmatrix}x_1 & x_2\end{bmatrix}^T$ とすると，係数行列 $\boldsymbol{A}$ と $\boldsymbol{C}$ は

$$\boldsymbol{A}=\begin{bmatrix}-2 & 0\\ 1 & -1\end{bmatrix},\quad \boldsymbol{C}=\begin{bmatrix}1 & 0\\ 0 & 1\end{bmatrix}$$

となる．このシステムの可観測行列 $\boldsymbol{U}_o$ は式(10.20)より

$$\boldsymbol{U}_o=[\boldsymbol{C}^T \quad \boldsymbol{A}^T\boldsymbol{C}^T]^T=\begin{bmatrix}1 & 0\\ 0 & 1\\ -2 & 0\\ 1 & -1\end{bmatrix}$$

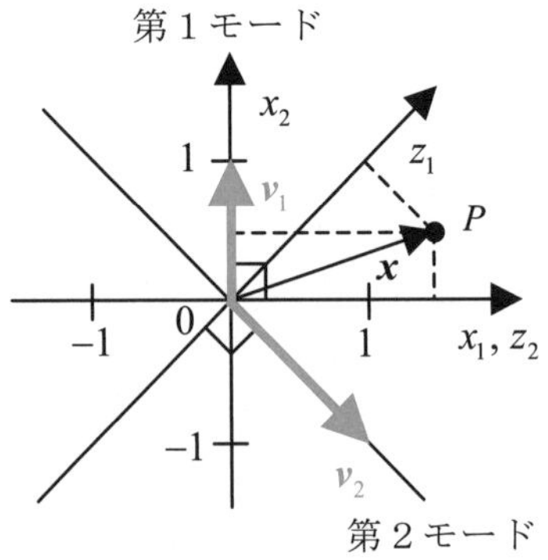

図 10.9 線形化 2 タンク水位系のモード分解と固有ベクトル

となる．したがって，$\text{rank}\,\boldsymbol{U}_o=2=n$ であるから，このシステムは可観測である．あるいは，このシステムを対角化すると

$$\bar{\boldsymbol{A}}=\begin{bmatrix}-1 & 0\\ 0 & -2\end{bmatrix},\quad \bar{\boldsymbol{C}}=\begin{bmatrix}0 & 1\\ 1 & -1\end{bmatrix}$$

となる．したがって，$\bar{\boldsymbol{C}}$ には要素が全て 0 になる列はないので可観測であることが確認できる．

(2) 出力が上流側の水位のみ，すなわち $y=x_1$ の場合には，

$$\boldsymbol{C}=\begin{bmatrix}1 & 0\end{bmatrix}$$

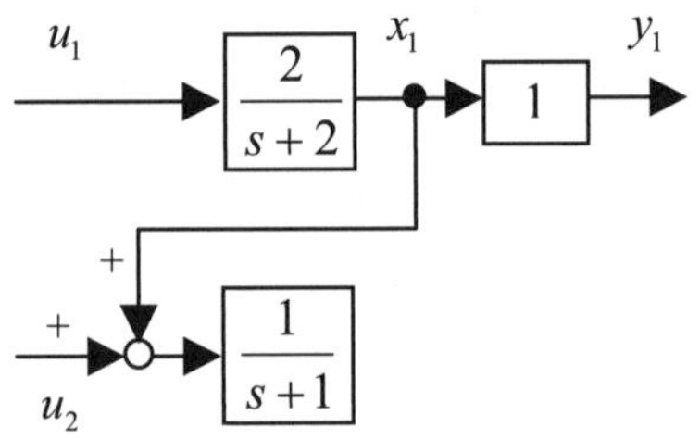

図 10.10 (a) 上流の水位のみが出力の場合

と表すことができる（図 10.10 (a)参照）．この場合には，

$$\boldsymbol{U}_o=\begin{bmatrix}1 & 0\\ -2 & 0\end{bmatrix}$$

となる．したがって，$\text{rank}\,\boldsymbol{U}_o=1\neq n$ であるから，このシステムは不可観測である．上流側の水位だけを観測していたのでは上流から下流への流出量はわかるが，下流側の水位の初期値がわからないので結局下流側のタンクの水位はわからないということである．次に，このシステムを対角化すると

$$\bar{\boldsymbol{C}}=\begin{bmatrix}0 & 1\end{bmatrix}$$

となり，このベクトルの第 1 要素は 0 であるので，第 1 モードは観測できない．図 10.9 に 9.2 節で求めたこのシステムの固有ベクトルを示す．この場合には，$\boldsymbol{C}$ は第 1 モードの固有ベクトル $\boldsymbol{v}_1=[0 \quad 1]^T$ に直交しているので，第 1 モードは観測することができないのである．

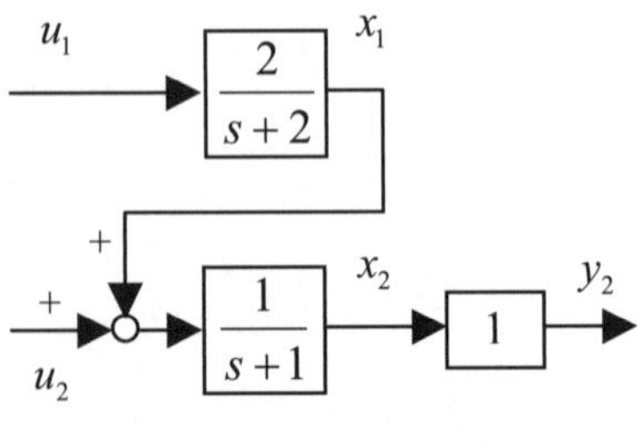

図 10.10 (b) 下流の水位のみが出力の場合

(3) 出力が下流側の水位のみ，すなわち $y=x_2$ の場合には，

$$\boldsymbol{C}=\begin{bmatrix}0 & 1\end{bmatrix}$$

と表すことができる（図 10.10(b)参照）．この場合には，

$$\boldsymbol{U}_o=\begin{bmatrix}0 & 1\\ 1 & -1\end{bmatrix}$$

となる．したがって，$\mathrm{rank}\,\boldsymbol{U}_o = 2 = n$ であるから，このシステムは可観測である．上流の水位の関数である上流からの流入が下流の水位に影響を与えているので，下流側の水位だけを観測していても上流側の水位もわかるということを示している．同様にこのシステムを対角化すると

$$\bar{\boldsymbol{C}} = \begin{bmatrix} 1 & -1 \end{bmatrix}$$

となり，このベクトルの全ての要素は 0 でないので，可観測であるとわかる．

10・3 システムの全体構造(total structure of the system)

10・3・1 極・零相殺と可制御性，可観測性

8.3 節では伝達関数によって表現された 1 入力 1 出力システムを状態方程式表現にする実現問題をいくつか取り扱ってきた．状態変数 $\boldsymbol{x}(t)$ は，入力と出力を媒介する内部変数であるから，システムが可制御または可観測でないとき，システム内部の挙動は入出力の伝達関係に反映されない．このとき，伝達関数の極・零相殺(pole-zero cancellation)が起き，伝達関数の次数が状態方程式の次数より小さくなる．システムが可制御かつ可観測であるときだけ，伝達関数の次数と状態方程式の次数が一致する．

【例 10.5】伝達関数 $G_P(s)$ を持つプラントに直列に補償器 $G_C(s)$ を入れて補償することを考える．いま，それぞれの伝達関数を

$$G_P(s) = \frac{1}{s+1}, \quad G_C(s) = \frac{s+1}{s+3} = 1 + \frac{-2}{s+3}$$

とする．第 8 章で学んだように，それぞれのシステムは次のような 1 次の状態方程式で表すことができる．

プラント

$$\begin{cases} \dot{x}_p = -x_p + u_p \\ y_p = x_p \end{cases}$$

補償器

$$\begin{cases} \dot{x}_c = -3x_c + u_c \\ y_c = -2x_c + u_c \end{cases}$$

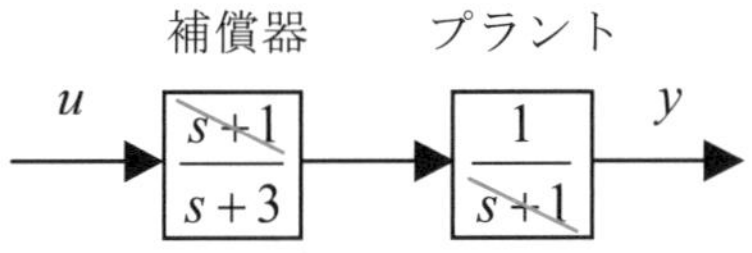

(a) 入力補償

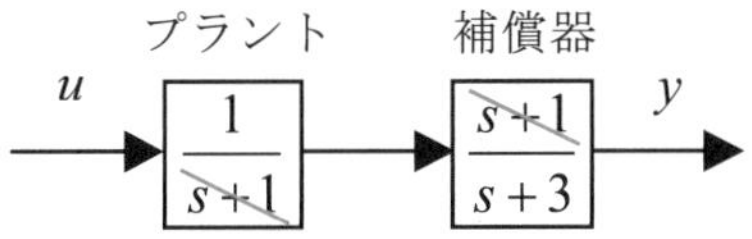

(b) 出力補償

図 10.11 極・零相殺

補償器の配置には図 10.11(a)および図 10.11 (b)のような 2 つの場合がある．これらの補償されたプラントの伝達関数はどちらも

$$G(s) = G_P(s)G_C(s) = G_C(s)G_P(s) = \frac{1}{s+3}$$

であり，極・零相殺が起き，伝達関数の次数が下がっている．それぞれの場合に可観測性と可制御性がどうなるかを調べよ．

【解 10.5】図 10.11(a)の場合は $u_p = y_c$ であるので，補償されたプラントは次数 $n = 2$ のシステムとなり，

$$\begin{bmatrix} \dot{x}_c \\ \dot{x}_p \end{bmatrix} = \begin{bmatrix} -3 & 0 \\ -2 & -1 \end{bmatrix} \begin{bmatrix} x_c \\ x_p \end{bmatrix} + \begin{bmatrix} 1 \\ 1 \end{bmatrix} u, \quad y = \begin{bmatrix} 0 & 1 \end{bmatrix} \begin{bmatrix} x_c \\ x_p \end{bmatrix}$$

と表すことができる．この場合の可制御行列と可観測行列は

$$\boldsymbol{U}_c=\begin{bmatrix}1 & -3\\ 1 & -3\end{bmatrix},\quad \boldsymbol{U}_o=\begin{bmatrix}0 & 1\\ -2 & -1\end{bmatrix}$$

となる．したがって，$\mathrm{rank}\,\boldsymbol{U}_c=1\neq n$ および $\mathrm{rank}\,\boldsymbol{U}_o=2=n$ であるから，この補償されたプラントは不可制御，可観測である．次に対角化することにより，どのモードが不可制御になるかを確かめてみる．相似変換行列

$$\boldsymbol{T}=\begin{bmatrix}0 & 1\\ 1 & 1\end{bmatrix}$$

を用いて新しい状態変数 $\boldsymbol{z}=\begin{bmatrix}z_1 & z_2\end{bmatrix}^T$ に変換すると，状態方程式は

$$\begin{bmatrix}\dot{z}_1\\ \dot{z}_2\end{bmatrix}=\begin{bmatrix}-1 & 0\\ 0 & -3\end{bmatrix}\begin{bmatrix}z_1\\ z_2\end{bmatrix}+\begin{bmatrix}0\\ 1\end{bmatrix}u,\quad y=\begin{bmatrix}1 & 1\end{bmatrix}\begin{bmatrix}z_1\\ z_2\end{bmatrix}$$

となり，固有値 -1 に対応するモードが制御できないことがわかる．

同様に図 10.11(b)の場合は $u_c=y_p$ であるので，補償されたプラントは

$$\begin{bmatrix}\dot{x}_p\\ \dot{x}_c\end{bmatrix}=\begin{bmatrix}-1 & 0\\ 1 & -3\end{bmatrix}\begin{bmatrix}x_p\\ x_c\end{bmatrix}+\begin{bmatrix}1\\ 0\end{bmatrix}u,\quad y=\begin{bmatrix}1 & -2\end{bmatrix}\begin{bmatrix}x_p\\ x_c\end{bmatrix}$$

と表すことができる．この場合の可制御行列と可観測行列は

$$\boldsymbol{U}_c=\begin{bmatrix}1 & -1\\ 0 & 1\end{bmatrix},\quad \boldsymbol{U}_o=\begin{bmatrix}1 & -2\\ -3 & 6\end{bmatrix}$$

となる．したがって，$\mathrm{rank}\,\boldsymbol{U}_c=2=n$ および $\mathrm{rank}\,\boldsymbol{U}_o=1\neq n$ であるから，この補償されたプラントは可制御，不可観測である．また，相似変換行列を

$$\boldsymbol{T}=\begin{bmatrix}2 & 0\\ 1 & 1\end{bmatrix}$$

として用いて新しい状態変数 $\boldsymbol{z}=\begin{bmatrix}z_1 & z_2\end{bmatrix}^T$ に変換すると，

$$\begin{bmatrix}\dot{z}_1\\ \dot{z}_2\end{bmatrix}=\begin{bmatrix}-1 & 0\\ 0 & -3\end{bmatrix}\begin{bmatrix}z_1\\ z_2\end{bmatrix}+\begin{bmatrix}1/2\\ -1/2\end{bmatrix}u,\quad y=\begin{bmatrix}0 & 2\end{bmatrix}\begin{bmatrix}z_1\\ z_2\end{bmatrix}$$

となり，固有値 -1 に対応するモードが観測できないことがわかる．

どちらの場合でも補償されたプラントは 2 次のシステムであり，不可制御あるいは不可観測になったモードは実際に存在しているが，入出力関係を表す伝達関数に現れないだけである．

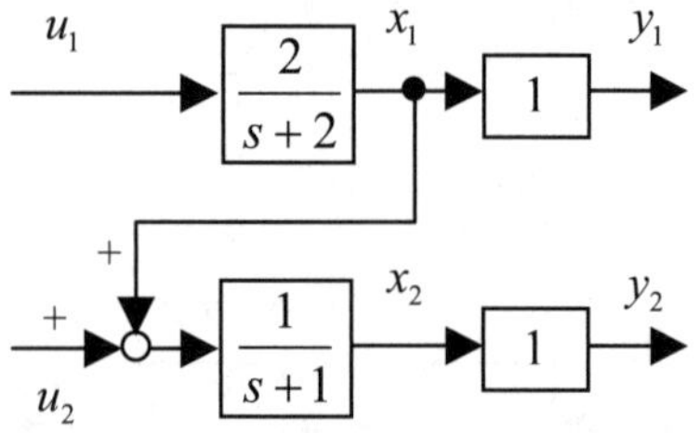

図 10.12 (a)　線形化 2 タンク水位系のブロック線図

【例 10.6】例 10.2 および例 10.4 で取り上げた線形化された 2 タンクの水位系を考える（図 10.12 (a) 参照）．これらの例題から入力が下流側のみの（$u_1=0$，$u_2\neq 0$）場合には不可制御であり，出力が上流側の水位のみ（$y=x_1$）の場合には不可観測であることがわかった．ここではこれら場合に伝達関数がどうなるかを調べよ．なお，係数行列 $\boldsymbol{A}$ を再度示しておく．

$$\boldsymbol{A}=\begin{bmatrix}-2 & 0\\ 1 & -1\end{bmatrix}$$

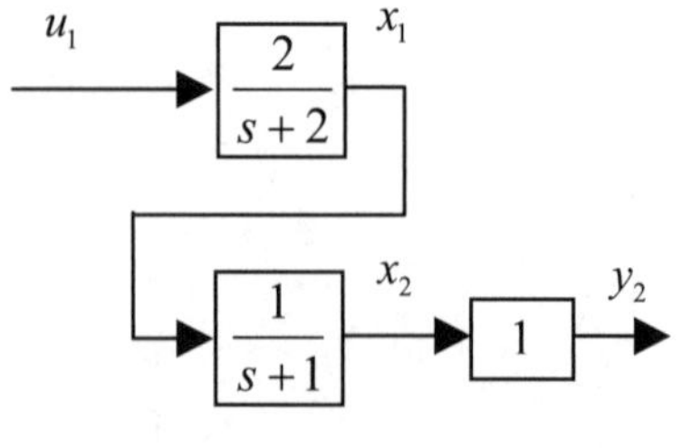

図 10.12(b)　可制御・可観測の場合

【解 10.6】

(1) 入力が上流側のみ（$u_1\neq 0$，$u_2=0$）で，出力が下流側の水位のみ（$y=x_2$）の場合（図 10.12(b) 参照）には可制御・可観測であり，この時の伝達関数は

$$B = \begin{bmatrix} 2 \\ 0 \end{bmatrix} \quad \text{および} \quad C = \begin{bmatrix} 0 & 1 \end{bmatrix} \quad \text{より}$$

$$G(s) = C(sI - A)^{-1}B = \frac{2}{(s+1)(s+2)}$$ となり，2 次のままである．

(2) 入力が上流側のみ（$u_1 \neq 0$，$u_2 = 0$）で，出力が上流側の水位のみ（$y = x_1$）の場合（図 10.12 (c) 参照）には可制御・不可観測であり，この時の伝達関数は

$$B = \begin{bmatrix} 2 \\ 0 \end{bmatrix} \quad \text{および} \quad C = \begin{bmatrix} 1 & 0 \end{bmatrix} \quad \text{より}$$

$$G(s) = \frac{2}{s+2}$$ となり，伝達関数の極・零相殺が起きて次数が下がっている．

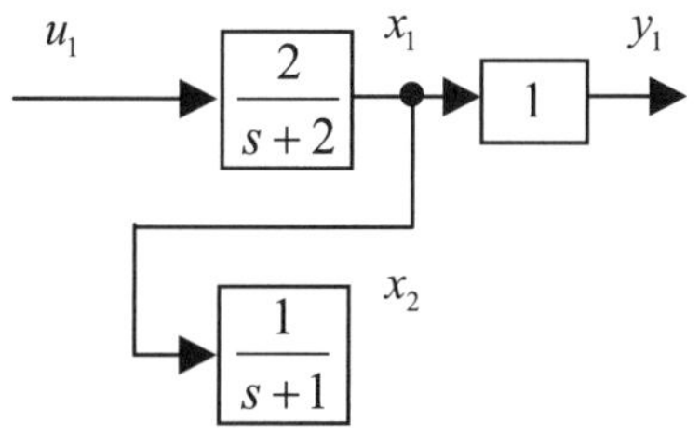

図 10.12(c)　可制御・不可観測の場合

(3) 入力が下流側のみ（$u_1 = 0$，$u_2 \neq 0$）で，出力が下流側の水位のみ（$y = x_2$）の場合（図 10.12 (d) 参照）には不可制御・可観測であり，この時の伝達関数は

$$B = \begin{bmatrix} 0 \\ 1 \end{bmatrix} \quad \text{および} \quad C = \begin{bmatrix} 0 & 1 \end{bmatrix} \quad \text{より}$$

$$G(s) = \frac{1}{s+1}$$ となり，伝達関数の極・零相殺が起きている．

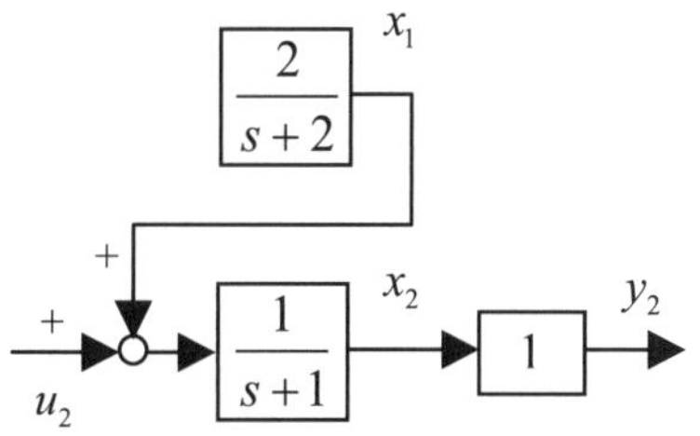

図 10.12(d)　不可制御・可観測の場合

(4) 入力が下流側のみ（$u_1 = 0$，$u_2 \neq 0$）で，出力が上流側の水位のみ（$y = x_1$）の場合（図 10.12 (e) 参照）には不可制御・不可観測であり，この時の伝達関数は

$$B = \begin{bmatrix} 0 \\ 1 \end{bmatrix} \quad \text{および} \quad C = \begin{bmatrix} 1 & 0 \end{bmatrix} \quad \text{より}$$

$G(s) = 0$　となっている．

なお，この例では伝達関数は 0 であるが，不可制御・不可観測の時に必ずしも伝達関数が 0 となるわけではない．例えば，図 10.12 (f) のように C が第 2 モードの固有ベクトルに直交する

$$B = \begin{bmatrix} 0 \\ 1 \end{bmatrix}, \quad C = \begin{bmatrix} 1 & 1 \end{bmatrix}$$

の場合（$y = x_1 + x_2$），可観測行列は

$$U_o = \begin{bmatrix} 1 & 1 \\ -1 & -1 \end{bmatrix} \quad \text{となり，} \quad \mathrm{rank}\, U_o = 1$$

であるので，不可制御・不可観測である．この時の伝達関数は

$$G(s) = \frac{1}{s+1}$$ である．

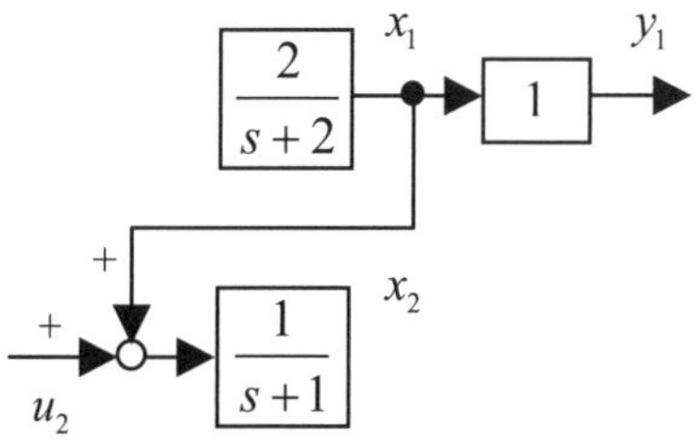

図 10.12(e)　不可制御・不可観測の場合 1

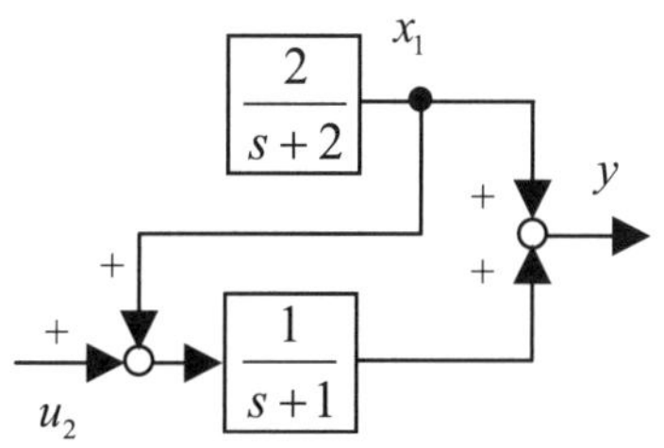

図 10.12(f)　不可制御・不可観測の場合 2

10・3・2　正準構造分解(canonical structure decomposition)

10.1 節と 10.2 節で学んだことから，1 つのシステムは可制御か不可制御，また可観測か不可観測かの最大 4 種類の性質をもったサブシステムの結合体であるということが推理できる．ここでは可制御性と可観測性および安定性

という観点から，システム全体がどのような性質を持ったサブシステムからなるか，システムの内部構造に立ち入って状態のつながり具合を見てみる．入出力関係すなわち伝達関数行列，可制御性，可観測性の関係を明確に示すような構造を持つシステムに変換することにより，システムの見通しがよくなる．

線形時不変システム

$$\begin{aligned}\dot{\boldsymbol{x}} &= \boldsymbol{A}\boldsymbol{x} + \boldsymbol{B}\boldsymbol{u} \\ \boldsymbol{y} &= \boldsymbol{C}\boldsymbol{x}\end{aligned} \tag{10.28}$$

は，適当な相似変換 $\boldsymbol{x} = \boldsymbol{T}\boldsymbol{z}$ によって次のようなサブシステムに分解できる．

$$\bar{\boldsymbol{A}} = \begin{bmatrix} \boldsymbol{A}_{11} & \boldsymbol{A}_{12} & \boldsymbol{A}_{13} & \boldsymbol{A}_{14} \\ 0 & \boldsymbol{A}_{22} & 0 & \boldsymbol{A}_{24} \\ 0 & 0 & \boldsymbol{A}_{33} & \boldsymbol{A}_{34} \\ 0 & 0 & 0 & \boldsymbol{A}_{44} \end{bmatrix}, \bar{\boldsymbol{B}} = \begin{bmatrix} \boldsymbol{B}_1 \\ \boldsymbol{B}_2 \\ 0 \\ 0 \end{bmatrix}, \bar{\boldsymbol{C}} = \begin{bmatrix} 0 & \boldsymbol{C}_2 & 0 & \boldsymbol{C}_4 \end{bmatrix} \tag{10.29}$$

ここで

$$\boldsymbol{z} = \begin{bmatrix} \boldsymbol{z}_{c\bar{o}} \\ \boldsymbol{z}_{co} \\ \boldsymbol{z}_{\bar{c}\bar{o}} \\ \boldsymbol{z}_{\bar{c}o} \end{bmatrix} \quad \text{とし,}$$

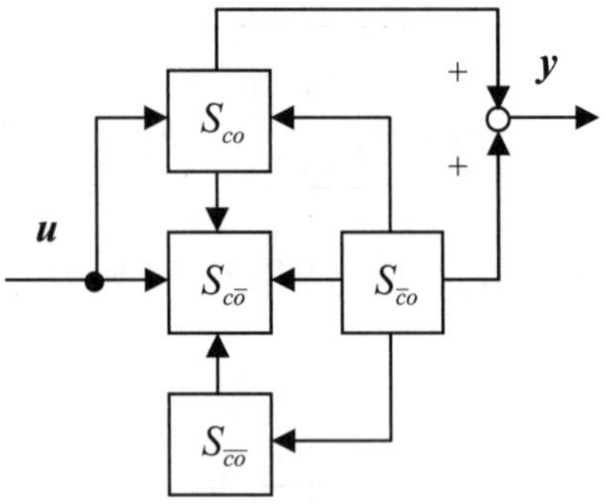

図10.13 カルマンの正準分解

$\boldsymbol{z}_{c\bar{o}}$，$\boldsymbol{z}_{co}$，$\boldsymbol{z}_{\bar{c}\bar{o}}$，$\boldsymbol{z}_{\bar{c}o}$ をそれぞれ状態変数とする4つのサブシステム $S_{c\bar{o}}$，S_{co}，$S_{\bar{c}\bar{o}}$，$S_{\bar{c}o}$ を考えると，図10.13のように表すことができる．入力 $\boldsymbol{u}$ と出力 $\boldsymbol{y}$ からみて，$S_{c\bar{o}}$ は可制御・不可観測，S_{co} は可制御・可観測，$S_{\bar{c}\bar{o}}$ は不可制御・不可観測，$S_{\bar{c}o}$ は不可制御・可観測なサブシステムである．これはカルマンの正準分解(Kalman canonical decomposition)として知られている．

もしシステムが可制御ならば，$\boldsymbol{z}_{\bar{c}\bar{o}}$ と $\boldsymbol{z}_{\bar{c}o}$ は正準分解の中に現れない．したがって，

$$\frac{d}{dt}\begin{bmatrix} \boldsymbol{z}_{c\bar{o}} \\ \boldsymbol{z}_{co} \end{bmatrix} = \begin{bmatrix} \boldsymbol{A}_{11} & \boldsymbol{A}_{12} \\ 0 & \boldsymbol{A}_{22} \end{bmatrix}\begin{bmatrix} \boldsymbol{z}_{c\bar{o}} \\ \boldsymbol{z}_{co} \end{bmatrix} + \begin{bmatrix} \boldsymbol{B}_1 \\ \boldsymbol{B}_2 \end{bmatrix}, \quad \boldsymbol{y} = \begin{bmatrix} 0 & \boldsymbol{C}_2 \end{bmatrix}\begin{bmatrix} \boldsymbol{z}_{c\bar{o}} \\ \boldsymbol{z}_{co} \end{bmatrix}$$

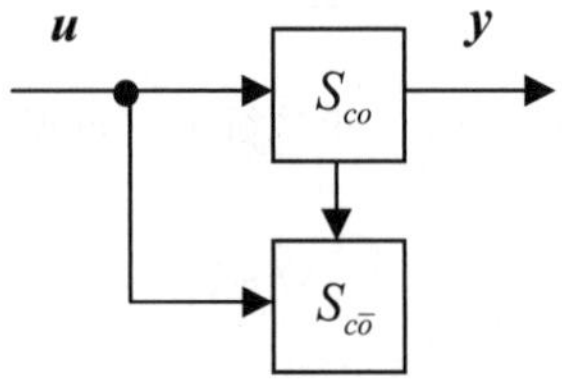

図10.14 可制御なシステム

と書け，図10.14のように表される．サブシステム S_{co} は入力と出力の両方につながっている．しかし，サブシステム $S_{c\bar{o}}$ は出力につながってはおらず，観測できない．

一方，もしシステムが可観測ならば，$\boldsymbol{z}_{c\bar{o}}$ と $\boldsymbol{z}_{\bar{c}\bar{o}}$ は正準分解の中に現れない．したがって，

$$\frac{d}{dt}\begin{bmatrix} \boldsymbol{z}_{co} \\ \boldsymbol{z}_{\bar{c}o} \end{bmatrix} = \begin{bmatrix} \boldsymbol{A}_{22} & \boldsymbol{A}_{24} \\ 0 & \boldsymbol{A}_{44} \end{bmatrix}\begin{bmatrix} \boldsymbol{z}_{co} \\ \boldsymbol{z}_{\bar{c}o} \end{bmatrix} + \begin{bmatrix} \boldsymbol{B}_2 \\ 0 \end{bmatrix}, \quad \boldsymbol{y} = \begin{bmatrix} \boldsymbol{C}_2 & \boldsymbol{C}_4 \end{bmatrix}\begin{bmatrix} \boldsymbol{z}_{co} \\ \boldsymbol{z}_{\bar{c}o} \end{bmatrix}$$

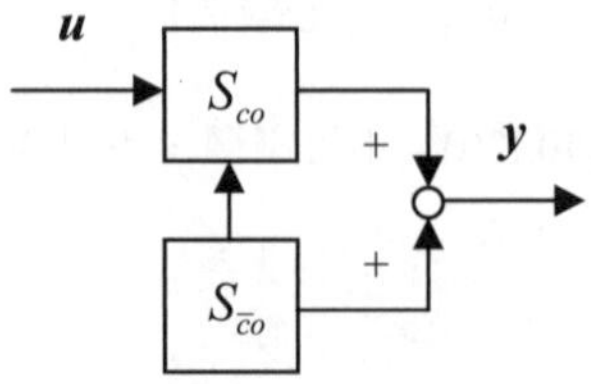

図10.15 可観測なシステム

と書け，図10.15のように表される．サブシステム $S_{\bar{c}o}$ は入力とつながっておらず，入力の影響をまったく受けずに自律的に運動するシステムであり，明らかに可制御ではない．

相似変換によって伝達関数行列は変化しないから，式(10.29)で表されるシステムの伝達関数行列は

$$\boldsymbol{G}(s) = \boldsymbol{C}(s\boldsymbol{I} - \boldsymbol{A})^{-1}\boldsymbol{B} = \bar{\boldsymbol{C}}(s\boldsymbol{I} - \bar{\boldsymbol{A}})^{-1}\bar{\boldsymbol{B}} = \boldsymbol{C}_2(s\boldsymbol{I} - \boldsymbol{A}_{22})^{-1}\boldsymbol{B}_2 \tag{10.30}$$

となることがわかる．すなわち，システムの入出力関係を表す伝達関数行列は可制御・可観測なサブシステム S_{co} の伝達関数行列だけを表現したものである．

第 11 章の安定性のところで詳しく取り扱うが，係数行列 $\boldsymbol{A}$ の全ての固有値の実部が負であるとシステムは安定である．また，各サブシステムの係数行列 $\boldsymbol{A}_{ii}$ の全ての固有値の実部が負であるとそのサブシステムは安定である．

不可制御なサブシステムが不安定な場合，そのサブシステムの内部状態の初期値が 0 でない限りシステムは発散する．逆に，不可制御なサブシステムがあってもそれが安定であれば，システム全体を安定にすることが可能である．なぜならば，可制御なサブシステムがたとえ不安定でも，可制御であるからそのサブシステムは安定化できるからである．このようなシステムは可安定(stabilizable)とよばれる．

また，不可観測なサブシステムがあっても，そのサブシステムが安定であれば，そのシステムは可検出(detectable)という．

第 9 章で述べたように，伝達関数が与えられた時，線形時不変システムを求める実現は無数にある．不可制御，不可観測の部分を取り除いて，最小の次元で可制御かつ可観測な状態方程式を求めることを最小実現(minimal realization)という．正準分解や最小実現も一意とは限らない．これら正準分解，最小実現のアルゴリズムは他書を参照のこと．

【例 10.7】カルマンの正準分解形で与えられた次のような 4 次の線形時不変システム

$$\bar{\boldsymbol{A}}=\begin{bmatrix}-1 & 1 & -1 & 1\\ 0 & 2 & 0 & 1\\ 0 & 0 & -3 & 1\\ 0 & 0 & 0 & -4\end{bmatrix},\quad \bar{\boldsymbol{B}}=\begin{bmatrix}1\\1\\0\\0\end{bmatrix},\quad \bar{\boldsymbol{C}}=\begin{bmatrix}0 & 2 & 0 & 1\end{bmatrix}$$

を考える． このシステムの可制御性，可観測性，可安定性，可検出性を調べよ．

【解 10.7】このシステムのブロック線図を図 10.16 に示す．

このシステムの固有値は $-1, 2, -3, -4$ であり，順に可制御・不可観測，可制御・可観測，不可制御・不可観測，不可制御・可観測のモードに対応する．このシステムの可制御行列 U_c と可観測行列 U_o は

$$U_c=\begin{bmatrix}1 & 0 & 2 & 2\\ 1 & 2 & 4 & 8\\ 0 & 0 & 0 & 0\\ 0 & 0 & 0 & 0\end{bmatrix},\quad U_o=\begin{bmatrix}0 & 2 & 0 & 1\\ 0 & 4 & 0 & -2\\ 0 & 8 & 0 & 12\\ 0 & 16 & 0 & -40\end{bmatrix}$$

であるから

$$\operatorname{rank} U_c = 2,\quad \operatorname{rank} U_o = 2$$

より，不可制御・不可観測である．次に，このシステムの伝達関数を求めると，

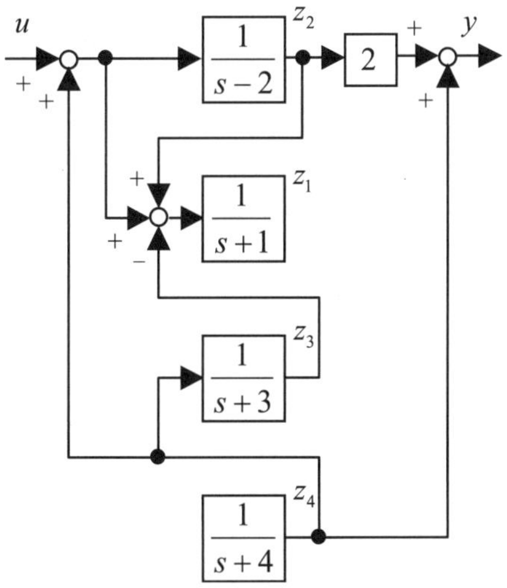

図 10.16　システムのブロック線図

$$G(s) = \bar{C}(sI - \bar{A})^{-1}\bar{B} = \frac{2}{s-2}$$

となり，固有値 $\lambda = 2$ に対応する可制御・可観測なサブシステムの伝達関数に等しいことがわかる．この伝達関数の極は 2 であるので不安定であるが，不可制御なサブシステムおよび不可観測なサブシステムとも安定であるため，このシステムは可安定，可検出なシステムである．

【例 10.8】次のような対角化されたシステムの可制御性，可観測性などを調べよ．

$$\begin{aligned}\dot{z} &= \bar{A}z + \bar{B}u \\ y &= \bar{C}z\end{aligned},\quad \bar{A} = \begin{bmatrix} 2 & 0 \\ 0 & -1 \end{bmatrix},\quad \bar{B} = \begin{bmatrix} 1 \\ 0 \end{bmatrix},\quad \bar{C} = \begin{bmatrix} 1 & 1 \end{bmatrix}$$

【解 10.8】可制御行列 U_c と可観測行列 U_o は

$$U_c = \begin{bmatrix} 1 & 2 \\ 0 & 0 \end{bmatrix},\quad U_o = \begin{bmatrix} 1 & 1 \\ 2 & -1 \end{bmatrix}$$

であるから

$$\operatorname{rank} U_c = 1,\quad \operatorname{rank} U_o = 2$$

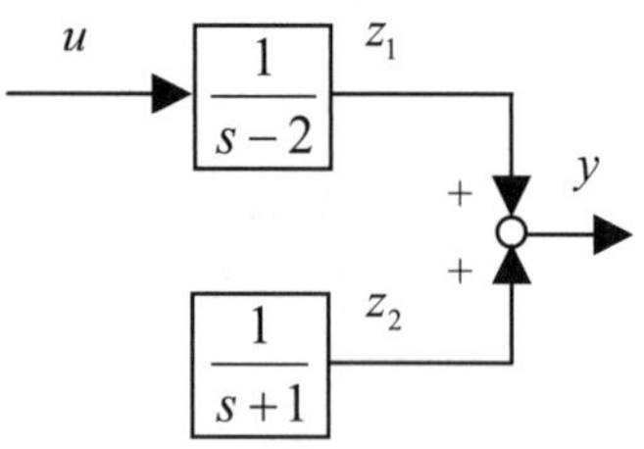

図 10.17 (a)　システムのブロック線図

より，このシステムは不可制御・可観測である．このことは図 10.17 (a)のブロック線図および係数行列 $\bar{B}$ が 0 の要素を持つことからもわかる．また，2 つのサブシステムはそれぞれ，可制御・可観測，不可制御・可観測である．不可制御・可観測なサブシステムの固有値は −1 であるので安定であり，状態 z_2 は時間とともに 0 に漸近する．一方，可制御・可観測なサブシステムの固有値は 2 であるので不安定である．しかし，このサブシステムは可制御であるので，例えば図 10.17(b)のようにフィードバックゲイン $K = [-4 \quad 0]$ として $u = Kz$ なるフィードバックを行うと（状態フィードバックについては第 11 章で詳しく学ぶ），閉ループ系は

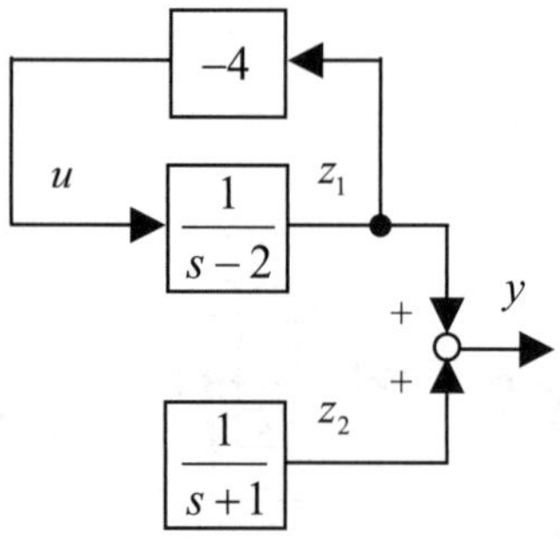

図 10.17(b)　フィードバック系

$$\begin{aligned}\dot{z} &= \bar{A}z + \bar{B}u = \bar{A}z + \bar{B}Kz = (\bar{A} + \bar{B}K)z \\ &= \left(\begin{bmatrix} 2 & 0 \\ 0 & -1 \end{bmatrix} + \begin{bmatrix} 1 \\ 0 \end{bmatrix}\begin{bmatrix} -4 & 0 \end{bmatrix}\right)z = \begin{bmatrix} -2 & 0 \\ 0 & -1 \end{bmatrix}z\end{aligned}$$

となり，閉ループ系の固有値を −2, −1 とすることができる．すなわちシステムを安定にすることができる．このようなシステムは可安定である．

【例 10.9】

Consider a following linear time-invariant system

$$\begin{aligned}\dot{x} &= Ax + Bu \\ y &= Cx\end{aligned}$$

where

$$A = \begin{bmatrix} -2 & 0 \\ 1 & -1 \end{bmatrix},\quad B = \begin{bmatrix} b_1 \\ b_2 \end{bmatrix},\quad C = \begin{bmatrix} c_1 & c_2 \end{bmatrix}$$

Determine the conditions on b_1, b_2, c_1 and c_2 so that the system is controllable and observable.

【解 10.9】

The controllability matrix of the system is

$$\boldsymbol{U}_c = [\boldsymbol{B} \quad \boldsymbol{AB}] = \begin{bmatrix} b_1 & -2b_1 \\ b_2 & b_1 - b_2 \end{bmatrix}$$

The necessary and sufficient condition of controllability is $\operatorname{rank} \boldsymbol{U}_c = 2$. In this case, since $\boldsymbol{U}_c$ is a square matrix, the condition is equivalent to $|\boldsymbol{U}_c| \neq 0$, i.e., $\boldsymbol{U}_c$ should be nonsingular.

Hence,

$$|\boldsymbol{U}_c| = b_1(b_1 - b_2) + 2b_1 b_2 = b_1(b_1 + b_2) \neq 0$$

Therefore, the conditions of controllability are $b_1 \neq 0$ and $b_1 \neq -b_2$.

Similarly, the observability matrix is obtained as

$$\boldsymbol{U}_o = [\boldsymbol{C}^T \quad \boldsymbol{A}^T \boldsymbol{C}^T]^T = \begin{bmatrix} c_1 & c_2 \\ -2c_1 + c_2 & -c_2 \end{bmatrix}$$

So that the system is observable, $\boldsymbol{U}_o$ should be nonsingular, i.e., $|\boldsymbol{U}_o| \neq 0$.

Hence,

$$|\boldsymbol{U}_o| = -c_1 c_2 - c_2(-2c_1 + c_2) = c_2(c_1 - c_2) \neq 0$$

Therefore, the system is observable if $c_2 \neq 0$ and $c_1 \neq c_2$.

第 11 章
状態方程式に基づく制御系設計
Controller Design based on State Space Equations

第 5 章ではフィードバック制御，第 7 章において古典制御理論に基づいた制御系設計について説明した．しかし，古典制御理論は多入力多出力系への適用が困難であり，制御系設計が直感的であった．これに対して，状態方程式に基づく現代制御理論による設計理論は，より広いクラスの制御対象に対して一般論を展開できる．現代制御理論の発展により，設計された制御器の制御性能や適用限界が明確になり，設計者の直感に依らない制御系設計が可能となった．本章では，状態方程式（state space equation）に基づく制御系設計法（controller design method）について説明する．

11・1　状態方程式と安定性 (state space equation and stability)

伝達関数で表現されたモデルに基づく安定性について，主に第 5 章で学んだ．ここでは，その知識を思い出しながら，状態方程式に即した安定性について学ぶ．状態方程式とは制御すべき対象の 1 つのモデルであり，制御対象の動的ふるまいを微分方程式で表現したものであるから，当然ながら状態方程式によるシステムの安定性は伝達関数表現によるシステムの安定性と密接な関係がある．(図 11.1 参照)．

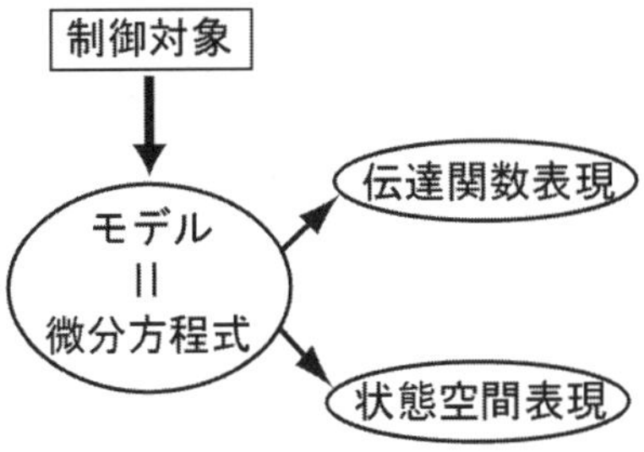

図 11.1　状態空間表現

11・1・1　安定性とは(stability)

まず，動的システムの制御を考える前に，システムの動作点まわりの安定性を解析しておく必要がある．状態方程式の解，すなわち，システムの時間応答が時間がたつにつれて収束するか発散するかを示す安定性と状態方程式の特徴との関係について考える．まず，いくつかの例を通して安定性を考えてみよう．

【例 11.1】　スカラーシステム

$$\dot{x}_1(t) = ax_1(t) \tag{11.1}$$

について考える．この微分方程式に従って決定されるシステムの挙動（状態 $x_1(t)$ の時間応答）について調べよ．

【解 11.1】　式(11.1)は簡単に解けて，

$$x_1(t) = x_1(0)\mathrm{e}^{at} \tag{11.2}$$

となる．ここで，$x_1(0)$ は状態 $x_1(t)$ の $t = 0$ における値，すなわち初期状態である．システムの挙動は，システム固有のパラメータ a と状態の初期値 $x_1(0)$ が決まれば一意に決定される．式(11.2)の時間応答は図 11.2 のように a の値によって① $a > 0$，② $a = 0$，③ $a < 0$ の 3 通りに分けることができる．①の場合には状態は発散していき不安定であるが，②，③の場合には発散はして

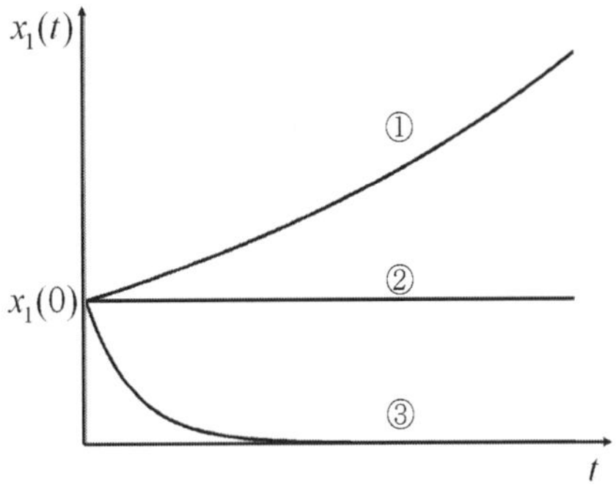

図 11.2　式(11.1)の解の時間応答
【例 11.1】

いない.

【例 11.2】　図 11.3 に示すような摩擦のない平面を運動している質量 m の挙動について考察せよ.

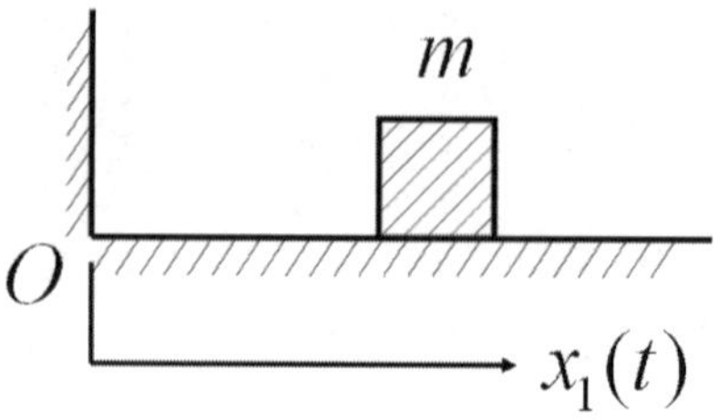

図 11.3　摩擦のない平面上を運動する質点
【例 11.2】

【解 11.2】　質点 m の加速度はゼロであるのでシステムの挙動は

$$m\ddot{x}_1(t)=0 \tag{11.3}$$

と表現される．これを解くと

$$x_1(t)=a_1+a_2t \qquad a_1=x_1(0),\ \ a_2=\dot{x}_1(0) \tag{11.4}$$

となる．式(11.4)の解 $x_1(t)$ の時間応答はその初期速度 $\dot{x}_1(0)$ によって図 11.4 のようになる．初期速度 $\dot{x}_1(0)\neq 0$ の場合には $x_1(t)$ は発散することがわかる．また，質点が静止している場合には

$$\ddot{x}_1(t)=0,\ \ \dot{x}_1(t)=0 \tag{11.5}$$

と表現され，これは $\ddot{x}_1(t)=0$ $\dot{x}_1(0)=0$ と等価である.

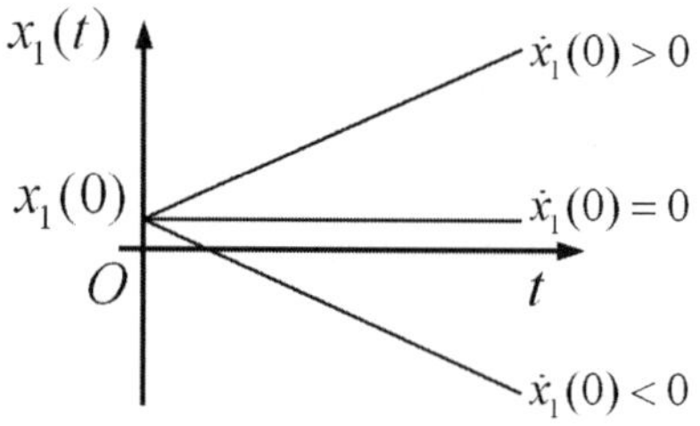

図 11.4　式(11.3)の解の時間応答
【例 11.2】

【例 11.3】　図 11.5 のような，バネ・質量系の質点の挙動を考えよ.

【解 11.3】　バネの自然長からの伸び（変位）を $x_1(t)$，バネ定数を k，バネ先端の質量を m とするとシステムの挙動は

$$m\ddot{x}_1(t)+kx_1(t)=0 \tag{11.6}$$

と表現される．質量 m とバネ定数 k は物理的に正（$m,\ k>0$）であるので，微分方程式(11.6)は容易に解くことができ

$$x_1(t)=a_1\sin\sqrt{\frac{k}{m}}t+a_2\cos\sqrt{\frac{k}{m}}t \tag{11.7}$$

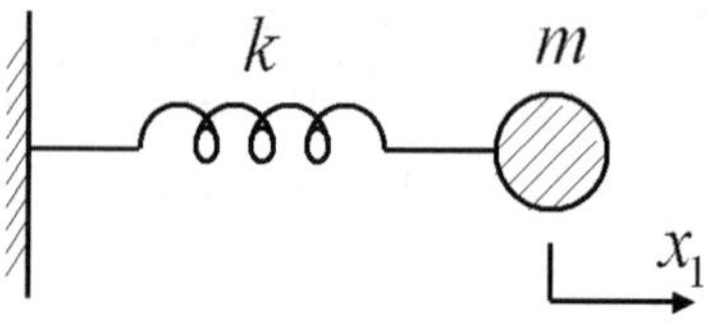

図 11.5　バネ・質量系
【例 11.3】

となる．実際に式(11.7)を時間微分すると

$$\dot{x}_1(t)=\sqrt{\frac{k}{m}}\left(a_1\cos\sqrt{\frac{k}{m}}t-a_2\sin\sqrt{\frac{k}{m}}t\right)$$

となり，さらにもう 1 回微分すると

$$\begin{aligned}\ddot{x}_1(t)\ &=-\frac{k}{m}\left(a_1\sin\sqrt{\frac{k}{m}}t+a_2\cos\sqrt{\frac{k}{m}}t\right)\\ &=-\frac{k}{m}x(t)\end{aligned}$$

となり，式(11.7)がシステム(11.6)の解であることが確かめられる．式(11.7)のパラメータ a_1，a_2 は

$$a_1=\sqrt{\frac{m}{k}}\dot{x}_1(0),\ \ a_2=x_1(0)$$

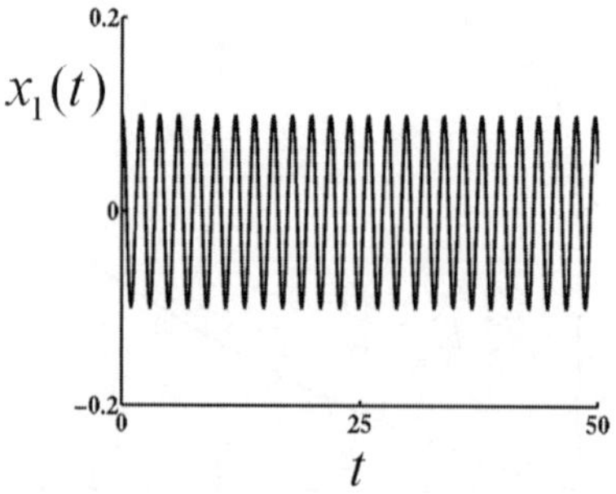

図 11.6　式(11.6)の解の時間応答
【例 11.3】

のようにシステム固有のパラメータである質量 m，バネ定数 k とシステムの初期状態 $x_1(0)$, $\dot{x}_1(0)$ によって決まることがわかる．さて，式(11.7)において，$x_1(0)=0.1$, $\dot{x}_1(0)=0$，$m=1$, $k=10$ とした場合の状態 $x_1(t)$ の時間応答は図 11.6 のようになり，発散はせず振動が持続する.

【例 11.4】 図 11.7 のようなバネ・質量・ダンパ系の質点の挙動を考えよ.

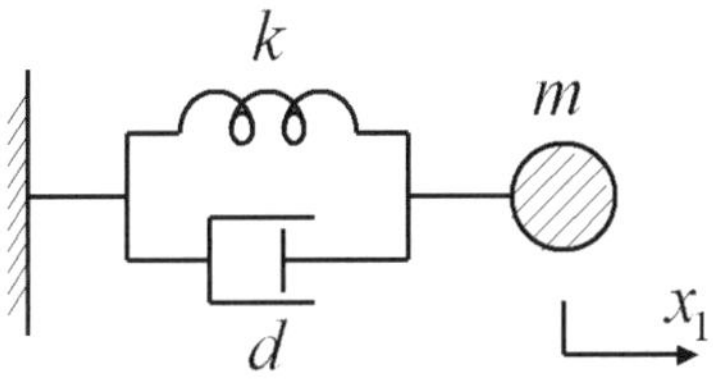

図 11.7 バネ・質量・ダンパ系
【例 11.4】

【解 11.4】 ダンパの減衰係数を d とするとシステムの挙動は

$$m\ddot{x}_1(t) + d\dot{x}_1(t) + kx_1(t) = 0 \qquad (11.8)$$

と表現される. 減衰係数 d は物理的に正（$d>0$）で, 一般に非常に小さい数である. 微分方程式(11.8)を解くと

$$x_1(t) = \mathrm{e}^{-\frac{d}{2m}t}\left(a_1 \sin\omega t + a_2 \cos\omega t\right)$$

となる. ここで, ω は質点の運動の振動周波数を意味しており, $4mk - d^2 > 0$ であるとし, $\omega = \sqrt{4mk - d^2}\big/2m$ とおいている. また, パラメータ a_1, a_2 は

$$a_1 = \frac{1}{\omega}\left(\dot{x}_1(0) + \frac{d}{2m}x_1(0)\right), \qquad a_2 = x_1(0)$$

となる. 式(11.8)において, $x_1(0) = 0.1, \dot{x}_1(0) = 0, m = 1$, $k = 10$, 減衰係数 $d = 0.05$ とした場合の状態 $x_1(t)$ の時間応答は図 11.8 となり, 振動は持続するもののその振幅は減少していくことがわかる. もし, $4mk - d^2 \geq 0$ の場合には式(11.8)の解（質点の挙動）は振動することなく減衰する.

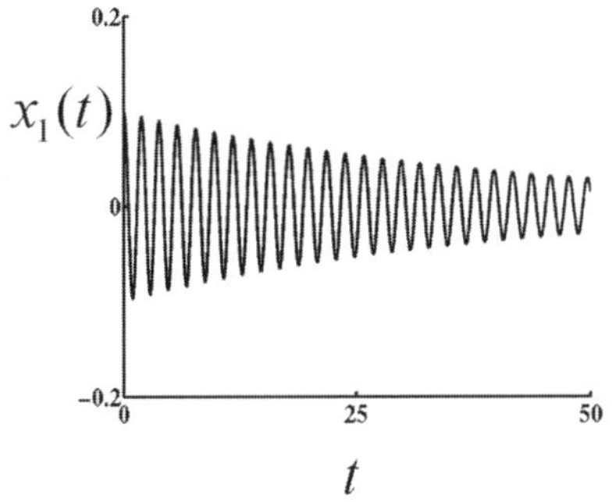

図 11.8 式(11.8)の解の時間応答
【例 11.4】

【例 11.2】における図 11.4 のような応答を不安定,【例 11.3】に対する図 11.6 のような応答はリアプノフ安定であるといい,【例 11.4】に対する図 11.8 のような応答を漸近安定という.

以下では, 第 3 章で触れた平衡点の安定性について詳しく学ぶために, リアプノフ安定性とは何か, 漸近安定性とは何かについて説明する. この説明は一般の非線形システムに対しても可能であるので, ここではシステムとして

$$\dot{\boldsymbol{x}}(t) = \boldsymbol{f}(\boldsymbol{x}(t)) \qquad (11.9)$$

を考える. ただし, $\boldsymbol{x}$ は n 次元実数ベクトルであり, $\boldsymbol{f}(x) = 0$ を満足する平衡点は原点 $\boldsymbol{x} = 0$ にあるものとする. 以下, 特に断らないかぎりベクトルは実数の要素をもつ実数ベクトルとし, $\boldsymbol{x}$ は n 次元実数ベクトルとする. ここで, 次の安定性の説明において用いる記号 $\|\boldsymbol{x}\|$ はベクトル $\boldsymbol{x} = [x_1, \cdots, x_n]^T$ の大きさを表すスカラー量で, $\|\boldsymbol{x}\| = \sqrt{x_1^2 + \cdots + x_n^2}$ である.

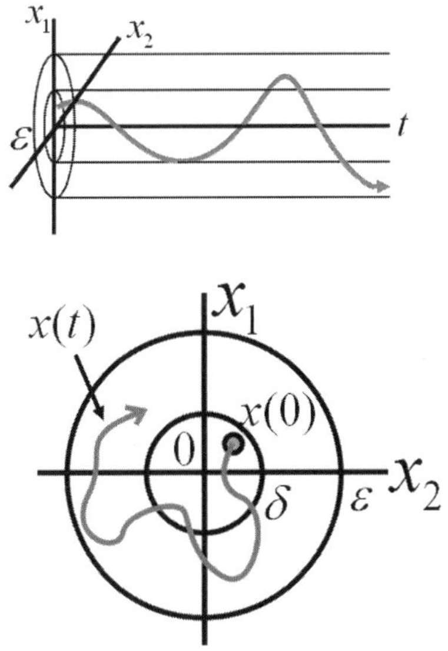

図 11.9 リアプノフ安定性

リアプノフ安定性（Lyapunov stability）

微分方程式(11.9)について, 原点近傍において, 任意の ε $(0<\varepsilon)$ に対して, ある $\delta(\varepsilon) > 0$ が存在して, 初期条件 $\|\boldsymbol{x}(0)\| < \delta(\varepsilon)$ を満足するすべての $\boldsymbol{x}(0)$ と, $t \geq 0$ について,

$$\|\boldsymbol{x}(t)\| < \varepsilon$$

となるとき, 原点 $\boldsymbol{x} = 0$（平衡点 O）はリアプノフ安定であるという.

これは図 11.9 に示すように, 原点近傍において, 任意の ε に対して初期値

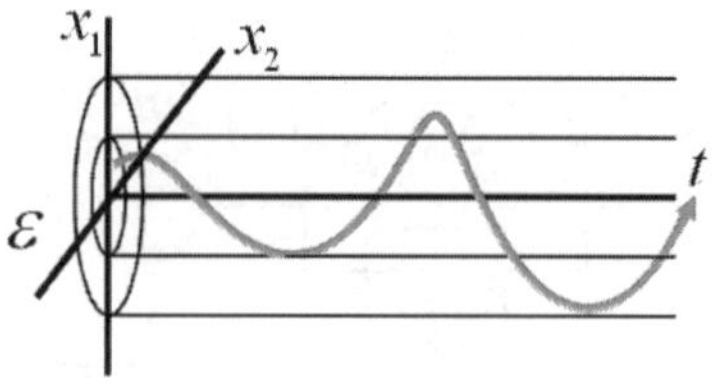

$\boldsymbol{x}(0)$ が ε に依存する半径 $\delta(\varepsilon)$ の円内にあれば微分方程式(11.9)の解 $\boldsymbol{x}(t)$ は $t=0$ から未来永遠に半径 ε の円の外部に出ることはないことを意味する．

漸近安定性（asymptotic stability）

微分方程式(11.9)について，原点近傍において，任意の ε $(0<\varepsilon)$ に対してある $\delta(\varepsilon)>0$ が存在して，$\|\boldsymbol{x}(0)\|<\delta(\varepsilon)$ を満足するすべての $\boldsymbol{x}(0)$ と，$t\geq 0$ について，

$$\|\boldsymbol{x}(t)\|<\varepsilon \text{ かつ } \lim_{t\to\infty}\|\boldsymbol{x}(t)\|=0$$

となるとき，原点 $\boldsymbol{x}=0$（平衡点 O）は漸近安定であるという．

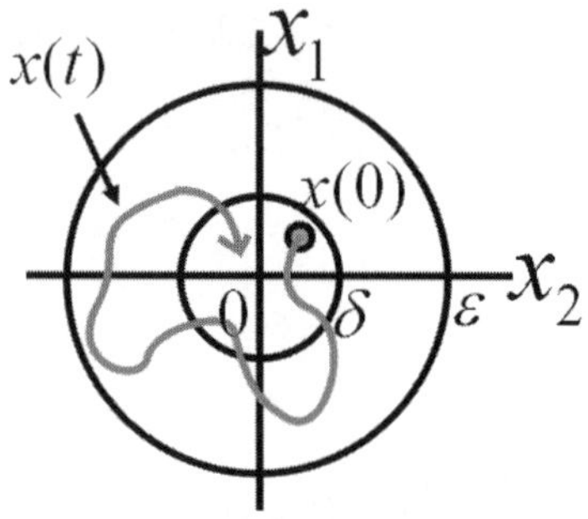

図 11. 10　漸近安定性

これは図 11.10 に示すように，原点近傍において，任意の ε に対して初期値 $\boldsymbol{x}(0)$ が ε に依存する半径 $\delta(\varepsilon)$ の円内にあれば，微分方程式(11.9)の解 $\boldsymbol{x}(t)$ は $t=0$ から未来永遠に半径 ε の円の外部に出ることはなく，時間 t が無限大になれば原点 $\boldsymbol{x}=0$ に収束することを意味している．

安定性とは $\boldsymbol{x}(0)$ が原点 O（平衡点）から少しずれたとき，$\boldsymbol{x}(t)$ が依然として原点近傍に留まり得るか否かを述べたものである．例えば図 11.11 のように坂の上でボールが運動しているとき，(a)はリアプノフ安定，(b)は漸近安定，(c)は不安定となる．

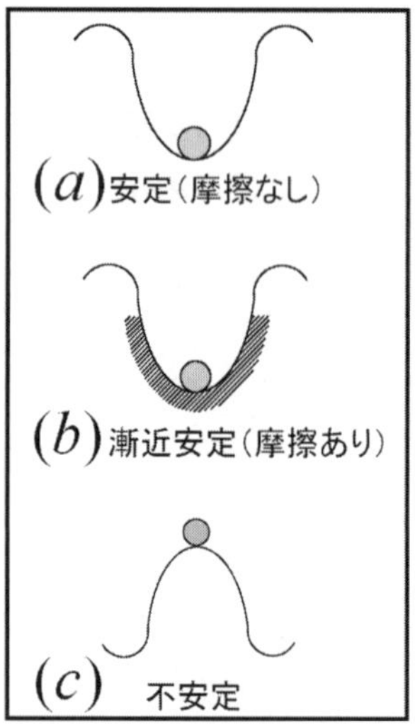

図 11. 11　安定性

11・1・2　安定性の判別法(stability criteria)

ここでは，安定性を判別する方法について説明しよう．その前に必要となる線形代数の用語の説明を行う．同時に付録の数学ダイジェストも参照していただきたい．

正定関数（positive definite function）・準正定関数（semi-positive definite function）・負定関数（negative definite function）・準負定関数（semi-negative definite function）

n 次元ベクトル $\boldsymbol{x}=[x_1,\cdots,x_n]^T$ についてのスカラ関数 $V(\boldsymbol{x})$ が，$V(\boldsymbol{0})=0$ でかつ

- 任意の $\boldsymbol{x}\neq 0$ に対して $V(\boldsymbol{x})>0$ $(-V(\boldsymbol{x})>0)$ を満足する場合に正定関数（負定関数）という
- 任意の $\boldsymbol{x}\neq 0$ に対して $V(\boldsymbol{x})\geq 0$ $(-V(\boldsymbol{x})\geq 0)$ を満足する場合に準正定関数（準負定関数）という

正定・準正定・負定・準負定関数

正定関数	$V(0)=0$ かつ $V(x)>0$ for $\forall x\neq 0$
準正定関数	$V(0)=0$ かつ $V(x)\geq 0$ for $\forall x\neq 0$
負定関数	$V(0)=0$ かつ $-V(x)>0$ for $\forall x\neq 0$
準負定関数	$V(0)=0$ かつ $-V(x)\geq 0$ for $\forall x\neq 0$

2 次形式（quadratic form）

2 次形式とは，n 次元ベクトル $\boldsymbol{x}$，$n\times n$ 実数行列 $\boldsymbol{A}$ に対して，$\boldsymbol{x}^T\boldsymbol{A}\boldsymbol{x}$ と定義されたスカラー量のことである．以下，断らないかぎり行列は実数の要素をもつ実数行列とし，この 2 次形式の説明において $\boldsymbol{A}$ は $n\times n$ 実対称行列とする．

正定・準正定・負定・準負定行列

$A>0$ （A : 正定）	: $x^TAx>0$ for $\forall x\neq 0$
$A\geq 0$ （A : 準正定）	: $x^TAx\geq 0$ for $\forall x\neq 0$
$A<0$ （A : 負定）	: $x^TAx<0$ for $\forall x\neq 0$
$A\leq 0$ （A : 準負定）	: $x^TAx\leq 0$ for $\forall x\neq 0$

正定行列（positive definite matrix）・準正定行列（semi-positive definite matrix）・負定行列（negative definite matrix）・準負定行列（semi-negative definite matrix）

- 正定行列　$A>0$　（負定行列　$A<0$）

  $n\times n$ 対称行列 $\boldsymbol{A}$ が正定（負定）とは $\boldsymbol{A}>0$（$\boldsymbol{A}<0$）と表現し，すべての固有値が正（負）であること，あるいは，任意の n 次元ベクトル $\boldsymbol{x}\neq 0$ に対して，2 次形式が $\boldsymbol{x}^T\boldsymbol{A}\boldsymbol{x}>0$ ($\boldsymbol{x}^T\boldsymbol{A}\boldsymbol{x}<0$) を満足することである．

- 準正定行列　$A\geq 0$　（準負定行列　$A\leq 0$）

  $n\times n$ 対称行列 $\boldsymbol{A}$ が準正定（準負定）とは $\boldsymbol{A}\geq 0$（$\boldsymbol{A}\leq 0$）と表現し，固有値が正（負）もしくはゼロであること，あるいは，任意の n 次元ベクトル $\boldsymbol{x}\neq 0$ に対して，2 次形式が $\boldsymbol{x}^T\boldsymbol{A}\boldsymbol{x}\geq 0$ ($\boldsymbol{x}^T\boldsymbol{A}\boldsymbol{x}\leq 0$) を満足することである．

リアプノフの第 2 の方法(Lyapunov's second method)

システム(11.9)の安定性を判別するために有用なリアプノフの第 2 の方法を説明しよう．そのため用いるリアプノフ関数とは何かをまず説明しよう．

リアプノフ関数（Lyapunov function）

いま，$\dfrac{\partial V(\boldsymbol{x})}{\partial \boldsymbol{x}}$ が連続であるような，ベクトル $\boldsymbol{x}(t)$ について恒等的に正となるスカラー関数 $V(\boldsymbol{x})$ があり，かつシステム(11.9)にそっての時間微分が

$$\dot{V}=\sum_{i=1}^{n}\frac{\partial V}{\partial x_i}\dot{x}_i=\left[\frac{\partial V}{\partial x_1},\cdots,\frac{\partial V}{\partial x_n}\right]\begin{bmatrix}\dot{x}_1\\ \vdots\\ \dot{x}_n\end{bmatrix}=\left(\frac{\partial V}{\partial \boldsymbol{x}}\right)^T\dot{\boldsymbol{x}}=\left(\frac{\partial V}{\partial \boldsymbol{x}}\right)^T\boldsymbol{f}\leq 0$$

であったとしよう．このような関数 $V(\boldsymbol{x})$ はシステム(11.9)のリアプノフ関数と呼ばれている．

$\boldsymbol{x}$ が 2 次元の場合のリアプノフ関数 $V(\boldsymbol{x})$ を図 11.12 に示す，これは，定義の通り，$\boldsymbol{x}\neq 0$ では $V(\boldsymbol{x})$ が常に正であり，時間と共に変化する $\boldsymbol{x}(t)$ に対して，$V(\boldsymbol{x})$ は時間 t に関して非増加であることを示している．

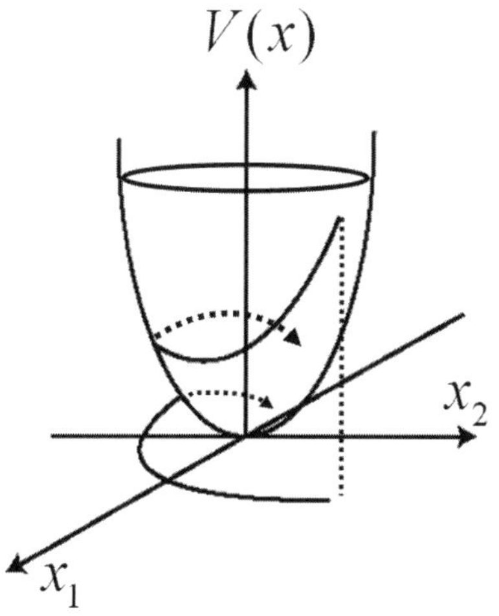

図 11.12　リアプノフ関数

【公式 11.1】

システム(11.9)の原点近傍のある範囲内でリアプノフ関数 $V(\boldsymbol{x})$ が存在すれば，原点はリアプノフ安定であり，さらに $\dot{V}(\boldsymbol{x})$ が負定関数ならば，平衡点 $\boldsymbol{x}=0$ は漸近安定である．

公式 11.1

①リアプノフ関数 V が存在

⇓

システムがリアプノフ安定

②リアプノフ関数 V が存在して $\dot{V}$ が負定関数

⇓

システムが漸近安定

11・1・3　線形システムの安定判別(stability criteria for linear systems)

ここでは，前節の安定性概念に基づいて，特に線形システム

$$\dot{\boldsymbol{x}}(t)=\boldsymbol{A}\boldsymbol{x}(t) \tag{11.10}$$

の安定性について考えよう．微分方程式(11.10)の平衡解 $\boldsymbol{x}=0$ のリアプノフ安定性に関して以下の重要な公式がある．

【公式 11.2】

線形システム(11.10)の平衡点 $\boldsymbol{x}=0$ がリアプノフ安定であるための必要十分条件は，行列 $\boldsymbol{A}$ のすべての固有値が 0 か負で，実部が 0 のものが含まれる場合には，行列 $\boldsymbol{A}$ の実ジョルダン標準形（real Jordan canonical form）の実部

公式 11.2

システムがリアプノフ安定

⇕

システム行列 A の固有値の実部が正でなく，実部が 0 の場合は，その対応する実ジョルダンブロックが対角的である．

が 0 の固有値に対応する実ジョルダンブロック(real Jordan block)が対角的であることである．実ジョルダン標準形については 9･2･2 項を参照されたい．

以下の例題を通して，付録の数学公式 A4.1 を使いながら，実ジョルダン標準形とこの公式の応用に慣れよう．

【例 11.5】　【公式 11.2】を用いて，線形システム(11.10)における $\boldsymbol{A}$ 行列が以下のように与えられた場合のリアプノフ安定性を判定せよ．

$$\boldsymbol{A}_1 = \begin{bmatrix} 0 & 1 \\ 0 & 0 \end{bmatrix}, \qquad \boldsymbol{A}_2 = \begin{bmatrix} 0 & 0 \\ 0 & 0 \end{bmatrix}$$

$$\boldsymbol{A}_3 = \begin{bmatrix} 0 & \alpha & 1 & 0 \\ -\alpha & 0 & 0 & 1 \\ 0 & 0 & 0 & \alpha \\ 0 & 0 & -\alpha & 0 \end{bmatrix}, \quad \boldsymbol{A}_4 = \begin{bmatrix} 0 & \alpha & 0 & 0 \\ -\alpha & 0 & 0 & 0 \\ 0 & 0 & 0 & \alpha \\ 0 & 0 & -\alpha & 0 \end{bmatrix}$$

【解 11.5】　行列 $\boldsymbol{A}_1$, $\boldsymbol{A}_2$ は実ジョルダン標準形であり，その固有値はともに 0（重根）である．行列 $\boldsymbol{A}_1$ は非対角要素に 1 があり，実ジョルダンブロックは対角的でないので不安定となる．これに対して行列 $\boldsymbol{A}_2$ は非対角要素に 1 がなく実ジョルダンブロックは対角的であるのでリアプノフ安定となる．行列 $\boldsymbol{A}_3$, $\boldsymbol{A}_4$ は実ジョルダン標準形であり固有値はともに αj（重根）と $-\alpha j$（重根）である．行列 $\boldsymbol{A}_3$ は非対角要素に 1 があり，実ジョルダンブロックは対角的でないので不安定となる．これに対して行列 $\boldsymbol{A}_4$ は非対角要素に 1 がなく実ジョルダンブロックは対角的であるのでリアプノフ安定となる．

公式 11.3

システムがリアプノフ安定

⇕

リアプノフ不等式(11.11)を満たす実対称正定行列 $\boldsymbol{P}$ が存在

【公式 11. 3】

線形システム(11.10)の平衡点 $\boldsymbol{x} = 0$ がリアプノフ安定であるための必要十分条件は，ある実対称正定行列 $\boldsymbol{P}$ が存在して，

$$\boldsymbol{A}^T \boldsymbol{P} + \boldsymbol{P}\boldsymbol{A} \le 0 \tag{11.11}$$

となることである．

【公式 11.3】の完全な証明は煩雑だが，式(11.11)がリアプノフ安定の十分条件であることは直ちにわかる．式(11.11)の実対称正定解 $\boldsymbol{P}$ を用いて式(11.10)の解 $\boldsymbol{x}$ に沿った 2 次形式

$$V(\boldsymbol{x}) = \boldsymbol{x}^T \boldsymbol{P} \boldsymbol{x} \tag{11.12}$$

を考えればよい．実際に，これを時間 t で微分すれば

$$\begin{aligned} \dot{V}(\boldsymbol{x}) &= \dot{\boldsymbol{x}}^T \boldsymbol{P}\boldsymbol{x} + \boldsymbol{x}^T \boldsymbol{P}\dot{\boldsymbol{x}} \quad = (\boldsymbol{A}\boldsymbol{x})^T \boldsymbol{P}\boldsymbol{x} + \boldsymbol{x}^T \boldsymbol{P}(\boldsymbol{A}\boldsymbol{x}) \\ &= \boldsymbol{x}^T \left(\boldsymbol{A}^T \boldsymbol{P} + \boldsymbol{P}\boldsymbol{A}\right)\boldsymbol{x} \quad \le 0 \end{aligned} \tag{11.13}$$

となり，$\dot{V}(\boldsymbol{x})$ は負となり，$V(\boldsymbol{x})$ は単調非増加となる．したがって，V がリアプノフ関数であり，システムはリアプノフ安定である（【公式 11.1】参照）．

公式 11.4

システムが漸近安定

⇕

システム行列 A の固有値の実部がすべて負

漸近安定性に関する公式

【公式 11. 4】

線形システム(11.10)の平衡点 $\boldsymbol{x} = 0$ が漸近安定であるための必要十分条件

は，行列 $\boldsymbol{A}$ の固有値の実部がすべて負であることである．この性質をもつ行列 $\boldsymbol{A}$ を安定行列という．

【公式 11.5】

線形システム(11.10)の平衡点 $\boldsymbol{x}=0$ が漸近安定であるための必要十分条件は，任意の実対称正定行列 $\boldsymbol{Q}$ に対して，方程式

$$\boldsymbol{A}^T\boldsymbol{P}+\boldsymbol{P}\boldsymbol{A}=-\boldsymbol{Q} \tag{11.14}$$

を満足する実対称正定行列 $\boldsymbol{P}$ がただ 1 つ存在することである．なお，式(11.14)をリアプノフ方程式（Lyapunov equation）という．

公式 11.5

システムが漸近安定

⇕

リアプノフ方程式(11.14)を満たす実対称正定行列 $\boldsymbol{P}$ が唯一存在

【公式 11.5】において，式(11.14)をもう少し緩和した公式として以下がある．

【公式 11.6】

線形システム(11.10)の平衡点 $\boldsymbol{x}=0$ が漸近安定であるための必要十分条件は，$(\boldsymbol{A},\boldsymbol{W})$ が可観測な $\boldsymbol{W}$ に対して

$$\boldsymbol{A}^T\boldsymbol{P}+\boldsymbol{P}\boldsymbol{A}=-\boldsymbol{W}^T\boldsymbol{W} \tag{11.15}$$

を満足する実対称正定行列 $\boldsymbol{P}$ が存在することである．

公式 11.6

システムが漸近安定

⇕

リアプノフ方程式(11.15)を満たす実対称正定行列 $\boldsymbol{P}$ が存在

線形システム(11.10)が漸近安定かどうかを判定するために以下の公式は有用である．

【公式 11.7】

$\boldsymbol{Q}>0$ か，または，$\boldsymbol{Q}\geq 0$ でかつ

$$\mathrm{rank}\begin{bmatrix}\boldsymbol{Q}^{\frac{1}{2}}\\ \boldsymbol{Q}^{\frac{1}{2}}\boldsymbol{A}\\ \vdots\\ \boldsymbol{Q}^{\frac{1}{2}}\boldsymbol{A}^{n-1}\end{bmatrix}=n \tag{11.16}$$

となる実対称行列 $\boldsymbol{Q}$ を 1 つ決定する．$\boldsymbol{Q}$ が $\boldsymbol{W}^T\boldsymbol{W}$ の形式で与えられることがしばしばある．この場合，この条件(11.16)は $\boldsymbol{W}$ として

$$\mathrm{rank}\begin{bmatrix}\boldsymbol{W}\\ \boldsymbol{W}\boldsymbol{A}\\ \vdots\\ \boldsymbol{W}\boldsymbol{A}^{n-1}\end{bmatrix}=n \tag{11.17}$$

と $(\boldsymbol{A},\boldsymbol{W})$ が可観測となるものを選ぶことに等しい．このときリアプノフ方程式(11.14)から，対称行列 $\boldsymbol{P}$ を決定すると，$\boldsymbol{P}>0$（実対称行列 $\boldsymbol{P}$ が正定）であることが，行列 $\boldsymbol{A}$ が安定行列であるための必要十分条件となる．

公式 11.7

システムが漸近安定

⇕

$\boldsymbol{Q}>0$，または，
$\boldsymbol{Q}\geq 0$ かつ式(11.16)を満足する
満足する実対称行列 $\boldsymbol{Q}$ を1つ決定．
リアプノフ方程式(11.14)を満足する $\boldsymbol{P}$ が正定．

さて，これまでに紹介した安定判別法を用いて具体的にシステムの安定判別をしてみよう．

【例 11.6】 図 11.3 の摩擦のない平面を運動する質点の安定性を【公式 11.2】を用いて判別せよ．

【解 11.6】　まず，図 11.3 の加速度がゼロ（$\ddot{x}_1(t)=0$）の質点に対するシステム方程式(11.3)において $x_2(t)=\dot{x}_1(t)$ とおくと，式(11.3)は状態方程式

$$\begin{bmatrix}\dot{x}_1(t)\\ \dot{x}_2(t)\end{bmatrix}=\begin{bmatrix}0 & 1\\ 0 & 0\end{bmatrix}\begin{bmatrix}x_1(t)\\ x_2(t)\end{bmatrix} \tag{11.18}$$

と書き直すことができる．行列 $\boldsymbol{A}=\begin{bmatrix}0 & 1\\ 0 & 0\end{bmatrix}$ の固有値は 0（重根）である．この場合，実ジョルダンブロックが対角的でない（【例 11.5】参照）ので，【公式 11.2】よりシステムはリアプノフ安定ではなく不安定となる．

次に，質点の加速度がゼロ（$\ddot{x}_1(t)=0$）でかつ速度がゼロ（$\dot{x}_1(t)=0$）の場合，システムは

$$\frac{d}{dt}\begin{bmatrix}x_1(t)\\ \dot{x}_1(t)\end{bmatrix}=\begin{bmatrix}0 & 0\\ 0 & 0\end{bmatrix}\begin{bmatrix}x_1(t)\\ \dot{x}_1(t)\end{bmatrix}$$

となる．行列 $\boldsymbol{A}=\begin{bmatrix}0 & 0\\ 0 & 0\end{bmatrix}$ の固有値は 0（重根）である．この場合，実ジョルダンブロックが対角的（【例 11.5】参照）なので，【公式 11.2】よりシステムはリアプノフ安定であることがわかる．このことは，質点が静止しているので物理的な直感からも明らかである．

【例 11.7】　図 11.5 のバネ･質量系の安定性を【公式 11.2】を用いて判別せよ．

【解 11.7】　図 11.5 のバネ･質量系に対するシステム方程式(11.6)において $x_2(t)=\dot{x}_1(t)$ とおくと，式(11.6)は状態方程式

$$\begin{bmatrix}\dot{x}_1(t)\\ \dot{x}_2(t)\end{bmatrix}=\begin{bmatrix}0 & 1\\ -\frac{k}{m} & 0\end{bmatrix}\begin{bmatrix}x_1(t)\\ x_2(t)\end{bmatrix} \tag{11.19}$$

と書き直すことができる．行列 $\boldsymbol{A}=\begin{bmatrix}0 & 1\\ -\frac{k}{m} & 0\end{bmatrix}$ の固有値は $\pm\sqrt{\frac{k}{m}}j$ であり，その実部は 0 である．行列 $\boldsymbol{A}$ に対して変換行列 $\boldsymbol{T}=\begin{bmatrix}1 & 0\\ 0 & \sqrt{\frac{k}{m}}\end{bmatrix}$ を用いると**実ジョルダン標準形**は $\boldsymbol{T}^{-1}\boldsymbol{A}\boldsymbol{T}=\begin{bmatrix}0 & \sqrt{\frac{k}{m}}\\ -\sqrt{\frac{k}{m}} & 0\end{bmatrix}$ となり，非対角要素に 1 がないので，実ジョルダンブロックが対角的である．したがって，【公式 11.2】よりシステムはリアプノフ安定である．しかし，漸近安定ではないので，解は単振動することがわかる．

$A=\begin{bmatrix}0 & 1\\ -e & 0\end{bmatrix}$ の実ジョルダン標準形

A の固有値は $\lambda_1=j\sqrt{e}$，$\lambda_2=-j\sqrt{e}$
固有ベクトルは

$$v_1=\begin{pmatrix}1\\ j\sqrt{e}\end{pmatrix}=\begin{pmatrix}1\\ 0\end{pmatrix}+j\begin{pmatrix}0\\ \sqrt{e}\end{pmatrix}$$

$$v_2=\begin{pmatrix}1\\ -j\sqrt{e}\end{pmatrix}=\begin{pmatrix}1\\ 0\end{pmatrix}-j\begin{pmatrix}0\\ \sqrt{e}\end{pmatrix}$$

となり，変換行列 $\boldsymbol{T}$ は

$$\boldsymbol{T}=\begin{bmatrix}y & z\end{bmatrix}=\begin{bmatrix}1 & 0\\ 0 & \sqrt{e}\end{bmatrix}$$

となる．実際に

$$\begin{aligned}\boldsymbol{T}^{-1}\boldsymbol{A}\boldsymbol{T}&=\frac{1}{\sqrt{e}}\begin{bmatrix}\sqrt{e} & 0\\ 0 & 1\end{bmatrix}\begin{bmatrix}0 & 1\\ -e & 0\end{bmatrix}\begin{bmatrix}1 & 0\\ 0 & \sqrt{e}\end{bmatrix}\\ &=\frac{1}{\sqrt{e}}\begin{bmatrix}\sqrt{e} & 0\\ 0 & 1\end{bmatrix}\begin{bmatrix}0 & \sqrt{e}\\ -e & 0\end{bmatrix}\\ &=\frac{1}{\sqrt{e}}\begin{bmatrix}0 & e\\ -e & 0\end{bmatrix}\\ &=\begin{bmatrix}0 & \sqrt{e}\\ -\sqrt{e} & 0\end{bmatrix}\end{aligned}$$

となることが確かめられる．

【例 11.8】 図 11.7 のバネ・質量・ダンパ系の安定性を【公式 11.4】を用いて判別せよ.

【解 11.8】 図 11.7 のバネ・質量・ダンパ系に対するシステム方程式において $\boldsymbol{x}_2(t) = \dot{\boldsymbol{x}}_1(t)$ とおくと，式(11.8)は状態方程式

$$\begin{bmatrix} \dot{x}_1(t) \\ \dot{x}_2(t) \end{bmatrix} = \begin{bmatrix} 0 & 1 \\ -\frac{k}{m} & -\frac{d}{m} \end{bmatrix} \begin{bmatrix} x_1(t) \\ x_2(t) \end{bmatrix} \tag{11.20}$$

と表現できる.【例 11.4】と同様に d は非常に小さい正の数（$4mk - d^2 > 0$）とすると，行列 $\begin{bmatrix} 0 & 1 \\ -\frac{k}{m} & -\frac{d}{m} \end{bmatrix}$ の固有値は $-\dfrac{d}{2m} \pm \dfrac{\sqrt{4mk - d^2}}{2m} j$ となり，その実部は負である．したがって，【公式 11.4】よりシステムは漸近安定であることがわかる.

【例 11.9】 図 11.5 のバネ・質量系に対するシステム方程式(11.19)において，$\dfrac{k}{m} = 1$ としたシステム

$$\begin{bmatrix} \dot{x}_1(t) \\ \dot{x}_2(t) \end{bmatrix} = \begin{bmatrix} 0 & 1 \\ -1 & 0 \end{bmatrix} \begin{bmatrix} x_1(t) \\ x_2(t) \end{bmatrix} \tag{11.21}$$

の安定性を【公式 11.7】を用いて判別せよ.

【解 11.9】 【公式 11.7】において例えば，実対称準正定行列 $\boldsymbol{Q}$ を $\boldsymbol{W} = [1 \quad 0]$ として

$$\boldsymbol{Q} = \boldsymbol{W}^T \boldsymbol{W}$$

と定義しよう．$\boldsymbol{WA} = [0 \quad 1]$ であるので，

$$\operatorname{rank}\begin{bmatrix} \boldsymbol{W} \\ \boldsymbol{WA} \end{bmatrix} = \operatorname{rank}\begin{bmatrix} 1 & 0 \\ 0 & 1 \end{bmatrix} = 2$$

となり，条件(11.17)は満足される．リアプノフ方程式(11.14)の左辺は

$$\boldsymbol{A}^T \boldsymbol{P} + \boldsymbol{PA} = \begin{bmatrix} 0 & -1 \\ 1 & 0 \end{bmatrix} \begin{bmatrix} p_{11} & p_{12} \\ p_{12} & p_{22} \end{bmatrix} + \begin{bmatrix} p_{11} & p_{12} \\ p_{12} & p_{22} \end{bmatrix} \begin{bmatrix} 0 & 1 \\ -1 & 0 \end{bmatrix} = \begin{bmatrix} -2p_{12} & -p_{22} + p_{11} \\ p_{11} - p_{22} & 2p_{12} \end{bmatrix}$$

となり，リアプノフ方程式(11.14)の右辺は

$$-\boldsymbol{Q} = -\boldsymbol{W}^T \boldsymbol{W} = -\begin{bmatrix} 1 \\ 0 \end{bmatrix} [1 \quad 0] = \begin{bmatrix} -1 & 0 \\ 0 & 0 \end{bmatrix}$$

となる．これらより，リアプノフ方程式が成立する $\boldsymbol{P}$ は存在しないことがわかり，$\boldsymbol{A}$ は安定行列でない，すなわちシステムは漸近安定でないことがわかる.

【例 11.10】 【例 11.9】でシステム(11.21)は漸近安定ではないことが示された．では，【公式 11.3】を適用しシステム(11.21)がリアプノフ安定かどう

かを判別せよ.

【解 11.10】　式(11.11)の条件を 2 次形式表現すると,

$$\begin{aligned} \boldsymbol{x}^T\left(\boldsymbol{A}^T\boldsymbol{P}+\boldsymbol{P}\boldsymbol{A}\right)\boldsymbol{x} &= \begin{bmatrix} x_1 & x_2 \end{bmatrix}\begin{bmatrix} -2p_{12} & -p_{22}+p_{11} \\ p_{11}-p_{22} & 2p_{12} \end{bmatrix}\begin{bmatrix} x_1 \\ x_2 \end{bmatrix} \\ &= -2p_{12}x_1^2+2\left(p_{11}-p_{22}\right)x_1x_2+2p_{12}x_2^2 \le 0 \end{aligned} \tag{11.22}$$

となる. ここで, $\boldsymbol{x}=[x_1,x_2]^T$ はゼロでない任意のベクトルである. 例えば, $p_{12}=0,\ p_{11}=p_{22}=1$ とすれば式(11.22)を満足することがわかる. この場合

$$\boldsymbol{P}=\begin{bmatrix} 1 & 0 \\ 0 & 1 \end{bmatrix}$$

となり, $\boldsymbol{P}$ の固有値は 1 （重根）となる. したがって, 式(11.11)を満足する実対称正定行列 $\boldsymbol{P}$ が存在したのでシステムのリアプノフ安定性が確かめられた. これは,【例 11.7】で行列 $\boldsymbol{A}$ の固有値を用いて安定性を判別した結果と同じである.

【例 11.11】　バネ・質量・ダンパ系に対するシステム方程式(11.20)において $\dfrac{k}{m}=1,\ \dfrac{d}{m}=2$ としたシステム

$$\begin{bmatrix} \dot{x}_1(t) \\ \dot{x}_2(t) \end{bmatrix}=\begin{bmatrix} 0 & 1 \\ -1 & -2 \end{bmatrix}\begin{bmatrix} x_1(t) \\ x_2(t) \end{bmatrix}$$

の安定性を【公式 11.7】を用いて判別せよ.

【解 11.11】　【例 11.9】と同じように $\boldsymbol{W}=\begin{bmatrix} 1 & 0 \end{bmatrix}$ とすると, リアプノフ方程式(11.14)は

$$\begin{bmatrix} 0 & -1 \\ 1 & -2 \end{bmatrix}\begin{bmatrix} p_{11} & p_{12} \\ p_{12} & p_{22} \end{bmatrix}+\begin{bmatrix} p_{11} & p_{12} \\ p_{12} & p_{22} \end{bmatrix}\begin{bmatrix} 0 & 1 \\ -1 & -2 \end{bmatrix}=\begin{bmatrix} -1 & 0 \\ 0 & 0 \end{bmatrix}$$

となり, 計算すると

$$\begin{bmatrix} -2p_{12} & -p_{22}+p_{11}-2p_{12} \\ p_{11}-2p_{12}-p_{22} & 2p_{12}-4p_{22} \end{bmatrix}=\begin{bmatrix} -1 & 0 \\ 0 & 0 \end{bmatrix}$$

を得る. これを解くと

$$\boldsymbol{P}=\begin{bmatrix} \dfrac{5}{4} & \dfrac{1}{2} \\ \dfrac{1}{2} & \dfrac{1}{4} \end{bmatrix}$$

となり, $\boldsymbol{P}$ の固有値はすべて正であるので, $\boldsymbol{P}$ が正定となることがわかり,【公式 11.7】よりシステムが漸近安定であることが示された. これは,【例 11.8】で説明した $\boldsymbol{A}$ の固有値が全て負であり, 安定行列であることと整合している.

11・2 状態フィードバック (state feedback)

状態を入力に帰還することを状態フィードバック(図 11.13 参照)という．その目的は状態フィードバックを用いることにより，システムの挙動を設計者の思うように設定することである．入力に出力を帰還しないシステムである開ループ系を図 11.14 に，これに対して，帰還を行ったシステムである閉ループ系を図 11.15 に示す．まず，簡単な例を用いて状態フィードバックと閉ループ系の安定性について考えてみよう．

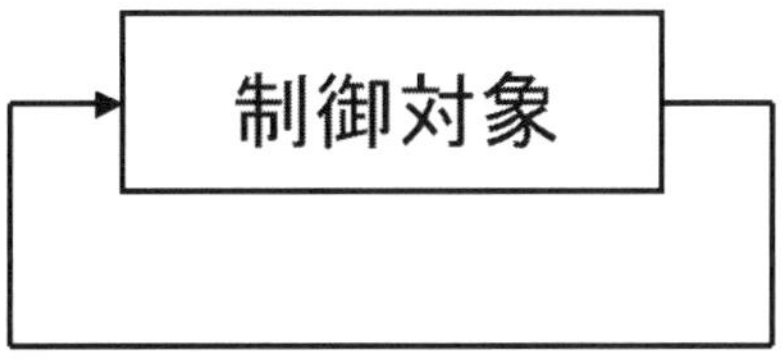

図 11.13 フィードバックループ

【例 11.12】 スカラーシステム

$$\dot{x}_1(t) = ax_1(t) + bu_1(t) \quad (11.23)$$

に対する状態フィードバックと閉ループ系の安定性について考察せよ．

図 11.14 開ループ系

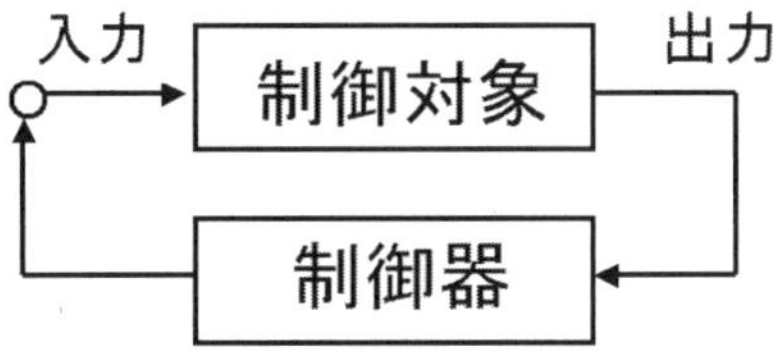

図 11.15 閉ループ系

【解 11.12】 システム(11.23)において，$x_1(t)$ が状態であり，$u_1(t)$ が入力である． a，b はシステム固有の実数で，a は開ループ系の応答を決め，b は入力のシステムへの影響を決めるパラメータである．このシステム(11.23)に対する状態フィードバックは

$$u_1(t) = kx_1(t) \quad (11.24)$$

である．ここで，k は任意の定数で状態フィードバックゲイン（feedback gain）と呼ばれるものであり，設計者が任意に設定できる．式(11.23)に式(11.24)を代入すると，状態フィードバックを行った場合のシステムの挙動を表す閉ループ系が得られ

$$\dot{x}_1(t) = (a + bk)x_1(t) \quad (11.25)$$

となる．微分方程式(11.25)は容易に解くことができ

$$x_1(t) = x_1(0)e^{(a+bk)t}$$

と表現できる．状態 $x_1(t)$ の時間応答は $a+bk$ の符号により，図 11.2 のように 3 通りになる．① $a+bk>0$ の場合は閉ループ系は不安定，② $a+bk=0$ の場合はリアプノフ安定，③ $a+bk<0$ の場合は安定（漸近安定）となる．以下，漸近安定のことを単に「安定」と呼ぶことにする．

もし，$b \neq 0$ であれば，すなわちシステムが可制御であれば，状態フィードバックゲイン k を③ $a+bk<0$ を満足するように

$b>0$ の場合 $k < -\dfrac{a}{b}$

$b<0$ の場合 $k > -\dfrac{a}{b}$

とすれば閉ループ系は安定となる．

【例 11.13】 図 11.16 に示す 1 自由度アームについて状態フィードバックと閉ループ系の安定性について考えよ．ここで，$O-XY$ を絶対座標とし，$\theta(t)$ をアームの回転角度，$\tau(t)$ をアームの入力トルク，J をアームの慣性モーメントとする．ここで，簡単のため $J=1$ とし，モータの角度 $\theta(t)$ と角速度 $\dot{\theta}(t)$ は計測でき，状態フィードバックが構成できるとする．

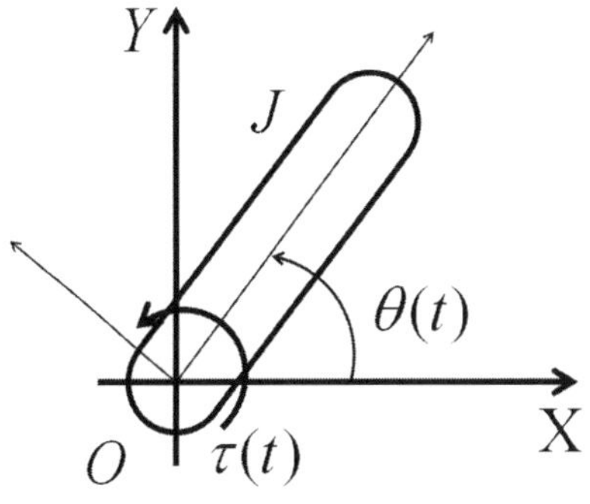

図 11.16 1 自由度アーム

【解 11.13】 この 1 自由度アームの運動方程式は

$$\ddot{\theta}(t) = \tau(t)$$

と表現される．これを状態方程式に書き直すために，$x_1(t) = \theta(t)$，$x_2(t) = \dot{\theta}(t)$，$u_1(t) = \tau(t)$ とおくと

$$\frac{d}{dt}\begin{bmatrix} x_1(t) \\ x_2(t) \end{bmatrix} = \begin{bmatrix} 0 & 1 \\ 0 & 0 \end{bmatrix}\begin{bmatrix} x_1(t) \\ x_2(t) \end{bmatrix} + \begin{bmatrix} 0 \\ 1 \end{bmatrix} u_1(t) \tag{11.26}$$

となる．このシステムが可制御であることは，可制御行列が $\boldsymbol{U}_c = \begin{bmatrix} \boldsymbol{b} & \boldsymbol{Ab} \end{bmatrix} = \begin{bmatrix} 0 & 1 \\ 1 & 0 \end{bmatrix}$ となり，rank が 2 となることから明らかである．さて，システム(11.26)に対する状態フィードバック入力は

$$u_1(t) = k_1 x_1(t) + k_2 x_2(t) \tag{11.27}$$

となる．スカラー系と同様に，k_1，k_2 は任意の状態フィードバックゲインである．状態フィードバックを行った場合の閉ループ系は

$$\frac{d}{dt}\begin{bmatrix} x_1(t) \\ x_2(t) \end{bmatrix} = \begin{bmatrix} 0 & 1 \\ k_1 & k_2 \end{bmatrix}\begin{bmatrix} x_1(t) \\ x_2(t) \end{bmatrix} \tag{11.28}$$

となる．【公式 11.4】より閉ループ系の安定条件は行列 $\begin{bmatrix} 0 & 1 \\ k_1 & k_2 \end{bmatrix}$ の固有値の実部が負（安定行列）となることであり，$k_1 < 0$，$k_2 < 0$ とすれば閉ループ系は安定となる．

最後に，一般的な時不変システム

$$\dot{\boldsymbol{x}}(t) = \boldsymbol{A}\boldsymbol{x}(t) + \boldsymbol{B}\boldsymbol{u}(t) \tag{11.29}$$

について考えよう．ここで，$\boldsymbol{x}(t)$ は n 次元状態ベクトル，$\boldsymbol{u}(t)$ は m 次元入力ベクトルであり，$\boldsymbol{A}$ は $n \times n$ 実数行列，$\boldsymbol{B}$ は $n \times m$ 実数行列，$(\boldsymbol{A}, \boldsymbol{B})$ は可制御とする．状態フィードバック入力は

$$\boldsymbol{u}(t) = \boldsymbol{K}\boldsymbol{x}(t) \tag{11.30}$$

となる．ここで，$\boldsymbol{K}$ は $m \times n$ の状態フィードバックゲイン行列（feedback gain matrix）と呼ばれる行列であり，設計者が任意に設定できる．状態フィードバックの構成をブロック図で書くと図 11.17 のようになる．状態フィードバック入力(11.30)に対する閉ループ系は

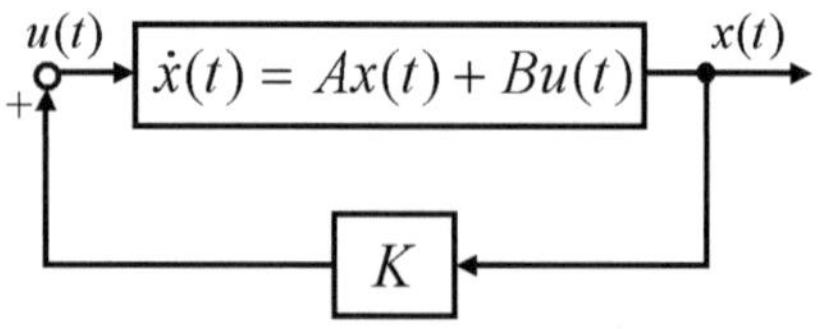

図 11.17　状態フィードバックの構成

$$\dot{\boldsymbol{x}}(t) = (\boldsymbol{A} + \boldsymbol{B}\boldsymbol{K})\boldsymbol{x}(t) \tag{11.31}$$

となる．閉ループ系の安定性は行列 $\boldsymbol{A}+\boldsymbol{B}\boldsymbol{K}$ を安定行列とすることにより達成される．次節では，閉ループ系の極を任意に配置する方法（極配置法）について述べる．

11・3　極配置法 (pole assignment technique)－その 2－

7.3 節の極配置法－その 1－で特性方程式の根と係数の関係を用いて，指定極からフィードバックゲインを求める方法を示した．本節では，極配置法として線形代数を用いたより一般的な方法論を学ぶ．

11・3・1　極配置とは

まず，7.3 節の方法を思い出すために，簡単な例を通して極配置の手順を考えてみよう．

【例 11.14】　11.2 節で考えたスカラーシステム(11.23)に対する状態フィードバックを用いた閉ループ系の極配置について考えよ．ただし，システムは可制御($b \neq 0$)とする．

【解 11.14】　システム(11.23)の状態フィードバック(11.24)に対する閉ループ系は式(11.25)と表現される．閉ループの極を指定することにより，システムの挙動を指定することができる．$a+bk$ を 0，-1，-10，-100 とした場合の状態 $x_1(t)$ の応答を図 11.18 に示している．制御の目標は状態 $x_1(t)$ を 0 に収束させることであり，その応答は $a+bk$ により変化することがわかる．設計者が指定したい応答を閉ループ極 $a+bk$ を指定することにより決めることができる．例えば，閉ループ極を d と指定したい場合は $a+bk=d$ を満足するように，状態フィードバックゲインを

$$k = \frac{d-a}{b} \tag{11.32}$$

と設定すればよいことになる．

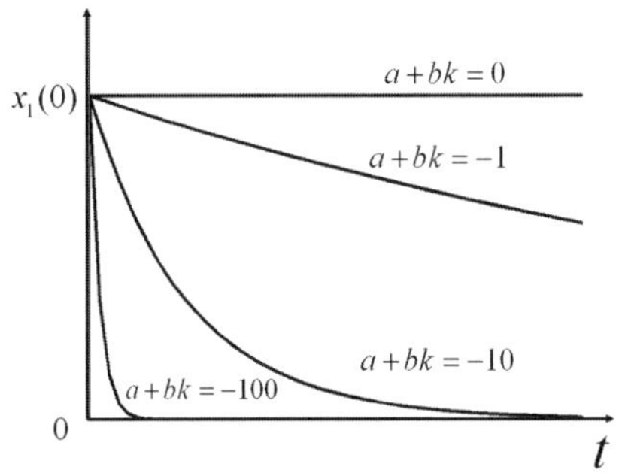

図 11.18　状態の応答
【例 11.14】

【例 11.15】　11.2 節で考えた 1 自由度アームの状態方程式(11.26)に対して，状態フィードバックによる閉ループ系の極を s_1，s_2 と指定する場合のフィードバックゲインを求めよ．

【解 11.15】　状態フィードバック(11.27)を適用した状態方程式(11.26)に対する閉ループ系は式(11.28)となる．閉ループ行列の固有値は

$$s^2 - k_2 s - k_1 = 0 \tag{11.33}$$

を満足する s となる．閉ループ極を s_1，s_2 と指定すると，$s = s_1, s_2$ をもつ特性方程式は

$$(s-s_1)(s-s_2) = 0 \quad \Leftrightarrow \quad s^2 - (s_1+s_2)s + s_1 s_2 = 0 \tag{11.34}$$

となり，式(11.33)と式(11.34)の係数を比較すれば状態フィードバックゲイン

$$k_1 = -s_1 s_2,\ \ k_2 = s_1 + s_2$$

を得る．

【例 11.16】

Design a feedback gain which assigns the closed-loop poles as s_1 and s_2 for the open-loop system

$$\boldsymbol{A} = \begin{bmatrix} 0 & 1 \\ -a_1 & -a_2 \end{bmatrix}, \qquad \boldsymbol{b} = \begin{bmatrix} 0 \\ 1 \end{bmatrix}$$

【解 11.16】

The closed-loop coefficient matrix is expressed as

$$A + bk = \begin{bmatrix} 0 & 1 \\ -a_1 & -a_2 \end{bmatrix} + \begin{bmatrix} 0 & 0 \\ k_1 & k_2 \end{bmatrix} = \begin{bmatrix} 0 & 1 \\ k_1 - a_1 & k_2 - a_2 \end{bmatrix}$$

The characteristic equation of the closed-loop matrix is

$$\det(sI - A - bk) = \det\begin{vmatrix} s & -1 \\ -k_1 + a_1 & s - k_2 + a_2 \end{vmatrix} = s^2 + (-k_2 + a_2)s - k_1 + a_1 = 0$$

On the other hand, the characteristic equation of the closed-loop system with the assigned poles s_1 and s_2 should be $(s-s_1)(s-s_2)=s^2-(s_1+s_2)s+s_1+s_2$. Comparing coefficients of the characteristic equations gives $k_1 = a_1-s_1s_2$, $k_2 = a_2+s_1+s_2$.

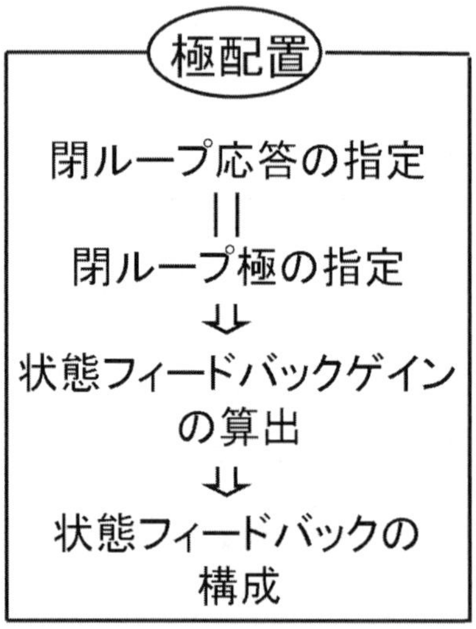

図 11. 19　極配置の手順

【例 11.14】【例 11.15】【例 11.16】から解るように，状態フィードバックによる極配置の手順は，図 11.19 に示すように，閉ループ極を指定することにより閉ループ系の応答を指定し，状態フィードバックゲイン行列を計算し，状態フィードバックを構成することである．ただし，全極指定によって応答の速さを指定できるが，過渡応答の挙動すべては指定できない．6・1 節で示したように，2 次系のような低次系ですら，過渡応答は多様でその零点にも依存することに注意しておく．

次に，一般的な時不変システム(11.29)に対する，可制御性と極配置可能性に関する公式を紹介しておく．

公式 11.8

(A, B) 可制御

⇕

$A + BK$ の固有値を任意に配置する行列 K が存在する．

【公式 11.8】

行列 $\boldsymbol{A}, \boldsymbol{B}$ について，$(\boldsymbol{A}, \boldsymbol{B})$ が可制御であることは，行列 $\boldsymbol{A}+\boldsymbol{BK}$ の固有値を任意に指定した場合にその固有値配置を実現する行列 $\boldsymbol{K}$ が存在するための必要十分条件である．ただし，指定する極に複素数がある場合，共役複素数を含まないと行列 $\boldsymbol{K}$ が実数行列にならないことに注意しておく．

この公式は，可制御なシステム(11.29)に対して状態フィードバック(11.30)によりシステムの閉ループ系(11.31)の極を任意に配置できることを意味している．その状態フィードバックゲイン $\boldsymbol{K}$ をどのように求めればよいかについて次項で説明する．

11・3・2　1 入力システムの極配置法(pole assignment for single-input system)

さて，本項では可制御な 1 入力システムに対して，状態フィードバックを用いて閉ループ系の極を指定した極に配置するための状態フィードバックゲインの決定法について説明する．

状態フィードバック(11.30)を適用したシステム(11.29)に対する閉ループ系は式(11.31)となる．$(\boldsymbol{A}, \boldsymbol{B})$ を可制御とするとシステム(11.29)は適当な座標変換により可制御正準形(controllable canonical form)に変換できることを第 10 章で説明した．ここで，簡単のため可制御な 1 入力システムを仮定すれば，システム(11.29)として次の可制御正準形，

$$\frac{d}{dt}\begin{bmatrix} x_1(t) \\ x_2(t) \\ \vdots \\ x_{n-1}(t) \\ x_n(t) \end{bmatrix} = \begin{bmatrix} 0 & 1 & 0 & \cdots & 0 & 0 \\ 0 & 0 & 1 & \cdots & 0 & 0 \\ \vdots & \vdots & \vdots & \cdots & & \\ 0 & 0 & 0 & \cdots & 0 & 1 \\ -a_1 & -a_2 & -a_3 & \cdots & -a_{n-1} & -a_n \end{bmatrix}\begin{bmatrix} x_1(t) \\ x_2(t) \\ \vdots \\ x_{n-1}(t) \\ x_n(t) \end{bmatrix} + \begin{bmatrix} 0 \\ 0 \\ \vdots \\ 0 \\ 1 \end{bmatrix} u_1(t) \tag{11.35}$$

を考えればよいことになる．システム(11.35)の開ループ系に対する特性方程式は

$$s^n + a_n s^{n-1} + \cdots + a_3 s^2 + a_2 s + a_1 = 0 \tag{11.36}$$

である．式(11.35)に対応する状態フィードバックは

$$u_1(t) = k_1 x_1(t) + k_2 x_2(t) + \cdots + k_{n-1} x_{n-1}(t) + k_n x_n(t)$$

となり，閉ループ系は

$$\frac{d}{dt}\begin{bmatrix} x_1(t) \\ x_2(t) \\ \vdots \\ x_{n-1}(t) \\ x_n(t) \end{bmatrix} = \begin{bmatrix} 0 & 1 & 0 & \cdots & 0 & 0 \\ 0 & 0 & 1 & \cdots & 0 & 0 \\ \vdots & \vdots & \vdots & \cdots & & \vdots \\ 0 & 0 & 0 & \cdots & 0 & 1 \\ k_1 - a_1 & k_2 - a_2 & k_3 - a_3 & \cdots & k_{n-1} - a_{n-1} & k_n - a_n \end{bmatrix}\begin{bmatrix} x_1(t) \\ x_2(t) \\ \vdots \\ x_{n-1}(t) \\ x_n(t) \end{bmatrix} \tag{11.37}$$

となる．閉ループ系(11.37)の極は

$$s^n + (a_n - k_n)s^{n-1} + \cdots + (a_3 - k_3)s^2 + (a_2 - k_2)s + a_1 - k_1 = 0 \tag{11.38}$$

を満足することがわかる．開ループ系に対する特性方程式(11.36)と閉ループ系に対する特性方程式(11.38)を比較すると係数が変わっている．したがって，状態フィードバックにより特性方程式が変わり，図 11.20 のようにシステムの極が移動することがわかる．

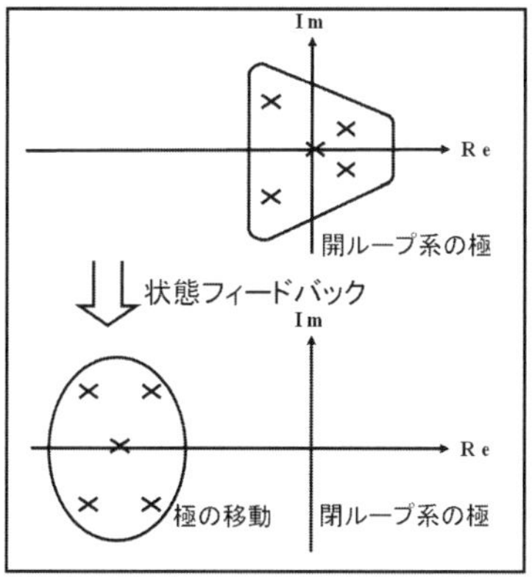

図 11.20　極の移動

次に，図 11.21 に示すように閉ループ系の極（移動させた後の極）を指定した場合に状態フィードバックゲインを求めることを考える．閉ループ系の極を $s_1, \ldots, s_n$ とし，その特性方程式を，

$$(s - s_1)(s - s_2)\cdots(s - s_n) = s^n + \beta_n s^{n-1} + \beta_{n-1} s^{n-2} + \cdots + \beta_2 s + \beta_1 \tag{11.39}$$

としよう．状態フィードバックを行った閉ループ系の特性方程式(11.38)と(11.39)は一致しなければならないので，係数比較を行えば，状態フィードバックゲイン

$$k_i = a_i - \beta_i \quad (i = 1, \cdots, n)$$

を得る．

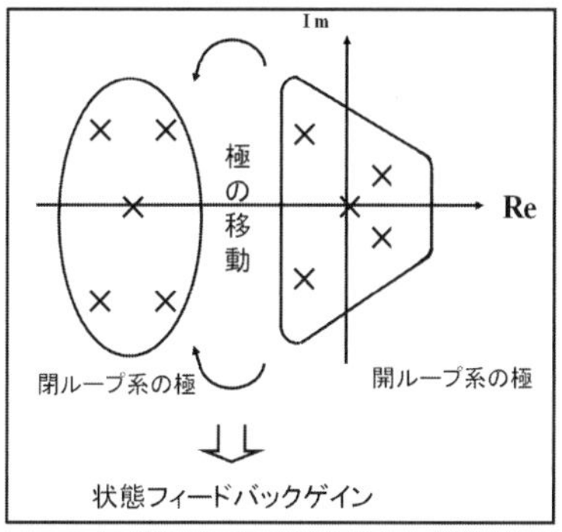

図 11.21　極配置

次に，可制御正準形を求めることなく，任意の極配置を与えるフィードバックゲインを計算することができるより効率的なアッカーマンの方法(Ackermann's algorithm) を紹介しよう．まず，システムを一般の1入力線形時不変システムとし，状態フィードバックを

$$\dot{\boldsymbol{x}} = \boldsymbol{A}\boldsymbol{x} + \boldsymbol{b}u, \quad u = \boldsymbol{k}\boldsymbol{x}$$

としよう．また，配置したい極を $s_1, \cdots, s_n$ とする．ここで，$s_i \ (i = 1, \cdots, n)$ は任意である．閉ループ系の特性方程式を

$$(s - s_1)(s - s_2)\cdots(s - s_n) = s^n + \beta_n s^{n-1} + \cdots + \beta_2 s + \beta_1 \tag{11.40}$$

としよう．状態フィードバックゲイン $\boldsymbol{k}$ は

$$\boldsymbol{k} = -[0\ 0\ \cdots\ 0\ 1]\boldsymbol{U}_c^{-1}(\boldsymbol{A}^n + \beta_n\boldsymbol{A}^{n-1} + \beta_{n-1}\boldsymbol{A}^{n-2} + \cdots + \beta_2\boldsymbol{A} + \beta_1\boldsymbol{I}) \tag{11.41}$$

と与えられる．ここで，$\boldsymbol{U}_c$ は第 10 章で説明した可制御行列(10.2)である．このアルゴリズムを公式としてまとめておく（この方法の証明も可制御正準形を基に行われるが，証明は[7][9]などを参照されたい）．

公式 11.9

Step 1. 極を指定
Step 2. 式(11.40)の $\beta_1, \cdots, \beta_n$ を求める
Step 3. 可制御行列 U_cを求める
Step 4. 式(11.41)に基づいて状態フィードバックゲインを計算する

【公式 11.9】

Step1　配置したい極 $s_1, \cdots, s_n$ を任意に与える．

Step2　閉ループ系の特性方程式(11.40)の係数 $\beta_1, \cdots, \beta_n$ を求める．

Step3　可制御行列 $\boldsymbol{U}_c$ を計算する．

Step4　式(11.41)に基づいて状態フィードバックゲイン $\boldsymbol{k}$ を計算する．

ただし，この方法は 1 入力システムに対して有効であるが，多入力システムに対しては適用できないことに注意しておく．

【例 11.17】　1 自由度アームシステム(11.26)の閉ループ極を -2，-3 と指定した場合の状態フィードバックゲインを，【公式 11.9】のアッカーマンの方法を用いて求めよ．

【解 11.17】　1 自由度アームの状態方程式(11.26)は

$$\boldsymbol{A} = \begin{bmatrix} 0 & 1 \\ 0 & 0 \end{bmatrix},\quad \boldsymbol{b} = \begin{bmatrix} 0 \\ 1 \end{bmatrix}$$

であり，可制御行列は $\boldsymbol{U}_c = \begin{bmatrix} 0 & 1 \\ 1 & 0 \end{bmatrix}$ である．【公式 11.9】において $s_1 = -2$，$s_2 = -3$ であり，閉ループ系の特性方程式は式(11.40)より

$$(s+2)(s+3) = s^2 + 5s + 6$$

である．式(11.41)より

$$\begin{aligned}
\boldsymbol{k} &= -\begin{bmatrix} 0 & 1 \end{bmatrix}\boldsymbol{U}_c^{-1}\left(\boldsymbol{A}^2 + 5\boldsymbol{A} + 6\boldsymbol{I}\right) \\
&= -\begin{bmatrix} 0 & 1 \end{bmatrix}\begin{bmatrix} 0 & 1 \\ 1 & 0 \end{bmatrix}^{-1}\left\{\begin{bmatrix} 0 & 1 \\ 0 & 0 \end{bmatrix}^2 + \begin{bmatrix} 0 & 5 \\ 0 & 0 \end{bmatrix} + \begin{bmatrix} 6 & 0 \\ 0 & 6 \end{bmatrix}\right\} \\
&= -\begin{bmatrix} 0 & 1 \end{bmatrix}\begin{bmatrix} 0 & 1 \\ 1 & 0 \end{bmatrix}\begin{bmatrix} 6 & 5 \\ 0 & 6 \end{bmatrix} \\
&= -\begin{bmatrix} 6 & 5 \end{bmatrix}
\end{aligned}$$

を得る．この結果は，係数比較を用いた場合（【例 11.15】）の結果 $k_1 = -s_1 s_2 = -6$，$k_2 = s_1 + s_2 = -5$ と一致している．

11・3・3* 多入力システムの極配置法(pole assignment for multivariable inputs system)

本項では，多入力システムに対する伝達関数に基づいた極配置法について説明する．本書では説明していないが 1 入力システムに対する可制御正準系が多入力システムに拡張されている．そこで，簡単のために以下の 3 状態 2

入力システムの可制御正準形について考えよう.

【例 11.18】　3 状態 2 入力の可制御正準形

$$\frac{d}{dt}\begin{bmatrix} x_1(t) \\ x_2(t) \\ x_3(t) \end{bmatrix} = \left[\begin{array}{cc|c} 0 & 1 & 0 \\ -a_{11} & -a_{12} & -a_{13} \\ \hline -a_{21} & -a_{22} & -a_{23} \end{array}\right]\begin{bmatrix} x_1(t) \\ x_2(t) \\ x_3(t) \end{bmatrix} + \left[\begin{array}{c|c} 0 & 0 \\ 1 & b_1 \\ \hline 0 & 1 \end{array}\right]\begin{bmatrix} u_1(t) \\ u_2(t) \end{bmatrix} \tag{11.42}$$

に対して，状態フィードバック

$$\begin{bmatrix} u_1(t) \\ u_2(t) \end{bmatrix} = \begin{bmatrix} k_{11} & k_{12} & k_{13} \\ k_{21} & k_{22} & k_{23} \end{bmatrix}\begin{bmatrix} x_1(t) \\ x_2(t) \\ x_3(t) \end{bmatrix} \tag{11.43}$$

を適用し，閉ループ極を α, β, γ と指定した場合の状態フィードバックゲインの決定を根と係数の関係を用いて行い考察せよ.

【解 11.18】　式(11.42)，(11.43)を用いると閉ループ系は次のようになる.

$$\frac{d}{dt}\begin{bmatrix} x_1(t) \\ x_2(t) \\ x_3(t) \end{bmatrix} = \begin{bmatrix} 0 & 1 & 0 \\ \tilde{a}_{11} & \tilde{a}_{12} & \tilde{a}_{13} \\ \tilde{a}_{21} & \tilde{a}_{22} & \tilde{a}_{23} \end{bmatrix}\begin{bmatrix} x_1(t) \\ x_2(t) \\ x_3(t) \end{bmatrix} \tag{11.44}$$

ここで，

$$\tilde{a}_{11} = -a_{11} + k_{11} + b_1 k_{21}, \quad \tilde{a}_{12} = -a_{12} + k_{12} + b_1 k_{22}, \quad \tilde{a}_{13} = -a_{13} + k_{13} + b_1 k_{23},$$
$$\tilde{a}_{21} = -a_{21} + k_{21}, \quad \tilde{a}_{22} = -a_{22} + k_{22}, \quad \tilde{a}_{23} = -a_{23} + k_{23}$$

である．閉ループ極は

$$s^3 - (\tilde{a}_{12} + \tilde{a}_{23})s^2 + (\tilde{a}_{12}\tilde{a}_{23} - \tilde{a}_{13}\tilde{a}_{22} - \tilde{a}_{11})s + \tilde{a}_{11}\tilde{a}_{23} - \tilde{a}_{13}\tilde{a}_{21} = 0 \tag{11.45}$$

となる．閉ループ極を α，β，γ に指定すると，閉ループ極は

$$\begin{aligned} &(s-\gamma)(s-\beta)(s-\alpha) \\ &\quad = s^3 - (\alpha+\beta+\gamma)s^2 + (\alpha\beta + \alpha\gamma + \beta\gamma)s - \alpha\beta\gamma = 0 \end{aligned} \tag{11.46}$$

となり，式(11.45)と式(11.46)の係数比較を行えば

$$\tilde{a}_{12} + \tilde{a}_{23} = \alpha + \beta + \gamma$$
$$\tilde{a}_{12}\tilde{a}_{23} - \tilde{a}_{13}\tilde{a}_{22} - \tilde{a}_{11} = \alpha\beta + \alpha\gamma + \beta\gamma$$
$$\tilde{a}_{11}\tilde{a}_{23} - \tilde{a}_{13}\tilde{a}_{21} = -\alpha\beta\gamma$$

を得る．未知数である状態フィードバックゲインの要素は k_{11}，k_{12}，k_{13}，k_{21}，k_{22}，k_{23} と 6 個で，方程式の数は 3 本なので状態フィードバックゲインは一意に決めることができない．これは，閉ループ系が同じ極の集合をもつような状態フィードバックゲインは無数に存在することを意味している.

一般的な多入力システムに対しても，上の 3 状態 2 入力システムの例に示したように，可制御正準形に基づいて 1 入力システムと同じように極配置が可能である．ただし，多入力システムでは指定された極に閉ループ極を配置できる状態フィードバックゲインは一意ではないことに注意しておく．詳細は参考文献を参照されたい.

極配置法に関する事項を次の公式にまとめておく.

公式 11.10

(A,B) 可制御

⇕

状態フィードバックによる閉ループ系の極を任意に配置する状態フィードバックゲイン K が存在する.

【公式 11.10】

線形時不変システム

$$\dot{\boldsymbol{x}}(t)=\boldsymbol{A}\boldsymbol{x}(t)+\boldsymbol{B}\boldsymbol{u}(t) \tag{11.47}$$

において, $(\boldsymbol{A},\boldsymbol{B})$ が可制御であれば, 状態フィードバック

$$\boldsymbol{u}(t)=\boldsymbol{K}\boldsymbol{x}(t)$$

により, 閉ループ系

$$\dot{\boldsymbol{x}}(t)=(\boldsymbol{A}+\boldsymbol{B}\boldsymbol{K})\boldsymbol{x}(t)$$

の極を任意に配置する状態フィードバックゲイン行列 $\boldsymbol{K}$ が存在する. また, その逆も正しい. ただし, 1 入力システムの場合には指定した極に対して状態フィードバックゲイン行列は一意に定まるが, 多入力システムの場合には一意ではない.

上述したように, 多入力システムの極配置法においても, 1 入力システムの極配置法と同様に, 可制御正準形を利用して状態フィードバックゲインを求めることは可能である. しかし, 多入力システムの可制御正準形を求めることは決して容易ではなく, 現実には, 配置できる閉ループ極に若干の制約があっても, 計算が容易な次の方法がよく用いられる.

線形システム(11.47)に対して, 状態フィードバックによって得られる閉ループ系の固有値を $s_i\ (i=1,\cdots,n)$ とし, s_i は互いに異なる値であるとともにシステム行列 $\boldsymbol{A}$ の固有値と共通なものはないとする. 閉ループ系の固有値 $s_i\ (i=1,\cdots,n)$ と m 次の任意ベクトル $\bar{\boldsymbol{k}}_i$ を与え, ベクトル $\boldsymbol{v}_i$ を

$$\boldsymbol{v}_i=-(\boldsymbol{A}-s_i\boldsymbol{I})^{-1}\boldsymbol{B}\bar{\boldsymbol{k}}_i \tag{11.48}$$

と定義する. ここで, 状態フィードバックゲイン行列 $\boldsymbol{K}$ を

$$\bar{\boldsymbol{k}}_i=\boldsymbol{K}\boldsymbol{v}_i \tag{11.49}$$

の関係を満足するものとする. 式(11.48)は

$$(\boldsymbol{A}-s_i\boldsymbol{I})\boldsymbol{v}_i=-\boldsymbol{B}\boldsymbol{K}\boldsymbol{v}_i$$

と書き直され, さらに

$$(\boldsymbol{A}+\boldsymbol{B}\boldsymbol{K})\boldsymbol{v}_i=s_i\boldsymbol{v}_i \tag{11.50}$$

となり, 式(11.50)より $\boldsymbol{v}_i$ は行列 $\boldsymbol{A}+\boldsymbol{B}\boldsymbol{K}$ の固有値 s_i に対する固有ベクトルであることがわかる. したがって, 行列 $\boldsymbol{K}$ は閉ループ極を $\{s_1,\cdots,s_n\}$ と配置するためのフィードバックゲインであることがわかる. ここで

$$\bar{\boldsymbol{K}}=[\bar{\boldsymbol{k}}_1,\cdots,\bar{\boldsymbol{k}}_n],\quad \boldsymbol{U}=[\boldsymbol{v}_1,\cdots,\boldsymbol{v}_n] \tag{11.51}$$

とおくと, 式(11.49)より $\boldsymbol{K}$ を

$$\boldsymbol{K}=\bar{\boldsymbol{K}}\boldsymbol{U}^{-1} \tag{11.52}$$

と決定すればよいことがわかる. ただし, $\det\boldsymbol{U}\neq 0$ とする. もし, 行列 $\boldsymbol{U}$ が正則でない場合には従属な $\boldsymbol{v}_i$ に対するベクトル $\bar{\boldsymbol{k}}_i$ を変更して正則となるように設定すればよい. ただし, 指定極に複素数を含む場合, s_i と s_j が共役複

素数であれば $\bar{\boldsymbol{k}}_i$ と $\bar{\boldsymbol{k}}_j$ を共役複素ベクトルとして選べば，状態フィードバックゲイン行列 $\boldsymbol{K}$ は実数行列となる．共役複素数を含まないように極を指定した場合には，得られる状態フィードバックゲイン行列 $\boldsymbol{K}$ は複素数行列となってしまうことに注意しておく．この手法を公式としてまとめておく．

【公式 11.11】

step 1.　システム行列 $\boldsymbol{A}, \boldsymbol{B}$ と閉ループ極 s_i $(i=1,\cdots,n)$ を与える．

　制約 1.　指定極が互いに異なる．

　制約 2.　指定極が $\boldsymbol{A}$ の固有値と異なる．

step 2.　任意ベクトル $\bar{\boldsymbol{k}}_i$ $(i=1,\cdots,n)$ を与える．

step 3.　式(11.48)に基づいて $\boldsymbol{v}_i$ $(i=1,\cdots,n)$ を求める．

step 4.　式(11.51)に基づいて $\bar{\boldsymbol{k}}_i, \boldsymbol{v}_i$ $(i=1,\cdots,n)$ を用いて行列 $\bar{\boldsymbol{K}}, \boldsymbol{U}$ を求める．

step 5.　式(11.52)に従って状態フィードバックゲイン行列 $\boldsymbol{K}$ を計算する．

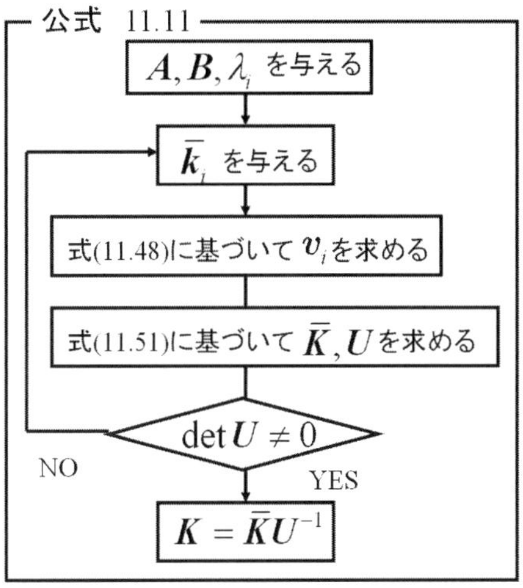

ここで，制約 1 と制約 2 は，指定したい極をほんの少しずらすだけで，いつでも成り立つので，応用上は全く問題ない．また，任意の m 次元ベクトル $\bar{\boldsymbol{k}}_i$ $(i=1,\cdots,n)$ をランダム（乱数）に選べば，式(11.51)の $\boldsymbol{U}$ は正則となることが期待できることに注意しておく．

【例 11.19】　1 自由度アームシステム(11.26)の閉ループ極を【例 11.17】と同様に −2，−3 と指定した場合（制約 1,2 を満たしている）の状態フィードバックゲインを【公式 11.11】を用いて求めよ．

【解 11.19】　1 自由度アームの状態方程式(11.26)は

$$\boldsymbol{A}=\begin{bmatrix}0 & 1\\ 0 & 0\end{bmatrix},\quad \boldsymbol{b}=\begin{bmatrix}0\\ 1\end{bmatrix}$$

であり，【公式 11.11】において $s_1=-2$，$s_2=-3$ であり，任意ベクトル（この場合は 1 入力系なのでスカラーになる）を $\bar{k}_1=1$，$\bar{k}_2=2$ とおくと，式(11.48)より

$$\begin{aligned}\boldsymbol{v}_1 &= -\left(\begin{bmatrix}0 & 1\\ 0 & 0\end{bmatrix}+2\begin{bmatrix}1 & 0\\ 0 & 1\end{bmatrix}\right)^{-1}\begin{bmatrix}0\\ 1\end{bmatrix}1=-\begin{bmatrix}2 & 1\\ 0 & 2\end{bmatrix}^{-1}\begin{bmatrix}0\\ 1\end{bmatrix}\\ &= -\frac{1}{4}\begin{bmatrix}-1\\ 2\end{bmatrix}\\ \boldsymbol{v}_2 &= -\left(\begin{bmatrix}0 & 1\\ 0 & 0\end{bmatrix}+3\begin{bmatrix}1 & 0\\ 0 & 1\end{bmatrix}\right)^{-1}\begin{bmatrix}0\\ 1\end{bmatrix}2=-\begin{bmatrix}3 & 1\\ 0 & 3\end{bmatrix}^{-1}\begin{bmatrix}0\\ 2\end{bmatrix}\\ &= -\frac{1}{9}\begin{bmatrix}-2\\ 6\end{bmatrix}\end{aligned}$$

となる．式(11.51)の定義に従って式(11.52)を用いると

$$\begin{aligned}\boldsymbol{K} &= \bar{\boldsymbol{K}}\boldsymbol{U}^{-1} = \begin{bmatrix}1 & 2\end{bmatrix}\begin{bmatrix}\frac{1}{4} & \frac{2}{9}\\ -\frac{1}{2} & -\frac{2}{3}\end{bmatrix}^{-1} = \begin{bmatrix}1 & 2\end{bmatrix}\frac{1}{-\frac{1}{4}\frac{2}{3}+\frac{1}{2}\frac{2}{9}}\begin{bmatrix}-\frac{2}{3} & -\frac{2}{9}\\ \frac{1}{2} & \frac{1}{4}\end{bmatrix}\\ &= \begin{bmatrix}1 & 2\end{bmatrix}\begin{bmatrix}12 & 4\\ -9 & -\frac{9}{2}\end{bmatrix} = \begin{bmatrix}-6 & -5\end{bmatrix}\end{aligned}$$

を得る．この結果は【例 11.17】のアッカーマン(Ackermann)の方法により得られた結果と一致している．

【公式 11.11】は多入力系に対しても適用できることが特徴であった．そこで，第8章で考えた2入力系である2タンクの水位系（図11.22および【例8.4】参照）について考えてみよう．

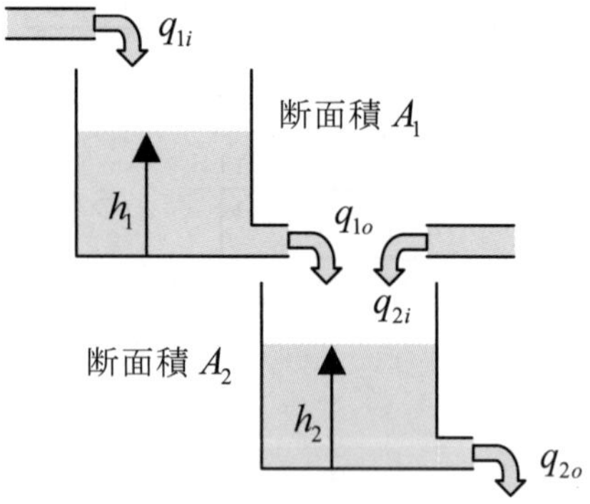

図11.22 例8.4の2タンク水位系

【例 11.20】　2タンクの水位系のシステム行列が次のように与えられる．

$$\boldsymbol{A} = \begin{bmatrix}-2 & 0\\ 1 & -1\end{bmatrix},\ \boldsymbol{B} = \begin{bmatrix}2 & 0\\ 0 & 1\end{bmatrix}$$

このとき，指定極を–3，–4として，状態フィードバックゲインを求めよ．

【解 11.20】　システムは可制御であるので極配置が可能である（【解 10.2】参照）．$\boldsymbol{A}$の固有値は–2，–1であるので，【公式 11.11】における制約1，2を満足するよう極配置しなければならない．【公式 11.11】において$s_1 = -3$，$s_2 = -4$であり，任意ベクトルを$\bar{\boldsymbol{k}}_1 = \begin{bmatrix}1\\ 0\end{bmatrix}$, $\bar{\boldsymbol{k}}_2 = \begin{bmatrix}0\\ 1\end{bmatrix}$とおくと，式(11.48)より

$$\begin{aligned}\boldsymbol{v}_1 &= -\left\{\begin{bmatrix}-2 & 0\\ 1 & -1\end{bmatrix}+3\begin{bmatrix}1 & 0\\ 0 & 1\end{bmatrix}\right\}^{-1}\begin{bmatrix}2 & 0\\ 0 & 1\end{bmatrix}\begin{bmatrix}1\\ 0\end{bmatrix}\\ &= -\begin{bmatrix}1 & 0\\ 1 & 2\end{bmatrix}^{-1}\begin{bmatrix}2 & 0\\ 0 & 1\end{bmatrix}\begin{bmatrix}1\\ 0\end{bmatrix}\\ &= -\frac{1}{2}\begin{bmatrix}2 & 0\\ -1 & 1\end{bmatrix}\begin{bmatrix}2\\ 0\end{bmatrix}\\ &= \begin{bmatrix}-2\\ 1\end{bmatrix}\end{aligned}$$

$$\begin{aligned}\boldsymbol{v}_2 &= -\left\{\begin{bmatrix}-2 & 0\\ 1 & -1\end{bmatrix}+4\begin{bmatrix}1 & 0\\ 0 & 1\end{bmatrix}\right\}^{-1}\begin{bmatrix}2 & 0\\ 0 & 1\end{bmatrix}\begin{bmatrix}0\\ 1\end{bmatrix}\\ &= -\begin{bmatrix}2 & 0\\ 1 & 3\end{bmatrix}^{-1}\begin{bmatrix}2 & 0\\ 0 & 1\end{bmatrix}\begin{bmatrix}0\\ 1\end{bmatrix}\\ &= -\frac{1}{6}\begin{bmatrix}3 & 0\\ -1 & 2\end{bmatrix}\begin{bmatrix}0\\ 1\end{bmatrix}\\ &= \begin{bmatrix}0\\ -\frac{1}{3}\end{bmatrix}\end{aligned}$$

となる．式(11.51)の定義に従って式(11.52)を用いると

$$K = \bar{K}U^{-1} = \begin{bmatrix} 1 & 0 \\ 0 & 1 \end{bmatrix}\begin{bmatrix} -2 & 0 \\ 1 & -\frac{1}{3} \end{bmatrix}^{-1} = \frac{3}{2}\begin{bmatrix} -\frac{1}{3} & 0 \\ -1 & -2 \end{bmatrix} = \begin{bmatrix} -\frac{1}{2} & 0 \\ -\frac{3}{2} & -3 \end{bmatrix} \quad (11.53)$$

を得る．

【例 11.21】 【例 11.20】で考えた2タンクの水位系は2入力系であるので，指定極（−3，−4）を実現する状態フィードバックゲインは一意ではない．その状態フィードバックゲインが満たす条件を求めよ．

【解 11.21】 2タンクの水位系のシステム行列は

$$A = \begin{bmatrix} -2 & 0 \\ 1 & -1 \end{bmatrix},\ B = \begin{bmatrix} 2 & 0 \\ 0 & 1 \end{bmatrix}$$

であり，状態フィードバックゲイン行列を

$$K = \begin{bmatrix} k_{11} & k_{12} \\ k_{21} & k_{22} \end{bmatrix}$$

とおくと，閉ループ行列は

$$A + BK = \begin{bmatrix} -2 & 0 \\ 1 & -1 \end{bmatrix} + \begin{bmatrix} 2 & 0 \\ 0 & 1 \end{bmatrix}\begin{bmatrix} k_{11} & k_{12} \\ k_{21} & k_{22} \end{bmatrix} = \begin{bmatrix} -2 + 2k_{11} & 2k_{12} \\ 1 + k_{21} & -1 + k_{22} \end{bmatrix}$$

となる．また，$A + BK$ の固有値は

$$\det\left(sI - (A + BK)\right) = \det\begin{bmatrix} s + 2 - 2k_{11} & -2k_{12} \\ -1 - k_{21} & s + 1 - k_{22} \end{bmatrix} = s^2 + (3 - k_{22} - 2k_{11})s + 2(1 - k_{11})(1 - k_{22}) - 2k_{12}(1 + k_{21}) = 0 \quad (11.54)$$

を満足する．一方，指定極は −3，−4 であるので閉ループ系の特性方程式は

$$(s+3)(s+4) = s^2 + 7s + 12 = 0 \quad (11.55)$$

となる．これらの式(11.54)と式(11.55)の係数を比較すれば状態フィードバックゲインに関する条件

$$\begin{aligned} &3 - k_{22} - 2k_{11} = 7 \\ &(1 - k_{11})(1 - k_{22}) - k_{12}(1 + k_{21}) = 6 \end{aligned} \quad (11.56)$$

を得る．

また，【例 11.20】で得られた状態フィードバックゲイン行列(11.53)は式(11.56)の条件を満足していることが確かめられる．

11・4 最適フィードバック (optimal feedback)

11・4・1 最適とは(optimality)

11.3 節でシステムが可制御ならば閉ループ系の極を任意に配置できること

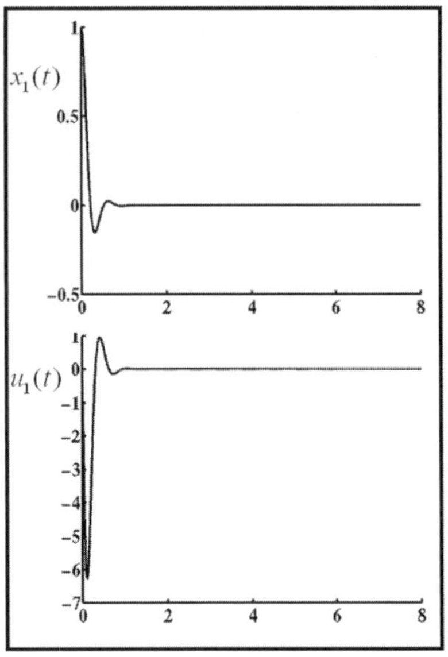

図 11. 23　1 自由度アームの応答①

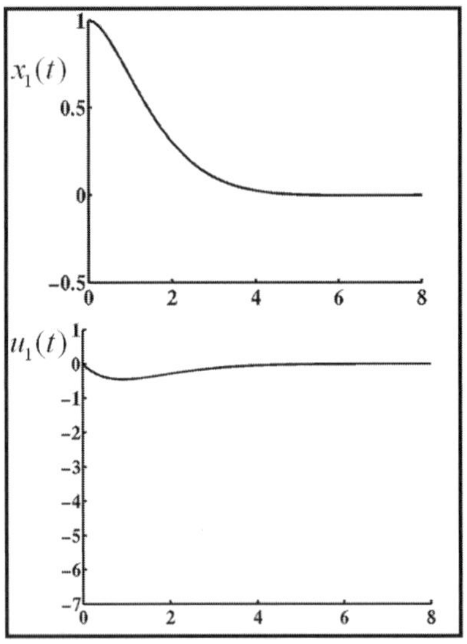

図 11. 24　1 自由度アームの応答②

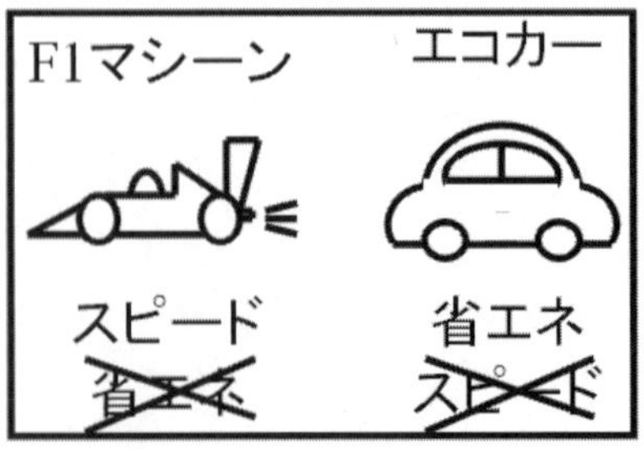

図 11. 25　評価と最適性

を説明した．閉ループ系の状態をすばやく 0 に収束させるためには，閉ループ極を複素左半面遠くへ設定するように状態フィードバックゲイン $\boldsymbol{K}$ を決定すればよいことになる．例えば，1 自由度アーム(11.26)の閉ループ極を① $-6\pm10j$，② $-1\pm0.5j$ と設定した場合の状態 $x_1(t)$ と入力 $u_1(t)$ の応答をそれぞれ図 11.23 と図 11.24 に示す．この場合の状態フィードバックゲインは① $(k_1, k_2)=(136, 12)$ ② $(k_1, k_2)=(1.25, 2)$ となる．①の場合には応答速度は速いが状態 $x_1(t)$ の振れ幅が大きくなり，入力も大きくなってしまう．これに比べ②の場合には応答速度が遅いものの振れ幅や入力は小さくなっている．

このように，速応性やエネルギー消費などを考慮した場合に，閉ループ極をどのように配置すればよいかは非常に難しい問題である．特に，11.3 節でも述べたように，多入力システムの場合には同じ極の集合を配置できる状態フィードバックゲインは無数にあり，どのゲインを用いて制御するのが良いのかわからなくなってしまう．

このような問題を解決する 1 つの方法に，適当な評価関数（cost function）を最小にするように状態フィードバックゲインを決定する方法がある．これが本節で述べる最適フィードバック制御（optimal feedback control）である．さて，一般にシステムを制御する場合，設計者はある目的をもっており，その目標を実現すれば良い制御系が構成できたと考える．その“目標”や“良い”の評価は設計者によって異なっており，それをいかに定式化するかが 1 つの問題である．その望ましい目標の指標として評価関数があり，最適制御（optimal control）はこの評価関数を最小にするという意味において“最適”である．

例えば，目標とする状態に早く到達することを目的とすると，到達するまでの所要時間を評価関数とすればよく，最短時間で目的を達成する最短時間制御が最適となる．この場合，入力に無限大のエネルギーを投入すれば無限小の時間で目的を達成できそうである．しかし，実システムを考えた場合，無限大のエネルギーを発生させることは不可能であり，目的達成に消費されるエネルギーの総量も重要である．図 11.25 に示すように F1 レースのようにスピードを競うか，エコカー・レースのように省エネを競うかといった目的の違いにより最適は異なってくるはずである．

11・4・2　無限時間積分評価による最適レギュレータ (optimal regulator for infinite time integral criterion)

本書では多入力をもつ可制御な n 次元線形時不変システム

$$\dot{\boldsymbol{x}}(t)=\boldsymbol{A}\boldsymbol{x}(t)+\boldsymbol{B}\boldsymbol{u}(t),\quad \boldsymbol{x}(0)=\boldsymbol{x}_0 \tag{11.57}$$

において，状態を目標状態である零状態 ($\boldsymbol{x}=0$) にすることとエネルギーの消費を少なくすることを目的とし，2 次形式評価関数（quadratic cost function）

$$J=\frac{1}{2}\int_0^\infty(\boldsymbol{x}^T(t)\boldsymbol{Q}\boldsymbol{x}(t)+\boldsymbol{u}^T(t)\boldsymbol{R}\boldsymbol{u}(t))dt \tag{11.58}$$

を定義する．ここで，$\boldsymbol{x}$ は n 次元ベクトル，$\boldsymbol{u}$ は m 次元ベクトル，$\boldsymbol{Q}$ は n 次の対称準正定行列，$\boldsymbol{R}$ は m 次の対称正定行列とする．素早く状態を零状態にすることと入力のエネルギー消費を最小にすることは相容れない要求であり，トレードオフ（trade off）が存在する．無限時間積分評価関数(11.58)の被積分項の第 1 項は状態に関する評価の項であり，第 2 項は入力に関する評価の項である．行列 $\boldsymbol{Q}$，$\boldsymbol{R}$ は設計者がそれぞれ準正定，正定の条件下で自由に設定できる重み行列（weighting matrix）であり，トレードオフの適当な妥協点を与えていると考えることもできる（図 11.26 参照）.

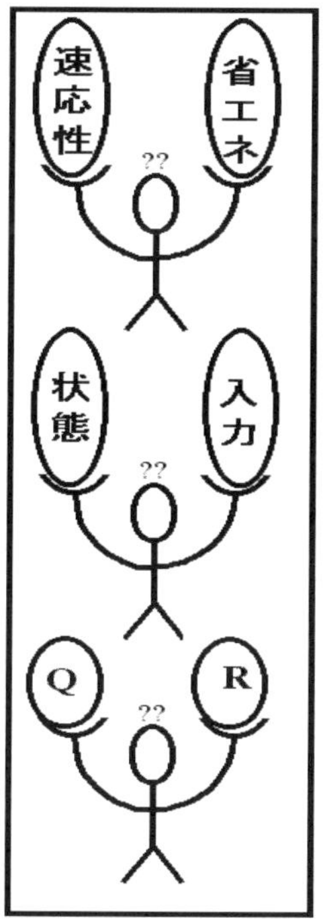

図 11.26　トレードオフ

システム(11.57)に対して 2 次形式評価関数(11.58)を最小にするような入力 $\boldsymbol{u}(t)$ を求めようとする最適制御問題（optimal control problem）は線形システム理論の最も標準的な問題の 1 つであり，最適レギュレータ問題（optimal regulator problem）と呼ばれている．この問題に関して以下の公式がよく知られている.

【公式 11. 12】

式(11.57)で与えられる線形システムが可制御のとき，$\boldsymbol{Q}$ を正定とした評価関数(11.58)を最小にする入力は

$$\boldsymbol{u}(t) = -\boldsymbol{R}^{-1}\boldsymbol{B}^T\boldsymbol{P}\boldsymbol{x}(t) \tag{11.59}$$

という状態フィードバックで与えられる．ただし，$\boldsymbol{P}$ はリカッチ代数方程式（algebraic Riccati equation）

$$\boldsymbol{A}^T\boldsymbol{P} + \boldsymbol{P}\boldsymbol{A} + \boldsymbol{Q} - \boldsymbol{P}\boldsymbol{B}\boldsymbol{R}^{-1}\boldsymbol{B}^T\boldsymbol{P} = 0 \tag{11.60}$$

を満たす対称正定行列である．このとき，閉ループ系は漸近安定となる．
また，このとき評価関数 J の最小値は以下で与えられる.

$$\min J = \frac{1}{2}\boldsymbol{x}_0^T\boldsymbol{P}\boldsymbol{x}_0$$

なお，式(11.58)の評価関数で $\boldsymbol{x}$ の代わりに $\boldsymbol{y} = \boldsymbol{C}\boldsymbol{x}$ が用いられる場合には，(11.60)において $\boldsymbol{Q}$ を $\boldsymbol{Q} = \boldsymbol{C}^T\boldsymbol{Q}\boldsymbol{C}$ としなければならないことに注意しておく.

また，$\boldsymbol{Q}$ が対称準正定行列である場合には，$\boldsymbol{Q} = \boldsymbol{W}^T\boldsymbol{W}$ と表したときに，$(\boldsymbol{W}, \boldsymbol{A})$ が可観測ならば閉ループ系が漸近安定であることが保証されている.

公式 11.12

無限時間最適レギュレータは
リカッチ代数方程式(11.60)を
満足する対称正定解 $\boldsymbol{P}$ を用
いて，式(11.59)と与えられる.

【公式 11.12】では，状態フィードバック入力を求めるフィードバックゲイン行列が

$$\boldsymbol{K} = -\boldsymbol{R}^{-1}\boldsymbol{B}^T\boldsymbol{P} \tag{11.61}$$

となり時不変となる．したがって，図 11.27 に示すように代数リカッチ方程式(11.60)を解き，オフラインで対称正定な行列 $\boldsymbol{P}$ を求めておけばよく，実際上非常に有用である．無限時間積分評価による最適制御則の設計手順は，図 11.28 に示すようにシステム $(\boldsymbol{A}, \boldsymbol{B}, \boldsymbol{C})$ を与え，評価関数の重み $\boldsymbol{Q}$, $\boldsymbol{R}$ を指定し，リカッチ方程式(11.60)の対称正定解 $\boldsymbol{P}$ を求め式(11.61)に基づいて状態フィードバックゲインを計算し，状態フィードバックを構成する，である.

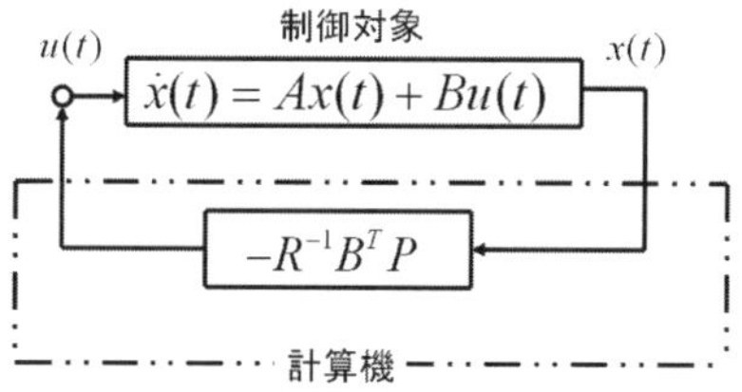

図 11.27　無限時間最適制御の構成

1 入力 1 出力システムに対する無限制御時間最適レギュレータは次の公式のような安定余有をもつことが知られている.

【公式 11. 13】

1 入力 1 出力システムに対する無限制御時間最適レギュレータは次の安定余有をもつ.

(i)　　ゲイン余有は $1/2$ から ∞

(ii)　　位相余有は少なくとも 60°

公式 11.13

1入力1出力システムの無限制御
時間最適レギュレータの安定余有

(i) ゲイン余有：$1/2 \sim \infty$

(ii) 位相余有　：少なくとも 60°

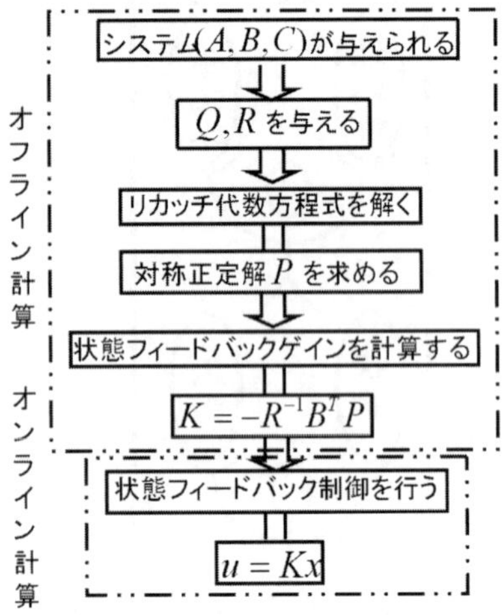

図 11. 28　無限時間最適制御則設計アルゴリズム

(ゲイン余有，位相余有については 5.2.4 項を参照)

なお，リカッチ代数方程式(11.60)の解法については他書を参照されたい.

【例 11.22】　2 状態 1 入力の可制御正準系

$$\frac{d}{dt}\begin{bmatrix} x_1(t) \\ x_2(t) \end{bmatrix} = \begin{bmatrix} 0 & 1 \\ -a_1 & -a_2 \end{bmatrix}\begin{bmatrix} x_1(t) \\ x_2(t) \end{bmatrix} + \begin{bmatrix} 0 \\ 1 \end{bmatrix} u_1(t) \tag{11.62}$$

に対して，評価関数

$$J = \int_0^\infty \left\{ \boldsymbol{x}^T(t)\begin{bmatrix} q_1 & 0 \\ 0 & q_2 \end{bmatrix}\boldsymbol{x}(t) + r u_1^2(t) \right\} dt \tag{11.63}$$

を導入した場合の最適制御入力を求めよ.

【解 11.22】　まず，リカッチ代数方程式(11.60)の正定対称な解 $\boldsymbol{P}$ を

$$\boldsymbol{P} = \begin{bmatrix} p_{11} & p_{12} \\ p_{12} & p_{22} \end{bmatrix}$$

とすると，式(11.60)，(11.62)，(11.63)より

$$\begin{aligned} &\begin{bmatrix} 0 & -a_1 \\ 1 & -a_2 \end{bmatrix}\begin{bmatrix} p_{11} & p_{12} \\ p_{12} & p_{22} \end{bmatrix} + \begin{bmatrix} p_{11} & p_{12} \\ p_{12} & p_{22} \end{bmatrix}\begin{bmatrix} 0 & 1 \\ -a_1 & -a_2 \end{bmatrix} + \begin{bmatrix} q_1 & 0 \\ 0 & q_2 \end{bmatrix} \\ &\quad - \begin{bmatrix} p_{11} & p_{12} \\ p_{12} & p_{22} \end{bmatrix}\begin{bmatrix} 0 \\ 1 \end{bmatrix}\frac{1}{r}\begin{bmatrix} 0 & 1 \end{bmatrix}\begin{bmatrix} p_{11} & p_{12} \\ p_{12} & p_{22} \end{bmatrix} = 0 \end{aligned} \tag{11.64}$$

を得る. この式を計算すると

$$-2a_1 p_{12} + q_1 - \frac{1}{r} p_{12}^2 = 0$$

$$p_{11} - a_2 p_{12} - a_1 p_{22} - \frac{1}{r} p_{22} p_{12} = 0$$

$$2p_{12} - 2a_2 p_{22} + q_2 - \frac{1}{r} p_{22}^2 = 0$$

となるので，

$$\begin{aligned} p_{12} &= -a_1 r \pm \sqrt{a_1^2 r^2 + r q_1} \\ p_{22} &= -a_2 r \pm \sqrt{a_2^2 r^2 + 2r p_{12} + r q_2} \\ p_{11} &= a_2 p_{12} + a_1 p_{22} + \frac{1}{r} p_{22} p_{12} \end{aligned} \tag{11.65}$$

を得る. $\boldsymbol{P}$ が正定であるためには，$p_{11} > 0,\ p_{22} > 0,\ p_{11}p_{22} - p_{12}^2 > 0$ でなければならないので，

$$\begin{aligned} p_{12} &= -a_1 r + \sqrt{a_1^2 r^2 + r q_1} \\ p_{22} &= -a_2 r + \sqrt{a_2^2 r^2 + 2r\left(-a_1 r + \sqrt{a_1^2 r^2 + r q_1}\right) + r q_2} \\ p_{11} &= a_2 p_{12} + a_1 p_{22} + \frac{1}{r} p_{22} p_{12} \end{aligned} \tag{11.66}$$

が解となる. したがって，評価関数(11.63)を最小にする最適制御入力は式

(11.59)より

$$u_1(t) = -r^{-1}\begin{bmatrix}0 & 1\end{bmatrix}Px = -r^{-1}(p_{12}x_1 + p_{22}x_2)$$
$$= (a_1 - \sqrt{a_1^2 + \frac{q_1}{r}})x_1 + \left\{a_2 - \sqrt{a_2^2 + 2\left(-a_1 + \sqrt{a_1^2 + \frac{q_1}{r}}\right) + \frac{q_2}{r}}\right\}x_2 \tag{11.67}$$

で与えられる．a_1, a_2はシステム固有のパラメータであり，$q_1, q_2 \geq 0, r > 0$は設計者が自由に設定できるパラメータである．rを大きくしてエネルギー消費に重みをつける（あるいはq_1, q_2を小さくして状態の収束に重みをかけない）と，状態フィードバックゲインのうち$\frac{q_1}{r}, \frac{q_2}{r}$の項が小さくなり，式(11.67)の極限は

$$u(t) = (a_1 - \sqrt{a_1^2})x_1 + \left\{a_2 - \sqrt{a_2^2 + 2(-a_1 + \sqrt{a_1^2})}\right\}x_2$$

となる．システムパラメータが$a_1, a_2 > 0$の場合，すなわち開ループ系が安定な場合には，状態フィードバックゲイン行列が零行列となり何も入力を加えないすなわち消費エネルギーがゼロの制御系が構成される．逆にrを小さくしてエネルギー消費に重みをかけない（あるいはq_1, q_2を大きくして状態の収束に重みをつける）と状態フィードバックゲインは大きくなり，ハイゲインフィードバックとなる．

【例 11.23】　【例 11.22】の結果を用い，図 11.16 の 1 自由度アームについて最適制御を設計し，シミュレーションによりその応答を調べよ．

【解 11.23】　1 自由度アームの状態方程式は式(11.26)であり，式(11.62)において$a_1 = a_2 = 0$としたシステムに等価であり，式(11.63)の評価関数を最小にする最適制御入力(11.67)は

$$u_1(t) = -\sqrt{\frac{q_1}{r}}x_1 - \sqrt{2\sqrt{\frac{q_1}{r}} + \frac{q_2}{r}}x_2 \tag{11.68}$$

となる．最適制御入力に対する閉ループ系は

$$\frac{d}{dt}\begin{bmatrix}x_1\\x_2\end{bmatrix} = \begin{bmatrix}0 & 1\\ -\sqrt{\frac{q_1}{r}} & -\sqrt{2\sqrt{\frac{q_1}{r}} + \frac{q_2}{r}}\end{bmatrix}\begin{bmatrix}x_1\\x_2\end{bmatrix} \tag{11.69}$$

となる．初期状態を$x_1(0) = 2$, $x_2(0) = 0$と設定し，① $(q_1, q_2, r) = (1,1,1)$ ② $(q_1, q_2, r) = (1,1,100)$ ③ $(q_1, q_2, r) = (100,1,1)$とした場合のシミュレーション結果を図 11.29 に示す．①を基準に考えると，②はrが 100 倍になっており，速応性よりも消費エネルギーが重要視されている．したがって，状態の収束の速さはそれほど期待できないが省エネが期待でき，図 11.29 の①②を比較するとそれがわかる．また，③は①に比べq_1が 100 倍になっており，状態x_1の速応性が重要視されている．したがって，状態x_1の速い収束が期待できるが，省エネは期待できない．図 11.29 の①③を比較すると③の場合には大き

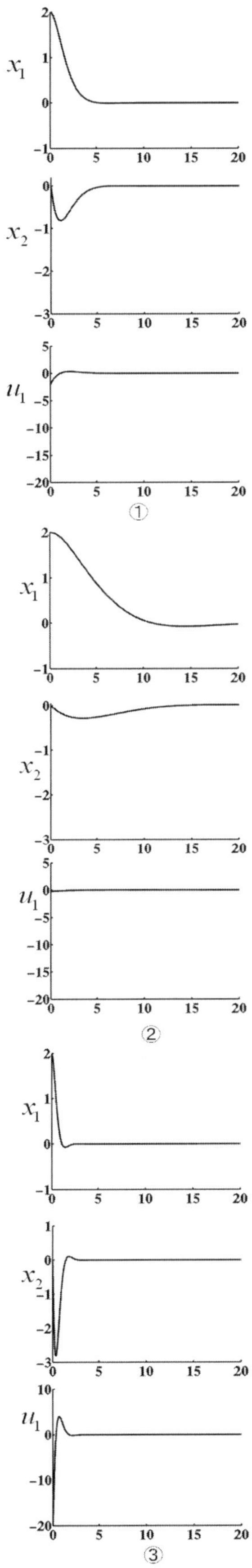

図 11.29　最適制御による閉ループ系の時間応答　【例 11.23】

な入力を用いることにより状態 x_1, x_2 ともに速い収束が実現されていることがわかる.

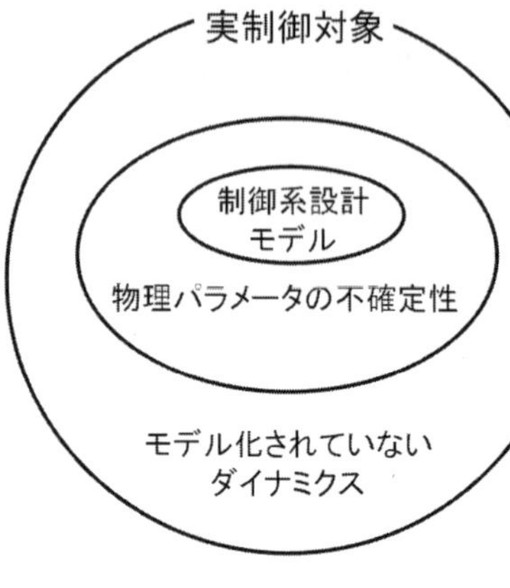

図11. 30　モデル化誤差

11・4・3　ロバスト制御（robust control）

モデル化誤差（modeling error）と不安定性

ここまででは，システムの状態方程式が与えられた，すなわち状態 $\boldsymbol{x}(t)$ と入力 $\boldsymbol{u}(t)$ とシステム行列 $(\boldsymbol{A},\boldsymbol{B},\boldsymbol{C})$ が与えられている場合についての制御系設計について考えてきた．しかし，システム行列 $(\boldsymbol{A},\boldsymbol{B},\boldsymbol{C})$ を正確に知ることは困難であり，パラメータの不確実性（parameter uncertainty）を考えることが必要である．また，状態 $\boldsymbol{x}(t)$ には含まれなかった状態（ダイナミクス）（unmodeled dynamics）の存在をも考慮する必要がある．これらのモデル化誤差（図 11.30 参照）に対してロバストな（モデル化誤差に強い）制御系設計法としてロバスト制御が提案され，製鉄の圧縮プロセスや車のサスペンションなど様々な分野で応用されている．

例えば 1 自由度アームが剛体であると仮定した場合には，システムは式(11.26)のように表現され【例 11.23】で説明したように最適制御を求めることができた．このアームを宇宙で使う場合などを考えると，ロケットの積載重量制限から極端な軽量化が要求されており，アームは剛体とみなせなくなり柔軟性を考えなければならなくなる．柔軟性をもった構造物は振動が発生するので宇宙ステーションや宇宙ロボットなどではその振動抑制が重大な問題である．

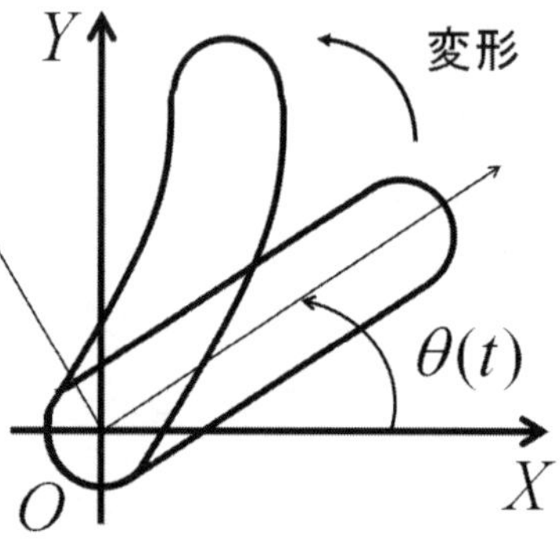

図 11. 31　柔軟アーム

【例 11.24】　1 自由度アームに柔軟性があるにもかかわらず，それを無視して剛体と見なし，状態フィードバック制御系を構築せよ．さらに，その場合，どのような制御動作が起こるか考察せよ．ただし，アームの振動は第 1 モード（最も振動周波数の低い振動成分）のみを考慮せよ．

【解 11.24】　1 自由度アームが柔軟性をもった場合，モータを回転させると図 11.31 のようにアームには変形が生じてしまう．アームの振動の第 1 モード（最も振動周波数の低い振動成分）のみを考慮すると状態方程式は，

$$\frac{d}{dt}\begin{bmatrix}x_1(t)\\x_2(t)\\x_3(t)\\x_4(t)\end{bmatrix}=\left[\begin{array}{cc|cc}0&1&0&0\\0&0&0&a_1\\\hline &&0&1\\\multicolumn{2}{c|}{\raisebox{1ex}{$\boldsymbol{0}$}}&a_2&a_3\end{array}\right]\begin{bmatrix}x_1(t)\\x_2(t)\\x_3(t)\\x_4(t)\end{bmatrix}+\begin{bmatrix}0\\1\\0\\b_1\end{bmatrix}u_1(t) \tag{11.70}$$

と表現される．ここで，$x_3(t)$, $x_4(t)$ は剛体アームのモデル(11.26)に対するモデル化誤差（モデル化されていないダイナミクス）であり，a_2, a_3 はそれぞれ振動の周波数と減衰率を決めるパラメータである．システム(11.70)の $\boldsymbol{A}$ 行列の 2-1 ブロックが零行列であるので，開ループ系の固有値は 0（重根），$\dfrac{a_3 \pm \sqrt{a_3^2+4a_2}}{2}$ となる．このシステムの 1-1 ブロックの実ジョルダンブロックが対角的でない（非対角要素に 1 がある）ので，開ループ系は不安定であることがわかる（【公式 11.2】，【例 11.6】参照）．さて，このシステム(11.70)に対してアームが剛体だとして，状態フィードバック

$$u_1(t) = k_1 x_1(t) + k_2 x_2(t)$$

を行った場合，閉ループ系は

$$\frac{d}{dt}\begin{bmatrix} x_1(t) \\ x_2(t) \\ x_3(t) \\ x_4(t) \end{bmatrix} = \left[\begin{array}{cc|cc} 0 & 1 & 0 & 0 \\ k_1 & k_2 & 0 & a_1 \\ \hline 0 & 0 & 0 & 1 \\ b_1 k_1 & b_1 k_2 & a_2 & a_3 \end{array}\right]\begin{bmatrix} x_1(t) \\ x_2(t) \\ x_3(t) \\ x_4(t) \end{bmatrix}$$

となる．

閉ループ系の $\boldsymbol{A}$ 行列の 1-1 ブロックは状態フィードバックにより任意に極配置できる．しかし，$\boldsymbol{A}$ 行列の 2-1 ブロックは状態フィードバックの影響で零行列とはならない．したがって，開ループ系(11.70)のように極を解析的に求めることは困難となる．すなわち，閉ループ系の安定性はシステムのパラメータとフィードバックゲインに依存し，安定かどうかについて直ちに結論できない．そこで，シミュレーションにより応答をみてみよう．

システムパラメータを $(a_1, a_2, a_3, b_1) = (0.1, -51, -0.03, -31)$，初期状態を $(x_1(0), x_2(0), x_3(0), x_4(0)) = (2,\ 0,\ 0,\ 0)$ と設定する．状態フィードバックとして，剛体アームのシステム(11.26)に対して，評価関数(11.63)における重みを $(q_1, q_2, r) = (1,1,1)$ として得られる最適制御を用いることを考える．

【例 11.23】で説明した柔軟性がない剛体アームの場合の閉ループ系の応答は図 11.29①に示されているように安定で素早く目標状態 $(x_1, x_2) = (0,0)$ に収束している．しかし，柔軟性を考えた場合には図 11.32 に示すように，制御を行ったことにより閉ループ系が不安定となり状態が発散してしまう（k_1, k_2 の選びかたによっては安定となる場合もあるが，その決定は困難である）．

【例 11.24】からモデル化されていないダイナミクスが存在する場合に，それを考慮しないモデルに基づいて設計された制御系は閉ループ系を安定化する保証がないことがわかった．この例では，振動のモードの状態 $x_3(t), x_4(t)$ に関する情報を得るのは困難であるので，計測できる $x_1(t) = \theta(t),\ x_2(t) = \dot{\theta}(t)$ の情報のみで制御目的を達成することが必要となる．これには，以下の高域遮断特性をもつ最適レギュレータが有効な方法である．

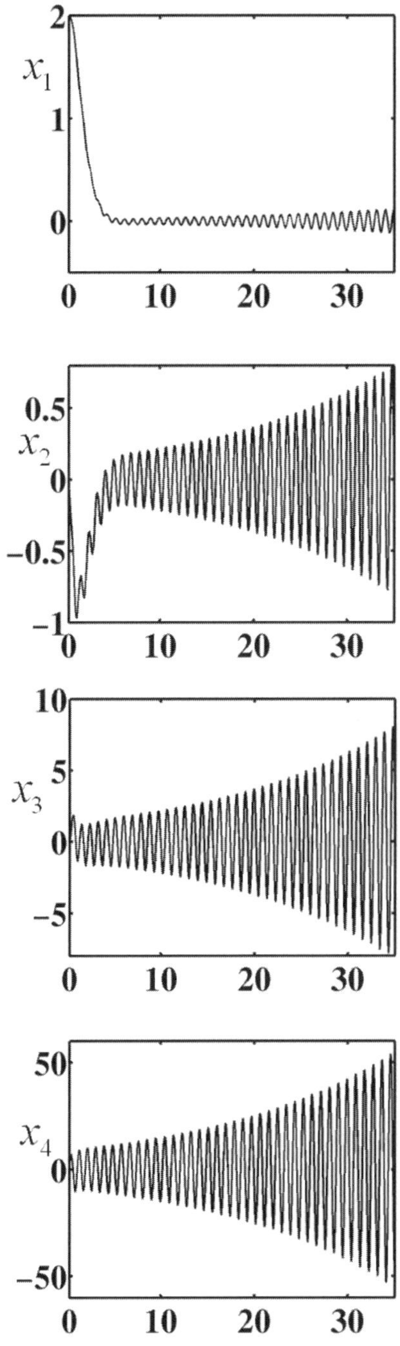

図 11. 32　最適制御に対する閉ループ系応答（モデル化誤差あり）【例 11.24】

周波数依存型最適レギュレータ (frequency-dependent optimal regulator)

次式のような n 状態 1 入力システムと，最適レギュレータ設計のための評価関数 J を考えよう．

$$\dot{\boldsymbol{x}}(t) = \boldsymbol{A}\boldsymbol{x}(t) + \boldsymbol{b}u(t), \quad \boldsymbol{y}(t) = \boldsymbol{C}\boldsymbol{x}(t) \tag{11.71}$$

$$J = \int_0^\infty (\boldsymbol{x}^T(t)\boldsymbol{C}^T\boldsymbol{C}\boldsymbol{x}(t) + r^2 u^2(t))dt \tag{11.72}$$

ただし，式(11.71)はモデル化誤差を考慮していないシステムであり，例えば図 11.31 の柔軟アームの場合には，柔軟性（振動モードの状態 $x_3(t), x_4(t)$）を無視した剛体アームのモデル

$$\begin{bmatrix} \dot{x}_1(t) \\ \dot{x}_2(t) \end{bmatrix} = \begin{bmatrix} 0 & 1 \\ 0 & 0 \end{bmatrix}\begin{bmatrix} x_1(t) \\ x_2(t) \end{bmatrix} + \begin{bmatrix} 0 \\ 1 \end{bmatrix} u(t), \quad \boldsymbol{y}(t) = \begin{bmatrix} \theta(t) \\ \dot{\theta}(t) \end{bmatrix} = \begin{bmatrix} 1 & 0 \\ 0 & 1 \end{bmatrix}\begin{bmatrix} x_1(t) \\ x_2(t) \end{bmatrix}$$

(11.73)

を意味している．ここで，モータの角度 $\theta(t)$ と角速度 $\dot{\theta}(t)$ が計測できるとしている．

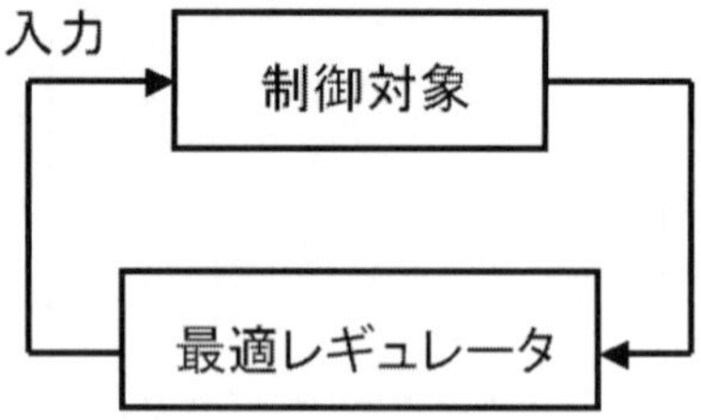

図 11. 33　最適レギュレータ

さて，式(11.72)において標準的なレギュレータでは r は周波数に依存しない定数であり，評価関数(11.72)を最小化する制御入力は，定数ゲインのフィードバック制御則 $u(t)=-\boldsymbol{k}\boldsymbol{x}(t)$ となる． r を小さくするほど高ゲイン・高帯域の制御系となり，目標・外乱に対して良い制御性能をもつ．しかし，高周波帯域においてモデルが不正確であれば不安定化しやすい．

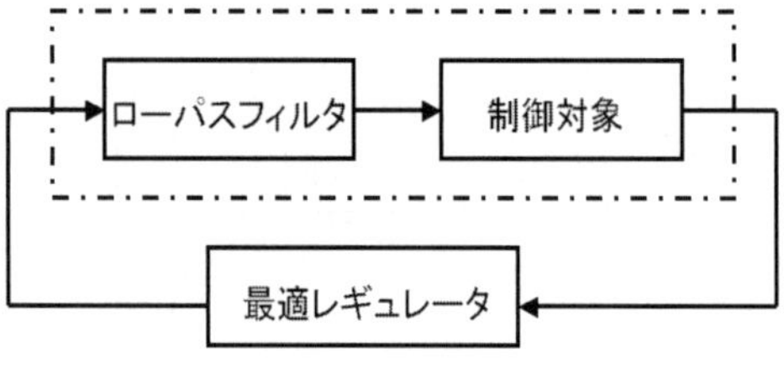

図 11. 34　ローパスフィルタ

そこで，入力の高周波成分をカットし，モデル化されていない高周波のダイナミクスを励起しないように，図 11.33 の最適レギュレータを用いた制御系に図 11.34 のようにローパスフィルタ（low-pass filter）を挿入することが考えられる．この場合に，図 11.33 の場合の制御対象に対して設計された最適レギュレータをそのまま図 11.34 の制御系として適用しても，その最適性は保証されない．ローパスフィルタと制御対象を合わせたシステム（拡大系）に対して最適レギュレータを構成しなければならない．

ローパスフィルタを挿入し，入力の高周波成分をカットすることは，評価関数の重み r を定数ではなく，周波数に依存するように構成し，高周波において重みが大きくなるようにしたことと等価である．この周波数領域の問題を通常の時間領域のレギュレータ問題として解くための拡大系を以下のように構成する．

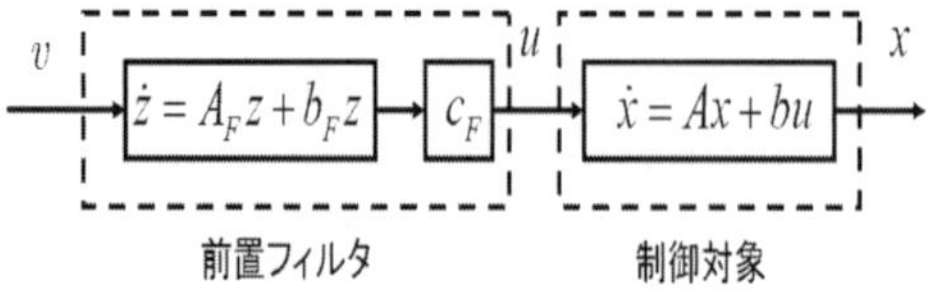

図 11. 35　拡大系

最適レギュレータの出力である制御入力を v，それをローパスフィルタに通した出力を u とし， v を仮想的にシステムの入力と考えると，評価関数は

$$J=\int_0^\infty\left(\bar{\boldsymbol{x}}^T(t)\bar{\boldsymbol{C}}^T\bar{\boldsymbol{C}}\,\bar{\boldsymbol{x}}(t)+v^2(t)\right)dt \tag{11.74}$$

となり仮想的な制御対象は実際の制御対象の入力にフィルタを前置した拡大系（図 11.35 参照）となる．フィルタの状態を $\boldsymbol{z}$ として状態空間表現すれば

$$\dot{\boldsymbol{z}}(t)=\boldsymbol{A}_F\boldsymbol{z}(t)+\boldsymbol{b}_F v(t),\quad u(t)=\boldsymbol{c}_F\boldsymbol{z}(t) \tag{11.75}$$

となる．ここで，2 次のローパス特性をもたせた場合には

$$\boldsymbol{A}_F=\begin{bmatrix}0 & 1\\ -\omega_0^2 & -2\xi_0\omega_0\end{bmatrix},\ \boldsymbol{b}_F=\begin{bmatrix}0\\ \omega_0^2\end{bmatrix},\ \boldsymbol{c}_F=\begin{bmatrix}1 & 0\end{bmatrix}$$

であり， $\omega_0,\ \xi_0$ はフィルタの周波数特性を決定する設計パラメータである．拡大系の状態方程式は

$$\dot{\bar{\boldsymbol{x}}}(t)=\bar{\boldsymbol{A}}\bar{\boldsymbol{x}}(t)+\bar{\boldsymbol{b}}\,v(t),\quad \boldsymbol{y}(t)=\bar{\boldsymbol{C}}\bar{\boldsymbol{x}}(t) \tag{11.76}$$

$$\bar{\boldsymbol{x}}(t)=\begin{bmatrix}\boldsymbol{x}^T(t) & \boldsymbol{z}^T(t)\end{bmatrix}^T,\ \bar{\boldsymbol{A}}=\begin{bmatrix}\boldsymbol{A} & \boldsymbol{b}\boldsymbol{c}_F\\ \boldsymbol{0} & \boldsymbol{A}_F\end{bmatrix},\ \bar{\boldsymbol{b}}=\begin{bmatrix}\boldsymbol{0}\\ \boldsymbol{b}_F\end{bmatrix},\ \bar{\boldsymbol{C}}=\begin{bmatrix}\boldsymbol{C} & \boldsymbol{0}\end{bmatrix}$$

となり，結局次の公式を得る．

公式 11.14

周波数依存型最適レギュレータはリカッチ方程式(11.77)の準正定解 $\boldsymbol{P}$ を用いて，式(11.78)と与えられる．

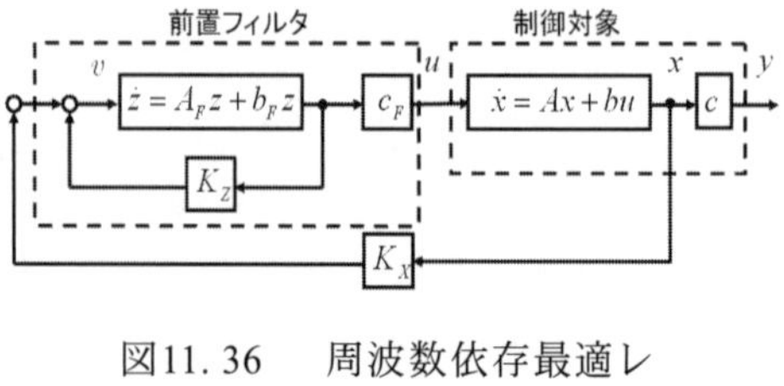

図11. 36　周波数依存最適レギュレータのブロック図

【公式 11. 14】

n 状態 1 入力システム(11.71)に関する周波数依存の重みをもつ最適制御問

題は, 拡大系(11.76)に対して, 評価関数(11.74)を最小化する問題に帰着でき, 最適レギュレータは, リカッチ方程式

$$\bar{A}^T P + P\bar{A} - P\bar{b}\,\bar{b}^T P + \bar{C}^T \bar{C} = 0 \tag{11.77}$$

の準正定解 P を用いて

$$v(t) = -\bar{b}^T P\bar{x}(t) = \begin{bmatrix} k_x & k_z \end{bmatrix} \begin{bmatrix} x(t) \\ z(t) \end{bmatrix} \tag{11.78}$$

で与えられる．また，$(\bar{A}, \bar{b})$ が可制御かつ $(\bar{C}, \bar{A})$ が可観測のとき準正定解 P は一意で式(11.78)は安定化制御則となる．

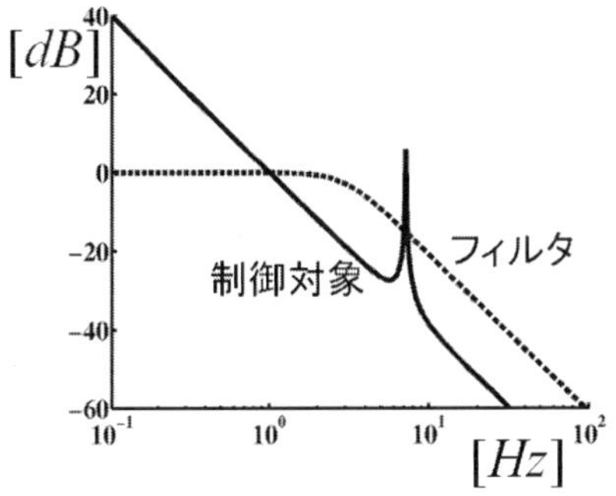

図 11.37　高域遮断特性

周波数依存の重みつき最適レギュレータのブロック図を図 11.36 に示す．

【例 11.25】 【例 11.24】で考えた柔軟性のある 1 自由度アームに対して【公式 11.14】に基づいて高周波遮断特性をもった最適レギュレータを設計せよ．

【解 11.25】 システム(11.70)に対して，フィルタのパラメータを $\omega_0 = 3$, $\xi_0 = 0.7$ とした拡大系(11.76)に対して設計された高周波遮断特性をもった最適レギュレータを適用する．ただし，アームが剛体だと仮定しているので制御系設計モデル(11.73)には状態 $x_3(t)$， $x_4(t)$ は考慮されていない．また，拡大系(11.76)における行列 A はアームの柔軟性を無視した剛体アームに対するモデル(11.73)であり，$C = \begin{bmatrix} 1 & 0 \\ 0 & 1 \end{bmatrix}$ であることに注意しておく．実際の制御対象は状態 $x_3(t)$， $x_4(t)$ が存在し，式(11.70)で表現される．【例 11.24】における図 11.32 のシミュレーションに用いたシステムパラメータを設定し，開ループ系(11.70)の出力 $\theta(t)$ に関するボード線図（実線）と設定したフィルタのボード線図（点線）を図 11.37 に示す．

モデル化されていないダイナミクス（アームの振動の第 1 モードを表す尖った部分）を励起しないように高域遮断特性をもったフィルタが設計されていることがわかる．図 11.38 に高域遮断特性をもった最適レギュレータを用いた場合の閉ループ系の応答を示す．振動モードを励起せず発散することなく制御目標が達成されていることがわかる．

【例 11.25】からも高周波遮断特性をもった最適レギュレータの有効性が示された．しかし，周波数依存型最適レギュレータは，必ずロバスト安定性（robust stability）が達成される保証はない．モデル化誤差を考慮し，ロバスト安定性を理論的に保証する制御系設計法として，さらに高度なロバスト制御（robust control）や H_∞ 制御などがある

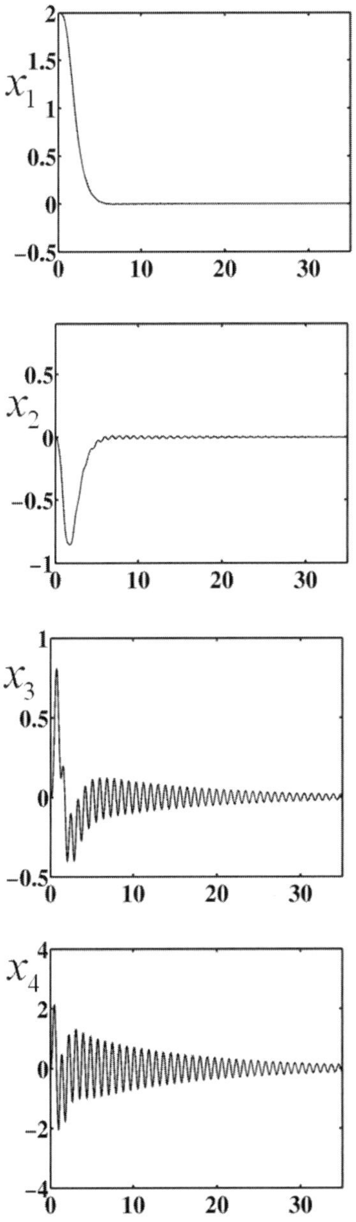

図 11.38　周波数依存最適レギュレータの閉ループ系応答【例 11.25】

11・4・4* 有限時間積分評価による最適レギュレータ (optimal regulator for finite time integral criterion)

前項までは制御時間を無限大として，評価関数における積分上限の時間を無限大とした式(11.58)の無限時間区間の評価を考えてきた．しかし，制御時間は有限であるので，有限時間区間の 2 次形式評価関数

公式 11.15

有限時間最適レギュレータは
リカッチ微分方程式(11.81)と
終端条件(11.82)を満足する解
$\boldsymbol{P}$ を用いて式(11.80)と与え
られる．評価関数の最小値は
式(11.83)で与えられる．

$$J_f(\boldsymbol{u}) = \frac{1}{2}\boldsymbol{x}^T(t_f)\boldsymbol{P}_f\boldsymbol{x}(t_f) + \frac{1}{2}\int_0^{t_f}(\boldsymbol{x}^T(t)\boldsymbol{Q}\boldsymbol{x}(t) + \boldsymbol{u}^T(t)\boldsymbol{R}\boldsymbol{u}(t))dt \quad (11.79)$$

に対する最適制御問題を考える必要が生じる．この問題に関して以下の公式がよく知られている．

【公式 11.15】

式(11.57)で与えられる線形システムが可制御のとき，評価関数(11.79)を最小にする入力は

$$\boldsymbol{u}(t) = -\boldsymbol{R}^{-1}\boldsymbol{B}^T\boldsymbol{P}(t;\boldsymbol{P}_f,t_f)\boldsymbol{x}(t) \quad (11.80)$$

という状態フィードバックで与えられる．ただし，$\boldsymbol{P}(t;\boldsymbol{P}_f,t_f)$ はリカッチ微分方程式（differential equation of Riccati type）

$$-\dot{\boldsymbol{P}}(t) = \boldsymbol{A}^T\boldsymbol{P}(t) + \boldsymbol{P}(t)\boldsymbol{A} + \boldsymbol{Q} - \boldsymbol{P}(t)\boldsymbol{B}\boldsymbol{R}^{-1}\boldsymbol{B}^T\boldsymbol{P}(t) \quad (11.81)$$

の終端条件

$$\boldsymbol{P}(t_f) = \boldsymbol{P}_f \quad (11.82)$$

を満たす解である．最適制御入力(11.80)を用いた場合の式(11.79)の評価関数 J_f の最小値は

$$\min J_f = \frac{1}{2}\boldsymbol{x}_0^T\boldsymbol{P}(0;\boldsymbol{P}_f,t_f)\boldsymbol{x}_0 \quad (11.83)$$

である．

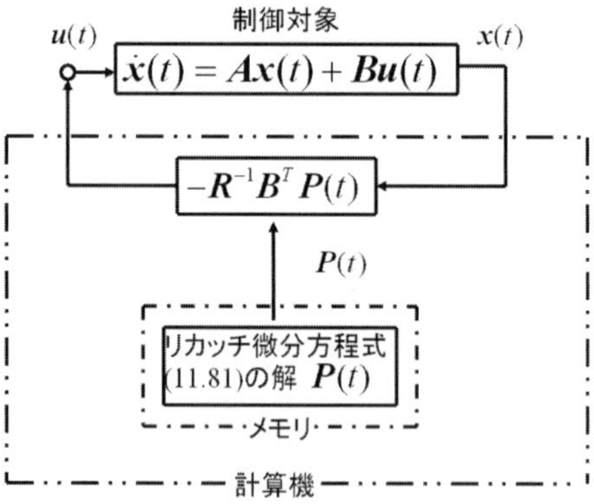

図 11.39　有限時間最適制御の構成

ここで，$\boldsymbol{P}(t;\boldsymbol{P}_f,t_f)$ と書いているのは，$\boldsymbol{P}(t)$ は式(11.82)の終端条件を満足するので $\boldsymbol{P}_f$ と t_f に依存して決まることを意味している．【公式 11.15】から，制御時間が有限の場合には，状態フィードバック入力を求めるフィードバックゲイン行列が

$$\boldsymbol{K}(t) = -\boldsymbol{R}^{-1}\boldsymbol{B}^T\boldsymbol{P}(t;\boldsymbol{P}_f,t_f) \quad (11.84)$$

となり時変となる．したがって，図 11.39 のように，時々刻々のフィードバックゲイン行列をメモリに記憶しておき，それをロードして制御入力を計算することになり，実現上あまり好ましくない．したがって，実用的には制御時間を無限大と考え，11.4.2 項で説明した無限時間積分評価による最適レギュレータを用いる場合が多い．

第 12 章

状態観測と制御

State Observer and Control

第 11 章において状態フィードバックによる最適レギュレータを設計する手法について説明した．しかし，一般には状態が直接計測できない場合が多く，その場合は状態フィードバックを構成できない．では，状態が直接計測できなければ最適レギュレータは役に立たないのであろうか．状態が計測できない場合，システムに与える入力とシステムから得られる出力を用いてシステムの状態を知る（推定する）ことはできないであろうか．本章では，これらの問題を解決する手法について説明する．

12・1　状態観測器 (state observer)

12・1・1　同一次元状態オブザーバ(identity observer)

第 8 章で学んだように，システムの入出力関係を状態空間表現する場合，状態の決め方は一意ではなく様々な状態の定義が可能であり，言い換えれば同じ入出力関係をもつ状態空間表現は一意ではない．図 12.1 に示すように制御対象において設計者が操作できる量は入力 $\boldsymbol{u}$ であり，知ることができる情報は出力 $\boldsymbol{y}$ である．したがって，$\boldsymbol{C}$ が単位行列で状態が出力とみなせる場合（$\boldsymbol{y}=\boldsymbol{x}$）のみ状態を知ることができる．しかし，$\boldsymbol{y}=\boldsymbol{x}$ を満足するシステムはそれほど多くない．

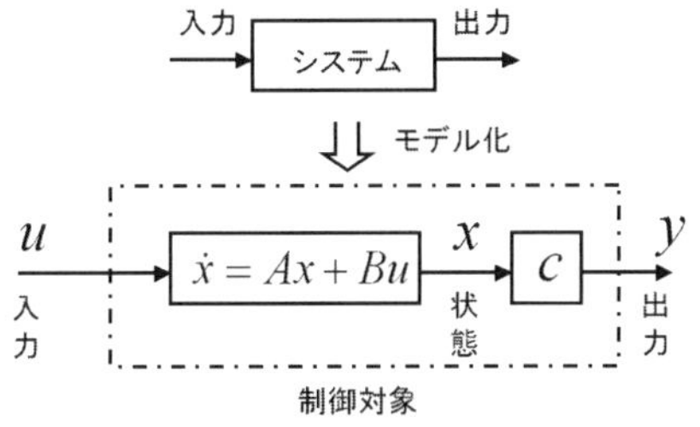

図 12.1　システムと状態

第 11 章では制御系設計において状態フィードバックが重要な役割を果たすことを説明した．状態フィードバックを実現するための第 1 ステップとして，設計者が知り得る情報である入力 $\boldsymbol{u}$ と出力 $\boldsymbol{y}$ を用いて状態 $\boldsymbol{x}$ を推定する手法について説明する．

一般的な線形時不変システム

$$\begin{aligned}\dot{\boldsymbol{x}}(t)&=\boldsymbol{A}\boldsymbol{x}(t)+\boldsymbol{B}\boldsymbol{u}(t),\quad \boldsymbol{x}(0)=\boldsymbol{x}_0\\ \boldsymbol{y}(t)&=\boldsymbol{C}\boldsymbol{x}(t)\end{aligned} \tag{12.1}$$

について考える．ここで，$\boldsymbol{x}$ は n 次元実数ベクトル，$\boldsymbol{u}$ は m 次元実数ベクトル，$\boldsymbol{y}$ は r 次元実数ベクトルとする．以下，特に断らない限り $\boldsymbol{x}$，$\boldsymbol{u}$，$\boldsymbol{y}$ の次元をこのように設定することとする．状態 $\boldsymbol{x}(t)$ の推定量を $\boldsymbol{z}(t)$ とする．ここで，状態 $\boldsymbol{x}(t)$ とその推定量は同じ次元であり，$\boldsymbol{z}(t)$ は n 次元実数ベクトルとなる．

システムがわかっているので $(\boldsymbol{A},\boldsymbol{B},\boldsymbol{C})$ は既知である．行列 $\boldsymbol{A}$，$\boldsymbol{B}$ を用いて $\boldsymbol{z}$ の方程式を

$$\dot{\boldsymbol{z}}(t)=\boldsymbol{A}\boldsymbol{z}(t)+\boldsymbol{B}\boldsymbol{u}(t) \tag{12.2}$$

としてみる．入力 $\boldsymbol{u}(t)$ と $\boldsymbol{z}(t)$ の初期状態 $\boldsymbol{z}(0)$ の情報が与えられれば微分方程式(12.2)を解けば $\boldsymbol{z}(t)$ は求められる．その構成を図 12.2 に示す．推定値 $\boldsymbol{z}(t)$ を実際の状態の値 $\boldsymbol{x}(t)$ に収束させたいので，その指標として，状態量と推定値の偏差を，

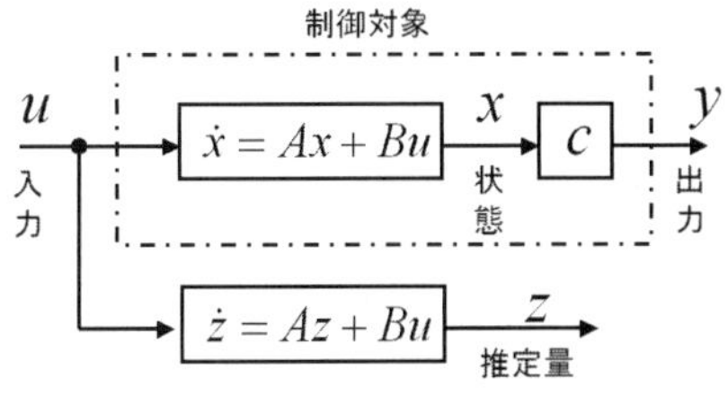

図 12.2　状態推定器

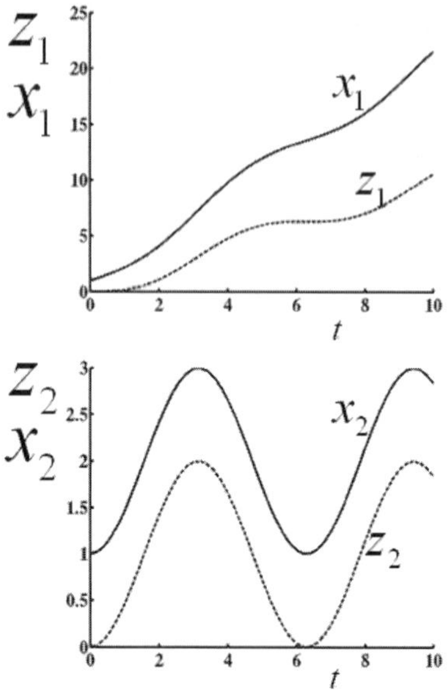

図 12．3　システム(12.6)の状態と推定量の応答【例 12.1】

$$\boldsymbol{\varepsilon}(t) = \boldsymbol{x}(t) - \boldsymbol{z}(t),\ \boldsymbol{\varepsilon}(0) = \boldsymbol{x}(0) - \boldsymbol{z}(0) \tag{12.3}$$

と定義する．式(12.1)，(12.2)を用いれば，偏差 $\boldsymbol{\varepsilon}(t)$ は

$$\dot{\boldsymbol{\varepsilon}}(t) = \boldsymbol{A}\boldsymbol{\varepsilon}(t) \tag{12.4}$$

となる．この場合

$$\boldsymbol{\varepsilon}(t) = e^{\boldsymbol{A}t}\boldsymbol{\varepsilon}(0) \tag{12.5}$$

となり $\boldsymbol{\varepsilon}(0) = 0$ すなわち状態 $\boldsymbol{x}(t)$ の初期値 $\boldsymbol{x}(0)$ がわかっていて，推定量 $\boldsymbol{z}(t)$ に関する式(12.2)の微分方程式の初期値を $\boldsymbol{z}(0) = \boldsymbol{x}(0)$ とした場合 $\boldsymbol{\varepsilon}(t) \equiv 0$ となる．

これは式(12.2)の微分方程式を $\boldsymbol{z}(0) = \boldsymbol{x}(0)$ を初期値として解けば，その解である推定値 $\boldsymbol{z}(t)$ は任意の時刻で状態 $\boldsymbol{x}(t)$ と一致することを意味している．微分方程式(12.2)はコンピュータで数値的に解くことが可能であり，この方程式(12.2)を状態を推定する状態観測器（オブザーバ）と考えてもよいのかもしれない．しかし，一般的に推定したい状態 $\boldsymbol{x}(t)$ の初期値 $\boldsymbol{x}(0)$ があらかじめわかるということはなく，$\boldsymbol{x}(0) \neq \boldsymbol{z}(0)$ と考えなくてはならない．

第 10 章で説明したように，システムが可観測なら出力の有限時間観測によって状態の初期値を計算することができる．しかし，これをプラント操業中に行うのは，煩雑でかつコストがかかる．また，状態フィードバックに状態の推定値を用いる場合には実時間性が要求される．したがって，システムの状態を短時間で推定する方法が必要となる．

【例 12.1】　第 11 章の図 11.16 に示した 1 自由度アームについて，式(12.2)を構成し，シミュレーションによりその応答を調べよ．

【解 12.1】　1 自由度アームのシステムは

$$\dot{\boldsymbol{x}}(t) = \boldsymbol{A}\boldsymbol{x}(t) + \boldsymbol{B}\boldsymbol{u}(t)$$
$$\boldsymbol{A} = \begin{bmatrix} 0 & 1 \\ 0 & 0 \end{bmatrix},\ \boldsymbol{B} = \begin{bmatrix} 0 \\ 1 \end{bmatrix} \tag{12.6}$$

と表現される．ここで，式(12.2)に対応する微分方程式

$$\dot{\boldsymbol{z}}(t) = \boldsymbol{A}\boldsymbol{z}(t) + \boldsymbol{B}\boldsymbol{u}(t)$$

を考える．$\boldsymbol{x}(0) = \begin{bmatrix} 1 & 1 \end{bmatrix}^T$ とおき $\boldsymbol{z}(0) = \begin{bmatrix} 0 & 0 \end{bmatrix}^T$，$u(t) = \sin t$，とおいた場合の状態 $\boldsymbol{x}(t)$ とその推定量 $\boldsymbol{z}(t)$ の応答を図 12.3 に示す．これより，$\boldsymbol{\varepsilon}(0) \neq 0$ の場合，すなわちシステムの状態の初期値とオブザーバの初期値が一致しない場合（$\boldsymbol{x}(0) \neq \boldsymbol{z}(0)$）には，状態を推定できる（$\boldsymbol{z}(t)$ が $\boldsymbol{x}(t)$ に収束する）保証はないことがわかる．

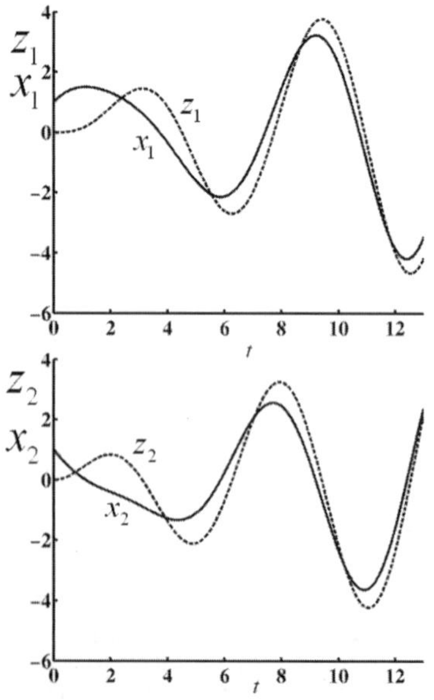

図 12．4　システム(12.7)の状態と推定量の応答【例 12.2】

【例 12.2】　11.1 節で考えたバネ・質量・ダンパ系に外部入力 $u_1(t)$ を導入した図 12.5 に示すシステムについて，式(12.2)を構成し，シミュレーションによりその応答を調べよ．ここで，$u_1(t)$ は質点を引っ張る力であり，$x_1(t)$ はそのときのバネの自然長からの変位である．

【解 12.2】　図 12.5 のバネ・質量・ダンパ系のシステムは，$x_2(t) = \dot{x}_1(t)$ とおくと

$$\begin{bmatrix}\dot{x}_1(t)\\ \dot{x}_2(t)\end{bmatrix}=\begin{bmatrix}0 & 1\\ -\frac{k}{m} & -\frac{d}{m}\end{bmatrix}\begin{bmatrix}x_1(t)\\ x_2(t)\end{bmatrix}+\begin{bmatrix}0\\ \frac{1}{m}\end{bmatrix}u_1(t)$$

と表現される．ここで，$\frac{k}{m}=1,\ \frac{d}{m}=0.1,\ \frac{1}{m}=1$ とするとシステムは

$$\dot{\boldsymbol{x}}(t)=\boldsymbol{A}\boldsymbol{x}(t)+\boldsymbol{B}\boldsymbol{u}(t)$$
$$\boldsymbol{A}=\begin{bmatrix}0 & 1\\ -1 & -0.1\end{bmatrix},\ \boldsymbol{B}=\begin{bmatrix}0\\ 1\end{bmatrix} \tag{12.7}$$

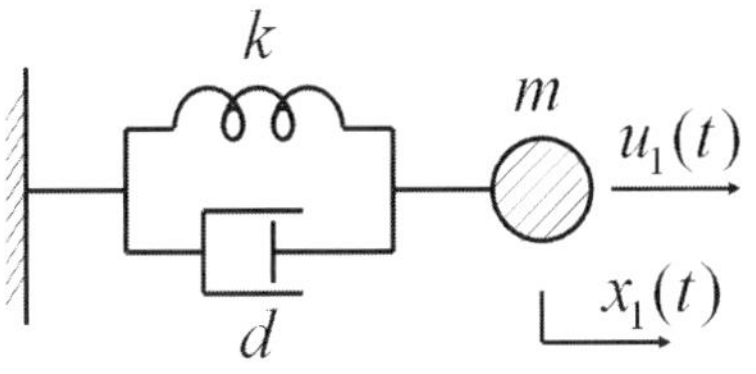

図 12.5 外部入力をもつバネ・質量・ダンパ系

となる．ここで，式(12.2)に対応する微分方程式を考え，$\boldsymbol{x}(0)=[1,\ 1]^T$，とおき $\boldsymbol{z}(0)=[0,\ 0]^T$，$u(t)=\sin t$，とおいた場合の状態 $\boldsymbol{x}(t)$ とその推定量 $\boldsymbol{z}(t)$ の応答を図 12.4 に示す．式(12.7)の $\boldsymbol{A}$ 行列は安定であるので式(12.5)からも推定量は状態に収束していくはずであるが，図 12.4 からその収束速度は極めて遅いことがわかる．

ここでは，図 12.6 に示すように入力情報のみを用いて状態を推定しようとした．この場合，制御対象が安定（$\boldsymbol{A}$ が安定行列，すなわち，$\boldsymbol{A}$ の固有値の実部がすべて負）であれば，任意の初期状態での偏差 $\boldsymbol{\varepsilon}(0)$ に対して推定誤差 $\boldsymbol{\varepsilon}(t)$ が時間無限大で 0 に収束すること，すなわち $\boldsymbol{\varepsilon}(t)\to 0\ \ (t\to\infty)$ が保証され，状態の推定が可能であることがわかる．しかし，その収束速度は制御対象の開ループ極によって定まってしまう．では，制御対象が不安定であったり，状態推定の収束速度を指定したい場合にはどうしたらよいであろうか．

図 12.6 入力のみを用いた状態観測器

それには，まだ用いていない情報であるシステムの出力を用い，入力と出力の情報を利用した状態観測器（図 12.7 参照）が必要となる．そこでまず，状態観測器(state observer)の理論的根拠を与える可観測性と極配置可能性についての公式を学ぼう．

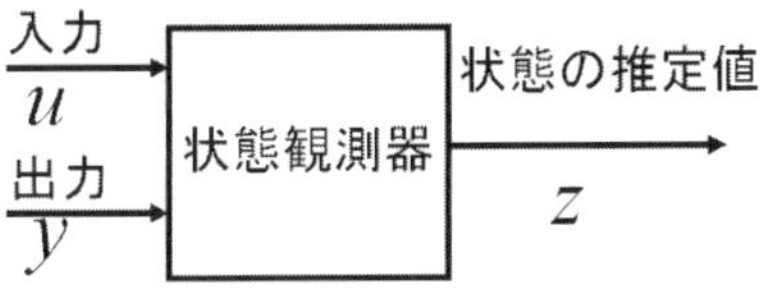

図 12.7 入力と出力を用いた状態観測器の構成

【公式 12.1】

行列 $\boldsymbol{A}$，$\boldsymbol{C}$ について $(\boldsymbol{A},\boldsymbol{C})$ が可観測であることは，行列 $\boldsymbol{A}-\boldsymbol{G}\boldsymbol{C}$ の固有値を任意に指定した場合にその固有値配置を実現する行列 $\boldsymbol{G}$ が存在するための必要十分条件である．

公式 12.1

(A,C) 可観測

⇕

$A-GC$ の固有値を任意に配置する行列 G が存在する.

この公式は，11.3 節で紹介した【公式 11.8】の可制御性と極配置可能性についての公式と対をなしている公式である．

微分方程式(12.2)に対して，システムの出力と状態の推定値から計算される出力の推定値との偏差，すなわち出力誤差をフィードバックすることを考える（図 12.8 参照）．これは

$$\dot{\boldsymbol{z}}(t)=\boldsymbol{A}\boldsymbol{z}(t)+\boldsymbol{B}\boldsymbol{u}(t)+\boldsymbol{G}(\boldsymbol{y}(t)-\boldsymbol{C}\boldsymbol{z}(t)) \tag{12.8}$$

と微分方程式表現される．状態量と推定値の偏差 $\boldsymbol{\varepsilon}(t)=\boldsymbol{x}(t)-\boldsymbol{z}(t)$ は式(12.1), (12.8)を用いると

$$\begin{array}{rl} & \dot{\boldsymbol{x}}(t)=\boldsymbol{A}\boldsymbol{x}(t)+\boldsymbol{B}\boldsymbol{u}(t)\\ - & \underline{\dot{\boldsymbol{z}}(t)=\boldsymbol{A}\boldsymbol{z}(t)+\boldsymbol{B}\boldsymbol{u}(t)+\boldsymbol{G}(\boldsymbol{C}\boldsymbol{x}(t)-\boldsymbol{C}\boldsymbol{z}(t))}\\ & \dot{\boldsymbol{x}}(t)-\dot{\boldsymbol{z}}(t)=(\boldsymbol{A}-\boldsymbol{G}\boldsymbol{C})(\boldsymbol{x}(t)-\boldsymbol{z}(t))\end{array}$$

より

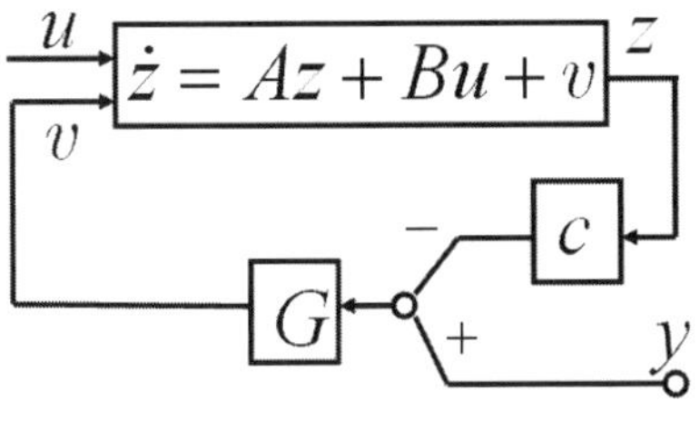

図 12.8 出力誤差のフィードバック

$$\dot{\boldsymbol{\varepsilon}}(t) = (\boldsymbol{A} - \boldsymbol{GC})\boldsymbol{\varepsilon}(t) \tag{12.9}$$

となる．この場合

$$\boldsymbol{\varepsilon}(t) = e^{(\boldsymbol{A}-\boldsymbol{GC})t}\boldsymbol{\varepsilon}(0) \tag{12.10}$$

となる．【公式 12.1】で説明したように，$(\boldsymbol{A},\boldsymbol{C})$ が可観測であれば，行列 $\boldsymbol{A}-\boldsymbol{GC}$ の固有値を任意に指定した場合に，その固有値の配置を実現する行列 $\boldsymbol{G}$ が存在することがわかっている．したがって，行列 $\boldsymbol{G}$ を適当に選ぶことにより，任意の初期推定誤差 $\boldsymbol{\varepsilon}(0)$ に対して推定誤差 $\boldsymbol{\varepsilon}(t)$ を指定した収束速度でゼロにすることが可能となる．

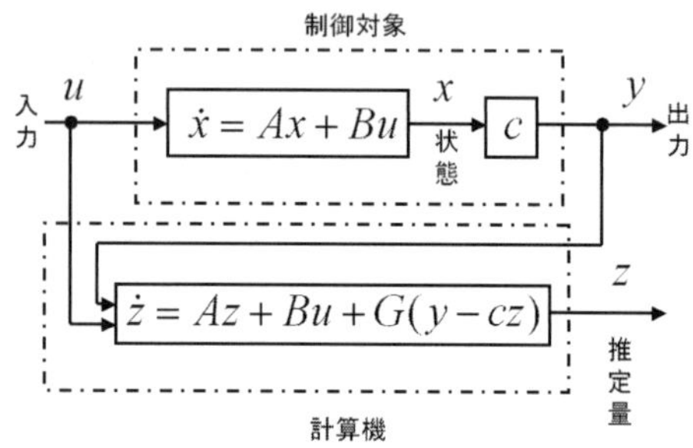

図 12.9　状態観測器（オブザーバ）のブロック図

微分方程式(12.8)を状態観測器（オブザーバ）とよび，$\boldsymbol{G}$ はオブザーバゲイン行列（observer gain matrix）という．特に，式(12.8)のオブザーバはシステムの次数と同じなので同一次元状態オブザーバ（identity observer）と呼ぶ．オブザーバのブロック図を図 12.9 に示す．

以上で得られた同一次元状態オブザーバに関する事項を公式としてまとめておく．なお，この公式は 11.3 節で紹介した状態フィードバック・コントローラに関する【公式 11.10】と双対(dual)をなしている公式である．

公式 12.2

(A, C) 可観測

⇕

オブザーバの極を任意に配置するオブザーバゲイン G が存在する．

【公式 12.2】

線形時不変システム

$$\dot{\boldsymbol{x}}(t) = \boldsymbol{Ax}(t) + \boldsymbol{Bu}(t),\ \ \boldsymbol{y}(t) = \boldsymbol{Cx}(t)$$

において $(\boldsymbol{A},\boldsymbol{C})$ が可観測であれば，状態 $\boldsymbol{x}(t)$ を推定する同一次元状態オブザーバは

$$\dot{\boldsymbol{z}}(t) = \boldsymbol{Az}(t) + \boldsymbol{Bu}(t) + \boldsymbol{G}(\boldsymbol{y}(t) - \boldsymbol{Cz}(t))$$

と構成される．$\boldsymbol{A}-\boldsymbol{GC}$ の固有値を任意に配置するオブザーバゲイン行列 $\boldsymbol{G}$ が存在する．また，その逆も正しい．

【例 12.3】　システム行列

$$\boldsymbol{A} = \begin{bmatrix} 0 & 1 \\ 0 & 0 \end{bmatrix},\ \ \boldsymbol{C} = \begin{bmatrix} 1 & 0 \end{bmatrix}$$

をもつシステムの可観測性を調べ，可観測ならば $\boldsymbol{A}-\boldsymbol{GC}$ の固有値を s_1, s_2 に配置する行列 $\boldsymbol{G}$ を求めよ．

【解 12.3】　可観測行列は

$$\boldsymbol{U}_o = \begin{bmatrix} \boldsymbol{C} \\ \boldsymbol{CA} \end{bmatrix} = \begin{bmatrix} 1 & 0 \\ 0 & 1 \end{bmatrix}$$

となり rank は 2 であり，システムは可観測である（第 10 章参照）．したがって，$\boldsymbol{A}-\boldsymbol{GC}$ の極配置が可能である．行列 $\boldsymbol{G}$ を $\boldsymbol{G} = \begin{bmatrix} g_1 \\ g_2 \end{bmatrix}$ とすると

$$\boldsymbol{A} - \boldsymbol{GC} = \begin{bmatrix} 0 & 1 \\ 0 & 0 \end{bmatrix} - \begin{bmatrix} g_1 \\ g_2 \end{bmatrix}\begin{bmatrix} 1 & 0 \end{bmatrix} = \begin{bmatrix} -g_1 & 1 \\ -g_2 & 0 \end{bmatrix}$$

となる．$\boldsymbol{A}-\boldsymbol{GC}$ の固有値は

$$\det\begin{bmatrix} s+g_1 & -1 \\ g_2 & s \end{bmatrix} = s^2 + g_1 s + g_2 = 0 \tag{12.11}$$

を満足する．一方，s_1, s_2 を固有値とする特性方程式は

$$(s-s_1)(s-s_2) = s^2 - (s_1+s_2)s + s_1 s_2 = 0 \tag{12.12}$$

となり，式(12.11)と式(12.12)の係数を比較すると

$$g_1 = -(s_1+s_2),\ \ g_2 = s_1 s_2$$

を得る．もちろん，g_1，g_2 を得るのに極配置法のアッカーマンの方法を用いてもよい．

【例 12.4】　【例 11.13】に示した 1 自由度アーム（右図参照）について同一次元状態オブザーバの設計を考えよう．モータの角度 $\theta(t)$ をシステムの出力と考え，システムの状態 $\boldsymbol{x}(t) = [x_1(t)\ \ x_2(t)]^T = [\theta(t)\ \ \dot{\theta}(t)]^T$ を推定する同一次元状態オブザーバを設計し，オブザーバの極の配置位置に対する推定量の追従速度の変化をシミュレーションにより比較せよ．

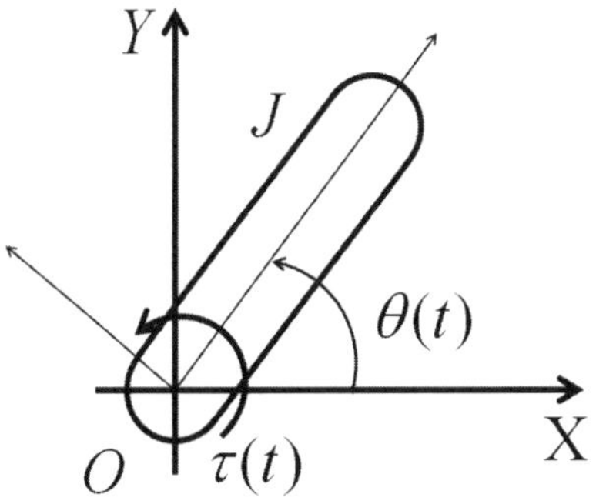

例11．13の1自由度アーム

【解 12.4】　1 自由度アームのシステムは

$$\dot{\boldsymbol{x}}(t) = \boldsymbol{A}\boldsymbol{x}(t) + \boldsymbol{B}u(t),\ \ \boldsymbol{y}(t) = \boldsymbol{C}\boldsymbol{x}(t) \tag{12.13}$$

と表現される．ここで

$$\boldsymbol{A} = \begin{bmatrix} 0 & 1 \\ 0 & 0 \end{bmatrix},\ \ \boldsymbol{B} = \begin{bmatrix} 0 \\ 1 \end{bmatrix},\ \ \boldsymbol{C} = \begin{bmatrix} 1 & 0 \end{bmatrix}$$

である．この場合，【例 12.3】の結果からシステムは可観測であることが確かめられる．状態の初期値を $\boldsymbol{x}(0) = \begin{bmatrix} 1 & 1 \end{bmatrix}^T$，入力を $u(t) = \sin t$ とし，オブザーバの初期値を $\boldsymbol{z}(0) = \begin{bmatrix} 0 & 0 \end{bmatrix}^T$ とする．【例 12.3】の結果を用いれば，$\boldsymbol{A} - \boldsymbol{GC}$ の極を $-2, -3$ と配置するとオブザーバゲインは $\boldsymbol{G} = \begin{bmatrix} 5 \\ 6 \end{bmatrix}$ となる．この場合の状態 $(x_1(t), x_2(t))$ とオブザーバ $(z_1(t), z_2(t))$ の応答は図 12.10 のようになり，推定値が状態に追従している様子がわかる．図 12.10 において青色の実線は状態の応答，青色の点線はオブザーバの応答を示している．また，$\boldsymbol{A} - \boldsymbol{GC}$ の極を $-\dfrac{1}{2}$，-1 と配置した場合の $(z_1(t), z_2(t))$ の応答を黒色の点線で示す．これより，配置されたオブザーバの極により，推定量の追従速度が変化していることがわかる．どのように，オブザーバの極を配置しオブザーバゲインを決定するかは重要な問題である．この問題に関しては本章の最後で説明する．

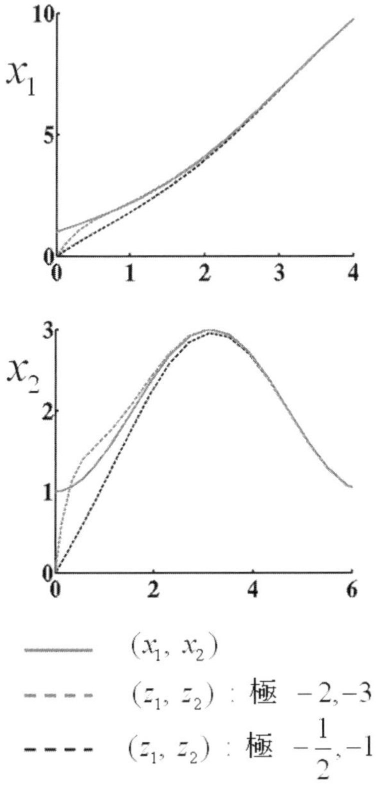

図12．10　オブザーバの追従【例 12.4】

【例 12.4】において，システムの出力は状態 $x_1(t)$ そのものであり，直接計測できている状態を推定する必要はないように思われる．観測された状態をわざわざ推定せず，そのまま用い，観測されていない状態成分のみを推定す

れば，推定に必要とされる計算量の減少が期待される．次項では，このようなオブザーバについて学ぶ．

【例 12.5】 Design an identity observer assigning the poles at -5ω_n for an undamped oscillator with the following coefficient matrices:

$$\boldsymbol{A} = \begin{bmatrix} 0 & 1 \\ -\omega_n^2 & 0 \end{bmatrix},\ \boldsymbol{b} = \begin{bmatrix} 0 \\ 1 \end{bmatrix},\ \boldsymbol{c} = \begin{bmatrix} 1 & 0 \end{bmatrix}$$

where ω_n is the natural frequency of the oscillator.

【解 12.5】 The characteristic equation of the observer is

$$(s+5\omega_n)^2 = s^2 + 10\omega_n s + 25\omega_n^2 = 0$$

For the observer gain vector $\boldsymbol{g}^T = [g_1, g_2]$, the characteristic equation is

$$s^2 + g_1 s + g_2 + \omega_n^2 = 0$$

Comparing coefficients on the left hand sides of these two equations, we find $g_1 = 10\omega_n$ and $g_2 = 24\omega_n^2$. Then, for given $\boldsymbol{A}, \boldsymbol{b}, \boldsymbol{c}$ and $\boldsymbol{g}$ above, the designed observer equation is

$$\begin{bmatrix} \dot{z}_1(t) \\ \dot{z}_2(t) \end{bmatrix} = \begin{bmatrix} 0 & 1 \\ -\omega_n^2 & 0 \end{bmatrix} \begin{bmatrix} z_1(t) \\ z_2(t) \end{bmatrix} + \begin{bmatrix} 0 \\ 1 \end{bmatrix} u(t) + \begin{bmatrix} 10\omega_n \\ 24\omega_n^2 \end{bmatrix} \left(x(t) - \begin{bmatrix} 1 & 0 \end{bmatrix} \begin{bmatrix} z_1(t) \\ z_2(t) \end{bmatrix} \right)$$

12・1・2* 最小次元状態オブザーバ(minimal order observer)

さて，【例 12.4】で考察した 1 自由度アームのオブザーバについてもう少し詳しく考えてみよう．具体的に同一次元状態オブザーバを表現すると，2 次元の微分方程式で

$$\begin{bmatrix} \dot{z}_1(t) \\ \dot{z}_2(t) \end{bmatrix} = \begin{bmatrix} 0 & 1 \\ 0 & 0 \end{bmatrix} \begin{bmatrix} z_1(t) \\ z_2(t) \end{bmatrix} + \begin{bmatrix} 0 \\ 1 \end{bmatrix} u(t) + \begin{bmatrix} g_1 \\ g_2 \end{bmatrix} \left(x_1(t) - \begin{bmatrix} 1 & 0 \end{bmatrix} \begin{bmatrix} z_1(t) \\ z_2(t) \end{bmatrix} \right) \tag{12.14}$$

となる．この場合 $x_1(t) = \theta(t)$ は $y(t) = \theta(t)$ そのものであり，$x_1(t)$ の推定値 $z_1(t)$ は必要ではない．式(12.14)を要素で書くと

$$\dot{z}_1(t) = z_2(t) + g_1 \left(x_1(t) - z_1(t) \right) \tag{12.15}$$

$$\dot{z}_2(t) = u(t) + g_2 \left(x_1(t) - z_1(t) \right) \tag{12.16}$$

となる．式(12.14) − 式(12.13) × $\dfrac{g_2}{g_1}$ の演算を行うと

$$\begin{array}{rl} & \dot{z}_2(t) = u(t) + g_2(x_1(t) - z_1(t)) \\ - & \dfrac{g_2}{g_1}\dot{y}(t) = \dfrac{g_2}{g_1} z_2(t) + g_2(x_1(t) - z_1(t)) \\ \hline & \dot{z}_2(t) - \dfrac{g_2}{g_1}\dot{y}(t) = u(t) - \dfrac{g_2}{g_1} z_2(t) \end{array} \tag{12.17}$$

となり，式(12.17)は

$$\dot{z}_2(t)-\frac{g_2}{g_1}\dot{y}(t)=-\frac{g_2}{g_1}\left(z_2(t)-\frac{g_2}{g_1}y(t)\right)-\left(\frac{g_2}{g_1}\right)^2 y(t)+u(t) \tag{12.18}$$

と変形できる．ここで $z(t)=z_2(t)-\frac{g_2}{g_1}y(t)$ とおけば式(12.18)は

$$\dot{z}(t)=-\frac{g_2}{g_1}z(t)-\left(\frac{g_2}{g_1}\right)^2 y(t)+u(t) \tag{12.19}$$

となり，1次元の微分方程式(12.19)を解けば，その解 $z(t)$ を用いて推定値 $z_2(t)$ は

$$z_2(t)=z(t)+\frac{g_2}{g_1}y(t) \tag{12.20}$$

と与えられる．式(12.14)が2次元であったのに対して出力 $y(t)$ によって得られる成分，つまり $x_1(t)$ を考慮することにより，式(12.19)のように，可能な限り次元の低い状態オブザーバ，つまり最小次元状態オブザーバ(minimal order observer)を構成することが可能となる．

次にこれを一般化して，n 次元のシステムに対するの最小次元状態オブザーバについて考えよう．$(\boldsymbol{A},\boldsymbol{C})$ が可観測な線形時不変システム

$$\dot{\boldsymbol{x}}(t)=\boldsymbol{A}\boldsymbol{x}(t)+\boldsymbol{B}\boldsymbol{u}(t),\ \ \boldsymbol{y}(t)=\boldsymbol{C}\boldsymbol{x}(t) \tag{12.21}$$

に対して，$\boldsymbol{C}$ の行ベクトルとは独立な $n-r$ 個の行ベクトルを任意に選んで $(n-r)\times n$ 行列 $\boldsymbol{C}_0$ を作る．これを用いて n 次元正則行列

$$\boldsymbol{S}=\begin{bmatrix}\boldsymbol{C}\\ \boldsymbol{C}_0\end{bmatrix}$$

を作ることができる．$\bar{\boldsymbol{x}}(t)=\boldsymbol{S}\boldsymbol{x}(t)$ とおくと，式(12.21)と等価なシステム

$$\dot{\bar{\boldsymbol{x}}}(t)=\bar{\boldsymbol{A}}\bar{\boldsymbol{x}}(t)+\bar{\boldsymbol{B}}\boldsymbol{u}(t),\ \ \boldsymbol{y}(t)=\bar{\boldsymbol{C}}\bar{\boldsymbol{x}}(t) \tag{12.22}$$

を得る．ただし，$\bar{\boldsymbol{A}}=\boldsymbol{S}\boldsymbol{A}\boldsymbol{S}^{-1}$，$\bar{\boldsymbol{B}}=\boldsymbol{S}\boldsymbol{B}$，$\bar{\boldsymbol{C}}=\boldsymbol{C}\boldsymbol{S}^{-1}$ とおいている．ここで，

$$\begin{aligned}\begin{bmatrix}\boldsymbol{I}_r & \boldsymbol{0}\end{bmatrix}\boldsymbol{S}&=\begin{bmatrix}\boldsymbol{I}_r & \boldsymbol{0}\end{bmatrix}\begin{bmatrix}\boldsymbol{C}\\ \boldsymbol{C}_0\end{bmatrix}\\ &=\boldsymbol{C}\end{aligned}$$

であるので，右から $\boldsymbol{S}^{-1}$ をかけると，$\boldsymbol{C}\boldsymbol{S}^{-1}=\begin{bmatrix}\boldsymbol{I}_r & \boldsymbol{0}\end{bmatrix}=\bar{\boldsymbol{C}}$ となる．ただし，$\boldsymbol{I}_r$ は $r\times r$ の単位行列を意味している．ここで，$\boldsymbol{y}(t)=\bar{\boldsymbol{C}}\bar{\boldsymbol{x}}(t)=\begin{bmatrix}\boldsymbol{I}_r & \boldsymbol{0}\end{bmatrix}\bar{\boldsymbol{x}}(t)$ となるので，$y_i(t)=\bar{x}_i(t),\ i=1,\dots,r$ が成立する．状態ベクトルを

$$\bar{\boldsymbol{x}}(t)=\begin{bmatrix}\boldsymbol{y}(t)\\ \boldsymbol{w}(t)\end{bmatrix}\begin{matrix}\}r\\ \}n-r\end{matrix}$$

のように分割し，それに応じて行列 $\bar{\boldsymbol{A}},\ \bar{\boldsymbol{B}}$ も

$$\bar{A} = \left[\begin{array}{c|c} A_{11} & A_{12} \\ \hline A_{21} & A_{22} \end{array}\right] \begin{array}{l} \}r \\ \}n-r \end{array}, \quad \bar{B} = \left[\begin{array}{c} B_1 \\ \hline B_2 \end{array}\right] \begin{array}{l} \}r \\ \}n-r \end{array} \tag{12.23}$$

$$\underbrace{\quad}_{r} \quad \underbrace{\quad}_{n-r}$$

のように分割して状態方程式を書き直すと

$$\dot{y}(t) = A_{11} y(t) + A_{12} w(t) + B_1 u(t) \tag{12.24}$$

$$\dot{w}(t) = A_{21} y(t) + A_{22} w(t) + B_2 u(t) \tag{12.25}$$

となる．ここで，$y(t)$ は既知の観測値，$w(t)$ は推定すべき未知の状態である．式(12.25)を推定すべき状態 $w(t)$ の状態方程式と考える．式(12.24)において $\dot{y}(t) - A_{11} y(t) - B_1 u(t)$ を出力と置き換えて，$w(t)$ の推定値を $\hat{w}(t)$，L を $(n-r)\times r$ 行列とすると，式(12.25)に対する同一次元状態オブザーバは，

$$\dot{\hat{w}}(t) = A_{21} y(t) + A_{22} \hat{w}(t) + B_2 u(t) + L\left(\dot{y}(t) - A_{11} y(t) - B_1 u(t) - A_{12} \hat{w}(t)\right) \tag{12.26}$$

となる．式(12.26)の右辺の最後の項は出力 $\dot{y}(t) - A_{11} y(t) - B_1 u(t) = A_{12} w(t)$ とその推定量 $A_{12} \hat{w}(t)$ との出力の推定誤差のフィードバックとなっている．また，L はオブザーバゲイン行列である．

ここで，

$$z(t) = \hat{w}(t) - L y(t) \tag{12.27}$$

とおくと，式(12.26)は，

$$\dot{z}(t) = \left(A_{22} - L A_{12}\right) z(t) + \left\{\left(A_{21} - L A_{11}\right) + \left(A_{22} - L A_{12}\right) L\right\} y(t) + \left(B_2 - L B_1\right) u(t) \tag{12.28}$$

となり，最小次元状態オブザーバが構成された．

微分方程式(12.28)の解 $z(t)$ を数値的に求め，式(12.27)に基づいて出力の情報 $y(t)$ を用いれば，推定値は

$$\hat{w}(t) = z(t) + L y(t) \tag{12.29}$$

と求められる．

推定誤差を求めるために，式(12.25)，(12.26)を用いると

$$\begin{array}{rl} & \dot{w} = A_{21} y + A_{22} w + B_2 u \\ - & \underline{\dot{\hat{w}} = A_{21} y + A_{22} \hat{w} + B_2 u + L(\dot{y} - A_{11} y - B_1 u - A_{12} \hat{w})} \\ & \dot{w} - \dot{\hat{w}} = A_{22}(w - \hat{w}) - L(\dot{y} - A_{11} y - B_1 u - A_{12} \hat{w}) \end{array}$$

を得る．さらに，式(12.24)を用いると

$$\dot{w} - \dot{\hat{w}} = A_{22}(w - \hat{w}) - L(A_{11} y + A_{12} w + B_1 u - A_{11} y - B_1 u - A_{12} \hat{w}) \tag{12.30}$$

となり，推定誤差を

$$\xi(t) = w(t) - \hat{w}(t)$$

とおくと，式(12.30)より推定誤差方程式

$$\dot{\xi}(t) = \left(A_{22} - L A_{12}\right) \xi(t) \tag{12.31}$$

を得る．$(\boldsymbol{A},\boldsymbol{C})$が可観測ならば$(\boldsymbol{A}_{22},\boldsymbol{A}_{12})$も可観測であるので，オブザーバゲイン行列$\boldsymbol{L}$を適当に選べば$\boldsymbol{A}_{22}-\boldsymbol{L}\boldsymbol{A}_{12}$の極を任意に配置できることがわかる．以下に，最小次元状態オブザーバの構成法を公式としてまとめておく．

【公式 12.3】

可観測な線形時不変システム(12.21)に対する最小次元状態オブザーバの構成のアルゴリズムは

Step1　式(12.22)のようにシステムを変換する．

Step2　行列$\boldsymbol{A}$，$\boldsymbol{B}$を式(12.23)のように分割する．

Step3　行列$\boldsymbol{A}_{22}-\boldsymbol{L}\boldsymbol{A}_{12}$の固有値が指定された値をとるように$\boldsymbol{L}$を定める．

Step4　式(12.28)のオブザーバの各行列を求める．

となる．

公式 12.3
最小次元状態オブザーバの構成アルゴリズム

Step1　システム変換(12.22)
Step2　システム行列の分割(12.23)
Step3　オブザーバゲイン $\boldsymbol{L}$ の決定
Step4　オブザーバ(12.28)の構成

【例 12.6】　【公式 12.3】を用いて，図 11.16 に示した 1 自由度アームの最小次元状態オブザーバ(12.28)を設計せよ．

【解 12.6】　1 自由度アームに対するシステムは式(12.23)において，$\boldsymbol{A}_{11}=\boldsymbol{A}_{21}=\boldsymbol{A}_{22}=0$，$\boldsymbol{A}_{12}=1$，$\boldsymbol{B}_1=0$，$\boldsymbol{B}_2=1$としたシステムであり，$\boldsymbol{L}=l$とおけば最小次元状態オブザーバ(12.28)は

$$\dot{z}(t)=-lz(t)-l^2y(t)+u(t) \tag{12.32}$$

となる．式(12.32)は$l=\dfrac{g_2}{g_1}$とおけば，先に導出したオブザーバ(12.19)と等価であることがわかる．

【例 12.7】　【例 8.6】あるいは【例 10.1】で考えた負荷つき直流モータシステム（右図参照）は

$$\boldsymbol{x}=\begin{bmatrix}\theta\\ \dot{\theta}\\ i\end{bmatrix},\ \boldsymbol{A}=\begin{bmatrix}0&1&0\\0&-1&2\\0&-2&-6\end{bmatrix},\ \boldsymbol{B}=\begin{bmatrix}0\\0\\1\end{bmatrix},\ \boldsymbol{C}=\begin{bmatrix}1&0&0\end{bmatrix}$$

であり，モータの角度θのみが計測可能である．他の状態であるモータの角速度$\dot{\theta}$とモータの電機子電流iを推定する，極を-3，-4にもつ最小次元状態オブザーバを設計せよ．

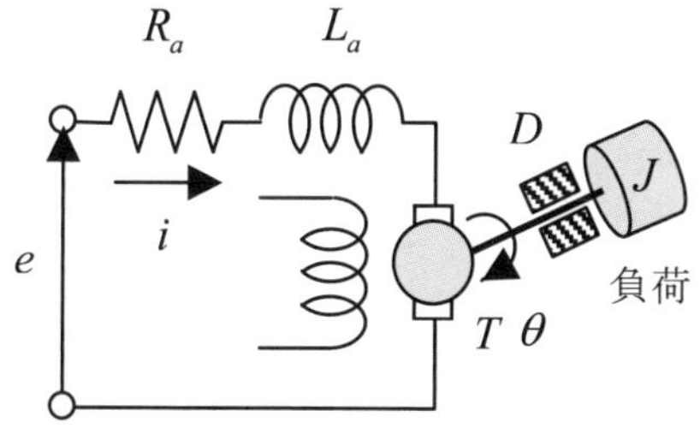

例 8.6 の負荷付き直流モータ

【解 12.7】　【例 10.1】(【例 8.6】)のシステムが可観測であることはすでに【解 10.1】で確認している．【公式 12.3】に従って最小次元状態オブザーバを設計する．

Step1　$\boldsymbol{S}=\begin{bmatrix}\boldsymbol{C}\\ \boldsymbol{C}_0\end{bmatrix}=\begin{bmatrix}1&0&0\\0&1&0\\0&0&1\end{bmatrix}$

となるように選ぶと，$|s|=1\neq 0$である．

Step2　よって

$$\bar{\boldsymbol{x}} = \boldsymbol{S}\boldsymbol{x} = \begin{bmatrix} \theta \\ \dot{\theta} \\ i \end{bmatrix}$$

$$\bar{\boldsymbol{A}} = \boldsymbol{S}\boldsymbol{A}\boldsymbol{S}^{-1} = \boldsymbol{A} = \left[\begin{array}{c|cc} 0 & 1 & 0 \\ \hline 0 & -1 & 2 \\ 0 & -2 & -6 \end{array}\right]$$

$$\bar{\boldsymbol{B}} = \boldsymbol{S}\boldsymbol{B} = \boldsymbol{B} = \begin{bmatrix} 0 \\ \hline 0 \\ 1 \end{bmatrix}$$

$$\bar{\boldsymbol{C}} = \boldsymbol{C}\boldsymbol{S}^{-1} = \boldsymbol{C} = \begin{bmatrix} 1 & 0 & 0 \end{bmatrix}$$

となる.

Step3　$\boldsymbol{L} = \begin{bmatrix} l_1 \\ l_2 \end{bmatrix}$として

$$\begin{aligned} \boldsymbol{A}_{22} - \boldsymbol{L}\boldsymbol{A}_{12} &= \begin{bmatrix} -1 & 2 \\ -2 & -6 \end{bmatrix} - \begin{bmatrix} l_1 \\ l_2 \end{bmatrix} \begin{bmatrix} 1 & 0 \end{bmatrix} \\ &= \begin{bmatrix} -1-l_1 & 2 \\ -2-l_2 & -6 \end{bmatrix} \end{aligned}$$

の固有値を -3, -4 とするには, $\boldsymbol{L} = \begin{bmatrix} 0 \\ 1 \end{bmatrix}$ とすればよい（左のメモを参照）.

Step3 のメモ

> 極を -3, -4とする特性方程式
>
> $$(s+3)(s+4) = s^2 + 7s + 12$$
>
> $\boldsymbol{A}_{22} - \boldsymbol{L}\boldsymbol{A}_{12}$ の固有方程式
>
> $$\begin{aligned} \det\begin{bmatrix} s+1+l_1 & -2 \\ 2+l_2 & s+6 \end{bmatrix} &= (s+1+l_1)(s+6) + 2(2+l_2) \\ &= s^2 + (7+l_1)s + 10 + 6l_1 + 2l_2 \end{aligned}$$
>
> 係数を比較すると
>
> $$7 + l_1 = 7$$
>
> $$10 + 6l_1 + 2l_2 = 12$$
>
> より
>
> $$l_1 = 0,\ l_2 = 1$$
>
> を得る.

Step4　式(12.28)より

$$\boldsymbol{A}_{21} - \boldsymbol{L}\boldsymbol{A}_{11} + \left(\boldsymbol{A}_{22} - \boldsymbol{L}\boldsymbol{A}_{12}\right)\boldsymbol{L} = \left[\begin{bmatrix} -1 & 2 \\ -2 & -6 \end{bmatrix} - \begin{bmatrix} 0 \\ 1 \end{bmatrix}\begin{bmatrix} 1 & 0 \end{bmatrix}\right]\begin{bmatrix} 0 \\ 1 \end{bmatrix} = \begin{bmatrix} 2 \\ -6 \end{bmatrix}$$

$$\boldsymbol{B}_2 - \boldsymbol{L}\boldsymbol{B}_1 = \begin{bmatrix} 0 \\ 1 \end{bmatrix}$$

となり, 最小次元状態オブザーバは

$$\begin{bmatrix} \dot{z}_1 \\ \dot{z}_2 \end{bmatrix} = \begin{bmatrix} -1 & 2 \\ -3 & -6 \end{bmatrix}\begin{bmatrix} z_1 \\ z_2 \end{bmatrix} + \begin{bmatrix} 2 \\ -6 \end{bmatrix}\theta + \begin{bmatrix} 0 \\ 1 \end{bmatrix}u$$

となる.

【例 12.8】　【例 12.7】で考えた負荷つき直流モータシステムではモータの角度 θ のみが計測可能であったが, それに加えモータの電機子電流 i も計測可能であるとした場合のシステム

$$\boldsymbol{x} = \begin{bmatrix} \theta \\ \dot{\theta} \\ i \end{bmatrix},\ \boldsymbol{A} = \begin{bmatrix} 0 & 1 & 0 \\ 0 & -1 & 2 \\ 0 & -2 & -6 \end{bmatrix},\ \boldsymbol{B} = \begin{bmatrix} 0 \\ 0 \\ 1 \end{bmatrix},\ \boldsymbol{C} = \begin{bmatrix} 1 & 0 & 0 \\ 0 & 0 & 1 \end{bmatrix}$$

について, 極を -5 とする最小次元状態オブザーバを設計せよ.

【解 12.8】 まず，可観測であるかを確認しよう．可観測行列 $\boldsymbol{U}_o$ は

$$\boldsymbol{U}_o=\begin{bmatrix}\boldsymbol{C}\\ \boldsymbol{CA}\\ \boldsymbol{CA}^2\end{bmatrix}=\begin{bmatrix}1&0&0\\0&0&1\\0&1&0\\0&-2&-6\\0&-1&2\\0&14&32\end{bmatrix}$$

となり rank は3であるので可観測である．【公式 12.3】に従って，最小次元状態オブザーバを設計する．

Step1 $\boldsymbol{C}_0$ の一例として

$$\boldsymbol{S}=\begin{bmatrix}\boldsymbol{C}\\ \boldsymbol{C}_0\end{bmatrix}=\begin{bmatrix}1&0&0\\0&0&1\\0&1&0\end{bmatrix}$$

となるように選ぶと $|s|=-1\neq 0$ である．

Step2 よって，

$$\bar{\boldsymbol{x}}=\boldsymbol{Sx}=\begin{bmatrix}1&0&0\\0&0&1\\0&1&0\end{bmatrix}\begin{bmatrix}\theta\\ \dot{\theta}\\ i\end{bmatrix}=\begin{bmatrix}\theta\\ i\\ \dot{\theta}\end{bmatrix}$$

$$\bar{\boldsymbol{A}}=\boldsymbol{SAS}^{-1}=\begin{bmatrix}1&0&0\\0&0&1\\0&1&0\end{bmatrix}\begin{bmatrix}0&1&0\\0&-1&2\\0&-2&-6\end{bmatrix}\begin{bmatrix}1&0&0\\0&0&1\\0&1&0\end{bmatrix}=\left[\begin{array}{cc|c}0&0&1\\0&-6&-2\\\hline 0&2&-1\end{array}\right]$$

$$\bar{\boldsymbol{B}}=\boldsymbol{SB}=\begin{bmatrix}1&0&0\\0&0&1\\0&1&0\end{bmatrix}\begin{bmatrix}0\\0\\1\end{bmatrix}=\left[\begin{array}{c}0\\1\\\hline 0\end{array}\right]$$

$$\bar{\boldsymbol{C}}=\boldsymbol{CS}^{-1}=\begin{bmatrix}1&0&0\\0&0&1\end{bmatrix}\begin{bmatrix}1&0&0\\0&0&1\\0&1&0\end{bmatrix}=\begin{bmatrix}1&0&0\\0&1&0\end{bmatrix}$$

となる．

Step3 $\boldsymbol{L}=\begin{bmatrix}l_1 & l_2\end{bmatrix}$ として

$$\boldsymbol{A}_{22}-\boldsymbol{LA}_{12}=-1-\begin{bmatrix}l_1 & l_2\end{bmatrix}\begin{bmatrix}1\\-2\end{bmatrix}=-1-l_1+2l_2$$

の固有値を -5 とするには例えば $\boldsymbol{L}=\begin{bmatrix}2 & -1\end{bmatrix}$ とすればよい．

Step4 式(12.28)より

$$\begin{aligned}\boldsymbol{A}_{21}-\boldsymbol{LA}_{11}+\left(\boldsymbol{A}_{22}-\boldsymbol{LA}_{12}\right)\boldsymbol{L}&=\begin{bmatrix}0&2\end{bmatrix}-\begin{bmatrix}2&-1\end{bmatrix}\begin{bmatrix}0&0\\0&-6\end{bmatrix}-5\begin{bmatrix}2&-1\end{bmatrix}\\&=\begin{bmatrix}-10&1\end{bmatrix}\end{aligned}$$

$$\boldsymbol{B}_2-\boldsymbol{LB}_1=0-\begin{bmatrix}2&-1\end{bmatrix}\begin{bmatrix}0\\1\end{bmatrix}=1$$

となり，最小次元状態オブザーバは

$$\dot{z} = -5z + \begin{bmatrix} -10 & 1 \end{bmatrix} \begin{bmatrix} \theta \\ i \end{bmatrix} + u$$

とスカラーになる．

本項では，最小次元状態オブザーバについて学んだ．しかし現実には，最小次元状態オブザーバを用いず，前項 12.1.1 で学んだ同一次元状態オブザーバを用いる傾向がある．その理由は，同一次元状態オブザーバは状態を推定する機能だけでなく，観測できる成分に対するノイズ除去フィルターとしての機能をも備えているからである．

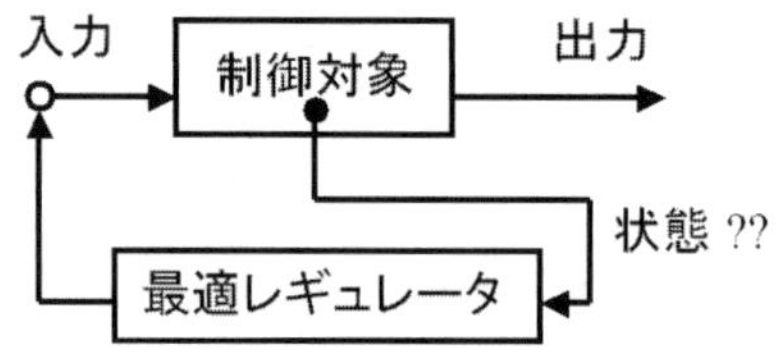

図 12．11　システムの状態は常に観測可能か？

12・2　状態観測器に基づく制御 (observer-based control)

前節で，システムが可観測であれば状態観測器（オブザーバ）を構成でき，システムの内部状態を推定できることを説明した．さて，第 12 章でのそもそもの疑問は図 12.11 に示すように，最適レギュレータを制御系として適用する際に状態が直接計測できない場合，どうしたらよいかということであった．図 12.12 に示すように状態を直接フィードバックする代わりにオブザーバで推定された状態推定値を用いることはできないであろうか．

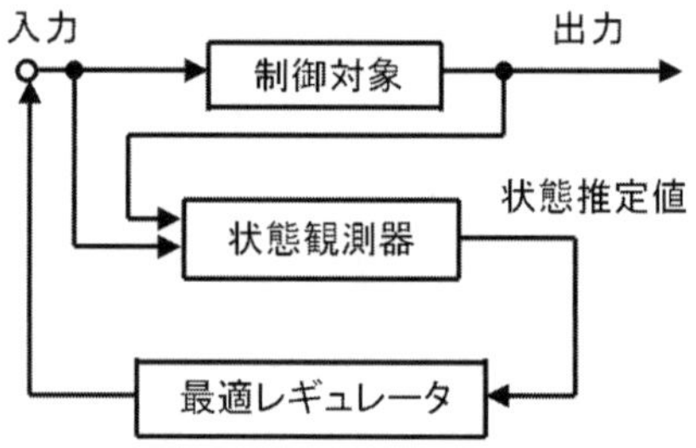

図12．12　オブザーバ・コントローラ

線形時不変システム

$$\begin{aligned} \dot{\boldsymbol{x}}(t) &= \boldsymbol{A}\boldsymbol{x}(t) + \boldsymbol{B}\boldsymbol{u}(t), \quad \boldsymbol{x}(0) = \boldsymbol{x}_0 \\ \boldsymbol{y}(t) &= \boldsymbol{C}\boldsymbol{x}(t) \end{aligned} \tag{12.33}$$

に対して，同一次元状態オブザーバ

$$\dot{\boldsymbol{z}}(t) = (\boldsymbol{A} - \boldsymbol{G}\boldsymbol{C})\boldsymbol{z}(t) + \boldsymbol{B}\boldsymbol{u}(t) + \boldsymbol{G}\boldsymbol{y}(t), \quad \boldsymbol{z}(0) = \boldsymbol{z}_0 \tag{12.34}$$

と最適レギュレータにより得られた最適な状態フィードバックゲイン $\boldsymbol{K}$ を用いて入力を

$$\boldsymbol{u}(t) = \boldsymbol{K}\boldsymbol{z}(t) \tag{12.35}$$

と構成する．システム $(\boldsymbol{A}, \boldsymbol{B}, \boldsymbol{C})$ は可制御かつ可観測としよう．$(\boldsymbol{A}, \boldsymbol{C})$ が可観測なので適当にオブザーバゲイン行列 $\boldsymbol{G}$ を選べば行列 $\boldsymbol{A} - \boldsymbol{G}\boldsymbol{C}$ の極を任意に配置でき，オブザーバ(12.34)の状態推定値 $\boldsymbol{z}(t)$ は状態 $\boldsymbol{x}(t)$ に追従し，$\boldsymbol{z}(t) \to \boldsymbol{x}(t),\ \dot{\boldsymbol{z}}(t) \to \dot{\boldsymbol{x}}(t)\ \ (t \to \infty)$ が保証される．

では，その状態推定値 $\boldsymbol{z}(t)$ を用いて，制御器(12.35)を構成した場合に制御目的 $\boldsymbol{x}(t) \to 0,\ \dot{\boldsymbol{x}}(t) \to 0\ \ (t \to \infty)$ が達成されるであろうか．

式(12.33)，(12.34)，(12.35)をまとめると拡大系

$$\begin{bmatrix} \dot{\boldsymbol{x}}(t) \\ \dot{\boldsymbol{x}}(t) - \dot{\boldsymbol{z}}(t) \end{bmatrix} = \begin{bmatrix} \boldsymbol{A} + \boldsymbol{B}\boldsymbol{K} & -\boldsymbol{B}\boldsymbol{K} \\ \boldsymbol{0} & \boldsymbol{A} - \boldsymbol{G}\boldsymbol{C} \end{bmatrix} \begin{bmatrix} \boldsymbol{x}(t) \\ \boldsymbol{x}(t) - \boldsymbol{z}(t) \end{bmatrix} \tag{12.36}$$

を得る．行列 $\boldsymbol{K}$ は最適レギュレータにより得られた最適フィードバックゲインであるので $(\boldsymbol{A} + \boldsymbol{B}\boldsymbol{K})$ は安定行列になることが保証されている．また，$(\boldsymbol{A}, \boldsymbol{C})$ が可観測であるので，$(\boldsymbol{A} - \boldsymbol{G}\boldsymbol{C})$ を安定行列とする $\boldsymbol{G}$ は存在する．

システム(12.36)の $\boldsymbol{A}$ 行列の 2-1 ブロックが零行列であるので拡大系の特性方程式は

$$\begin{vmatrix} s\boldsymbol{I} - (\boldsymbol{A} + \boldsymbol{B}\boldsymbol{K}) & \boldsymbol{B}\boldsymbol{K} \\ \boldsymbol{0} & s\boldsymbol{I} - (\boldsymbol{A} - \boldsymbol{G}\boldsymbol{C}) \end{vmatrix} = |s\boldsymbol{I} - \boldsymbol{A} - \boldsymbol{B}\boldsymbol{K}| \cdot |s\boldsymbol{I} - \boldsymbol{A} + \boldsymbol{G}\boldsymbol{C}| = 0 \tag{12.37}$$

となり，拡大系の極は $A+BK$ と $A-GC$ の極と同じである．したがって，拡大系は安定となり，$x(t)\to 0, \dot{x}(t)\to 0, x(t)-z(t)\to 0, \dot{x}(t)-\dot{z}(t)\to 0 \ (t\to\infty)$ が保証されることがわかる．すなわち，オブザーバの出力である状態の推定値が状態に追従し，制御対象の状態は目標であるゼロに収束することがわかる．

以上により，状態が直接計測できない場合でも，オブザーバを構成し，その出力である状態推定値と最適レギュレータによって得られた最適フィードバックゲインを用いれば閉ループ系を安定化できることがわかった．制御系(12.35)はオブザーバの推定値を用いたコントローラなのでオブザーバ・コントローラ（observer controller）とよばれている．

以上で得られたオブザーバ・コントローラのブロック図を図 12.13 に示し，それに関する事項を公式としてまとめておく．

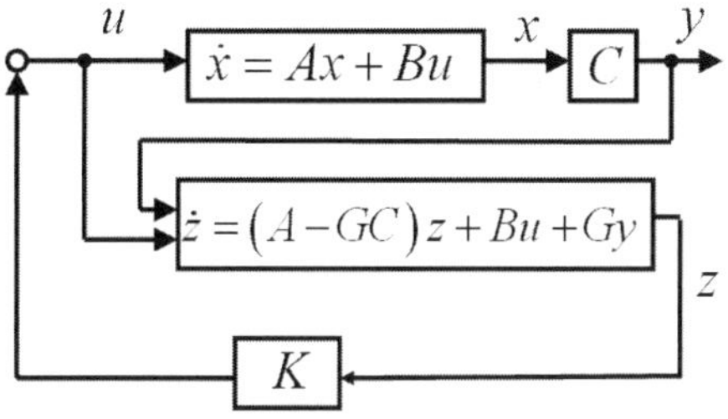

図12．13　オブザーバ・コントローラのブロック線図

【公式 12.4】

線形時不変システム

$$\dot{x}(t)=Ax(t)+Bu(t),\ \ y(t)=Cx(t)$$

が可制御かつ可観測であるとする．オブザーバ・コントローラは

$$\begin{aligned}\dot{z}(t)&=\left(A-GC\right)z(t)+Bu(t)+Gy(t),\quad z(0)=z_0\\ u(t)&=Kz(t)\end{aligned}\tag{12.38}$$

と構成される．フィードバックゲイン K とオブザーバゲイン G をそれぞれ $A+BK$ と $A-GC$ が安定行列となるように設定すれば，閉ループ系の安定性

$$\begin{aligned}&x(t)\to 0,\quad x(t)-z(t)\to 0,\\ &\dot{x}(t)\to 0,\quad \dot{x}(t)-\dot{z}(t)\to 0\qquad (t\to\infty)\end{aligned}$$

が保証される．

公式 12.4

オブザーバ・コントローラ

システムが可制御かつ可観測

⇓

状態を推定しながら最適フィードバックを行う，オブザーバコントローラ(12.38)が構成できる

【例 12.9】　12.1 節の【例 12.4】では，図 11.16 に示した 1 自由度アームについて同一次元状態オブザーバを設計した．では，そのオブザーバ出力である状態の推定値を用いたオブザーバ・コントローラを設計し，シミュレーションを行ってシステムの挙動を考察せよ．

【解 12.9】　1 自由度アームのシステムは

$$\dot{x}(t)=Ax(t)+Bu(t),\ \ y(t)=Cx(t)$$

オブザーバは

$$\dot{z}(t)=\left(A-GC\right)z(t)+Bu(t)+Gy(t)$$

コントローラは最適レギュレータを用い

$$u(t)=-R^{-1}B^TPz(t)$$

と設計する．ここで，モータの角度 $x_1(t)=\theta(t)$ のみを計測可能として

$$A=\begin{bmatrix}0&1\\0&0\end{bmatrix},\ B=\begin{bmatrix}0\\1\end{bmatrix},\ C=\begin{bmatrix}1&0\end{bmatrix}$$

とし，システムの初期状態を $x(0)=[x_1(0),\ x_2(0)]^T=[2,\ 0]^T$ と設定する．

また，オブザーバゲインを $A-GC$ の極が $-2,\ -3$ となるように $\begin{bmatrix}5\\6\end{bmatrix}$ とし，

オブザーバの初期値を $z(0)=[z_1(0),\ z_2(0)]^T=0$ と設定し，最適レギュレータとして，11.4.2 項の【例 11.22】で設計した重み $(q_1,q_2,r)=(1,1,1)$ に対する最適フィードバックゲイン $K=-r^{-1}B^TP$ を用いる．シミュレーション結果を図 12.14 に示す．図から状態の推定値 $\boldsymbol{z}(t)$ は状態 $\boldsymbol{x}(t)$ に追従し，状態 $\boldsymbol{x}(t)$ は目標状態であるゼロに収束しているのがわかる．

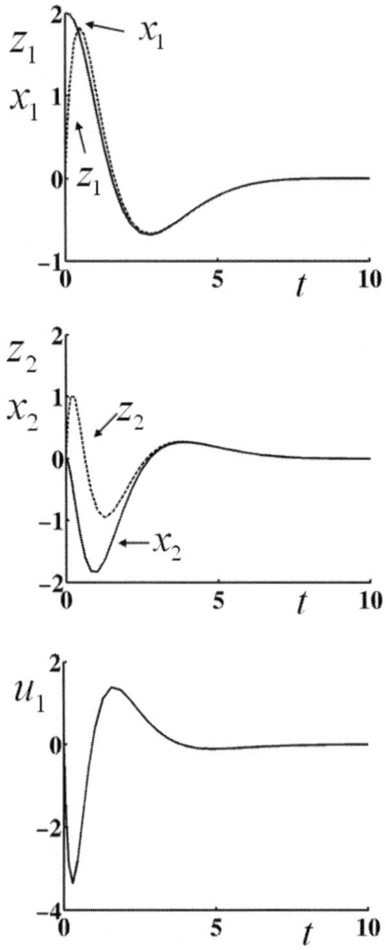

図 12.14 1 自由度アームに対して設計されたオブザーバコントローラに関する時間応答【例 12.9】

さて，最後にレギュレータの極（$\boldsymbol{A}+\boldsymbol{BK}$ の固有値）とオブザーバの極（$\boldsymbol{A}-\boldsymbol{GC}$ の固有値）をいかに選ぶかについて考えてみよう．拡大系(12.36)の極は式(12.37)からわかるように，レギュレータの極 $\{p_r\}$ とオブザーバの極 $\{p_o\}$ から成り立っている．この場合，レギュレータとしての応答が収束する前に，$z(t)$ が真値 $\boldsymbol{x}(t)$ に収束していることが望ましい．これがオブザーバによって実現され，それにより有効な制御が行われることを考えれば，一般に，複素平面上でオブザーバの極をレギュレータの極より左に設定することが必要である（図 12.15 参照）．

なお，オブザーバを利用せず，

$$\boldsymbol{u}(t)=\boldsymbol{F}\boldsymbol{y}(t) \tag{12.39}$$

のようなフィードバックをすることも考えられる．この式(12.39)を出力フィードバック（output feedback）という．この場合，システムが可制御かつ可観測であっても，閉ループ系

$$\dot{\boldsymbol{x}}(t)=(\boldsymbol{A}+\boldsymbol{BFC})\boldsymbol{x}(t)$$

の極は必ずしも自由に配置できないことに注意しておく．なぜなら，$\boldsymbol{A}+\boldsymbol{BK}$ の極を任意に配置した場合に，その配置を実現する状態フィードバックゲイン行列を $\boldsymbol{K}$ とすると，出力フィードバックにおいては $\boldsymbol{K}=\boldsymbol{FC}$ でなければならず，与えられた状態フィードバックゲイン行列 $\boldsymbol{K}$ とシステム行列 $\boldsymbol{C}$ に対して，$\boldsymbol{K}=\boldsymbol{FC}$ を満足する $\boldsymbol{F}$ が必ず存在する保証はないからである．したがって，$\boldsymbol{A}+\boldsymbol{BFC}$ の固有値を自由に指定できる保証はないのである．

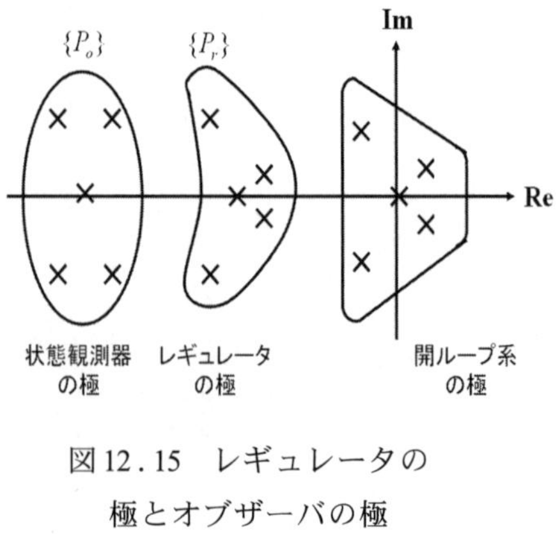

図 12.15 レギュレータの極とオブザーバの極

付録
Appendix

A・1　付表 3.1　ラプラス変換表（詳細版）

	$f(t)$	$F(s)$	
1	$u(t)=\begin{cases}0, & t<0\\1/2, & t=0\\1, & t>0\end{cases}$	$\frac{1}{s}$	単位ステップ関数
2	$\delta(t)=\begin{cases}\infty, & t=0\\0, & t\neq 0\end{cases}$	1	デルタ関数
3	α	$\frac{\alpha}{s}$	単位ステップ
4	$\frac{d^n}{dt^n}\delta(t)$	s^n	$\delta(t)$:デルタ関数
5	$e^{-\alpha t}$	$\frac{1}{s+\alpha}$	指数関数
6	$\delta(t)-\alpha e^{-\alpha t}$	$\frac{s}{s+\alpha}$	$\delta(t)$:デルタ関数
7	$\frac{t^n}{n!}$	$\frac{1}{s^{n+1}}$	n:自然数
8	$\frac{e^{-\alpha t}-e^{-\beta t}}{\beta-\alpha}$	$\frac{1}{(s+\alpha)(s+\beta)}$	
9	$\frac{(a-\alpha)e^{-\alpha t}-(a-\beta)e^{-\beta t}}{\beta-\alpha}$	$\frac{s+a}{(s+\alpha)(s+\beta)}$	
10	$\frac{1}{\alpha}\sin\alpha t$	$\frac{1}{s^2+\alpha^2}$	正弦波
11	$\frac{1}{\alpha}\sinh\alpha t$	$\frac{1}{s^2-\alpha^2}$	
12	$\cos\alpha t$	$\frac{s}{s^2+\alpha^2}$	余弦波
13	$\cosh\alpha t$	$\frac{s}{s^2-\alpha^2}$	
14	$te^{-\alpha t}$	$\frac{1}{(s+\alpha)^2}$	
15	$[(a-\alpha)t+1]e^{-\alpha t}$	$\frac{s+a}{(s+\alpha)^2}$	
16	$\frac{1}{\beta}e^{-\alpha t}\sin\beta t$	$\frac{1}{(s+\alpha)^2+\beta^2}$	
17	$e^{-\alpha t}\sin\beta t$	$\frac{\beta}{(s+\alpha)^2+\beta^2}$	$\beta^2>0$
18	$e^{-\alpha t}\cos\beta t$	$\frac{s+\alpha}{(s+\alpha)^2+\beta^2}$	$\beta^2>0$
19	$\frac{1}{\beta}[(a-\alpha)^2+\beta^2]^{1/2}e^{-\alpha t}\sin(\beta t+\varphi)$	$\frac{s+a}{(s+\alpha)^2+\beta^2}$	$\varphi\equiv\tan^{-1}\frac{\beta}{a-\alpha}$

	$f(t)$	$F(s)$	
20	$e^{-\alpha t}\sinh\beta t$	$\dfrac{\beta}{(s+\alpha)^2-\beta^2}$	
21	$e^{-\alpha t}\cosh\beta t$	$\dfrac{s+\alpha}{(s+\alpha)^2-\beta^2}$	
22	$\dfrac{1}{\alpha\beta}+\dfrac{\beta e^{-\alpha t}-\alpha e^{-\beta t}}{\alpha\beta(\alpha-\beta)}$	$\dfrac{1}{s(s+\alpha)(s+\beta)}$	
23	$\dfrac{a}{\alpha\beta}+\dfrac{a-\alpha}{\alpha(\alpha-\beta)}e^{-\alpha t}-\dfrac{a-\beta}{\beta(\alpha-\beta)}e^{-\beta t}$	$\dfrac{s+a}{s(s+\alpha)(s+\beta)}$	
24	$\dfrac{e^{-\alpha t}}{(\beta-\alpha)(\gamma-\alpha)}+\dfrac{e^{-\beta t}}{(\alpha-\beta)(\gamma-\beta)}+\dfrac{e^{-\gamma t}}{(\alpha-\gamma)(\beta-\gamma)}$	$\dfrac{1}{(s+\alpha)(s+\beta)(s+\gamma)}$	
25	$\dfrac{(a-\alpha)e^{-\alpha t}}{(\beta-\alpha)(\gamma-\alpha)}+\dfrac{(a-\beta)e^{-\beta t}}{(\alpha-\beta)(\gamma-\beta)}+\dfrac{(a-\gamma)e^{-\gamma t}}{(\alpha-\gamma)(\beta-\gamma)}$	$\dfrac{s+a}{(s+\alpha)(s+\beta)(s+\gamma)}$	
26	$\dfrac{1}{\alpha^2}(1-\cos\alpha t)$	$\dfrac{1}{s(s^2+\alpha^2)}$	
27	$\dfrac{a}{\alpha^2}-\dfrac{(a^2+\alpha^2)^{1/2}}{\alpha^2}\cos(\alpha t+\varphi)$	$\dfrac{s+a}{s(s^2+\alpha^2)}$	$\varphi\equiv\tan^{-1}\dfrac{\alpha}{a}$
28	$\dfrac{t}{\alpha}-\dfrac{1}{\alpha^2}(1-e^{-\alpha t})$	$\dfrac{1}{s^2(s+\alpha)}$	
29	$\dfrac{a-\alpha}{\alpha^2}e^{-\alpha t}+\dfrac{a}{\alpha}t-\dfrac{\alpha-a}{\alpha^2}$	$\dfrac{s+a}{s^2(s+\alpha)}$	
30	$\dfrac{1-(1+\alpha t)e^{-\alpha t}}{\alpha^2}$	$\dfrac{1}{s(s+\alpha)^2}$	
31	$\dfrac{a}{\alpha^2}\left\{1-\left[1+(1-\dfrac{\alpha}{a})\alpha t\right]e^{-\alpha t}\right\}$	$\dfrac{s+a}{s(s+\alpha)^2}$	
32	$\omega_o{}^2>\alpha^2$ $\dfrac{1}{\omega_o{}^2}\left[1-\dfrac{\omega_o}{\omega}e^{-\alpha t}\sin(\omega t+\varphi)\right]$ $\omega_o{}^2=\alpha^2$ $\dfrac{1}{\omega_o{}^2}\left[1-e^{-\alpha t}(1+\alpha t)\right]$ $\omega_o{}^2<\alpha^2$ $\dfrac{1}{\omega_o{}^2}\left[1-\dfrac{\omega_o{}^2}{n-m}(\dfrac{e^{-mt}}{m}-\dfrac{e^{-nt}}{n})\right]$	$\dfrac{1}{s(s^2+2\alpha s+\omega_o{}^2)}$	$\varphi\equiv\tan^{-1}\dfrac{\omega}{\alpha}$ $\omega^2=\omega_o{}^2-\alpha^2$ m と n は， $s^2+2\alpha s+\omega_o{}^2$ の根

A・2 付表 3.2 ブロック線図等価変換表

	演算内容	変換前	変換後
1	直列結合	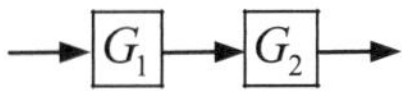	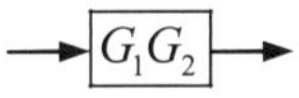
2	並列結合	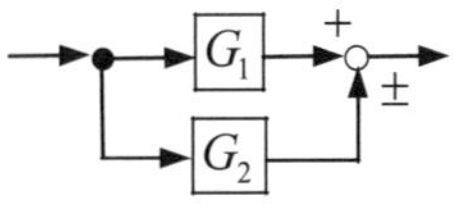	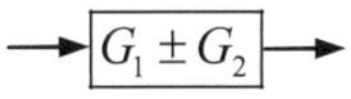
3	フィードバック結合	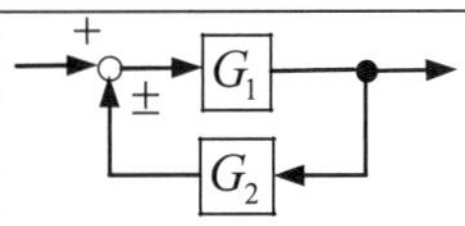	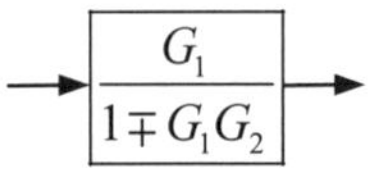
4	伝達要素の置換	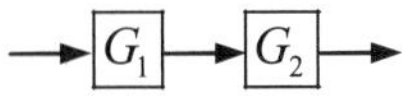	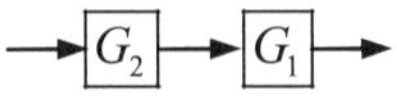
5	加え合せ点の移動 (1)	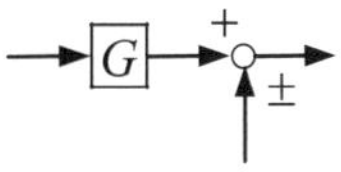	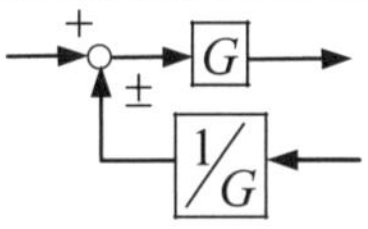
6	加え合せ点の移動 (2)	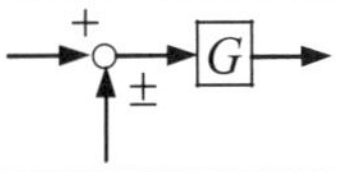	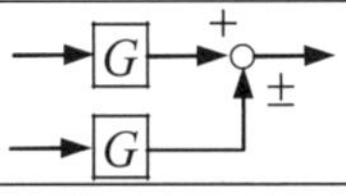
7	引き出し点の移動 (1)	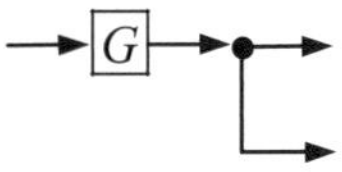	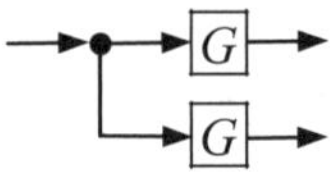
8	引き出し点の移動 (2)	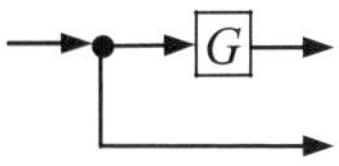	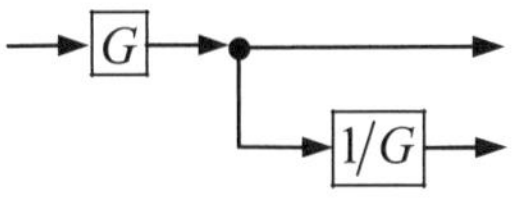
9	開ループから閉ループへの変換		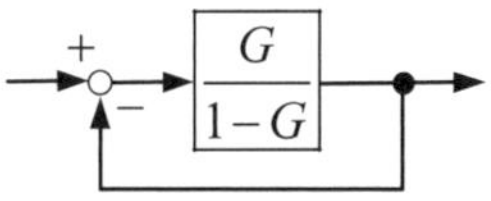
10	フィードバック回路からの要素除去	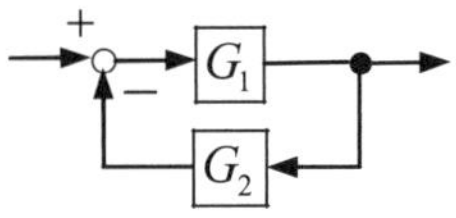	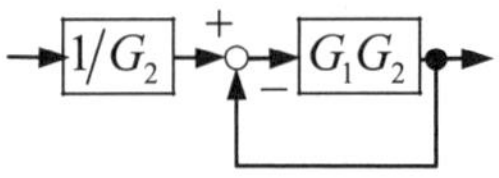

A・3　ナイキストの安定判別法の証明

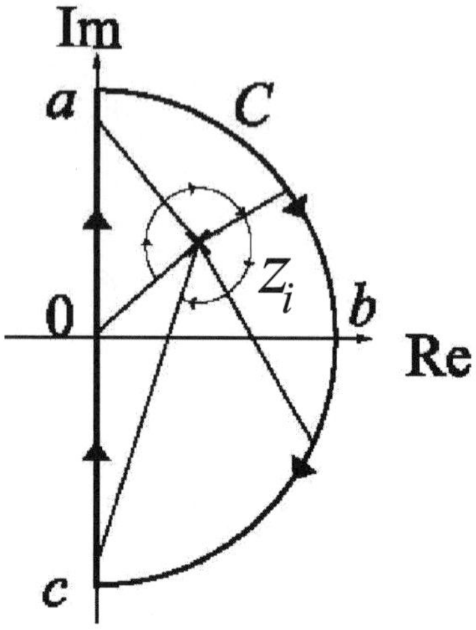

図 A.1　偏角の動き(極が不安定の場合)

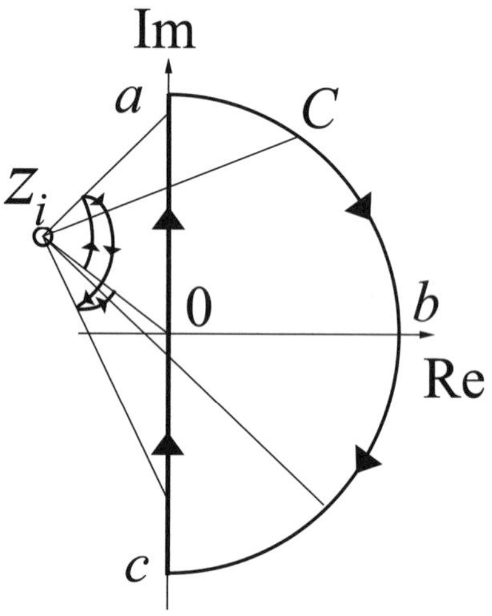

図 A.2　偏角の動き(極が安定の場合)

[証明]　w の定義から

$$w = 1 + P(s)K(s) = \frac{a(s-z_1)(s-z_2)\cdots(s-z_n)}{(s-p_1)(s-p_2)\cdots(s-p_n)} \tag{A.1}$$

であるため，w の偏角は

$$\angle w = \sum_{i=1}^{n} \angle(s-z_i) - \sum_{i=1}^{n} \angle(s-p_i) \tag{A.2}$$

となる．z_i が閉曲線 C の内部に存在するとき，すなわち，z_i が閉ループ系の不安定な極の場合，s ：$0 \to a \to b \to c \to 0$ の変化では $\angle(s-z_i)$ の変化は $-360°$ の変化となる(図 A.1 参照)．一方，z_i が閉曲線 C の外部に存在する場合，すなわち，z_i が安定な極の場合，s ：$0 \to a \to b \to c \to 0$ の変化では $\angle(s-z_i)$ の変化は $0°$ の変化となる(図 A.2 参照)．すなわち，z_i が C 内に Z 個あるから

$$\sum_{i=1}^{n} \angle(s-z_i) \text{の総変化量} = -360° \times Z \tag{A.3}$$

となる．一方，p_i についても同様のことが言えて，

$$\sum_{i=1}^{n} \angle(s-p_i) \text{の総変化量} = -360° \times \Pi \tag{A.4}$$

となる．これより，

$$N = Z - \Pi \tag{A.5}$$

となるので

$$Z = N + \Pi \tag{A.6}$$

の関係式から不安定極の数が数えられる．

(証明終わり)

A・4　ベクトルと行列

A・4・1　ベクトルと行列の形

(1) 行列(matrix)

$n \times m$ 個の要素 a_{ij} $(i=1,\cdots n,\ j=1,\cdots m)$ からなる図のような配列を n 行 m 列の行列または $n \times m$ 行列とよぶ．a_{ij} を i 行 j 列の要素または (i,j) 要素といい，$\boldsymbol{A}=[a_{ij}]$ と略記する．

全要素が実数の行列を実行列といい，$n \times m$ 実行列 $\boldsymbol{A}$ を $\boldsymbol{A} \in \boldsymbol{R}^{n \times m}$ と記す．

$$\boldsymbol{A}=\underbrace{\begin{bmatrix} a_{11} & a_{12} & \cdots & a_{1m} \\ a_{21} & a_{22} & \cdots & a_{2m} \\ \vdots & \vdots & \cdots & \vdots \\ a_{n1} & a_{n2} & \cdots & a_{nm} \end{bmatrix}}_{m列} \Big\} n行$$

(2) 転置行列(transpose matrix)

行列 $\boldsymbol{A}$ の行と列を入れ替えた行列を $\boldsymbol{A}$ の転置行列といい，$\boldsymbol{A}^T$，$\boldsymbol{A}'$ などで表す．$\boldsymbol{A}=[a_{ij}]$ ならば $\boldsymbol{A}^T=\boldsymbol{A}'=[a_{ji}]$ である．

$$\boldsymbol{A}^T=\underbrace{\begin{bmatrix} a_{11} & a_{21} & \cdots & a_{n1} \\ a_{12} & a_{22} & \cdots & a_{n2} \\ \vdots & \vdots & \cdots & \vdots \\ a_{1m} & a_{2m} & \cdots & a_{nm} \end{bmatrix}}_{n列} \Big\} m行$$

(3) ベクトル(vector)

$m=1$ の時の $n \times 1$ 行列を n 次元列ベクトル(column vector)といい，$\boldsymbol{a}$ で表す．

$n=1$ の時の $1 \times m$ 行列を m 次元行ベクトル(row vector)といいい，$\boldsymbol{a}^T$ で表す．

これらを一般にベクトルとよぶ．全要素が実数の n 次元実ベクトルを $\boldsymbol{a} \in \boldsymbol{R}^n$ などと記す．

$$\boldsymbol{a}=\begin{bmatrix} a_1 \\ a_2 \\ \vdots \\ a_n \end{bmatrix} \qquad \boldsymbol{a}^T=[a_1 \quad a_2 \quad \cdots \quad a_m]$$

列ベクトル　　行ベクトル

(4) スカラ(scalar)

$n=m=1$ の時の 1×1 行列は単なる数でスカラといい，a と表す．

(5) 正方行列(square matrix)

$n=m$ の時の $n \times n$ 行列を n 次の正方行列という．

(6) 対角行列(diagonal matrix)

対角要素 $a_{11}, a_{22}, \cdots, a_{nn}$ 以外の要素，すなわち非対角要素が全て 0 の正方行列を対角行列といい，$\mathrm{diag}(a_{11}, a_{22}, \cdots, a_{nn})$ と表す．

$$\mathrm{diag}(a_{11}, a_{22}, \cdots, a_{nn})=\begin{bmatrix} a_{11} & 0 & \cdots & 0 \\ 0 & a_{22} & \ddots & \vdots \\ \vdots & \ddots & \ddots & 0 \\ 0 & \cdots & 0 & a_{nn} \end{bmatrix}$$

対角行列

(7) 単位行列(unit matrix，identity matrix)

対角要素が全て 1 の対角行列を単位行列といい，$\boldsymbol{I}$ で表す．

(8) 零行列(null matrix)

全ての要素が 0 の行列を零行列といい，$\boldsymbol{0}$ で表す．

$$\boldsymbol{I}=\begin{bmatrix} 1 & 0 & \cdots & 0 \\ 0 & 1 & \ddots & \vdots \\ \vdots & \ddots & \ddots & 0 \\ 0 & \cdots & 0 & 1 \end{bmatrix} \qquad \boldsymbol{0}=\begin{bmatrix} 0 & 0 & \cdots & 0 \\ 0 & 0 & \cdots & 0 \\ \vdots & \vdots & \cdots & \vdots \\ 0 & 0 & \cdots & 0 \end{bmatrix}$$

単位行列　　零行列

(9) 対称行列(symmetric matrix)

$\boldsymbol{A}^T=\boldsymbol{A}$ が成り立つ行列 $\boldsymbol{A}$ を対称行列という．

$$\begin{bmatrix} a_{11} & a_{12} & \cdots & a_{1n} \\ a_{12} & a_{22} & \cdots & a_{2n} \\ \vdots & \vdots & \ddots & \vdots \\ a_{1n} & a_{2n} & \cdots & a_{nn} \end{bmatrix}$$

対称行列

(10) 歪対称行列(skew symmetric matrix)

$\boldsymbol{A}^T=-\boldsymbol{A}$ が成り立つ行列 $\boldsymbol{A}$ を歪対称行列という．歪対称行列の対角要素 a_{ii} は 0 である．

$$\begin{bmatrix} 0 & a_{12} & \cdots & a_{1n} \\ -a_{12} & 0 & \cdots & a_{2n} \\ \vdots & \vdots & \ddots & \vdots \\ -a_{1n} & -a_{2n} & \cdots & 0 \end{bmatrix}$$

歪対称行列

(11) 正定行列(正定値行列)

$\boldsymbol{x} \neq \boldsymbol{0}$ なる全ての n 次元ベクトル $\boldsymbol{x}$ に対して二次形式 $q=\boldsymbol{x}^T\boldsymbol{A}\boldsymbol{x}>0$ の場合，行列 $\boldsymbol{A}$ は正定行列とよばれる．→二次形式

A・4・2　行列の演算

(1) 和と差

$n \times m$ 行列 $\boldsymbol{A}=[a_{ij}]$，$\boldsymbol{B}=[b_{ij}]$，$\boldsymbol{C}=[c_{ij}]$ とする．全ての要素について $a_{ij}+b_{ij}=c_{ij}$ ならば $\boldsymbol{A}+\boldsymbol{B}=\boldsymbol{C}$，$a_{ij}-b_{ij}=c_{ij}$ ならば $\boldsymbol{A}-\boldsymbol{B}=\boldsymbol{C}$ と書く．

性質

$$\boldsymbol{A}+\boldsymbol{B}=\begin{bmatrix} a_{11} & \cdots & a_{1m} \\ \vdots & \cdots & \vdots \\ a_{n1} & \cdots & a_{nm} \end{bmatrix}+\begin{bmatrix} b_{11} & \cdots & b_{1m} \\ \vdots & \cdots & \vdots \\ b_{n1} & \cdots & b_{nm} \end{bmatrix}=\begin{bmatrix} a_{11}+b_{11} & \cdots & a_{1m}+b_{1m} \\ \vdots & \cdots & \vdots \\ a_{n1}+b_{n1} & \cdots & a_{nm}+b_{nm} \end{bmatrix}$$

行列の和

交換法則　　$A+B=B+A$

結合法則　　$(A+B)+C=A+(B+C)$

(2) 等価

２つの $n\times m$ 行列 $A=[a_{ij}]$，　$B=[b_{ij}]$ の全ての要素について $a_{ij}=b_{ij}$ が成り立つ時，$A=B$ と書く.

(3) スカラ倍

$$\alpha A=\begin{bmatrix}\alpha a_{11} & \alpha a_{12} & \cdots & \alpha a_{1m}\\ \alpha a_{21} & \alpha a_{22} & \cdots & \alpha a_{2m}\\ \vdots & \vdots & \cdots & \vdots\\ \alpha a_{n1} & \alpha a_{n2} & \cdots & \alpha a_{nm}\end{bmatrix}$$

スカラ倍

スカラ α と行列 A との積は，$\alpha A=A\alpha=[\alpha a_{ij}]$ で与えられる.

性質　　（α,β はスカラ）

$$\alpha(A+B)=\alpha A+\alpha B,\quad (\alpha+\beta)A=\alpha A+\beta A,\quad (\alpha\beta)A=\alpha(\beta A)$$

(4) 積

$n\times m$ 行列 $A=[a_{ij}]$ と $m\times r$ 行列 $B=[b_{ij}]$ との積 AB は $n\times r$ 行列であり，これを $C=[c_{ij}]$ とすると，$AB=\left[\displaystyle\sum_{k=1}^{m}a_{ik}b_{kj}\right]=[c_{ij}]$ で与えられる.

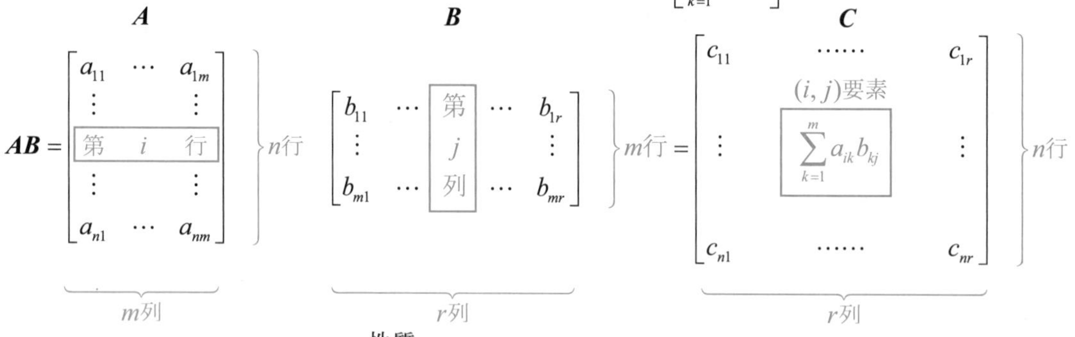

$$A$$

$$AB=\begin{bmatrix}a_{11} & \cdots & a_{1m}\\ \vdots & & \vdots\\ \boxed{第\quad i\quad 行}\\ \vdots & & \vdots\\ a_{n1} & \cdots & a_{nm}\end{bmatrix}\Big\}\,n行$$

$$\underbrace{\qquad}_{m列}$$

$$B$$

$$\begin{bmatrix}b_{11} & \cdots & 第 & \cdots & b_{1r}\\ \vdots & & j & & \vdots\\ b_{m1} & \cdots & 列 & \cdots & b_{mr}\end{bmatrix}\Big\}\,m行$$

$$\underbrace{\qquad}_{r列}$$

$$C$$

$$=\begin{bmatrix}c_{11} & \cdots\cdots & c_{1r}\\ & (i,j)要素 & \\ \vdots & \boxed{\displaystyle\sum_{k=1}^{m}a_{ik}b_{kj}} & \vdots\\ c_{n1} & \cdots\cdots & c_{nr}\end{bmatrix}\Big\}\,n行$$

$$\underbrace{\qquad}_{r列}$$

性質

結合法則　　$(AB)C=A(BC)$

分配法則　　$A(B+C)=AB+AC,\quad (A+B)C=AC+BC$

交換法則は一般には成り立たない. $AB\neq BA$

単位行列との積　　$IA=AI=A$

(5) ベクトルの内積(inner product)

n 次元行ベクトル a^T と n 次元列ベクトル b の積 $a^T b$ を a と b の内積またはスカラ積(scalar product)といい，スカラになる. 内積は次のようにも書ける.

$$a^T b=[a_1\quad a_2\quad \cdots\quad a_n]\begin{bmatrix}b_1\\ b_2\\ \vdots\\ b_n\end{bmatrix}$$

$$=a_1 b_1+a_2 b_2\cdots+a_n b_n$$

ベクトルの内積

$$(a,b)=(b,a)=a^T b=b^T a=\sum_{i=1}^{n}a_i b_i$$

$a^T b=0$ の時，a と b は直交(orthogonal)するという.

２次元の場合，図のようにベクトル a と b の長さを $|a|$，$|b|$ をとし，それらのなす角 θ をとると，次のような関係がある.

$$a^T b=|a|\cdot|b|\cos\theta$$

（注意）　ab^T は $n\times n$ 行列である.

(6) 転置(transpose)

行列 A の転置は A の行と列を入れ替えて得られ，A^T または A' で表す.

$A=[a_{ij}]$ ならば $A^T=A'=[a_{ji}]$ である.

$$ab^T=\begin{bmatrix}a_1\\ a_2\\ \vdots\\ a_n\end{bmatrix}[b_1\quad b_2\quad \cdots\quad b_n]$$

$$=\begin{bmatrix}a_1 b_1 & a_1 b_2 & \cdots & a_1 b_n\\ a_2 b_1 & a_2 b_2 & \cdots & a_2 b_n\\ \vdots & \vdots & \cdots & \vdots\\ a_n b_1 & a_n b_2 & \cdots & a_n b_n\end{bmatrix}$$

性質

$$(A^T)^T=A,\quad (A+B)^T=A^T+B^T,\quad (AB)^T=B^T A^T$$

(7) トレース(trace)

正方行列 A の対角要素の和をトレース(跡)といい，$\mathrm{tr}\,A$ と表す.

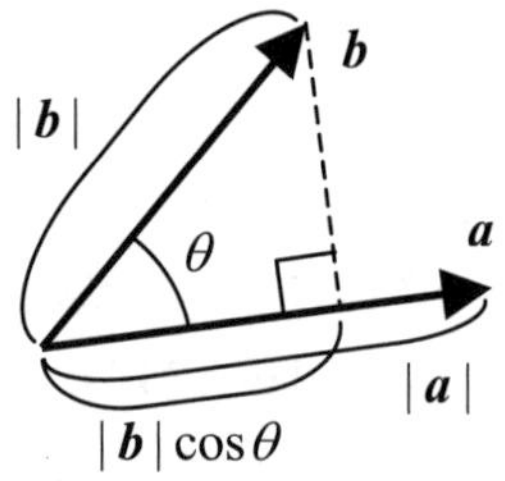

$\mathrm{tr}\,\boldsymbol{A}=\sum_{i=1}^{n}a_{ii}$ である．

性質

$$\mathrm{tr}(\boldsymbol{A}+\boldsymbol{B})=\mathrm{tr}\,\boldsymbol{A}+\mathrm{tr}\,\boldsymbol{B},\quad \mathrm{tr}(\boldsymbol{AB})=\mathrm{tr}(\boldsymbol{BA})$$

(8) 微分

行列 $\boldsymbol{A}(t)$ の全ての要素 $a_{ij}(t)$ が t で微分可能の時，t に関する $\boldsymbol{A}(t)$ の微分を

$$\frac{d}{dt}\boldsymbol{A}(t)=\dot{\boldsymbol{A}}(t)=\left[\frac{d}{dt}a_{ij}(t)\right]$$ とする．

性質

$$\frac{d}{dt}\left[\boldsymbol{A}(t)+\boldsymbol{B}(t)\right]=\dot{\boldsymbol{A}}(t)+\dot{\boldsymbol{B}}(t),\quad \frac{d}{dt}\left[\boldsymbol{A}(t)\boldsymbol{B}(t)\right]=\dot{\boldsymbol{A}}(t)\boldsymbol{B}(t)+\boldsymbol{A}(t)\dot{\boldsymbol{B}}(t)$$

(9) 積分

行列 $\boldsymbol{A}(t)$ の全ての要素 $a_{ij}(t)$ が t で積分可能の時，$\boldsymbol{A}(t)$ の積分を

$$\int\boldsymbol{A}(t)\,dt=\left[\int a_{ij}(t)\,dt\right]$$ とする．

(10) 偏微分

n 次元ベクトル $\boldsymbol{a}$ の要素 a_i がある m 次元ベクトル $\boldsymbol{x}$ の微分可能な関数 $a_i(\boldsymbol{x})$ の時，$\partial\boldsymbol{a}/\partial\boldsymbol{x}$ は次のような $n\times m$ 行列で与えられる．

$$\frac{\partial\boldsymbol{a}}{\partial\boldsymbol{x}}=\left[\frac{\partial a_i}{\partial x_j}\right]$$

$$\frac{\partial\boldsymbol{a}}{\partial\boldsymbol{x}}=\begin{bmatrix}\frac{\partial a_1}{\partial x_1}&\frac{\partial a_1}{\partial x_2}&\cdots&\frac{\partial a_1}{\partial x_m}\\ \frac{\partial a_2}{\partial x_1}&\frac{\partial a_2}{\partial x_2}&\cdots&\frac{\partial a_2}{\partial x_m}\\ \vdots&\vdots&\cdots&\vdots\\ \frac{\partial a_n}{\partial x_1}&\frac{\partial a_n}{\partial x_2}&\cdots&\frac{\partial a_n}{\partial x_m}\end{bmatrix}$$

ベクトル関数の偏微分

A・4・3　行列式と逆行列

(1) 行列式(determinant)

n 次正方行列 $\boldsymbol{A}$ の行列式は $\det\boldsymbol{A}$，$|\boldsymbol{A}|$ などで表し，次のように展開できるスカラ量である．

$$|\boldsymbol{A}|=\sum_{j=1}^{n}a_{ij}m_{ij}\quad(i=1,2,\cdots,n)$$
$$=\sum_{i=1}^{n}a_{ij}m_{ij}\quad(j=1,2,\cdots,n)$$

ただし，m_{ij} は a_{ij} の余因子(cofactor)とよばれ，次のように与えられる．

$$m_{ij}=(-1)^{i+j}\,|\boldsymbol{A}_{ij}|$$

ここで $\boldsymbol{A}_{ij}$ は行列 $\boldsymbol{A}$ の i 行 j 列を除いて作られる $(n-1)$ 次の正方行列であり，$|\boldsymbol{A}_{ij}|$ を小行列式(minor)という．特に $\boldsymbol{A}$ の対角要素をその対角要素として持つ小行列式を主小行列式(principal minor)という．

余因子 m_{ij} を (j,i) 要素に持つ行列を余因子行列(adjoint matrix)とよび，$\mathrm{adj}\,\boldsymbol{A}$ で表す．$\mathrm{adj}\,\boldsymbol{A}=[m_{ji}]$ である．例として $n=2,3$ の場合を示す．

性質：n 次正方行列 $\boldsymbol{A}$，$\boldsymbol{B}$ に対して

$$|\boldsymbol{A}^T|=|\boldsymbol{A}|,\quad |\boldsymbol{AB}|=|\boldsymbol{A}|\cdot|\boldsymbol{B}|$$

(2) 正則(non-singular)

$|\boldsymbol{A}|\neq 0$ の時，行列 $\boldsymbol{A}$ は正則という．

$\boldsymbol{A}=\begin{bmatrix}a_{11}&a_{12}\\a_{21}&a_{22}\end{bmatrix}$ の行列式と余因子行列

$$\boldsymbol{A}_{11}=a_{22},\ \boldsymbol{A}_{12}=a_{21},\ \boldsymbol{A}_{21}=a_{12},\ \boldsymbol{A}_{22}=a_{11}$$
$$m_{11}=a_{22},\ m_{12}=-a_{21},\ m_{21}=-a_{12},\ m_{22}=a_{11}$$
$$|\boldsymbol{A}|=a_{11}m_{11}+a_{12}m_{12}=a_{11}a_{22}-a_{12}a_{21}$$
$$\mathrm{adj}\,\boldsymbol{A}=\begin{bmatrix}m_{11}&m_{21}\\m_{12}&m_{22}\end{bmatrix}=\begin{bmatrix}a_{22}&-a_{12}\\-a_{21}&a_{11}\end{bmatrix}$$

$\boldsymbol{A}=\begin{bmatrix}a_{11}&a_{12}&a_{13}\\a_{21}&a_{22}&a_{23}\\a_{31}&a_{32}&a_{33}\end{bmatrix}$ の場合

$$\boldsymbol{A}_{11}=\begin{bmatrix}a_{22}&a_{23}\\a_{32}&a_{33}\end{bmatrix},\ \boldsymbol{A}_{12}=\begin{bmatrix}a_{21}&a_{23}\\a_{31}&a_{33}\end{bmatrix},\ \boldsymbol{A}_{13}=\begin{bmatrix}a_{21}&a_{22}\\a_{31}&a_{32}\end{bmatrix}$$
$$\boldsymbol{A}_{21}=\begin{bmatrix}a_{12}&a_{13}\\a_{32}&a_{33}\end{bmatrix},\ \boldsymbol{A}_{22}=\begin{bmatrix}a_{11}&a_{13}\\a_{31}&a_{33}\end{bmatrix},\ \boldsymbol{A}_{23}=\begin{bmatrix}a_{11}&a_{12}\\a_{31}&a_{32}\end{bmatrix}$$
$$\boldsymbol{A}_{31}=\begin{bmatrix}a_{12}&a_{13}\\a_{22}&a_{23}\end{bmatrix},\ \boldsymbol{A}_{32}=\begin{bmatrix}a_{11}&a_{13}\\a_{21}&a_{23}\end{bmatrix},\ \boldsymbol{A}_{33}=\begin{bmatrix}a_{11}&a_{12}\\a_{21}&a_{22}\end{bmatrix}$$

$$m_{11}=|A_{11}|=a_{22}a_{33}-a_{23}a_{32}$$
$$m_{12}=-|A_{12}|=a_{23}a_{31}-a_{21}a_{33}$$
$$m_{13}=|A_{13}|=a_{21}a_{32}-a_{22}a_{31}$$
$$m_{21}=-|A_{21}|=a_{13}a_{32}-a_{12}a_{33}$$
$$m_{22}=|A_{22}|=a_{11}a_{33}-a_{13}a_{31}$$
$$m_{23}=-|A_{23}|=a_{12}a_{31}-a_{11}a_{32}$$
$$m_{31}=|A_{31}|=a_{12}a_{23}-a_{13}a_{22}$$
$$m_{32}=-|A_{32}|=a_{13}a_{21}-a_{11}a_{23}$$
$$m_{33}=|A_{33}|=a_{11}a_{22}-a_{12}a_{21}$$

$$|\boldsymbol{A}|=a_{11}m_{11}+a_{12}m_{12}+a_{13}m_{13}$$
$$=a_{11}(a_{22}a_{33}-a_{23}a_{32})+a_{12}(a_{23}a_{31}-a_{21}a_{33})$$
$$+a_{13}(a_{21}a_{32}-a_{22}a_{31})$$

$$\mathrm{adj}\,\boldsymbol{A}=\begin{bmatrix}m_{11}&m_{21}&m_{31}\\m_{12}&m_{22}&m_{32}\\m_{13}&m_{23}&m_{33}\end{bmatrix}$$

$$A = \begin{bmatrix} a_{11} & a_{12} \\ a_{21} & a_{22} \end{bmatrix}$$ の時

$$A^{-1} = \frac{\text{adj}\,A}{|A|} = \frac{1}{a_{11}a_{22} - a_{12}a_{21}} \begin{bmatrix} a_{22} & -a_{12} \\ -a_{21} & a_{11} \end{bmatrix}$$

逆行列の例

(3) 逆行列(inverse matrix)

行列 $\boldsymbol{A}$ が正則の時，$\boldsymbol{A}\boldsymbol{A}^{-1} = \boldsymbol{A}^{-1}\boldsymbol{A} = \boldsymbol{I}$ を満たす逆行列 $\boldsymbol{A}^{-1}$ が存在する．

$$\boldsymbol{A}^{-1} = \frac{\text{adj}\,\boldsymbol{A}}{|\boldsymbol{A}|} \qquad \text{(Cramer の公式)}$$

性質

$$(\boldsymbol{A}^{-1})^{-1} = \boldsymbol{A}, \quad (\boldsymbol{AB})^{-1} = \boldsymbol{B}^{-1}\boldsymbol{A}^{-1}, \quad (\boldsymbol{A}^{T})^{-1} = (\boldsymbol{A}^{-1})^{T}, \quad |\boldsymbol{A}^{-1}| = 1/|\boldsymbol{A}|$$

(4) 直交行列(orthogonal matrix)

$\boldsymbol{A}\boldsymbol{A}^{T} = \boldsymbol{A}^{T}\boldsymbol{A} = \boldsymbol{I}$ が成り立つ行列 $\boldsymbol{A}$ を直交行列という．$\boldsymbol{A}$ が直交行列ならば，$\boldsymbol{A}^{-1} = \boldsymbol{A}^{T}$ が成り立つ．

A・4・4 一次独立と一次従属

(1) 一次結合(linear combination)

m 個の n 次元ベクトル $\boldsymbol{a}_1, \boldsymbol{a}_2, \cdots, \boldsymbol{a}_m$ とスカラ $c_1, c_2, \cdots, c_m$ よって

$$c_1\boldsymbol{a}_1 + c_2\boldsymbol{a}_2 + \cdots + c_n\boldsymbol{a}_n$$

で生じるベクトルを $\boldsymbol{a}_1, \boldsymbol{a}_2, \cdots, \boldsymbol{a}_m$ の一次結合(線形結合)という．

(2) 一次従属(linearly dependent)

$\boldsymbol{a}_1, \boldsymbol{a}_2, \cdots, \boldsymbol{a}_m$ のある一次結合が次のように零ベクトル $\boldsymbol{0}$ になったとする．

$$c_1\boldsymbol{a}_1 + c_2\boldsymbol{a}_2 + \cdots + c_n\boldsymbol{a}_n = \boldsymbol{0} \tag{A.7}$$

式(A.7)を満たす $c_1, c_2, \cdots, c_m$ のうち 0 でない物が 1 つでも存在するならばベクトル $\boldsymbol{a}_1, \boldsymbol{a}_2, \cdots, \boldsymbol{a}_m$ は一次従属(線形従属)であるという．

一次従属の場合，$c_1, c_2, \cdots, c_m$ の中の 0 でない物の 1 つを c_k とし，これを係数に持つベクトルを $\boldsymbol{a}_k$ とすると，式(A.7)よりこの $\boldsymbol{a}_k$ は

$$\boldsymbol{a}_k = -\frac{c_1}{c_k}\boldsymbol{a}_1 - \frac{c_2}{c_k}\boldsymbol{a}_2 - \cdots - \frac{c_{k-1}}{c_k}\boldsymbol{a}_{k-1} - \frac{c_{k+1}}{c_k}\boldsymbol{a}_{k+1} - \cdots - \frac{c_m}{c_k}\boldsymbol{a}_m$$

と他のベクトルの一次結合で表される．

(3) 一次独立(linearly independent)

式(A.7)が成り立つのは $c_1, c_2, \cdots, c_m$ が全て 0 の場合に限られる時，ベクトル $\boldsymbol{a}_1, \boldsymbol{a}_2, \cdots, \boldsymbol{a}_m$ は一次独立(線形独立)であるという．

一次独立ならば，m 個のベクトル $\boldsymbol{a}_1, \boldsymbol{a}_2, \cdots, \boldsymbol{a}_m$ はどれも他のベクトルの一次結合では表せない．

(4) 階数(rank)

$n \times m$ 行列 $\boldsymbol{A}$ の要素からある r 個の行と r 個の列をもとに作った r 次の小行列式の中に少なくとも 1 つ 0 でない物が存在し，$(r+1)$ 次上の小行列式が 0 であるならば，r を行列 $\boldsymbol{A}$ の階数(ランク)といい，$\text{rank}\,\boldsymbol{A} = r$ と表す．

m 個の列ベクトル $\boldsymbol{a}_1, \boldsymbol{a}_2, \cdots, \boldsymbol{a}_m$ により行列 $\boldsymbol{A}$ を $\boldsymbol{A} = [\boldsymbol{a}_1 \quad \boldsymbol{a}_2 \quad \cdots \quad \boldsymbol{a}_m]$ と表す時，行列 $\boldsymbol{A}$ の一次独立な列ベクトルの最大数は行列 $\boldsymbol{A}$ の階数である．また，一次独立な行ベクトルの最大数は行列 $\boldsymbol{A}$ の階数である．

性質

$\text{rank}\,\boldsymbol{A} \le \min(n, m)$

$\text{rank}\,\boldsymbol{A}^{T} = \text{rank}\,\boldsymbol{A}$

n 次の正方行列の場合，$|\boldsymbol{A}| \ne 0$ ならば $\text{rank}\,\boldsymbol{A} = n$

$n \times m$ 行列 $\boldsymbol{A}$，$m \times l$ 行列 $\boldsymbol{B}$ に対し，$\text{rank}\,\boldsymbol{AB} \le \text{rank}\,\boldsymbol{A}$，$\text{rank}\,\boldsymbol{AB} \le \text{rank}\,\boldsymbol{B}$

$n \times m$ 行列 $\boldsymbol{A}$，n 次正方行列 $\boldsymbol{P}$ (ただし $\mathrm{rank}\,\boldsymbol{P} = n$)，$m$ 次正方行列 $\boldsymbol{Q}$ (ただし $\mathrm{rank}\,\boldsymbol{Q} = m$)に対して，

$$\mathrm{rank}\,\boldsymbol{PAQ} = \mathrm{rank}\,\boldsymbol{PA} = \mathrm{rank}\,\boldsymbol{AQ} = \mathrm{rank}\,\boldsymbol{A}$$

A・4・5　固有値と固有ベクトル

(1) 特性多項式(characteristic polynomial)

n 次の正方行列 $\boldsymbol{A}$ とスカラ λ からなる次の多項式

$$|\lambda \boldsymbol{I} - \boldsymbol{A}| = p(\lambda) = \lambda^n + \alpha_{n-1}\lambda^{n-1} + \cdots + \alpha_1 \lambda + \alpha_0$$

を $\boldsymbol{A}$ の特性多項式という．

(2) 特性方程式(characteristic equation)

方程式

$$|\lambda \boldsymbol{I} - \boldsymbol{A}| = 0 \qquad \text{(A.8)}$$

を特性方程式という．

(3) 固有値(eigenvalue)，特性根(characteristic root)

特性方程式(A.8)の n 個の根 $\lambda_1, \lambda_2, \cdots, \lambda_n$ を固有値あるいは特性根という．

(4) 固有ベクトル(eigenvector)

行列 $\boldsymbol{A}$ の固有値 λ_i $(i = 1, 2, \cdots, n)$ に対して

$$\boldsymbol{A}\boldsymbol{v}_i = \lambda_i \boldsymbol{v}_i \quad \text{すなわち} \quad (\boldsymbol{A} - \lambda_i \boldsymbol{I})\boldsymbol{v}_i = \boldsymbol{0}$$

が成り立つ零でないベクトル $\boldsymbol{v}_i$ を $\boldsymbol{A}$ の固有値 λ_i に対応した固有ベクトルという．

(5) 一般化固有ベクトル

行列 $\boldsymbol{A}$ の固有値 λ_i と自然数 k 対して

$$(\boldsymbol{A} - \lambda_i \boldsymbol{I})^k \boldsymbol{v}_i = \boldsymbol{0} \quad \text{かつ} \quad (\boldsymbol{A} - \lambda_i \boldsymbol{I})^{k-1} \boldsymbol{v}_i \neq \boldsymbol{0}$$

が成り立つベクトル $\boldsymbol{v}_i$ を $\boldsymbol{A}$ の固有値 λ_i に対応した階数 k の一般化固有ベクトルという．この時，$\boldsymbol{v}_i, (\boldsymbol{A} - \lambda_i \boldsymbol{I})\boldsymbol{v}_i, (\boldsymbol{A} - \lambda_i \boldsymbol{I})^2 \boldsymbol{v}_i, \cdots, (\boldsymbol{A} - \lambda_i \boldsymbol{I})^{k-1} \boldsymbol{v}_i$ は一次独立である．

階数 1 の一般化固有ベクトルは普通の固有ベクトルに対応する．

(6) ケーリー・ハミルトン(Cayley-Hamilton)の定理

正方行列 $\boldsymbol{A}$ の特性方程式(A.8)において，λ に $\boldsymbol{A}$ を代入すると

$$p(\boldsymbol{A}) = |\boldsymbol{A} - \boldsymbol{A}| = \boldsymbol{A}^n + \alpha_{n-1}\boldsymbol{A}^{n-1} + \cdots + \alpha_1 \boldsymbol{A} + \alpha_0 \boldsymbol{I} = \boldsymbol{O}$$

となり，正方行列 $\boldsymbol{A}$ はそれ自身の特性方程式を満たす．

(7) 最小多項式(minimal polynomial)

特性方程式は必ずしも $\boldsymbol{A}$ が満足する最小次の方程式ではない．例えば，固有値 λ_i が r 重根の場合には $p(\boldsymbol{A}) = (\boldsymbol{A} - \lambda_i \boldsymbol{I})^r f(\boldsymbol{A}) = \boldsymbol{O}$ と表せるので $(\boldsymbol{A} - \lambda_i \boldsymbol{I}) f(\boldsymbol{A}) = \boldsymbol{O}$ はより小さい次数の方程式となる．このように $g(\boldsymbol{A}) = \boldsymbol{O}$ となるスカラ係数の多項式の中で次数が最小で最高次の係数が 1 の多項式を行列 $\boldsymbol{A}$ の最小多項式という．

A・4・6　行列の相似変換

(1) 相似(similar)

n 次の正方行列 $\boldsymbol{A}$ と $\boldsymbol{B}$ がある n 次の正則な行列 $\boldsymbol{T}$ によって $\boldsymbol{B} = \boldsymbol{T}^{-1}\boldsymbol{AT}$ なる関係にある時，$\boldsymbol{A}$ と $\boldsymbol{B}$ は互いに相似であるといい，この関係を相似変換という．

(2) 対角化(diagonalization)

n 次の正方行列 $\boldsymbol{A}$ が n 個の相異なる固有値 $\lambda_1,\lambda_2,\cdots,\lambda_n$ を持つ場合，対応する固有ベクトルを $\boldsymbol{v}_1,\boldsymbol{v}_2,\cdots,\boldsymbol{v}_n$ とすれば，これらのベクトルは一次独立である．$n\times n$ 行列 $\boldsymbol{T}$ を $\boldsymbol{T}=[\boldsymbol{v}_1\ \ \boldsymbol{v}_2\ \ \cdots\ \ \boldsymbol{v}_n]$ ととると，$|\boldsymbol{T}|\neq 0$ であるから $\boldsymbol{T}$ は正則であり，逆行列 $\boldsymbol{T}^{-1}$ が存在する．この行列 $\boldsymbol{T}$ を用いて行列 $\boldsymbol{A}$ を相似変換すると

$$\boldsymbol{T}^{-1}\boldsymbol{A}\boldsymbol{T}=\mathrm{diag}(\lambda_1,\lambda_2,\cdots,\lambda_n)$$

と対角化される．

(3) ジョルダン標準形(Jordan canonical form)

行列の固有値に重複した物があり，対称行列でない場合には対角化できるとは限らない．このような場合には n 次の正方行列 $\boldsymbol{A}$ は適当な正則行列 $\boldsymbol{T}$ によりジョルダン標準形 $\boldsymbol{J}$ に $\boldsymbol{J}=\boldsymbol{T}^{-1}\boldsymbol{A}\boldsymbol{T}$ と変換される．ここで，固有値 λ_i は必ずしも異なる必要はない．また，$\boldsymbol{J}_{ki}(\lambda_i)$ は $k_i\times k_i$ 行列であり，これをジョルダンブロック(Jordan block)という．

ジョルダン標準形は次の場合に $\boldsymbol{A}$ の固有値 λ_i を対角要素に持つ対角行列となる．

(a) 行列 $\boldsymbol{A}$ の固有値が全て異なる場合

(b) 行列 $\boldsymbol{A}$ が m_i 重根の λ_i $(i=1,2,\cdots k;n=\sum_{i=1}^{k}m_i)$ を持ち，λ_i に関して m_i 個の独立な固有ベクトルがある場合，すなわち $\mathrm{rank}[\lambda_i\boldsymbol{I}-\boldsymbol{A}]=n-m_i$ の場合

(c) 行列 $\boldsymbol{A}$ が実対称行列の場合

$$\boldsymbol{T}^{-1}\boldsymbol{A}\boldsymbol{T}=\mathrm{diag}(\lambda_1,\lambda_2,\cdots,\lambda_n)=\begin{bmatrix}\lambda_1 & 0 & \cdots & 0\\ 0 & \lambda_2 & \ddots & \vdots\\ \vdots & \ddots & \ddots & 0\\ 0 & \cdots & 0 & \lambda_n\end{bmatrix}$$

対角化

$$\boldsymbol{J}=\boldsymbol{T}^{-1}\boldsymbol{A}\boldsymbol{T}=\begin{bmatrix}\boldsymbol{J}_{k1}(\lambda_1) & \boldsymbol{0} & \cdots & \boldsymbol{0}\\ \boldsymbol{0} & \boldsymbol{J}_{k2}(\lambda_2) & & \vdots\\ \vdots & & \ddots & \boldsymbol{0}\\ \boldsymbol{0} & \cdots & \boldsymbol{0} & \boldsymbol{J}_{kr}(\lambda_r)\end{bmatrix}$$

ジョルダン標準形

$$\boldsymbol{J}_{ki}(\lambda_i)=\begin{bmatrix}\lambda_i & 1 & & 0\\ 0 & \lambda_i & \ddots & \\ \vdots & \ddots & \ddots & 1\\ 0 & \cdots & 0 & \lambda_i\end{bmatrix}$$

ジョルダンブロック

$$|\lambda\boldsymbol{I}-\boldsymbol{J}_{ki}(\lambda_i)|=(\lambda-\lambda_i)^{ki}$$

・実ジョルダン標準形

行列 $\boldsymbol{A}$ の g 個の実数固有値を $\lambda_1,\cdots,\lambda_g$ としそれぞれの重複度を $m_1,\cdots,m_g$，r 個の複素数固有値を $\alpha_1\pm j\beta_1,\cdots,\alpha_r\pm j\beta_r$ としそれぞれの重複度を $l_1,\cdots,l_r$ とする．行列 $\boldsymbol{A}$ に対して，適当な正則変換を行えば

$$\boldsymbol{J}=\begin{bmatrix}\boldsymbol{J}(\lambda_1,m_1) & & & & & \\ & \ddots & & & & \\ & & \boldsymbol{J}(\lambda_q,m_q) & & & \\ & & & \boldsymbol{K}(\alpha_1,\beta_1,l_1) & & \\ & & & & \ddots & \\ & & & & & \boldsymbol{K}(\alpha_1,\beta_1,l_1)\end{bmatrix}$$

と実ジョルダン標準形に変換される．ここで，$\boldsymbol{J}(\lambda,m)$, $\boldsymbol{K}(\alpha,\beta,l)$ はそれぞれ m 次，l 次の実ジョルダンブロック（real Jordan block）と呼ばれる次のような $m\times m$，$2l\times 2l$ の正方行列である．

$$\boldsymbol{J}(\lambda,m)=\begin{bmatrix}\lambda & 1 & & & \boldsymbol{0}\\ & \lambda & 1 & & \\ & & \ddots & \ddots & \\ & & & \ddots & 1\\ \boldsymbol{0} & & & & \lambda\end{bmatrix},\ \boldsymbol{K}(\alpha,\beta,l)=\begin{bmatrix}\boldsymbol{L} & \boldsymbol{I}_2 & & & \boldsymbol{0}\\ & \boldsymbol{L} & \boldsymbol{I}_2 & & \\ & & \ddots & \ddots & \\ & & & \ddots & \boldsymbol{I}_2\\ \boldsymbol{0} & & & & \boldsymbol{L}\end{bmatrix}$$

ただし，$\boldsymbol{L}=\begin{bmatrix}\alpha & -\beta\\ \beta & \alpha\end{bmatrix}$，$\boldsymbol{I}_2$ は 2×2 の単位行列である．

さて，次に実ジョルダンブロックが対角的であることを説明しよう．まず，n 次の行列 $\boldsymbol{A}$ の固有値のうち実部が負である固有値の数を r $(r \le n)$，0の固有値の数を n_0 $(r + n_0 \le n)$ とする．（純虚数の固有値の数は $n - r - n_0$ となる）．行列 $\boldsymbol{A}$ はある座標変換行列 $\boldsymbol{T}$ によって実ジョルダン標準形

$$\boldsymbol{J} = \boldsymbol{T}^{-1}\boldsymbol{A}\boldsymbol{T} = \begin{bmatrix} \boldsymbol{A}_R & \boldsymbol{0} \\ \boldsymbol{0} & \boldsymbol{A}_I \end{bmatrix}$$

に変換される．ただし，$r \times r$ 実数行列 $\boldsymbol{A}_R$ は固有値がすべて負の実部をもち，$(n-r)\times(n-r)$ 行列 $\boldsymbol{A}_I$ は純虚数かあるいは0固有値のみをもつとする．実ジョルダン標準形の実部が0の固有値に対応する $\boldsymbol{A}_I$ の部分は

$$\boldsymbol{A}_I = \left[\begin{array}{ccc|ccc} 0 & & & & & \\ & \ddots & & & & \\ & & 0 & & & \\ \hline & & & \begin{bmatrix} 0 & \omega_1 \\ -\omega_1 & 0 \end{bmatrix} & & \\ & & & & \begin{bmatrix} 0 & \omega_2 \\ -\omega_2 & 0 \end{bmatrix} & \\ & & & & & \ddots \end{array}\right] \begin{array}{l} \left.\vphantom{\begin{array}{c}0\\ \ddots\\0\end{array}}\right\} n_0 \\ \left.\vphantom{\begin{array}{c}0\\0\\0\\0\\ \ddots\end{array}}\right\} n-r-n_0 \end{array}$$

となる．このように，実部が0の固有値に対応する実ジョルダン標準形のブロック行列 $\boldsymbol{A}_I$ の各ブロックの非対角要素に1がない場合を実ジョルダンブロックが対角的であるという．

A・4・7　二次形式

(1) 二次形式(quadratic form)

n 個の変数 $x_1, x_2, \cdots, x_n$ について次の表現を二次形式という．

$$q = \sum_{i=1}^{n}\sum_{j=1}^{n} a_{ij} x_i x_j$$

$\boldsymbol{x}^T = [x_1 \ \ \cdots \ \ x_n]$ として，行列で表すと次のように書ける．

$$q = \boldsymbol{x}^T \boldsymbol{A} \boldsymbol{x} = \begin{bmatrix} x_1 & \cdots & x_n \end{bmatrix} \begin{bmatrix} a_{11} & \cdots & a_{1n} \\ \vdots & \cdots & \vdots \\ a_{n1} & \cdots & a_{nn} \end{bmatrix} \begin{bmatrix} x_1 \\ \vdots \\ x_n \end{bmatrix}$$

一般的に $\boldsymbol{A}$ は対称行列ととる．

(2) 二次形式の分類

・正定(正値)(positive definite)

　$\boldsymbol{x} \ne \boldsymbol{0}$ なる全ての $\boldsymbol{x}$ に対して $q > 0$ の時

・準正定(半正定)(positive semi-definite)

　$\boldsymbol{x} \ne \boldsymbol{0}$ なる全ての $\boldsymbol{x}$ に対して $q \ge 0$ の時

・負定(負値)(negative definite)

　$\boldsymbol{x} \ne \boldsymbol{0}$ なる全ての $\boldsymbol{x}$ に対して $q < 0$ の時

・準負定(半負定)(negative semi-definite)

　$\boldsymbol{x} \ne \boldsymbol{0}$ なる全ての $\boldsymbol{x}$ に対して $q \le 0$ の時

(3) 正定行列(正定値行列)

二次形式　$q = \boldsymbol{x}^T \boldsymbol{A} \boldsymbol{x}$　が正定の場合，行列 $\boldsymbol{A}$ は正定行列とよばれ，$\boldsymbol{A} > 0$ と略記することがある．

二次形式が正定であるための必要十分条件は $\boldsymbol{A}$ の主小行列式が全て正であることである．

$$a_{11} > 0, \begin{vmatrix} a_{11} & a_{12} \\ a_{21} & a_{22} \end{vmatrix} > 0, \begin{vmatrix} a_{11} & a_{12} & a_{13} \\ a_{21} & a_{22} & a_{23} \\ a_{31} & a_{32} & a_{33} \end{vmatrix} > 0, \cdots, |\boldsymbol{A}| > 0$$

正定行列の全ての固有値は正数である．→固有値と固有ベクトル

行列 $\boldsymbol{A}$ が正定行列ならば，その行列は正則である．→行列と逆行列

同様に，準正定行列，負定行列，準負定行列がある．

A・5　常微分方程式

A・5・1　常微分方程式の基礎

(1) 常微分方程式(ordinary differential equation)

変数 t の関数 x の 1 階の導関数 $\dot{x} = dx/dt$ あるいは高階の導関数を含む方程式を常微分方程式という．次式のように，最高次の導関数が n 階 ($x^{(n)} = d^n x/dt^n$)であれば n 階の常微分方程式とよばれる．

$$F(t, x, \dot{x}, \ddot{x}, \cdots, x^{(n)}) = 0$$

(2) 偏微分方程式(partial differential equation)

２つ以上の独立変数の関数でその偏導関数を含む方程式を偏微分方程式という．

$$F(t_1, \cdots, t_r, x, \frac{\partial x}{\partial t_i}, \cdots, \frac{\partial^n x}{\partial t_1^i \cdots \partial t_r^j}, \cdots) = 0$$

以下，常微分方程式のみを扱う．

(3) 微分方程式の解(solution)

与えられた微分方程式を満足する関数をその微分方程式の解という．全ての解を求めることを微分方程式を解くという．

(4) 一般解(general solution)

n 階の常微分方程式で，n 個の独立な任意定数を含む解を一般解という．

(5) 特殊解(particular solution)

一般解の任意定数にある特定の値を与えることによって得られる解を特殊解という．

(6) 特異解(singular solution)

常微分方程式の解で，一般解に含まれない解を特異解という．

一般解を表す曲線群が包絡線を持てば，その包絡線を表す関数は元の方程式の特異解である．

(7) 初期値問題(initial value problem)

微分方程式において，独立変数の特定な値に対する解の値を初期値(initial value)という．例えば，t_0, x_0, v_0 をある定数として $x(t_0) = x_0$ や $\dot{x}(t_0) = v_0$ など．

初期値を指定することを初期条件(initial condition)を与えるという．

初期条件を与えて解を決定する問題を初期値問題という．

(8) 境界値問題(boundary value problem)

微分方程式において，ある一定の区間 $a \le x \le b$ の両端での解の値を境界値(boundary value)という．例えば，$x(a), x(b), \dot{x}(a), \dot{x}(b)$ など．

解 $x(t)$ が満たすべき条件式を境界条件(boundary condition)といい，例えば $\alpha_0, \alpha_1, \cdots, \beta_0, \beta_1 \cdots, x_a, x_b$ を定数として，$\alpha_0 x(a) + \alpha_1 \dot{x}(a) + \cdots = x_a$，$\beta_0 x(b) + \beta_1 \dot{x}(b) + \cdots = x_b$ のように与える．

与えられた境界条件を満足する解の存在を確かめたり，存在する時はそれを求めたりする問題を境界値問題という．

A・5・2　1階の常微分方程式

$$F(t, x, \dot{x}) = 0 \quad \text{または} \quad \dot{x} = f(t, x)$$

と表される常微分方程式を1階の常微分方程式という．

(1) 変数分離形(separable equation)

$$g(x)\dot{x} = f(t) \quad \text{すなわち} \quad g(x)\,dx = f(t)\,dt \tag{A.9}$$

と右辺に t のみ，左辺に x のみが現れる形になる方程式を変数分離形という，

一般解は上の式(A.9)の両辺を積分して

$$\int g(x)\,dx = \int f(t)\,dt + c$$

と求められる．ここで c は任意定数である．

(2) 完全微分方程式(exact differential equation)

$$M(t, x)\,dt + N(t, x)\,dx = 0$$

において，左辺が完全微分であるもの，すなわち

$$M(t, x)\,dt + N(t, x)\,dx = du(t, x) \tag{A.10}$$

なる関数 $u(t, x)$ が存在するものを完全微分方程式という．

完全微分であるための必要十分条件は

$$\frac{\partial M}{\partial x} = \frac{\partial N}{\partial t}$$

が成り立つことである．

一般解は式(A.10)を積分して，$u(t, x) = c$　と求められる（c は任意定数）．

(3) 積分因子(積分因数)(integrating factor)

$$P(t, x)\,dt + Q(t, x)\,dx = 0$$

が完全微分方程式でなくても，適当な関数 $\mu(t, x)$ をかけると完全微分方程式にできることがある．このような関数 $\mu(t, x)$ を積分因子という．

関数 $\mu(t, x)$ が積分因子となるための必要十分条件は

$$\frac{\partial(\mu P)}{\partial x} = \frac{\partial(\mu Q)}{\partial t} \quad \text{すなわち} \quad P\frac{\partial \mu}{\partial x} - Q\frac{\partial \mu}{\partial t} + \mu\left(\frac{\partial P}{\partial x} - \frac{\partial Q}{\partial t}\right) = 0$$

である．

$\mu(t, x)$ が1つの積分因子であり，$u(t, x) = c$ が与えられた微分方程式の1つの解であれば，μu もまた積分因子である．

(4) 線形微分方程式(linear differential equation)

$$\dot{x} + f(t)x = r(t) \tag{A.11}$$

の形に書ける時，線形微分方程式という．ただし，f と r は t の任意の与えられた関数である．

$r(t) \equiv 0$ の時，すなわち

$$\dot{x} + f(t)x = 0$$

の時，方程式は同次(homogeneous)であるといい，そうでない時には非同次(nonhomogeneous)であるという．

1 階線形微分方程式(A.11)の一般解は次の形で与えられる．

$$x = e^{-\int f(x)dx}\left\{\int e^{\int f(x)dx} r(x)\,dx + c\right\} \qquad (c\text{は任意定数})$$

A・5・3　連立線形微分方程式と高階線形常微分方程式

(1) 線形連立微分方程式(simultaneous linear differential equations)

$$\begin{bmatrix}\dot{x}_1\\ \vdots\\ \dot{x}_n\end{bmatrix} = \begin{bmatrix}a_{11}(t) & \cdots & a_{1n}(t)\\ \vdots & \cdots & \vdots\\ a_{n1}(t) & \cdots & a_{nn}(t)\end{bmatrix}\begin{bmatrix}x_1\\ \vdots\\ x_n\end{bmatrix} + \begin{bmatrix}r_1(t)\\ \vdots\\ r_n(t)\end{bmatrix}$$

線形連立微分方程式

変数 t の関数 $\boldsymbol{x} = [x_1 \quad x_2 \quad \cdots \quad x_n]^T$, $n \times n$ 行列 $\boldsymbol{A}(t) = [a_{ij}(t)]$, $\boldsymbol{r}(t) = [r_1(t) \quad r_2(t) \quad \cdots \quad r_n(t)]^T$ に対して

$$\dot{\boldsymbol{x}} = \boldsymbol{A}(t)\boldsymbol{x} + \boldsymbol{r}(t) \tag{A.12}$$

の形の連立微分方程式を線形連立微分方程式という．

(1a) 連立微分方程式の解

ある開区間 I 上で定義された関数 $\boldsymbol{x}$ がその区間の全ての t に対して式(A.12)を満たすならば，$\boldsymbol{x}$ は式(A.12)の解といわれる．

(1b) 同次方程式

式(A.12)に付随する同次連立微分方程式は次式のようになる．

$$\dot{\boldsymbol{x}} = \boldsymbol{A}(t)\boldsymbol{x} \tag{A.13}$$

(1c) 重ね合わせの原理(superposition principle)，線形の原理(linearity principle)

同次方程式(A.13)の解の線形結合もまた解である．例えば $\boldsymbol{x}_1, \boldsymbol{x}_2$ が式(A.13)の解ならば c_1, c_2 を定数として $\boldsymbol{x} = c_1\boldsymbol{x}_1 + c_2\boldsymbol{x}_2$ も解である．

(1d) 同次方程式の一般解

同次方程式(A.13)の一般解は $\boldsymbol{c} = [c_1 \quad c_2 \quad \cdots \quad c_n]^T$ を任意定数ベクトルとして

$$\boldsymbol{x} = c_1\boldsymbol{x}_1 + c_2\boldsymbol{x}_2 + \cdots + c_n\boldsymbol{x}_n = \boldsymbol{X}(t)\boldsymbol{c}$$

と表される．ここで，$\boldsymbol{x}_1, \boldsymbol{x}_2, \cdots, \boldsymbol{x}_n$ は式(A.13)の一次独立な解であり，解基底(basis of solutions)または基本解系(fundamental system)とよばれる．また，$\boldsymbol{X}(t) = [\boldsymbol{x}_1 \quad \boldsymbol{x}_2 \quad \cdots \quad \boldsymbol{x}_n]$ を解行列，$W(t) = \det \boldsymbol{X}(t)$ をロンスキー行列式(Wronskian)とよぶ．$\boldsymbol{x}_1, \boldsymbol{x}_2, \cdots, \boldsymbol{x}_n$ が解基底である必要十分条件は開区間 I の全ての t に対して $W(t) \neq 0$ となることである．

(1e) 非同次方程式の一般解

式(A.12)の一般解は次の形を持つ．

$$\boldsymbol{x} = \boldsymbol{x}_h + \boldsymbol{x}_p$$

ここで，$\boldsymbol{x}_h$ は同次方程式(A.13)の一般解であり，$\boldsymbol{x}_p$ は非同次方程式(A.12)の 1 つの特殊解である．

係数変化法(method of variation of parameters)により t に依存するベクトル $\boldsymbol{u}(t)$ を用いて $\boldsymbol{x}_p = \boldsymbol{X}(t)\boldsymbol{u}(t)$ が式(A.12)を満たすように $\boldsymbol{u}(t)$ を求めると，非同次方程式(A.12)の一般解は次のようになる．

$$\boldsymbol{x} = \boldsymbol{X}(t)\left\{\int_{t_0}^{t} \boldsymbol{X}^{-1}(\tau)\boldsymbol{r}(\tau)\,d\tau + \boldsymbol{c}\right\}$$

ここで，$\boldsymbol{c}$ は任意定数ベクトルであり，t_0 は開区間 I 内の任意に固定された値である．

(2) 定数係数の線形連立微分方程式

定数係数行列 $\boldsymbol{A}=[a_{ij}]$ を持つ線形連立微分方程式

$$\dot{\boldsymbol{x}}=\boldsymbol{A}\boldsymbol{x}+\boldsymbol{r}(t) \tag{A.14}$$

(2a) 式(A.14)に付随する同次連立微分方程式

$$\dot{\boldsymbol{x}}=\boldsymbol{A}\boldsymbol{x} \tag{A.15}$$

の解行列は任意の正則行列を $\boldsymbol{C}$ として

$$\boldsymbol{X}(t)=e^{\boldsymbol{A}t}\boldsymbol{C}$$

である．ここで $e^{\boldsymbol{A}t}$ は状態推移行列であり，次式で定義される．

$$e^{\boldsymbol{A}t}=\boldsymbol{I}+\boldsymbol{A}t+\frac{1}{2!}\boldsymbol{A}^2t^2+\cdots+\frac{1}{k!}\boldsymbol{A}^kt^k+\cdots=\sum_{k=0}^{\infty}\frac{1}{k!}\boldsymbol{A}^kt^k \tag{A.16}$$

なお，同次微分方程式(A.15)の基本解は

(i) 行列 $\boldsymbol{A}$ の固有値 λ_i に対応する固有ベクトル $\boldsymbol{v}_i$ に対して

$$\boldsymbol{x}(t)=e^{\lambda_i t}\boldsymbol{v}_i$$

(ii) 固有値 λ_i に対応する一般化固有ベクトル $\boldsymbol{v}_i$ に対して

$$\boldsymbol{x}(t)=e^{\lambda_i t}\left[\boldsymbol{v}_i+t(\boldsymbol{A}-\lambda_i\boldsymbol{I})\boldsymbol{v}_i+\frac{t^2}{2!}(\boldsymbol{A}-\lambda_i\boldsymbol{I})^2\boldsymbol{v}_i+\cdots+\frac{t^{k-1}}{(k-1)!}(\boldsymbol{A}-\lambda_i\boldsymbol{I})^{k-1}\boldsymbol{v}_i\right]$$

である．→固有値と固有ベクトル

(2b) 非同次方程式(A.14)の初期値問題

初期値 $\boldsymbol{x}(0)=\boldsymbol{x}_0$ の解は次のようになる．

$$\boldsymbol{x}(t)=e^{\boldsymbol{A}t}\boldsymbol{x}_0+\int_0^t e^{\boldsymbol{A}(t-\tau)}\boldsymbol{r}(\tau)d\tau$$

(2c) 状態推移行列の算出方法

状態推移行列 $e^{\boldsymbol{A}t}$ を求めるにあたり，式(A.16)を用いたり，

$$e^{\boldsymbol{A}t}=\mathcal{L}^{-1}[(s\boldsymbol{I}-\boldsymbol{A})^{-1}]=\mathcal{L}^{-1}\left[\frac{\mathrm{adj}(s\boldsymbol{I}-\boldsymbol{A})}{|s\boldsymbol{I}-\boldsymbol{A}|}\right]$$

より $(s\boldsymbol{I}-\boldsymbol{A})^{-1}$ を Cramer の方法で求めて逆ラプラス変換する方法は次数が高くなると手計算では困難になる．$(s\boldsymbol{I}-\boldsymbol{A})^{-1}$ を求める計算機向きの方法に次の Faddeev の方法がある．

$$|s\boldsymbol{I}-\boldsymbol{A}|=s^n+\alpha_{n-1}s^{n-1}+\cdots+\alpha_1 s+\alpha_0$$
$$\mathrm{adj}(s\boldsymbol{I}-\boldsymbol{A})=\boldsymbol{B}_{n-1}s^{n-1}+\cdots+\boldsymbol{B}_1 s+\boldsymbol{B}_0$$

ここで，係数 α_i および $n\times n$ 係数行列 $\boldsymbol{B}_i$ は次の漸化式を満たす．

$$\begin{aligned}
&\boldsymbol{B}_{n-1}=\boldsymbol{I}, && \alpha_{n-1}=-\mathrm{tr}(\boldsymbol{B}_{n-1}\boldsymbol{A})\\
&\boldsymbol{B}_{n-2}=\boldsymbol{B}_{n-1}\boldsymbol{A}+\alpha_{n-1}\boldsymbol{I}, && \alpha_{n-2}=-\mathrm{tr}(\boldsymbol{B}_{n-2}\boldsymbol{A})/2\\
&\quad\vdots && \quad\vdots\\
&\boldsymbol{B}_{n-k}=\boldsymbol{B}_{n-k+1}\boldsymbol{A}+\alpha_{n-k+1}\boldsymbol{I}, && \alpha_{n-k}=-\mathrm{tr}(\boldsymbol{B}_{n-k}\boldsymbol{A})/k\\
&\quad\vdots && \quad\vdots\\
&\boldsymbol{B}_0=\boldsymbol{B}_1\boldsymbol{A}+\alpha_1\boldsymbol{I}, && \alpha_0=-\mathrm{tr}(\boldsymbol{B}_0\boldsymbol{A})/n\\
&\boldsymbol{0}=\boldsymbol{B}_0\boldsymbol{A}+\alpha_0\boldsymbol{I}
\end{aligned}$$

なお，左側の最後の式は $(s\boldsymbol{I}-\boldsymbol{A})^{-1}$ の計算には直接必要ないが，$\boldsymbol{B}_i$ を順次代入すると Cayley-Hamilton の定理を表していることがわかる．

(3) 高階線形微分方程式

変数 t の関数 x に対して，n 階の常微分方程式が

$$x^{(n)}+a_{n-1}(t)x^{(n-1)}+\cdots+a_1(t)\dot{x}+a_0(t)x=r(t) \tag{A.17}$$

の形になるならば線形とよばれる．$r(t)\equiv 0$ ならば同次，そうでなければ非同次である．

第 8 章で述べたように $\boldsymbol{x}=[x_1 \quad x_2 \quad \cdots \quad x_n]^T=[x \quad \dot{x} \quad \cdots \quad x^{(n-1)}]^T$ ととれば，式(A.17)は次のような線形連立微分方程式になる．

$$\dot{\boldsymbol{x}}=\begin{bmatrix} 0 & 1 & 0 & \cdots & 0 \\ 0 & 0 & 1 & \cdots & 0 \\ \vdots & \vdots & \vdots & \ddots & \vdots \\ 0 & 0 & 0 & \cdots & 1 \\ -a_0(t) & -a_1(t) & -a_2(t) & \cdots & -a_{n-1}(t) \end{bmatrix}\boldsymbol{x}+\begin{bmatrix} 0 \\ 0 \\ \vdots \\ 0 \\ r(t) \end{bmatrix}$$

参考文献

以下には，本書で参考にしたテキストで，現在販売されていて読みやすいものを列挙した.

古典制御に関するもの：

[1] Franklin.G.F, Powell.J.D and Emami.A-Naeini, Feedback control system of dynamic systems, (1994), Addison-Wesley Publishing co.

[2] Nise.N.S, Control Systems Engineering, (2000), John Wiley & Sons, inc.

[3] 河合素直，制御工学－基礎と例題－，(1986)，昭晃堂.

[4] 増渕正美，改訂 自動制御基礎理論，(1982)，コロナ社.

[5] 添田喬，中溝高好，わかる自動制御演習，(1995)，日新出版.

[6] 伊藤正美，自動制御概論[上]，(1987)，昭晃堂.

現代制御に関するもの：

[7] 増淵正美，システム制御，(1987)，コロナ社.

[8] 小郷 寛，美多 勉，システム制御理論入門，(1997)，実教出版.

[9] 吉川恒夫，井村順一，現代制御論，(1994)，昭晃堂.

[10] 須田 信英，線形システム理論，(1993)，朝倉書店.

[11] 坂和 愛幸，線形システム制御論，(1979)，朝倉書店.

現代制御と古典制御の両方が書かれているもの：

[12] 岡田養二・ほか２名，メカトロニクスと制御工学，(1993)，日本機械学会.

[13] 中野道雄，美多　勉，制御基礎理論[古典から現代まで]，(1998)，昭晃堂.

数学，力学に関するもの：

[14] 田代嘉宏，ラプラス変換とフーリエ解析論，(1988)，森北出版.

[15] 伊藤 秀一，常微分方程式と解析力学，(1998)，共立出版.

[16] 鈴木浩平，例題で学ぶ振動工学，(1994)，丸善.

[17] 鈴木浩平，ポイントを学ぶ振動工学，(1997)，丸善.

[18] 谷口修監修，振動工学ハンドブック，(1991)，養賢堂.

Subject Index

索引

タ行

ナ行

ハ行

マ行

ヤ行

ラ行

ワ行

JSME テキストシリーズ一覧

〔各巻〕A4判

JSME テキストシリーズ　JSME Textbook Series
制御工学　Control Engineering

2002年11月29日　初版発行
2021年4月23日　初版第13刷発行
2023年7月18日　第2版第1刷発行

著作兼発行者　一般社団法人　日本機械学会
（代表理事会長　伊藤　宏幸）

印刷者　柳瀬充孝
昭和情報プロセス株式会社
東京都港区三田 5-14-3

発行所　東京都新宿区新小川町4番1号
KDX 飯田橋スクエア2階
郵便振替口座　00130-1-19018番
電話（03）4335-7610　FAX（03）4335-7618　https://www.jsme.or.jp
一般社団法人　日本機械学会

発売所　東京都千代田区神田神保町2-17
神田神保町ビル
電話（03）3512-3256　FAX（03）3512-3270
丸善出版株式会社

ISBN 978-4-88898-341-9　C 3353

本書の内容でお気づきの点は　textseries@jsme.or.jp　へお知らせください。出版後に判明した誤植等は http://shop.jsme.or.jp/html/page5.html　に掲載いたします。